Abaqus有限元分析常见问题解答与实用技巧

曹金凤　著

机 械 工 业 出 版 社

本书以问答及实用技巧总结的形式，详细介绍了使用 Abaqus 软件进行有限元分析过程中的各种常见问题，并以实例的形式教读者如何分析问题，查找错误产生的原因并尝试解决办法，帮助读者提高解决问题的能力。

本书分为两篇：第 1 篇为基础篇，依次介绍了 Abaqus/CAE 各个功能模块中的常见问题、解决方法、注意事项和实用分析技巧；第 2 篇为提高篇，介绍了 INP 文件、多步骤分析、非线性分析、接触分析、弹塑性分析、Abaqus 中的 Python 脚本接口等复杂模型的常见问题、解决方法和实用分析技巧，在一些典型实例中同时给出了错误和正确的模型文件，教给读者查找错误和修改模型的方法，并给出了复杂模型分析的注意事项和经验总结。

书中内容从实际应用出发，文字通俗易懂，深入浅出，读者不需要具备很深的理论知识，即可轻松地掌握使用 Abaqus 软件进行有限元分析的技巧。

本书主要面向 Abaqus 软件的初级和中级用户，对于高级用户也有一定的参考价值。

本书配有资源包，选用本书的读者请登录机械工业出版社教育服务网（www.cmpedu.com）注册后下载。

图书在版编目（CIP）数据

Abaqus 有限元分析常见问题解答与实用技巧/曹金凤著. —北京：机械工业出版社，2020.9（2024.7 重印）

ISBN 978-7-111-66435-2

Ⅰ.①A… Ⅱ.①曹… Ⅲ.①有限元分析 – 应用软件 Ⅳ.①O241.82-39

中国版本图书馆 CIP 数据核字（2020）第 162976 号

机械工业出版社（北京市百万庄大街 22 号　邮政编码 100037）
策划编辑：李　帅　责任编辑：李　帅
责任校对：朱继文　封面设计：张　静
责任印制：刘　媛
涿州市般润文化传播有限公司印刷
2024 年 7 月第 1 版第 6 次印刷
184mm×260mm · 26.75 印张 · 2 插页 · 663 千字
标准书号：ISBN 978-7-111-66435-2
定价：89.00 元

电话服务　　　　　　　　　网络服务
客服电话：010-88361066　　机 工 官 网：www.cmpbook.com
　　　　　010-88379833　　机 工 官 博：weibo.com/cmp1952
　　　　　010-68326294　　金 书 网：www.golden-book.com
封底无防伪标均为盗版　机工教育服务网：www.cmpedu.com

序　言

Abaqus 是国际上先进的大型通用非线性有限元分析软件，它在技术、品质以及可靠性等方面具有非常卓越的声誉，拥有世界上庞大的非线性力学用户群。对于工程中各种线性和非线性问题，Abaqus 都能够提供完美的解决方案，它每年都会更新版本，注入新鲜"血液"、增加新功能，引领着全世界非线性有限元技术的发展。

对于广大的 Abaqus 用户，他们迫切需要一本方便、实用的学习参考书，可以在遇到问题时及时查阅。2009 年，曹金凤博士与我合作撰写了《Abaqus 有限元分析常见问题解答》一书，挑选了 Abaqus 用户经常遇到的几百个疑难问题，逐个给出了详细的解答，分享了我们在长期使用 Abaqus 过程中积累的经验，介绍了大量的建模分析技巧和查找解决模型问题的方法，该书出版十余年，已重印 9 次，印数 18000 册。一本软件指南类的书，经历了这么多年还能够得到广大读者的青睐，我们深感欣慰。

近年来，Abaqus 的操作界面发生了较大的变化，增加了大量新功能。曹金凤博士更新了《ABAQUS 有限元分析常见问题解答》的内容，新编写了《Abaqus 有限元分析常见问题解答与实用技巧》。新书中增加了 Optimization 功能模块和 Abaqus 的 Python 脚本接口的内容介绍，以及更多的实用分析技巧，删除了过时的内容，相信这本新书会给读者带来更大的收获。

一本好书应该如同讲故事一般引人入胜。本书用朴素的语言，清晰地阐述了重要的基础概念、实用技巧和代表性算例，带领读者从基本功能开始，循序渐进地学习非线性、弹塑性等高级分析，由简到难，由浅入深，引领读者迈入 Abaqus 有限元分析的更高殿堂。本书的出版将会进一步推动 Abaqus 软件的普及和发展，让 Abaqus 初学者在较短时间内掌握 Abaqus 有限元分析的精华，让 Abaqus 的中高级用户的有限元分析水平"更上一层楼"。

曹金凤博士在 Abaqus 领域有着丰富的教学和实际应用经验，2011 年她还出版了《Python 语言在 Abaqus 中的应用》一书，这是一本将 Abaqus 软件与功能强大的 Python 语言结合的书籍，至今也已重印 7 次，印量 12000 册，读者好评如潮。该书大大推进了国内 CAE 研发自动化的进程，在近两年的达索系统 SIMULIA 中国区用户大会上，越来越多的企业展示了基于 Python 语言的 Abaqus 二次开发插件，极大地提高了设计开发效率，缩短了产品的研发周期。

2006 年，我与曹金凤博士因 Abaqus 软件结识并成为好友。她十余年来一直坚持为广大 Abaqus 用户提供相关培训，每年都认真回复大量 Abaqus 求助邮件。她勤奋刻苦，关爱后辈，在这里衷心祝愿她学术上取得更大的进步。

　　曹金凤博士由于孩子较小，白天很难挤出大块时间静心写书，在撰写《Abaqus 有限元分析常见问题解答与实用技巧》的过程中，她几乎每天都是夜里两点左右才休息，十分辛苦。希望大家能够支持正版，在正规书店和网站购买本书！

金风科技　　　　

2020 年 7 月于北京

前　言

　　Abaqus 有限元分析软件拥有世界上广大的非线性力学用户群，是国际上公认的先进的大型通用非线性有限元分析软件之一，广泛应用于土木工程、机械制造、水利水电、石油化工、航空航天、汽车交通、国防军工、生物医学、电子工程、能源、地矿、造船以及日用家电等工业和科学研究领域。Abaqus 软件在技术、品质和可靠性等方面广受好评，可以对工程中的各种复杂的线性和非线性问题进行分析计算。

　　自 1997 年 Abaqus 进入中国以来，越来越多的企业、高校和科研院所开始使用 Abaqus 来进行产品研发和科学研究，其用户数量迅猛增长。机械工业出版社于 2006 年出版的《ABAQUS 有限元分析实例详解》是一本面向初级和中级用户的 Abaqus 学习指南，其翔实的内容和深入浅出的系统讲解受到广大读者的一致好评。

　　2009 年 1 月，我与石亦平博士合著了《ABAQUS 有限元分析常见问题解答》一书，出版以来，受到读者的广泛好评。该书至今已出版十余年，重印 9 次，印数 18000 册，是机械工业出版社最受读者欢迎的畅销书之一。当时，书中所用 Abaqus 软件版本为 6.9，目前已更新至 6.20，且增加了很多新功能，多年有限元分析经验的积累，都促使对《ABAQUS 有限元分析常见问题解答》一书进行更新和扩展，于是我撰写了这本《Abaqus 有限元分析常见问题解答与实用技巧》。

　　本书详细解答了读者使用 Abaqus 过程中经常遇到的重要问题，澄清了容易混淆的概念，增加了笔者的经验技巧、Optimization 功能模块的介绍以及 Abaqus 中的 Python 脚本接口的相关知识，除了告诉读者如何解决问题之外，更是从细处着眼，教给读者发现问题并站在"Abaqus 软件"的立场上分析问题，避免出错，该书是 Abaqus 用户的必备参考书。

　　本书分为两篇：第 1 篇为基础篇，依次介绍了 Abaqus/CAE 各个功能模块中的常见问题、解决方法和实用技巧；第 2 篇为提高篇，依次介绍了 INP 文件、多步骤分析、非线性分析、接触分析、弹塑性分析、Abaqus 的 Python 脚本接口等复杂问题的分析技巧。

　　本书内容基于 Windows 操作系统下的 Abaqus 6.19 版本。如果读者使用的是其他版本的 Abaqus 软件，其操作界面可能与本书不完全相同，但书中介绍的基本概念、基本理论、基本方法、建模技巧、分析思路等，对于各种 Abaqus 版本都适用。

> **提示**：本书中多处提到《ABAQUS 有限元分析实例详解》中的相关内容，简明起见，谈到此书时一律简称为《实例详解》。

读者对象

本书主要面向 Abaqus 软件的初级和中级用户，对于高级用户也有一定的参考价值。本书可以作为理工科院校师生学习 Abaqus 软件的参考书，也可为土木工程、机械制造、水利水电、石油化工、航空航天、汽车交通、国防军工、生物医学、电子工程、能源、地矿、造船等领域的工程技术人员和科研工作者提供有价值的参考。

在开始学习本书之前，读者应该已经掌握《ABAQUS 有限元分析常见问题解答》中介绍过的 Abaqus 基本知识，熟悉 Abaqus/CAE 操作界面，了解 Abaqus 建模、提交分析和后处理的基本方法。

书中介绍操作实例时，一般不再详细介绍相关菜单、工具条、对话框、按钮的操作方法。如果读者在学习本书的过程中感觉比较吃力，无法按照书中的简要提示完成模型，建议先认真学习一下《实例详解》的相关内容，然后再开始学习本书。

本书特色

☆ 本书侧重于解答 Abaqus 使用过程中经常出现的疑难问题，重点介绍基本概念、基本方法、基本思路、经验技巧以及一些重要的知识点，学习过程中，读者应该结合所建模型细细体会、消化吸收后提高自己的有限元分析水平。

☆ 书中以问答的形式，展现给读者分析问题、查找错误原因、尝试解决办法的具体过程，教会读者如何举一反三，帮助读者提高解决问题的能力。

☆ 书中内容从实际应用出发，文字通俗易懂，深入浅出，读者不需要具备很深的理论知识，即可轻松地掌握 Abaqus 的分析技巧。

☆ 对于建模分析过程中容易出现错误的地方，书中都尽量给出相应的实例，介绍错误信息的含义，分析错误产生的原因，给出解决方法，并拓展介绍相关的知识。对于需要着重强调的地方，都给出了醒目的提示或者黑体显示，以引起读者注意。

☆ 随书资源包给出了重要实例的 CAE 模型文件、INP 文件和 ODB 文件，以方便读者学习。同时，还提供了本书全部常见问题的 PDF 文档，以方便读者查询本书内容。

☆ 书中软件截图均为 Abaqus 6.19 版本，由于该版本的帮助文件没有数字编号，不便于读者查阅，因此笔者选用 Abaqus 6.14 版本的帮助文件介绍相关知识，通过比较发现：两个版本的帮助文件差别很小。

> **重要提示**：请不要直接打开随书资源包的 CAE 模型文件（.cae），否则可能会出现异常错误。应该先将 CAE 模型文件拷贝至硬盘，去掉只读属性后再在 Abaqus/CAE 中打开。

　　重要提示：资源包中的 CAE 模型文件都是在 Abaqus 6.19 版本下生成的，只能使用 6.19 以上版本的 Abaqus/CAE 打开。如果使用 6.19 以下版本的 Abauqs 软件打开这些 CAE 文件，会看到错误信息：*** *is not a valid model database*。此时，可以通过导入 INP 文件的方式生成 Abaqus/CAE 模型。

本书约定

　☆　如无特别说明，"单击""双击""拖动"均表示对鼠标左键进行操作。

　☆　书中的科学计数法使用了 Abaqus 操作界面中的格式。例如，用 4E9 表示 4×10^9。

致 谢

本书的写作与出版，得到了国家杰出青年基金（52225403）的资助，在此表示衷心感谢。

感谢我的导师——中国矿业大学（北京）姜耀东教授多年来给予的大力支持、鼓励和指导，恩师严谨求实的治学作风、循循善诱的治学精神、精益求精的治学态度使我受益匪浅。恩师谦逊宽容的态度、和善友爱的处事方式，是我一生学习的榜样。能做他的学生，深感荣幸。

感谢我的良师益友——金风科技石亦平博士，他在百忙之中为本书撰写了序言，对书中的内容给予了高度的肯定。值本书即将出版之际，向他表示深深的谢意，感谢他十多年来对我学习、工作、生活等方方面面的指导与帮助。

感谢青岛理工大学各位同仁对本人工作的指导与支持。

特别感谢先生梅叶和宝贝儿子多多，正是他们的理解和支持，才让我有更多的时间和精力撰写本书。

Abaqus 有限元分析涉及多个领域的知识，是一项复杂且庞大的课题，笔者深感无法在一本书中将其全部涵盖。如果能够为读者的实际工程分析提供一些帮助，就颇感欣慰了。

由于本人水平有限，书中难免会有错误和疏漏之处，敬请各位专家和广大读者批评指正，并欢迎通过电子邮件 caojinfeng@ qut. edu. cn 与我交流。

青岛理工大学

于青岛

目　录

XI

XVII

第 0 章

导言：路漫漫其修远兮，
吾将上下而求索

我们生活在一个伟大的时代，当今世界的生产力飞速发展，科技产品日新月异。从事 CAE 行业，我们注定要见证有限单元法这一强大的数值计算方法从无到有、从弱到强、从不为人知到不可或缺的发展历程。有限单元法自 50 年代创立以来，首先在飞机的结构分析等连续体力学领域中大展身手，随后迅速地扩展到热力学分析、电磁场分析、流体力学分析等各个领域，CAE（计算机辅助工程）在有限单元法的基础上不断地发展和壮大。

0.1 数值仿真在产品研发中的作用

在当今欧美发达国家的工业企业中，有限元分析已成为产品研发过程中一个必不可少的重要环节。CAE 工程师在校核设计方案、保证产品质量、改进产品设计、降低产品成本、提高产品强度和寿命等方面肩负重要的职责。对于一些复杂的关键部件，不经 CAE 工程师分析确认设计方案，就不能投产；如果产品因设计不当而出现质量问题，CAE 工程师也负有不可推卸的责任。

数值仿真在全球制造业的发展历程可以分为 5 个阶段：

1）只使用 CAD 进行产品设计。

2）开始使用少量的 CAE 技术。

3）综合应用各种成熟完整的 CAE 技术，并相互融合。

4）各种 CAE 数据的管理和重复利用。

5）制造业的完全信息化，建立完整的 PLM（Product Lifecycle Management）系统和知识库。

在我国，虽然有些企业已经应用 CAE 技术进行产品的研发，但 CAE 所起的作用仍与发达国家存在较大的差距。在一些企业中，CAE 的作用仅仅是为产品报告增加一些美观的图片，给出一些令人复杂的分析数据和曲线，让客户或上级领导知道"这个东西我们算过了"，而在整个产品研发过程中，并没有真正把计算机仿真放在核心的地位。

这种现象的原因是多方面的，就笔者的了解，可以归纳为下列几点：

1）"不需要"：总体来看，我国各行业的自主工业产品设计还处于初级阶段，很多产品设计工作仅仅是略微修改一下老产品的图纸，有限元分析不是必不可少的。

2）"不了解"：有些企业大致知道可以用有限元软件来做分析计算，但对于有限元软件具体能够分析什么，并不十分了解，没有真正认识到有限元分析对企业发展的重要性。

3）"不信任"：有些企业误以为有限元是万能的，希望它能给出任何所需要的分析结果，希望计算结果能够与工程实际 100% 地吻合。当这些过度期望落空后，就走向另一个极端，认为它百无一用，没有必要为其花费大量经费，干脆弃之不用，回到多年来已经熟悉的传统方法上，用机械手册上的公式来大致估算，产品成功与否更多地依靠老工程师的经验。

业界普遍认为，中国目前仍然非常缺乏优秀的 CAE 工程师。在高校教育过程中，缺少工程实践环节，很多教师偏向于理论研究，欠缺工程应用背景。土木、力学、机械专业的学生尽管掌握了一定的有限元知识，走出校门后遇到工程实际问题就一筹莫展，面对复杂的模拟对象感到无从入手，所建模型或者过于简单，没有体现出模拟问题的重要特征，或者过于复杂，将大量精力和计算时间浪费在不重要的细节上。即使能够得到分析结果，也不知道该分析结果是否正确，准确度有多高、可靠性有多大。

0.2 工程实际中的有限元分析

无论多么优秀的有限元分析软件，只有正确使用才能得到令人满意的模拟结果。在进行有限元分析时，切忌拿到一个问题就不假思索地开始建立几何模型、划分网格、输入材料特性、定义边界条件和荷载，最后看到分析收敛了，就打印一些云纹图，画几条曲线，然后万事大吉。虽然只要在有限元软件中输入足够的模型参数，就可以得出五颜六色的云纹图和丰富的分析数据，但这些结果是否正确，是否真是我们所需要的结果，取决于我们建模的方法和所输入的参数，而不能靠有限元软件本身来保证。

举例来说，假设我们要开车去某地，如果司机一头钻进驾驶室，点火、踩油门、换挡、打方向盘，几个小时后我们一定会到达某个地点，但这是否是我们的目的地，取决于我们的驾驶过程，而不是只要驾驶的是奔驰宝马就没问题了。在出发之前，我们应该首先进行缜密的思考和规划——目的地在什么方向、距离有多远、有哪些可供选择的路线、是否路上有什么高山大河的险阻、有哪些必须停留的中转地点、需要在多长时间之内到达、汽车的性能是否足以完成整个旅程等。在行进过程中，需要不断地校准方位，时时留心是否行进在正确的路线上。到达终点时，要仔细检查这是否是最初所预期的目的地，是否需要继续行进，奔向下一个目标。

有限元分析的过程与此类似，CAE 工程师在拿到一个工程项目时，应该依次思考和解决以下问题：

1. 明确分析目的

首先应该明确所关心的是零件或结构的强度（应力、疲劳寿命）、刚度（位移和荷载的关系）、温度场还是重量的最小化等等。分析目的不同，则建模方法也不同。如果只关心刚度，则不需要划分过细的网格；如果关心的是强度，则需要在可能的危险部位（例如，应力集中的圆角处）进行网格细化。

需要注意的是：虽然有限元软件功能强大，适用范围广泛，但它并不是万能的，不能期待它完美地模拟任何问题。例如，可以通过有限元分析得出结论：该部件在当前的约束条件和荷载工况下满足强度要求，但该结论的前提条件是部件在生产过程中没有出现缺陷。如果部件的材料本身存在杂质或缺陷、在铸造过程中出现气孔或在锻造工程中出现裂纹，都会导致部件提前破坏，而这些问题在进行一般的有限元分析时是不会考虑的。

2. 选取适当的分析类型

常用的分析类型包括：静力分析、动态分析、准静态分析等。实际上，分析对象往往是处在运动状态中（例如，汽车、机床、重型机械、船舶中的部件），但并非只要部件是运动的，就一定要采用动态分析。静力分析的建模过程更简单，不确定性因素更少，更容易得到可靠的结果，因此，应该始终将其作为首选的分析类型来考虑。用静力分析来模拟运动的对象，如同用相机来对运动对象的某个瞬间做一个定格的抓拍，该瞬间往往选取在受力最大、最危险的那一刻。

下列情况必须采用动态分析：需要模拟构件的振动特性或高速冲击碰撞过程，或者接触问题过于复杂，使用静力分析无法收敛或计算时间过长，等等。动态分析需要考虑阻尼、加载速度、动能和内能的比例等复杂因素，准静态分析往往需要进行适当的质量缩放技术。如果没有足够的建模经验和试验测试结果的验证，不要轻率地选择这两种分析类型。

3. 选取适当的建模对象

工程实际中的分析对象（例如，汽车、机械、医疗器械）一般都是由大量零部件组合而成的复杂系统，各个部件之间存在着复杂的相互作用。在建模时，不可能也没有必要把所有部件都放入模型。选取建模对象时可以遵循以下原则：

1） 仅选取所关心的部件，必要时可以适当增加一些相邻的其他部件，去掉那些远离所关心部位的部件。例如，希望计算吊车的起重臂强度，则没有必要把整个吊车车身都模拟出来。

2） 去掉或简化对分析结果影响很小的部件或环境因素。例如，进行整车碰撞模拟时，应该只对重要的车身结构件建模，其余部分可以简化为质量块或忽略不计。分析潜水艇在水下的性能时，主要荷载是水下的压力，而潜水艇内的空气压力远远小于水的压力，空气的作用就可以忽略不计。

3） 在模型中部件和模型之外部件的交界处，应定义适当的边界条件或荷载。常见的做法是：在交界处和某个参考点之间建立耦合约束（coupling），然后将边界条件或荷载定义在参考点上。根据圣维南原理，当截取整个模型的一部分时，可以用外力系的合力来替代截面处的应力，对于远离截面处的部位，这种替代的影响可以忽略不计。

4. 建立合理的几何模型

借助先进的 CAD 软件，可以模拟出产品外形和内部结构的每一个微小细节，可以得到非常准确的几何模型。但对于有限元模型来说，很多几何模型的细节往往不是必需的，可能造成不必要的细化网格，大大增加计算时间。在建立有限元模型时，一般不应保留几何模型中的所有细节，例如，可以去掉那些远离关键部位的小孔，用光滑的圆孔来代替螺纹孔，用小圆角来代替尖角，用直线来代替小的过渡圆弧，等等。

另外，这些细微的几何特征处可能应力集中系数很大，甚至接近应力奇异状态，但这不一定代表这些部位就是危险部位。举一个工程实际中的例子来说明：起重机的吊臂在使用过程中，不可避免地会出现一些很浅的划痕，如果对这些划痕建模（例如，将其模拟为深度为 0.1mm 的半圆槽），并在划痕区域划分非常细的网格，会看到划痕区域出现应力集中现象，应力远远大于其他部位。但不能就据此判断这些划痕区域是危险部位，因为，实践经验告诉我们，吊臂不会因为这些浅浅的划痕而出现破坏。

对上述情况的解释是：应力大的区域仅仅局限在这些微小的局部上，因此不会对整个结构的强度造成影响。比较另外一种情况：如果在吊臂表面开一道深度为 10mm 的半圆槽，这个半圆槽就很可能是危险部位。因为这个半圆槽的尺寸较大，其附近较大区域内的应力都会很高，因而会对整个构件的强度造成影响。

以上说法或许会令人感到奇怪——理论上应该是半径越小，应力集中现象越严重，但在上面的例子中，0.1mm 的半圆槽不是危险部位，10mm 的半圆槽反而是危险部位。这就是解决实际工程问题的困难之处：既要依据力学理论，又不能死板地套用力学理论。

再举一个常见的例子：在铸件上往往会铸出一些凸出的数字或字母组成的编号，以便于在大批量生产中识别。这些凸出处和铸件平面之间的过渡圆角往往非常小（例如，小于0.2mm），如果在这些圆角部位划分非常细的网格，会得到非常大的应力。事实上，在建模时可以忽略这些凸起几何特征，将其所在区域简化处理为一个平面。

实际分析时可以把握这样一个原则：如果几何细节的尺寸远远小于构件的尺寸，就可以考虑忽略这些几何细节。即使在模型中保留了这些几何细节，也不要在这些部位划分过细的网格。至于具体"远远小于"是什么概念，可以这样大致判断：令整个构件的外形轮廓充满屏幕，如果这时某个几何细节很难用肉眼分辨出来，就可以称得上是"远远小于"了。

CAE 工程师必须运用经验和直觉来判断设计细节的相关性能，确定它们能否被简化而不产生错误的结果。虽然这些简化区域附近的应力结果会不完全准确，但在远离这些简化区域的位置，应力结果基本不受影响，整个模型的位移结果一般也不受影响。

有些情况下，某些细节在一开始显得并不重要，但后来的分析结果表明该细节是至关重要的（例如，此处应力很大，是危险部位），这时可以在模型中恢复该细节，重新计算。如果模型非常复杂，修改模型重新计算需要的时间过长，可以采用子模型（submodel）的方法来分析局部区域。

5. 划分合理的网格

实际建模分析时，经常看到一些初学者为整个模型划分均匀的网格，这是一种偷懒的做法，其结果是：一些重要部位（应力集中处、大变形处、接触面上）的网格过粗，分析结果不准确或无法收敛；其他不重要部位的网格又过细，浪费了大量的计算时间。

一般情况下，都应该在上述关键部位进行分割（partition）操作，生成局部细化的网格，而在应力很小和远离关键部位的区域划分比较粗的网格。

网格具体细化到何等程度就足够了，需要靠实践经验。如果没有把握，可以进行收敛性试验，即划分几种不同密度的网格，如果当网格细化到一定程度时，应力结果基本不再变化，说明网格密度已经足够了。一般情况下，在应力集中的 90°圆角上应该至少划分 12 个单元，在厚度方向上至少应划分 3 层单元，如果使用减缩积分单元（例如，C3D8R），在厚度方向上至少应划分 4 层单元。

6. 选取适当的材料特性

弹塑性分析的收敛难度和计算时间都大大高于线弹性分析。对于一般的强度分析，使用弹性材料就可以满足工程需要。如果在弹性分析的结果中看到某些区域的 Mises 应力大于屈服应力（同时可以看到等效塑性应变 PEEQ >0），就可以判断这些区域会发生塑性变形。如果发生塑性变形的区域仅仅是很小的局部应力集中区域，而不是贯穿部件截面的大部分区域，可以认为部件不会发生塑性破坏。

表面加工硬化和感应淬火是工程中提高部件强度的常见工艺，它们一般仅仅是提高材料应力-应变曲线中的屈服强度和断裂强度，而不会改变弹性模量。如果使用弹性材料，在设置模型的材料属性时不需要考虑这些工艺的影响。

如果模型中某些部件的弹性模量和刚度很大，其变形量远远小于所关心部件的变形量，或者其位置远离所关心的部位，就可以把这些部件设为刚体。常见的例子包括：轧辊、冲头、模具、机械设备中的底座等等。

7. 定义合理的边界条件、荷载和相互作用

边界条件定义不够是静力分析中最常见的问题。例如，一个圆筒的内壁上受到均匀的径向压力（荷载和几何形状在 3 个方向上都对称），如果直接对完整的圆筒体建模，就很难定义边界条件。有些读者会想到取 1/2 来建模，在对称面上定义对称边界条件，但静力分析要求约束模型全部 6 个自由度上的刚体平动和转动，仅有一个对称边界条件仍然不够。正确的做法是充分利用对称性，取 1/8 圆筒来建模，在 3 个方向的对称面上分别定义边界条件。

接触分析会大大增加收敛的难度，如果两个部件的接触面远离关键部位，而且接触部位在整个分析过程中始终紧密连接，不会分开（例如，螺栓和螺母的螺纹连接处），就可以用绑定约束（tie）来代替接触。

对于非线性问题，加载次序不同，得到的结果也很可能会不同，因此，模型中各个分析步的模型状态应尽量符合工程实际。例如，某种机械产品的工程实际情况是：首先由生产商完成装配过程，将各个部件通过过盈配合装配在一起，然后客户将此产品投入使用，使其承受一定的荷载。在对这个产品的承载状况进行有限元分析时，应该首先用一个单独的分析步来模拟完成装配后的过盈接触状态，在下一个分析步再施加荷载，而不能只有一个分析步，同时定义过盈配合和荷载。

前面讨论的几点都是关于如何建立正确的模型，本书各章内容也都是围绕着这些主题而展开。如果我们能够顺利完成建模工作，并得到收敛的分析结果，这只是迈出了重要的一步，值得庆贺，但这并不意味着全部 CAE 工作已经完成，接下来还有几项重要的工作需要去做，下面分别进行讨论。

8. 评价和理解分析结果

得到分析结果后，首先要根据实践经验和力学的基本原理来评价这些结果的正确性，尽可能理解出现这样结果的可能原因，常用的方法包括：

（1）检查分析结果的数量级 例如，在正常荷载作用下，得到的应力结果达到了材料屈服应力的几十倍，这个结果有可能是错误的（例如，某个参数的单位不正确）。

（2）与以往的同类分析做比较 例如，如果应力集中的圆角半径由 3mm 缩小为 2.5mm，或者圆角半径保持不变，沿圆弧方向上的单元数由 6 个增大到 12 个，如果这时应力结果的变化量在 10% 以下，是比较正常的，如果应力变化很大（例如，增大了几倍），计算结果就值得怀疑。

应力奇异是评价分析结果时经常会遇到的问题。由力学的基本理论可知，在尖角处以及边界条件、接触关系、约束条件发生变化的位置应力奇异，有限元分析得到的这些位置上的应力结果是不可靠的。例如，在接触面或绑定约束区域的边缘处，以及施加了点荷载的节点上，会看到应力值非常大，但不能据此断定这些位置就是危险位置。如果需要准确地知道这些位置的应力，应该在几何模型中体现出这些位置真实的圆角，并在这些位置划分非常细化

的网格。

在工程实际中，绝对的尖角是不存在的，接触面也不会突然中止，而是一定会在接触面的边缘有一个过渡圆角。点荷载也只是一种理论上的假设，实际中的荷载一定是作用在一个区域上。如果这些部位不是关键部位，就没有必要模拟出这些不重要的细节。

从上面 8 个方面的讨论可以看出：在分析实际工程问题时，由于受到计算时间和软件本身能力的限制，我们永远不可能模拟 100% 真实的世界。完全精确的解析，只是一种理想的简化，只存在于力学教材中。对于实际的工程问题，如何在不影响结果精度的前提下对模型做适当的简化，忽略那些不重要的细节，永远是有限元分析的核心问题。

9. 通过试验测试验证分析结果

数值仿真和试验测试如同产品研发的两条臂膀，二者缺一不可，互为补充，互相促进。在现代的大型企业中，这两种模拟手段都是不可或缺的。

试验测试的优势在于测试对象是真实的零部件，更接近工程实际，但试验测试的成本很高，制造试件和完成测试的时间都很长，需要测试很多样本才能避免统计误差，如果需要修改设计方案，需要重新生产试件，重复整个试验过程。

数值仿真的优势在于可以灵活方便地模拟各种设计方案、支撑条件和荷载工况，大大节省时间和人力物力成本。前面已经介绍过，数值仿真过程中不可避免地要做各种简化和近似，计算结果的准确程度取决于建模方法和所输入参数的正确性。只有借助于试验测试的验证，才能在长期的实践中逐渐摸索总结出正确的数值仿真建模方法。

工程实际中，数值仿真结果和试验测试结果总会有一些差异。根据笔者的个人经验，对于应力或应变结果，如果数值仿真结果和试验测试结果的差异小于 5%，就已经很理想了；对于疲劳寿命，如果二者之间的差异小于 30% 就可以说相当吻合。例如，在高周疲劳的 S-N 曲线中，如果斜率为 5，则 5% 的应力差异对应的疲劳寿命差异为 $(1 + 5\%)^5 - 1$，即 28%。另外疲劳寿命的试验测试结果本身离散度就非常大，测试同一零部件的一组试样时，各个试样的疲劳寿命可能相差几倍。

10. 得出能够指导工程实践的结论

建立了正确的模型，得到了准确的分析结果，CAE 工程师的全部工作是否就已经完成了呢？在科技期刊上的有限元论文中，经常可以看到类似于以下结论："部位 A 是危险部位，其最大主应力值为……；部位 B 发生了塑性变形，最大的等效塑性应变为……；部位 C 的位移量最大，位移值为……"

如果是在高校或科研院所作理论研究，可能到此课题就完成了，但对于企业研发部门的 CAE 工程师，这样的结论一般来说还不够。企业所需要的结论是：危险部位 A 是否可能发生破坏？部位 B 的塑性变形是否会影响产品性能？部位 C 的位移量是否在允许的范围之内？并给出一锤定音的结论——这种产品设计是否可行，是否可以投产。

这样的结论确实很难做出，需要多年的实践经验。另外，下这样的结论要担负重大的责任，而这也正是 CAE 工程师的价值所在。在现代企业中，负责 CAE 的高级主管要在设计方案上正式签字，对于飞机、汽车等涉及安全性的产品，如果因为设计不当而出现产品质量问题，造成重大事故，CAE 部门的相关人员负有不可推卸的责任，严重时甚至会被追究法律责任。

具体如何根据有限元分析结果来判断产品设计方案的可行性，各大企业一般都有成熟的内部技术规范，有些情况下客户会提出一定的要求，例如，疲劳寿命或变形量需要达到的某种标准。

如果无法确定数值仿真结果的准确程度如何，可以在不同设计方案之间作比较。例如，某种产品已经按照设计方案 A 投入了大批量生产，质量良好，在新推出设计方案 B 时，可以比较这两种方案的有限元分析结果（前提是二者的建模方法、模型参数、网格密度都基本相同）。如果方案 B 的结果不逊于方案 A，就可以比较有把握地判断方案 B 也是可行的。即使这两种方案的有限元分析结果都不十分准确，但一般来说，这两个结果的相对变化量是比较准确的。

11. 优化和改进产品设计

优化和改进产品设计是 CAE 工程师的重要职责之一，同样需要多年的实践经验，才能拿出切实可行的方案。在优化和改进的过程中，主要应考虑下列因素：

（1）力学性能　例如，应力、应变、位移、疲劳寿命等。需要注意的是：力学性能并不是越高越好，过高就是所谓的"overdimensioned"，即尺寸过大，使用了过多不必要的材料，增大了成本和质量。对于很多机械产品，疲劳寿命有几倍的安全系数就够了。

（2）材料和质量　如上所述，现代工业产品的发展趋势是"轻薄短小"，在满足强度和使用功能的前提条件下，追求使用最少的材料，达到最轻的质量。例如，汽车制造商对于每个零部件的重量都有严格的限制，尽管一辆汽车重达几吨，但如果其中某个部件能够减轻几十克的质量，都会令汽车制造商很感兴趣，因为一辆汽车中包含上万个部件，如果每个部件都能减轻几十克，其总和就非常可观。

（3）尺寸和空间的限制　修改零部件的尺寸和外形时，应考虑与相邻部件的空间位置关系，不要引起装配冲突。

（4）零件加工的可行性　例如，过于复杂的几何形状是否会导致铸造困难，是否能够满足车床和磨床的工艺要求等。

（5）装配的可行性　例如，产品内腔内有螺栓连接，就需要为装配生产线留出放入螺栓的通道。

（6）成本　上面各个因素（材料、尺寸、零件加工、装配）都涉及成本问题。无论其他方面如何出众，如果一个设计方案带来了过高的额外成本，这个产品就很难在激烈竞争的市场上生存。下面举几个常见的例子：

① 一辆汽车的售价是几万甚至几十万美元，而汽车生产商可能因为几美分的价格差异而优先选择某个零部件生产商的产品，因为汽车年产量几十万辆，如果每辆车的成本节省几美分，其总和就是数万美元的成本差异。

② 陶瓷材料的力学性能和重量方面都优于钢，但陶瓷轴承始终无法成为主流的工业轴承，其材料价格高是一个主要原因。

③ 提高产品疲劳寿命有多种方法，例如，通过精磨来提高关键部位的表面光洁度、通过感应淬火来对关键部位作热处理等，但这都意味着生产成本的提高，不能随意采用。

工程实际中的有限元分析涉及多个不同的方面，以上仅仅是笔者的一些个人心得。所谓"运用之妙，存乎一心"，书本上的知识是有限的，要想成为一名优秀的 CAE 工程师，更多地还是需要读者在实践中摸索总结，积累经验。

0.3 Abaqus 软件的学习方法

很多读者感觉 Abaqus 软件比较难学，总是遇到不收敛的问题，甚至会因此觉得 Abaqus 不够好，转而选择其他的有限元软件。对此我们再做个比喻，如果我们拿着一台顶级的专业相机去摄影，最后发现照出来的相片是模糊的，这时我们首先应该想到的是如何提高我们的摄影水平，如何更好地对准焦距、保持手部平稳，而不是去抱怨相机质量太差。

同样的道理，如果建不出 Abaqus 模型，或者虽然能够建模但分析不收敛，我们应该考虑的是如何提高我们的专业水平，而不应随便怀疑 Abaqus 的质量，那是一种轻率的推卸责任的做法。

Abaqus 软件被业界称为有限元软件中的"贵族"，这里面有两层含义，首先是 Abaqus 软件处理复杂非线性问题的能力强，擅长解决接触、大变形、非线性材料等高端问题。正因为它的主要用途是解决复杂问题，所以它提供了很多复杂的功能，掌握起来会有一定的难度，就像专业相机比傻瓜相机难学，开汽车比骑自行车难学，开飞机比开汽车更难学。"贵族"的另一层含义是它的价格相对较贵，任何一种商品，其价格贵自然有贵的道理，正是因为质优才能卖得出高价钱。

事实上，只要经过一段时间的用心钻研，掌握 Abaqus 软件并不如想象中的那么困难。下面介绍一些学好 Abaqus 软件应注意的问题。

1. 掌握基本的力学概念和有限元知识

作为一名有限元分析软件的用户，虽然不见得一定要掌握非常精深的力学理论，但至少应该系统学习过材料力学和有限元基础理论。有限元分析是一项技术含量很高的脑力劳动，切勿将其理解为一些简单重复的建模操作。有限元分析软件和 CAD 软件同样都包含建模过程，但二者最大的区别在于：在使用 CAD 软件时，需要关注的仅仅是软件本身的功能和操作技巧，只要最终能把模型做出来就满足要求；而在有限元分析中，把模型建立起来仅仅是最简单的第 1 步，还要设置材料属性、荷载、边界条件、相互作用等，以保证分析能够顺利完成，能够得出分析结果。即使分析能够完成，并不表示其结果一定是正确的。如果模型中的参数违背了力学原理或不符合工程实际，计算结果就是错误的。

笔者接触过大量各行各业的 Abaqus 用户，发现很多人都有一个共性问题——还没有系统学习过基本的力学课程和有限元知识，就直接入手去分析相当复杂的工程问题。打一个夸张一点的比喻，这如同刚刚学会几句日常英语，就开始查着字典去翻译莎士比亚的巨著，或者甚至连字典都不查，仅凭自己的理解去翻译，这一定会出现很多问题。

2. 认真学习 Abaqus 基础教程

很多读者反映，在按照《实例详解》中的操作步骤一步步建模时，觉得非常容易，但是一旦建立自己的模型，就会遇到各种各样的问题，甚至是寸步难行。这里面的根本问题，还是读者没有真正掌握《实例详解》中的内容，只是依样画葫芦地操作了一遍，知其然而不知其所以然。

因此，在学习本书时，应该避免两种心态：一是急于求成，匆匆翻一遍书就急着开始建立自己的复杂模型；二是过于自信，认为 Abaqus 没什么难的，自己随便试试就可以掌握。我们在最初学习使用 Windows、Office 等软件时，大多都不需要看任何教材，自己多尝试几次就学会了，但如果在学习 Abaqus 时同样使用这种方式，就很可能事倍功半，欲速而不达。事实上，如果能够静下心来多花几个小时认真学习教程中的内容，很可能会节省几十个小时调试模型的时间。

撰写本书时，限于篇幅，很多重要内容只能是用一两句话点一下，没有用大段文字来展开论述。如果读者在学习时一味求快，觉得懂了就一带而过，忽略了书中的重要内容，就很容易在建模分析时出问题，有可能犯了最基本的错误还意识不到。

建议读者在学习完《实例详解》和本书的内容之后，尝试不借助书中的提示，独立完成一遍书中的各个实例，如果遇到不收敛的问题，就仔细比较自己的模型和随书光盘中模型的区别，逐步把不同的地方都改成与随书资源包中的模型相同，直到分析能够收敛为止。在这个过程中，要仔细思考建模的每一步为什么要像书中那样做，如果不那样做会不会出现问题。这样就可以慢慢体会到书中各个步骤和各个参数的必要性，如果在建模时图省事或不细心，去掉或修改了模型中的重要部分，就可能出现预料不到的问题。

3. 充分利用 Abaqus 帮助文件和科技文献

Abaqus 帮助文件是最系统全面的学习指南，在 "Abaqus/CAE User's Guide" "Abaqus Analysis User's Guide" 和 "Abaqus Keywords Reference Guide" 中可以找到对 Abaqus 各项功能的详细说明，而 "Abaqus Example Problems Guide" "Abaqus Benchmarks Guide" 和 "Abaqus Verification Guide" 提供了数百个各种类型问题的 INP 文件实例，读者都可以参考学习。

关于某个具体领域的专业问题，可以查找相关的科技文献。例如，在万方数据知识服务平台中搜索 "Abaqus"，可以找到很多 Abaqus 模拟过程的国内文献。

4. 勤于思考，勇于实践，反复尝试，锲而不舍

前面介绍了各种 Abaqus 学习资源，但无论资源如何丰富、教程写得如何详尽，也不可能解答关于 Abaqus 的所有问题，而只能是指引一个大致的方向，最终还是要靠读者自己的思考、实践和反复尝试，才能真正掌握 Abaqus 软件。

在 Abaqus 软件的学习过程中，读者应该多动脑思考，多动手操作，多查帮助文件，多总结经验，在这个过程中把学到的有限元知识和工程实际结合起来，真正提高利用有限元软件分析和解决实际问题的能力。

0.4 查找解决模型问题的基本方法

当模型中出现问题时，首先应仔细查看 Abaqus/CAE 操作界面以及 DAT、MSG 等文件中的错误信息和警告信息，寻找各种解决问题的线索。帮助文件永远是软件用户的"圣经"，绝大部分疑难问题都可以在其中搜索到答案，在帮助文件的实例中找到可借鉴的模型。

当模型出现问题时，有些人会茫然不知所措，或者会一遍遍重复已经证明是行不通的操作，然后一遍遍得到失败的结果，最后绝望地放弃。很多情况下，错误的真正原因并不是自己所认为的那个原因，例如，曾经有读者询问"为什么他的模型使用自适应网格时无法收敛"，笔者发现，即使不使用自适应网格，他的模型也同样无法收敛，因此，问题的关键就不是如何设置自适应网格，而是模型中其他方面的问题。

分析解决 Abaqus 疑难问题的过程，恰如侦探断案，又如医生诊病，当一条路走不通

时，应该尝试从各种角度迂回、试探，具体的方法包括：

1）简化法： 在使用某个不熟悉的新功能前，尽量不要刚开始就在模型中加入太多不熟悉的新东西，而是先建一个最简单的模型，其几何形状、材料参数、边界条件、荷载等都尽量简单，单元数不要太多，各个参数都使用自己最熟悉的设置。这个简单模型运行成功后，再逐渐加入复杂的参数，而且是每次只增加一种或少数几种复杂参数。例如，在做弹塑性材料的接触分析时，应该先用弹性材料运行一下，如果接触分析能够收敛，再改为塑性材料。如果这时出现不收敛，可以初步确认接触的定义是正确的，应该集中精力解决与塑性分析有关的问题。

2）渐进法： 找一个肯定正确的模型（例如，帮助文件或本书资源包中的实例），在其基础上尝试想要学习掌握的建模功能和参数，这样一旦出现错误，可以肯定是这些新功能或参数出现问题，而模型的其他方面都是正确的。

3）排除法： 在模型参数中找出几个可能有问题的怀疑对象，依次把它们从模型中去除，或者改为自己熟悉的参数，看这时是否不再出现原来的问题。这样逐渐缩小怀疑对象的范围，直至找到问题的关键。

如果建模或提交分析时总是出现异常错误，可以换一个肯定是正确的模型，重复以前的操作，如果出现了同样的错误现象，说明不是原来那个模型的问题，而可能是 Abaqus 没有正常安装，或者是这台计算机的某个设置存在问题，或者 Abaqus 与某个软件（例如，杀毒软件、C++、Fortran）不兼容等。

另外，也可以在另外一台计算机上对原来模型重复以前的操作，如果能够成功，也可以说明模型本身没有问题。

0.5 心愿

学习 Abaqus 软件的过程，既有"山重水复疑无路"时的苦闷，又有"柳暗花明又一村"时的欣喜。这篇导言的标题引用了伟大的爱国主义诗人屈原的名句——"路漫漫其修远兮，吾将上下而求索"，与大家共勉。我国 CAE 行业的发展需要靠每位从业人士的努力，个人之力虽然微薄，还是希望能够和大家分享一下自己的 Abaqus 使用经验和心得，帮助大家提高有限元分析的水平。

在不久的将来，希望能够看到企业、政府、教育界和有限元软件行业在培育高质量的 CAE 专才方面投入更大的力量，看到更多的民族企业把数值仿真作为产品生命周期中的重要一环，看到更多的 CAE 工程师成为产品研发中的灵魂人物，看到我国 CAE 领域的整体应用水平真正赶上世界先进水平。

第 1 篇

基 础 篇

第 1 章

Abaqus基础知识
常见问题解答与实用技巧

本章要点:

- ※ 1.1 Abaqus 的基本约定
- ※ 1.2 Abaqus 中的文件类型及功能
- ※ 1.3 Abaqus 的帮助文件
- ※ 1.4 更改工作路径
- ※ 1.5 Abaqus 的常用 DOS 命令
- ※ 1.6 设置 Abaqus 的环境文件
- ※ 1.7 影响分析时间的因素
- ※ 1.8 本章小结

　　本章主要介绍 Abaqus 软件使用过程中的一些基本约定(例如,自由度、单位、时间、坐标系等),Abaqus 中的文件类型及功能、Abaqus 的常用 DOS 命令以及如何更改工作路径、如何使用在线帮助文件等基本问题。这些问题看起来似乎都是"小"问题,但在实际建模分析过程中往往容易被读者忽略,导致出现分析结果不收敛甚至结果错误等"大"问题。本章内容都是使用 Abaqus 软件进行有限元分析的基础,有必要在介绍各功能模块之前阐述清楚,在后面章节的学习过程中也要经常用到,希望读者给予足够的重视。

　　在开始学习本书之前,读者应该已经基本掌握 Abaqus 的基础知识,熟悉 Abaqus/CAE 的操作界面,了解 Abaqus 软件建模、提交分析和后处理的基本方法。

1.1 Abaqus 的基本约定

1.1.1 自由度的定义

【常见问题 1-1】自由度的数字表示

　　Abaqus 中的自由度是如何定义的?

『解答』

　　默认设置下,Abaqus 以 1、2、3 等数字作为各个自由度的标识符。在 INP 文件中,也是使用这些数字来表示自由度（例如，定义荷载和边界条件）。

除了轴对称单元之外，其他单元的节点自由度含义见表1-1，轴对称单元的自由度含义列于表1-2。默认情况下，1、2、3自由度与系统整体直角坐标系下的1、2、3自由度一致，但如果使用关键词* Transform对节点进行了局部坐标系转化，它们将与局部坐标系中的对应坐标轴一致。

对于直角坐标系，自由度1、2、3分别对应于x、y、z；对于柱坐标系，自由度1、2、3分别对应于r（径向）、θ（周向）、z（轴向）；对于球坐标系，自由度1、2、3分别对应于r（径向）、θ（周向）和φ（经向）。

表1-1　自由度表示及其含义（轴对称单元除外）

自由度	含　义	自由度	含　义
1	方向1上的平动自由度	8	声压、孔隙压力（或静水压力）
2	方向2上的平动自由度	9	电势
3	方向3上的平动自由度	10	连接器材料流（长度单位）
4	绕1轴旋转的转动自由度（以弧度表示）	11	连续体单元温度（或质量扩散分析中的归一化浓度），沿着梁或壳厚度方向第一点的温度
5	绕2轴旋转的转动自由度（以弧度表示）	12	沿着梁或壳厚度方向第二点上的温度
6	绕3轴旋转的转动自由度（以弧度表示）	13	沿着梁或壳厚度方向第三点上的温度
7	翘曲（对于开口截面梁单元）	14	其他

表1-2　轴对称单元的自由度表示及其含义

自由度	表　示　意　义	自由度	表　示　意　义
1	r方向位移（径向平动自由度）	5	绕z轴旋转的转动自由度（用于带扭曲的轴对称单元），以弧度表示
2	z方向位移（轴向平动自由度）	6	r-z平面内旋转的转动自由度（用于轴对称壳单元），以弧度表示

> **提示**：在Abaqus软件提供的单元库中，所有的应力/位移型实体单元和桁架单元都只有平动自由度，没有转动自由度；梁单元、壳单元和刚体单元既有平动自由度，又有转动自由度。

表1-1和表1-2所列出的自由度并非总是同时出现。分析类型不同，则自由度的定义不同。例如，热分析中的自由度在力学分析中可能是无效的。

除了表1-1和表1-2所列的自由度之外，Abaqus/Standard求解器对某些特定单元还定义了内部自由度（例如，用于施加约束的拉格朗日乘子）。一般情况下，使用Abaqus时并不需要了解这些变量，但在分析过程中，检验迭代过程中非线性约束是否得到满足时，经常用到这些内部变量，读者可以在MSG文件（* . msg）的错误信息和警告信息中查询到相关信息。需要注意的是：内部变量与内部节点相关，仅供Abaqus软件内部使用。内部节点以负的节点号来表示，区别于读者所定义的节点号。

『实用技巧』

读者在 Abaqus/CAE 或在 INP 文件中定义荷载或边界条件时，如果所施加的荷载和边界条件与坐标轴正向相同，则荷载或边界条件为正值，反之为负值。例如，以下语句：

> * Cload
>
> 118, 1, – 100.0

上述关键词的含义是：在 118 节点的 1 自由度（默认为 X 轴）的负方向上施加大小为 100.0 个单位的集中力。

> * Boundary, type = VELOCITY
>
> _8, 4, 4, – 5.

上述关键词的含义是：在 8 节点的 4 自由度（绕 X 轴转动自由度）的负方向上施加 5.0 弧度/秒的速度边界条件。

> **提示：** 在定义与平动自由度相关的荷载和边界条件时，约定如下：如果所施加荷载或边界条件的方向与坐标轴正向相同，则为正号，否则需要加上负号。在定义与转动自由度相关的荷载和边界条件时，采用右手螺旋法则判定正负号：让大拇指的方向与坐标轴正向相同，四指的指向即为正的荷载或边界条件的方向，如果所施加的荷载或边界条件与四指指向相反，则需要加上负号。

1.1.2 选取合适的单位制

【常见问题 1-2】 常用的国际单位制

在 Abaqus 中建模时，各个量的单位应该如何选取？

『解答』

Abaqus 中没有固定的单位制，建模时根据分析模型的尺寸大小，为各个量选用相互匹配的单位即可，最后得出的计算结果的单位与所采用的单位制对应。Abaqus 中常用的国际单位制如表 1-3 所示。

表 1-3 **Abaqus 中常用的国际单位制**

国际单位制	长度	力	质量	时间	应力、弹性模量	能量	密度	加速度
SI（m）	m	N	kg	s	Pa（N/m^2）	J	kg/m^3	m/s^2
SI（mm）	mm	N	t（10^3kg）	s	MPa（N/mm^2）	mJ（10^{-3}J）	t/mm^3	mm/s^2

需要注意的是：如果长度单位使用 m，则力、质量和时间的单位必须是 N、kg 和 s，对应的密度单位是 kg/m^3，应力和弹性模量的单位是 N/m^2（即 Pa）；如果长度单位使用 mm，则力、质量和时间的单位必须是 N、t（吨）和 s，对应的密度单位是 t/mm^3，应力和弹性模

量的单位是 N/mm^2（即 MPa）。

上述单位的组合是固定的，根据"力 = 质量×加速度"，各个量之间的换算关系为：

$$N = kg \cdot m/s^2 = t \cdot mm/s^2$$

如果各个量的单位不匹配（例如，长度单位选用 mm，而密度单位选用 kg/mm^3），因为不满足上面的物理关系式，得到的结果将是错误的。

在 Sketch 功能模块中，Abaqus 能够接受的模型尺寸范围是 $10^{-3} \sim 10^5$，读者在有限元分析之前应该根据模型尺寸选择一套合适的单位制，使模型的尺寸在上述范围内。一般可以选择国际单位制（长度单位为 m 或 mm），如果模型的尺寸很小（微细观结构），就必须更改单位制，选择长度单位为纳米或者微米，所有其他单位也要进行相应的换算，以保持量纲一致。

『实例』

下面的实例是 INP 文件中钢材的材料属性，分别使用表 1-3 中的两套单位制来进行定义：

1）以 SI（m）为单位   2）以 SI（mm）为单位

```
* Density                      * Density
7800,                          7.8e-9,
* Elastic                      * Elastic
2.1e11,   0.3                   210000,   0.3
* Plastic                      * Plastic
4.2e8,   0                      420,   0
8.3e8,   0.15                   830,   0.15
```

『相关知识』

在 Abaqus 软件提供的帮助文件中，有些 INP 文件实例使用的并非国际单位制，而是英寸或英尺等英制单位，读者应该注意区分。例如，Abaqus 6.14 帮助文件 "Abaqus Example Problems Guide" 第 10.1.3 节 "Axisymmetric simulation of an oil well" 的例子中，说明文档部分使用 MPa 等国际单位，而附带的模型文件 axisymoilwell. inp 使用的是英制单位。

关于 Abaqus 单位选取的详细介绍，请参见 Abaqus 6.14 帮助文件 "Abaqus Analysis User's Guide" 第 1.2.2 节 "Conventions"。

1.1.3 Abaqus 中的时间

【常见问题 1-3】 总分析时间和分析步时间

怎样理解 Abaqus 中的时间计量？

『解答』

Abaqus 提供了两种时间计量方法：

（1）总分析时间（total time）计量法 该计量法从第 1 个分析步开始，所有分析步的时间累加起来（包括重启动分析中的分析步时间）。

（2）分析步时间（step time）计量法　　该计量法认为每个分析步均从 0 时刻开始计时（线性摄动分析步除外，因为它不考虑时间影响）。

图 1-1 给出了这两种时间计量法的差异。在这个例子中，共包含 3 个分析步（step），每个分析步步长为 50s。

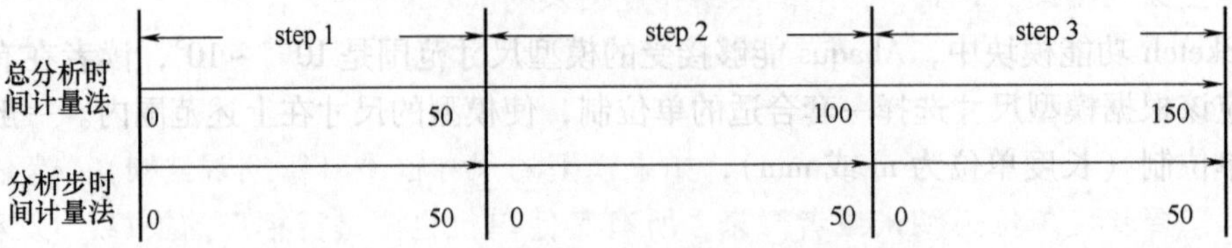

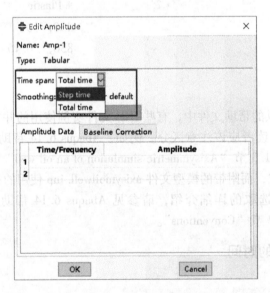

图 1-1　总分析时间计量法和分析步时间计量法

在静力分析中，如果模型中不包含阻尼或与速率相关的材料性质，时间就没有实际的物理意义。方便起见，一般把分析步时间设置为默认值 1。涉及爆炸、冲击等与时间有关效应的动力分析中，应根据实际情况选择合适的时间计量方法。

在 Abaqus/CAE 中建模时，除了需要在 Step 功能模块中设置时间之外，在 Load 功能模块和 Interaction 功能模块中还可以创建与时间有关的幅值曲线，具体操作方法是：选择菜单 Tools→Amplitude→Create，选择幅值曲线的类型，将 Time span 设为 Step time 或 Total time（见图 1-2），定义荷载和边界条件时可以使用上述幅值曲线。更详细的介绍，请参见第 8.4 节"定义幅值曲线"。

图 1-2　定义幅值曲线时选择不同的时间计量方法

1.1.4　Abaqus 中的重要物理常数

【常见问题 1-4】常用物理常数

Abaqus 中有哪些常用的物理常数？如何定义？

『解答』

表1-4列出了 Abaqus 中一些常用的重要物理常数，以方便读者查阅。在 Abaqus/CAE 界面下，选择菜单 Model→Edit Model Attributes，则弹出如图1-3所示的对话框，可以设置绝对零度、玻尔兹曼常数和大气压强常数。

表1-4　**Abaqus 中的常用物理常数**（国际单位制）

绝对零度/℃	重力加速度/(m/s²)	大气压强/Pa	玻尔兹曼常数/(J/K)
-273.15	9.8066	0.10132×10^6	1.3806505

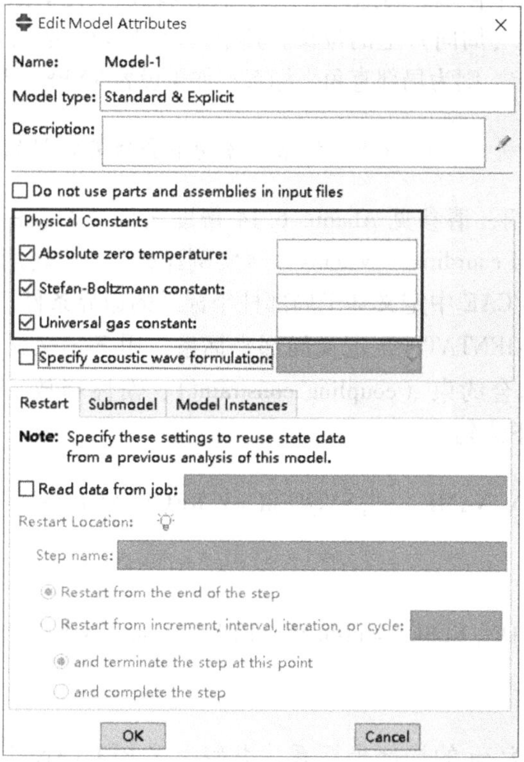

图1-3　设置常用的物理常数

1.1.5　Abaqus 中的坐标系

【常见问题1-5】定义局部坐标系

如何在 Abaqus 中定义局部坐标系？

『解答』

Abaqus 中有3种定义局部坐标系的方法，其含义和用途各不相同，下面分别详细介绍。

1）使用关键词* TRANSFORM 定义节点自由度的局部坐标系，用于定义荷载、边界条件和约束方程等。例如以下语句：

```
* NSET, NSET = ex, GENERATE
2, 702, 100
3, 703, 100
* TRANSFORM, NSET = ex, TYPE = C
0, 0, 0, 0, 0, 1
* BOUNDARY
ex, 2, 2, 0
```

其含义为：创建节点集合 ex，将这些节点的自由度转换至柱坐标系下，为这些节点定义位移边界条件，约束 2 方向（周向）上的位移。其中，TYPE = C 表示局部坐标系的类型为柱坐标系；如果设置 TYPE = R，则为局部直角坐标系；如果设置 TYPE = S，则为球坐标系。

> **提示：** 在大位移分析中，该局部坐标系的方向不会随着材料的旋转而旋转。

相关内容的详细介绍，请参见 Abaqus 6.14 帮助文件 "Abaqus Analysis User's Guide" 第 2.1.5 节 "Transformed coordinate systems"。《实例详解》"旋转周期结构的建模" 中的实例演示了如何在 Abaqus/CAE 中定义基于局部柱坐标系的边界条件。

2）使用关键词 * ORIENTATION 定义局部坐标系，用于定义材料特性、钢筋（rebar）、应力/应变分量输出、耦合约束（coupling constraint）、惯性释放荷载（inertia relief load）、连接单元等。例如，以下语句：

```
* ORIENTATION, NAME = aa, SYSTEM = Z RECTANGULAR, DEFINITION = NODES
11, 12
2, 75.
* SHELL SECTION, ELSET = bbb, MATERIAL = mat1, ORIENTATION = aa
1.0,
```

其含义为：定义名为 aa 的局部坐标系，类型为 Z RECTANGULAR，由 3 个点来确定局部坐标系的方位，前两个点是节点 11 和 12，第 3 个点是默认的原点；附加的转动绕局部坐标系的 2 方向，附加转角为 75°；并将该局部坐标系应用于壳截面的定义中，壳厚度为 1.0。

实体单元默认的材料方向为全局直角坐标系，壳单元和膜单元默认的材料方向则是全局坐标系到壳或膜表面的投影。用 * ORIENTATION 来定义的局部坐标系会影响各向异性材料以及应力/应变输出的方向。在大位移分析中，此局部坐标系的方向会随着材料的旋转而旋转。

相关内容的详细介绍，请参见 Abaqus 6.14 帮助文件 "Abaqus Analysis User's Guide" 第 2.2.5 节 "Orientations"。

3）如果只使用局部坐标系来定义节点坐标，而节点和单元本身的自由度仍然基于全局坐标系，则具体的操作方法是：首先使用关键词 * SYSTEM 来定义局部直角坐标系，然后使用关键词＊NODE 来定义该局部直角坐标系下的各个节点坐标。例如，以下语句：

```
* SYSTEM
400, 0, 0, 400, 0, 200
200, 0, 0
* NODE
1, 0, 0, 1
2, 0, 0, 2
```

其含义为：定义如图 1-4 所示的局部直角坐标系，并在该坐标系下定义节点 1 和 2 的坐标。其中，＊SYSTEM 下面的两行语句给出了 3 个全局坐标系下的节点坐标，用来定义局部直角坐标系；＊NODE 下面的两行语句中则定义了局部直角坐标系下点 1 和点 2 的坐标。

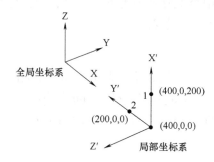

图 1-4　利用＊SYSTEM 定义局部坐标系（坐标值为全局坐标系下的坐标）

如果希望回到全局坐标系中，可以在＊SYSTEM 后面不跟数据行或者跟一个空数据行，然后定义节点坐标。例如，以下语句：

```
* SYSTEM
* NODE, NSET = aaa
1, 1. 0, 2. 0, 3. 0
2, 4. 0, 5. 0, 6. 0
```

其含义为：在全局坐标系下定义节点 1 和 2，其坐标分别为（1.0，2.0，3.0）和（4.0，5.0，6.0），它们都属于节点集合 aaa。

另外一种方法是不使用关键词＊SYSTEM，而是直接在＊NODE 后面使用参数 SYSTEM = R（或 C、S）来定义局部坐标系下的节点坐标。例如，以下语句：

```
* NODE, SYSTEM = C
1001, 10, 20, 5
```

其含义为：节点 1001 在局部柱坐标系下的坐标为（10，20，5）。Abaqus 自动将该坐标转化为全局直角坐标系下的坐标（10cos20°，10sin20°，5）。

上述在局部坐标系下定义节点坐标的方法只能通过在 INP 文件中添加关键词 * SYSTEM 和 * NODE 来实现，而在 Abaqus/CAE 中没有提供相应的操作实现该功能。

> **提示**：Abaqus 会把在局部坐标系下定义的节点坐标自动转换为全局直角坐标系下的坐标，因此在这些节点上定义的荷载、边界条件、结果输出等都仍然是相对于全局直角坐标系的。

1.2 Abaqus 中的文件类型及功能

【常见问题 1-6】 文件类型及功能

Abaqus 建模和分析过程中会生成多种类型的文件，它们各自有什么作用？当模型出现问题时，应该查看哪些文件来查找错误原因？

『解答』

Abaqus 分析过程中生成的文件类型如表 1-5 所示，相关内容的详细介绍，请参见 Abaqus 6.14 帮助文件 "Abaqus Analysis User's Guide" 第 3.6 节 "File extension definitions" 和 "Abaqus/CAE User's Guide" 第 9.4 节 "Understanding the files generated by creating and analyzing a model"。

表 1-5 Abaqus 生成的文件类型

文件类型	功　　能
* . abq	状态文件，仅用于 Abaqus/Explicit 分析，重启动分析时需要此文件
* . axi	对称模型数据文件，仅适用于 Abaqus/Standard 求解器
* . bsp	包含网格截面轮廓的梁横截面特性的文本文件
* . c	子程序或其他特殊用途的 C 文件
* . c ++	子程序或其他特殊用途的 C ++ 文件
* . cpp	子程序或其他特殊用途的 C ++ 文件
* . cae	模型数据库文件，记录模型信息、分析任务等
* . cid	自动释放文件，包含服务器继续和暂停运行所需要的信息
* . com	由 Abaqus 执行过程创建的命令文件
* . dat	数据输出文件，记录模型预处理信息和输出数据信息
* . eig	Lanczos 特征向量文件
* . env	环境文件
* . f 和 * . for	子程序文件或其他用途的 Fortran 文件
* . fil	结果文件，可被其他应用程序读入，从而可以继续进行分析

（续）

文件类型	功　　能
*.fin	使用 abaqus ascfil 命令更改 .fil 文件格式时创建的结果文件
*.inp	输入文件，Abaqus 命令支持计算的文件，可导入 Abaqus/CAE 中，但是某些关键词 Abaqus/CAE 暂时不支持
*.ipm	内部处理过程信息文件，包含 Abaqus/Standard 和 Abaqus/Explicit 传送给 Abaqus/CAE 的信息
*.jnl	日志文件，记录了建模过程中每个操作所对应的 Abaqus/CAE 命令，可用于复制已存储的 cae 模型文件
*.lck	阻止并发写入 ODB 文件，关闭 ODB 文件后则自动删除
*.log	日志文件，包含了 Abaqus 执行过程的起止时间等信息
*.mdl	模型文件，在 Abaqus/Standard 和 Abaqus/Explicit 中进行数据检查后生成的文件，用于重启动分析
*.msg	记录了分析过程的详细信息，包括：分析计算中的平衡迭代次数、计算时间、警告信息等
*.nck	Abaqus/Standard 求解器使用的昵称文件，用于存储模型自由度的一组内部标识符
*.odb	输出数据库文件，在 Visualization 功能模块中打开
*.pac	包含模型信息的打包文件，仅用于 Abaqus/Explicit 求解器的重启动分析
*.par	原始的参数化输入文件的修改版本，用于显示输入参数及其值
*.pes	原始的参数化输入文件的修改版本，显示无参数信息的输入（在执行了输入参数求值和替换之后）
*.pmg	参数评估和替换的信息文件，在输入文件参数化时写入
*.prt	部件信息文件，包含部件和装配件信息，用于重启动分析
*.psf	Python 脚本文件，读者必须定义这种类型的文件后才能进行参数化研究
*.rec	记录了 Abaqus/CAE 命令，可用于恢复内存中模型数据库
*.res	重启动文件，在 Step 功能模块中定义相关参数
*.rpy	记录几乎所有的 Abaqus/CAE 命令文件
*.sel	选择输出的结果文件，仅适用于 Abaqus/Explicit 求解器，用于重启动分析
*.sim	Abaqus/CFD 求解器使用的模型和结果文件，当指定了 resultsformat = sim 或同时指定这两个选项时，Abaqus/Standard 和 Abaqus/Explicit 求解器也会使用
*.sta	状态文件，包含分析过程信息
*.stt	状态文件，用于重启动分析
*.sup	子结构文件，仅适用于 Abaqus/Standard 分析
*.var	该文件包含参数化研究生成的 INP 文件的变量信息
*.023	通信文件

对几种最常用的文件类型详细介绍如下：

1）INP 文件是前后处理器 Abaqus/CAE 与求解器 Abaqus/Standard 和 Abaqus/Explicit 之间的联系桥梁，图 1-5 给出了它们之间的关系。

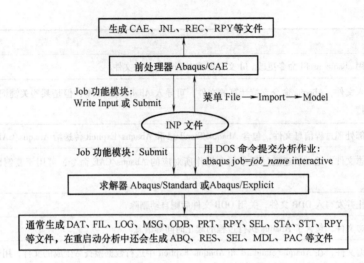

图 1-5　INP 文件与 Abaqus/CAE、Abaqus/Standard、Abaqus/Explicit 之间的关系

2）JNL 文件记录了建模过程中每个操作所对应的 Abaqus/CAE 命令，当 Abaqus/CAE 出现错误而异常退出时，可利用 JNL 文件恢复已存储的 CAE 模型文件。在 Abaqus/CAE 中打开 CAE 模型文件时，如果不存在同名的 JNL 文件，会出现如图 1-6 所示的提示信息，读者可以不必理会此信息，单击 Dismiss 即可，Abaqus/CAE 将会自动生成新的 JNL 文件。

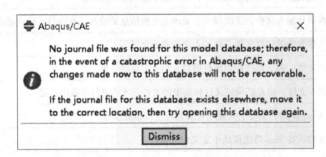

图 1-6　如果 CAE 模型文件所在文件夹下没有 JNL 文件，打开 CAE 文件时出现的提示信息

3）DAT 文件中记录了 Abaqus 的预处理信息和定义的输出数据文件信息。而 Abaqus/Explicit 求解器的分析结果不会写入此文件。相关内容的详细介绍，请参见第 20.2.12 节 "DAT 文件中的正常提示信息"。

4）MSG 文件中记录了 Abaqus/Standard 求解器分析过程的详细信息，包括：平衡迭代次数、计算时间、警告信息、错误信息、不平衡力、不平衡力矩、各种收敛设置等。读者可以通过此文件检查模型中的错误并加以改正。相关内容的详细介绍，请参见第 20.1.7 节 "MSG 文件中的正常提示信息"。

5）STA 文件中记录了 Abaqus/Explicit 求解器在分析过程中的详细信息，Abaqus/Standard 只是在 STA 文件中简单列出已完成的分析步和迭代收敛情况。

【常见问题 1-7】关注 **DAT** 文件、**MSG** 文件和 **STA** 文件

提交分析作业后，应该查看 Abaqus 生成的哪些文件？

『解答』

提交分析作业后，建议读者按照下列顺序来查看分析过程中的信息，以便及时发现和解决模型中存在的问题：

1）查看 DAT 文件：DAT 文件包含了模型预处理过程中的所有信息，在此文件中经常会看到很多警告信息（warnings），这些警告信息大多只是提示信息，并不表示模型存在问题，通常可以不去管它；如果 DAT 文件中出现了错误信息（error），说明 INP 文件中存在严重错误，无法进行分析计算，求解器 Abaqus/Standard 和 Abaqus/Explicit 不会开始运行，这时必须理解错误信息的含义并修改模型，然后重新提交分析。

2）如果模型选用 Abaqus/Standard 求解器提交分析，此时应认真查看 MSG 文件，如果该文件中出现了警告信息（warnings）或错误信息（errors），往往表明模型中存在问题，需要理解错误信息的含义并相应地修改。顾名思义，MSG 文件指的是 message file，该文件包含了所有求解过程中的详细信息，例如：收敛准则、每个分析步（step）、增量步（increment）和迭代（iteration）的详细信息，如果分析作业不收敛，认真研究错误或警告信息出现的分析步、增量步、迭代步以及出现问题的模型位置，这些信息是查找不收敛原因的重要线索。图 1-7 和图 1-8 是 MSG 文件中给出的收敛准则信息和详细的求解过程信息，深刻理解这些信息将有助于读者修改调试模型、查找模型错误。

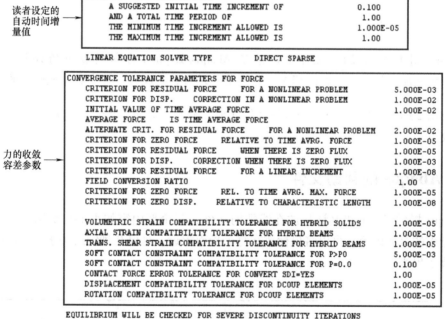

图 1-7　MSG 文件中的收敛控制信息

3）如果模型选用 Abaqus/Explicit 求解器提交分析，则应查看 STA 文件中的分析过程信息。同样地，应根据其中的警告信息或错误信息来找出模型中存在的问题，并加以改正。

在检查和修改模型的过程中，利用显示组（display group）、颜色代码（color code dialog）、装配件显示（assembly display options）等功能可以更容易发现存在问题的位置。

```
INCREMENT      2 STARTS. ATTEMPT NUMBER  1, TIME INCREMENT   0.100

NUMBER OF EQUATIONS =    411138    NUMBER OF FLOATING PT. OPERATIONS = 8.58E+11

      CHECK POINT    START OF SOLVER

      CHECK POINT   END OF SOLVER

         ELAPSED USER TIME (SEC)      =  0.70000
         ELAPSED SYSTEM TIME (SEC)    =  0.10000
         ELAPSED TOTAL CPU TIME (SEC) =  0.80000
         ELAPSED WALLCLOCK TIME (SEC) =        1

            CONVERGENCE CHECKS FOR EQUILIBRIUM ITERATION    1

AVERAGE FORCE                     18.9     TIME AVG. FORCE       13.5
LARGEST RESIDUAL FORCE         2.682E-10   AT NODE      45352   DOF 2
  INSTANCE: PART-BEAM-1
LARGEST INCREMENT OF DISP.       -3.59     AT NODE       6501   DOF 2
  INSTANCE: PART-BEAM-1
LARGEST CORRECTION TO DISP.    3.586E-09   AT NODE     137040   DOF 2
  INSTANCE: PART-BEAM-1
      THE FORCE    EQUILIBRIUM RESPONSE WAS LINEAR IN THIS INCREMENT
      TIME INCREMENT MAY NOW INCREASE TO    0.150

ITERATION SUMMARY FOR THE INCREMENT:   1 TOTAL ITERATIONS, OF WHICH
  0 ARE SEVERE DISCONTINUITY ITERATIONS AND  1 ARE EQUILIBRIUM ITERATIONS.

TIME INCREMENT COMPLETED  0.100   ,   FRACTION OF STEP COMPLETED   0.200
STEP TIME COMPLETED       0.200   ,   TOTAL TIME COMPLETED         0.200
```

平衡迭代的收敛检查 →

增量步迭代信息汇总 →

图 1-8 详细的迭代求解信息

> **提示**：求解器在 STA 文件中记录了 Abaqus/Explicit 分析过程中的详细信息，而 Abaqus/Standard 求解器只是在 STA 文件中简单列出已完成的分析步和迭代收敛的状态。

本书第 20 章"错误信息与警告信息的处理"介绍了常见的错误信息和警告信息以及对应的解决方法。

1.3 Abaqus 的帮助文件

Abaqus 提供了一套极其详尽的在线帮助文件，其全部内容如表 1-6 所示。如果读者不清楚各指南的具体内容，可以将鼠标放在每个指南附近，悬停几秒钟后关于该指南的详细信息就会显示出来。

表 1-6 Abaqus 的帮助文件

帮助文件名称	帮助文件内容
Abaqus/CAE User's Guide	Abaqus/CAE 用户指南
Abaqus Analysis User's Guide	Abaqus 分析用户指南
Abaqus Example Problems Guide	Abaqus 实例指南
Abaqus Benchmarks Guide	Abaqus 基准校核指南
Getting Started with Abaqus：Interactive Edition	开始学习 Abaqus（交互界面版本）
Getting Started with Abaqus：Keywords Edition	开始学习 Abaqus（关键词版本）

（续）

帮助文件名称	帮助文件内容
Using Abaqus Online Documentation	如何使用 Abaqus 在线帮助文件
Abaqus Installation and Licensing Guide	Abaqus 安装和授权指南
Abaqus Keywords Reference Guide	Abaqus 关键词参考指南
Abaqus Theory Guide	Abaqus 理论指南
Abaqus Verification Guide	Abaqus 验证指南
Abaqus User Subroutines Reference Guide	Abaqus 用户子程序参考指南
Abaqus Glossary	Abaqus 词汇表
Abaqus Scripting User's Guide	Abaqus 脚本用户指南
Abaqus Scripting Reference Guide	Abaqus 脚本语言参考指南
Abaqus GUI Toolkit User's Guide	Abaqus GUI 工具箱用户指南
Abaqus GUI Toolkit Reference Guide	Abaqus GUI 工具箱参考指南
Abaqus Interface for MOLDFLOW User's Guide	Abaqus 与 MOLDFLOW 接口用户指南
Abaqus Release Notes	Abaqus 版本发布信息

1.3.1 在帮助文件中查找信息

【常见问题1-8】快速查找帮助文件中的信息

Abaqus 帮助文件的内容非常丰富，如何在其中快速准确地找到所需要的信息？

『解答』

在帮助文件中快速查找所需信息包含很多技巧，详细介绍如下：

1）如果不清楚所搜索的信息在哪本指南，可以在首页 Search All Guides 对话框中直接输入要查找的关键词，按回车键，所查找关键词在各个指南中出现的次数将会用红色数字显示（见图 1-9），根据分析需要可自行选择相关指南进行查询。通常情况下，读者应重点关注出现频次较多的位置。

2）如果需要查询由多个词组成的词组，可以使用引号“ ”（注意：要使用英文的引号）将查询内容括起来，在查询过程中，这些词将作为一个整体来搜索。例如，如果把“coordinate system”作为搜索对象，就可以找到这两个词一起出现的位置。

3）如果输入不加引号或连接符的词组，Abaqus 将搜索同时包含词组中所有单词的页面，此时往往不是所需要的结果，建议不要采用这种搜索方法。

4）搜索时不区分大小写，例如，ELEMENT、element 和 Element 的搜索结果都相同。

5）如果对搜索的单词拼写不确定，或者需要搜索相似单词，可以使用通配符“ * ”进行搜索。例如，搜索“hy * lastic”时可以找到下列结果：hyperelastic、hyperelasticity、HYPERELASTIC、hypoelastic、hppoelasticity、HYPOELASTIC。

6）一般情况下，前面介绍的 5 种搜索方法已经能够满足读者需要。如有其他需求，还可以利用 Advanced Search 选项进行高级搜索。

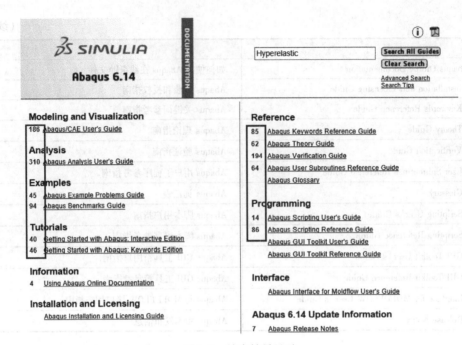

图 1-9 搜索结果显示

提示：在搜索过程中，不要在中文输入法状态下输入引号、连接符、通配符等，否则可能找不到搜索结果。

关于如何高效使用在线帮助文件的详细信息，请参见 Abaqus 6.14 帮助文件"Using Abaqus Online Documentation"第 4 章"Searching the Abaqus HTML documentation"。

1.3.2 Abaqus/CAE 中的帮助功能

【常见问题 1-9】 即时帮助功能

Abaqus/CAE 提供了哪些即时帮助功能？如何使用？

『解答』

Abaqus/CAE 提供了多种非常方便的即时帮助功能，可以帮助读者快速查询所需信息或使用方法，下面分别详细介绍：

1）窗口顶部的 ▶? （Invoke Context Sensitive Help）图标：首先单击该图标，然后在 Abaqus/CAE 界面上单击需要获取信息的按钮、菜单、对话框或模型树，相关提示信息立刻呈现出来，十分方便。它的作用与主菜单 Help→On Context 的功能相同。

2）快捷键＜F1＞：可以获取与当前操作相关的提示信息。当某些情况不允许使用 ▶? 图标（例如，某些对话框）时，读者可以使用＜F1＞快捷键。

3）工具提示信息（tooltip）：对于 Abaqus/CAE 工具区、工具栏和模型树中的很多按钮和选项，如果将鼠标放在上面悬停几秒钟，便会显示相应的提示信息。另外，在 Abaqus/CAE 的很多对话框中都提供了提示信息，合理利用这些即时帮助，可以更容易地完成有限元分析。

例如，在创建连接单元截面时（见图 1-10a），单击 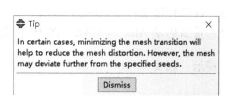 图标，将显示出连接单元类型的图示（图 1-10b）。在 Step 功能模块中，单击菜单→Other→General Solution Controls→Edit 中的分析时，会弹出警告信息，如图 1-11 所示。对二维平面问题选择结构化网格划分算法时，单击 图标（见图 1-12），也会出现相关的提示信息，如图 1-13 所示。这些信息对于设定模型参数起着非常关键的作用，读者在平时建模分析的过程中，应该重视这些信息并充分利用它们。

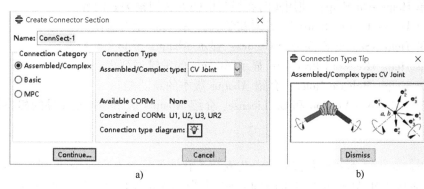

图 1-10　使用对话框中的工具提示按钮

a）创建连接单元截面　b）连接类型的提示信息

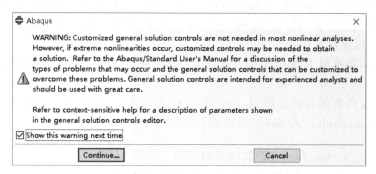

图 1-11　编辑求解控制时弹出的警告信息

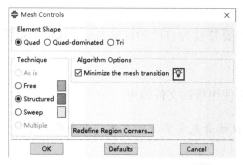

图 1-12　即时帮助（Tip）按钮

图 1-13　二维平面问题结构化网格划分算法的提示信息

【常见问题 1-10】 Help 菜单中的帮助功能

Abaqus/CAE 的 Help 菜单提供了哪些帮助功能？

『解答』

除了前面提到的上下文搜索功能（菜单 Help→On Context）之外，Abaqus/CAE 的 Help 菜单还提供了下列帮助功能：

1）菜单 Help→On Module：显示 Abaqus/CAE 当前功能模块所对应的在线帮助文件，这样无需在所有帮助文件中搜索关心内容。

2）菜单 Help→On Help：使用实时在线帮助的方法搜索关心内容。

3）菜单 Help→Getting Started：针对初学者的 Abaqus 学习指南。

4）菜单 Help→Search & Browse Guides：显示 Abaqus 帮助文件列表。

5）菜单 Help→Keyword Browser：显示 Abaqus 的关键词列表。

6）菜单 Help→Release Notes：介绍 Abaqus 版本的新功能。

7）菜单 Help→On Version 和 On License：介绍 Abaqus 版本和授权文件的相关信息。

【常见问题 1-11】 先安装软件后安装帮助文件的方法

安装 Abaqus 6.14 版本软件过程中，先安装了软件但是没有安装帮助文件，后来想安装帮助文件并能够通过 Abaqus/CAE 的 Help 菜单获取相关帮助信息，应该如何操作？

『解答』

如果读者在安装 Abaqus 6.14 版本软件的过程中，只安装了软件而没有安装帮助文件，后来希望在不卸载 Abaqus 软件的基础上继续安装帮助文件，并实现查询、访问帮助文件的目的。此时，可以这样操作：

1）按照提示菜单单击 Next 按钮正确安装 Abaqus 6.14 帮助文件，安装完毕会给出帮助文件链接。

2）在安装文件夹的环境文件 abaqus_v6.env（笔者的安装路径为：D:\SIMULIA\Abaqus\6.14-1\SMA\Site\abaqus_v6.env）中增加下列代码行：

```
abaquslm_license_file = "27011@ LAPTOP-FE1K93AP"
doc_root = "http://LAPTOP-FE1K93AP: 2080/v6.14"
doc_root_type = "html"
```

其中，LAPTOP-FE1K93AP 为计算机名，读者需要替换为自己的计算机名。doc_root 后面的链接为笔者的帮助文件链接，读者需进行替换。

3）保存环境文件 abaqus_v6.env。

4）重新启动 Abaqus/CAE，在 Help 菜单下使用帮助文件即可。

> **提示**：在安装 Abaqus 软件的过程中，建议读者先安装帮助文件，再安装软件。

1.4 更改工作路径

【常见问题 1-12】 更改默认工作路径

Abaqus 读写各种文件的默认工作路径是什么？如何更改此工作路径？

『解答』

安装 Abaqus 软件时，系统默认的工作路径是 D：\temp，这也是 Abaqus 读写各种文件的默认目录。为了使各个模型不相互影响，最好将不同模型的工作文件放在各自的目录下。更改工作路径有下列两种常用方法：

1）在 Windows 操作系统中单击【开始】→【Dassault Systemes SIMULIA Abaqus CAE 6.19】，在"Abaqus CAE"上单击鼠标右键，选择属性，将弹出 Abaqus CAE 属性窗口，如图 1-14 所示，将"起始位置"更改为所希望的路径即可。

2）在主菜单下直接更改工作路径，操作如下：进入 Abaqus/CAE 界面，选择菜单 File→Set Work Directory，则弹出相应对话框，如图 1-15 所示，在对话框中输入相应的路径即可。

图 1-14　更改工作路径

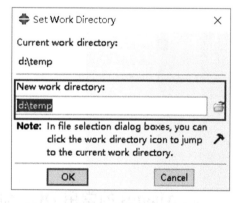

图 1-15　在 File 菜单下更改工作路径

『实用技巧』

如果读者将所有的文件都放在 d：\temp 文件夹下，文件管理会非常麻烦。建议读者为每个模型建立单独的文件夹，以"模型名 + 日期"命名，更改工作路径到指定文件夹即可。例如，如图 1-16a 中将工作路径设为 d：\temp\abaqus_test_20191107，提交分析作业后生成的所有相关文件都放在新设定的工作路径下，更加易于管理（见图 1-16b）。

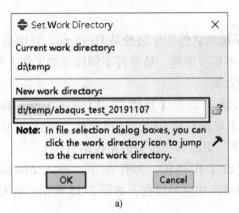

a)

名称	修改日期	类型	大小
Job-beam1107.simdir	2019-11-07 15:29	文件夹	
Job-beam1107.1.SMABulk	2019-11-07 15:29	SMABULK 文件	9 KB
Job-beam1107.023	2019-11-07 15:29	360压缩 分卷文件	10 KB
Job-beam1107.cid	2019-11-07 15:29	CID 文件	1 KB
Job-beam1107.com	2019-11-07 15:29	MS-DOS 应用程序	3 KB
Job-beam1107.dat	2019-11-07 15:29	DAT 文件	5 KB
Job-beam1107.inp	2019-11-05 23:05	INP 文件	15,625 KB
Job-beam1107.ipm	2019-11-07 15:29	IPM 文件	1 KB
Job-beam1107.lck	2019-11-07 15:29	LCK 文件	1 KB
Job-beam1107.log	2019-11-07 15:29	文本文档	0 KB
Job-beam1107.mdl	2019-11-07 15:29	MDL 文件	23,983 KB
Job-beam1107.msg	2019-11-07 15:29	MSG 文件	1 KB
Job-beam1107.odb	2019-11-07 15:29	ODB 文件	18,432 KB
Job-beam1107.prt	2019-11-07 15:29	PRT 文件	7,938 KB
Job-beam1107.sim	2019-11-07 15:29	STAR-CCM+ Si...	1 KB
Job-beam1107.simlog	2019-11-07 15:29	SIMLOG 文件	1 KB
Job-beam1107.stt	2019-11-07 15:29	STT 文件	63,456 KB

b)

图 1-16　为每个模型创建独立工作路径
a）设置工作路径　b）生成的文件都保存于工作路径下

1.5　Abaqus 的常用 DOS 命令

Abaqus/CAE 是 Abaqus 的交互式图形工作环境，可以方便快捷地创建模型、提交分析作业。但是，Abaqus 的某些功能使用 DOS 命令操作会更加快捷方便，还有部分功能是 Abaqus/CAE 所不支持的，只能通过 DOS 命令完成。

【常见问题 1-13】常用的 DOS 命令

Abaqus 软件提供了哪些常用的 DOS 命令？应该如何使用这些命令，让研究工作更加高效?

『解答』

Abaqus 软件提供了 44 个 DOS 命令,下面详细介绍最常用的部分 DOS 命令(下文中方括号里面的内容都是 DOS 命令的参数选项,斜体是需要输入的文件名)。

(1) **abaqus help** 该命令可以显示所有 Abaqus 命令的语法规则。图 1-17 为执行该命令后的部分显示内容截图。

```
Execution procedure for ABAQUS/CAE

abaqus cae  [database=database-file] [replay=replay-file]
            [recover=journal-file] [startup=startup-file]
            [script=script-file] [noGUI=noGUI-file] [noenvstartup]
            [noSavedOptions] [noStartupDialog] [custom=script-file]


Execution procedure for ABAQUS/Viewer

abaqus viewer  [database=database-file] [replay=replay-file]
               [startup=startup-file] [script=script-file]
               [noGUI=noGUI-file] [noenvstartup]
               [noSavedOptions] [noStartupDialog] [custom=script-file]


Execution procedure for Python

abaqus python  [script-file]


Execution procedure for parametric studies

abaqus script  [=script-file] [startup=startup file-name]
               [nonenvstartup]


Execution procedure for online documentation

abaqus doc
```

图 1-17　abaqus help 命令的执行结果

(2) **abaqus cae** 该命令的功能是启动 Abaqus/CAE。相关内容的详细介绍,请参见 Abaqus 6.14 帮助文件 "Abaqus Analysis User's Guide" 第 3.2.6 节 "Abaqus/CAE Execution"。

(3) **abaqus job** = *job_name* 该命令的功能是提交分析作业,详见本书第 14.3 节 "将 INP 文件提交分析"。

> 提示:使用上述方法提交分析作业时,如果出现错误信息 "*Abaqus Error:The following files(s) coulud not be located:job-name. inp. Abaqus/Analysis exited with error(s)*",可能的原因是在运行 DOS 命令的路径下找不到该 INP 文件。在 Windows 操作系统下单击【开始】→【Dassault Systemes SIMULIA Abaqus CAE 6.19】→【Abaqus Command】,此时给出的 DOS 路径即为 Abaqus 的默认工作路径,应该将 INP 文件放在该路径下。

(4) **abaqus python** *script_file* 该命令的功能是执行脚本文件,*script_file* 是脚本文件名。如果没有给出文件名,则启动脚本语言运行界面(见图 1-18)。

(5) **abaqus findkeyword** 该命令可以在帮助文件中找到包含所需关键字的 INP 文件。查询时可以同时定义多个关键词,每个关键词后面还可以跟一个查询参数。

```
d:\Temp>abaqus python
Python 2.7.3 for Abaqus 2019 (default, Jul 14 2018, 04:59:59) [MSC v.1900 64 bit (AMD64)] on win32
Type "help", "copyright", "credits" or "license" for more information.
>>>
```

图 1-18 Abaqus 中的 Python 脚本接口

例如，希望找到帮助文件中包含关键词＊RESTART 和＊EL PRINT 的所有 INP 文件，操作步骤如下：

1）在 Windows 操作系统中单击【开始】→【Dassault Systemes SIMULIA Abaqus CAE 6.19】→【Abaqus Command】，进入 DOS 操作界面。

2）键入命令 **abaqus findkeyword**，DOS 界面上出现以＊开头的第 2 行内容。键入 RESTART，按回车键。

3）出现以＊开头的第 3 行内容，继续键入命令 EL PRINT（如果还包含其他关键词，可以按照类似操作步骤继续添加）。

4）关键词添加完毕，DOS 窗口依然出现＊号，可以直接按回车键，如图 1-19a 所示。

```
Abaqus Command

d:\Temp>abaqus findkeyword
*RESTART
*EL PRINT
*
```

a)

```
Searching in ABAQUS Benchmark Problems
Matches for line: ELPRINT   : 2134
Matches for line: RESTART   : 1252
Common matches  : 718
acousticstructvibration              acousticstructvibration_uncoup
barrelvault_s8r5_reg44               beambuckle_b21_elastica
beambuckle_b21h_elastica             beambuckle_b22_elastica
beambuckle_b22h_elastica             beambuckle_b23_elastica
beambuckle_b23h_elastica             beambuckle_b31_elastica
beambuckle_b31h_elastica             beambuckle_b31os_elastica
beambuckle_b31os_tors_gseci          beambuckle_b31os_tors_gseci_lanczos
beambuckle_b31os_tors_isec           beambuckle_b31osh_elastica
beambuckle_b32_elastica              beambuckle_b32h_elastica
beambuckle_b32os_elastica            beambuckle_b32os_tors_isec
beambuckle_b32osh_elastica           beambuckle_b33_elastica
beambuckle_b33h_elastica             beambuckle_pipe21_elastica
beambuckle_pipe21h_elastica          beambuckle_pipe22_elastica
beambuckle_pipe22h_elastica          beambuckle_pipe31_elastica
beambuckle_pipe31h_elastica          beambuckle_pipe32_elastica
beambuckle_pipe32h_elastica          bucklecylshell_postbucklimperf
bucklecylshell_postbucklpert         buckleplate_s8r5_loadthermal
buckleplate_s8r5_riks                cantilever_baseline1_10s
cantilever_baseline1_25s             cantilever_baseline3_10s
```

b)

图 1-19 查找包含所需关键词的 INP 文件

a）查找所需的 INP 文件 b）执行结果（以 "Abaqus Benchmark Guide" 为例）

这样，包含所需关键词的所有 INP 文件将会在 DOS 窗口显示，同时显示出这些文件所在指南的名称，如"Abaqus Benchmark Guide""Abaqus Example Guide"等。例如，在"Abaqus Benchmark Guide"中找到的 INP 文件，如图 1-19b 所示。

（6） **abaqus fetch job** = *job_name* 该命令可以提取帮助文件中名为 *job_name* 的 INP 文件、用户子程序、JNL 文件等。提取后的文件保存在 Abaqus 默认的工作目录下，可以根据需要查看、编辑和运行提取的文件。

按照前面介绍的方法，使用 **abaqus findkeyword** 命令找到需要的 INP 文件后，利用命令 **abaqus fetch job** = *job_name* 来提取 INP 文件。例如，在 Abaqus 的命令行接口输入下列命令：

abaqus fetch job = *c8*

则可在当前工作目录下提取所有名为 c8 的文件（c8. inp 和 c8. f）。如果只希望提取 c8. inp，可以使用下列命令：

abaqus fetch job = *c8. inp*

提取相关文件时，如果读者不清楚文件名的全称，可以使用通配符"*"来搜索，例如：**abaqus fetch job** = *ab **，该命令将提取所有名字以 ab 开头的文件，如图 1-20 所示。

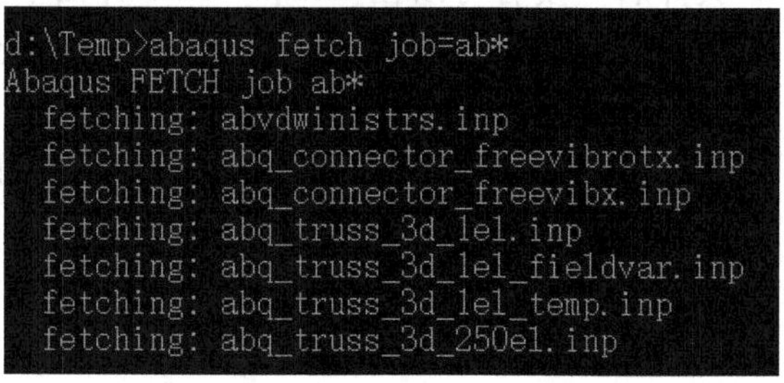

图 1-20 使用通配符"*"提取多个文件

『实用技巧』

对于 Abaqus 软件的初学者，遇到新的分析或新的项目时经常感觉无从下手，不知道如何设置相关参数。此时，建议按照下列步骤来操作，可以快速上手并完成所需的有限元分析任务。

（1）了解研究对象、分析目的及所需关键词 例如，如果要进行包含橡胶材料部件的模态分析，可能用到重启动分析，此时所查找的 INP 文件中应该包含关键词"* hyperelastic"、"* frequency"和"* restart"，此时，在命令行界面中依次输入上述 3 个关键词（见图 1-21a），将搜索到包含所需关键词的所有 INP 文件，如图 1-21b 所示。

（2）使用 abaqus fetch job = *job_name* 命令 从搜索结果中提取感兴趣的 INP 文件。例如，可以提取 am_tireair_acax4 文件。

（3）启动 Abaqus/CAE 在 File 菜单下，选择 Import → Model → Abaqus Input File（*. inp，*. pes），单击 OK 按钮，如图 1-22 所示。

文件，在命令窗口或者说 INP 文件夹中的 DOS 窗口中输入该命令，间隔后就可以查找出所有包含的关键词。用 *Abaqus（例如：Example、Guide）等*，例如查找存在 *Abaqus Benchmark、CAE* 等中有。

（6）使用 p.c 命令搜索可以查看 INP 文件中含有关键词 job_name 的 INP 文件，用户可将该 INP 文件导入到 Abaqus 软件的工作环境下，以便做进一步分析了。

2.用户关键词案例分析

（4）导入关心的 INP 文件后 读者可以在 Abaqus/CAE 界面下查询各个功能模块的设置及参数取值。例如，在 Property 功能模块下，可以查询到橡胶材料的属性，如图 1-23 所示。

根据需要，读者还可以查询其他模块中与所做研究相类似的设置，为有限元分析提供思路。

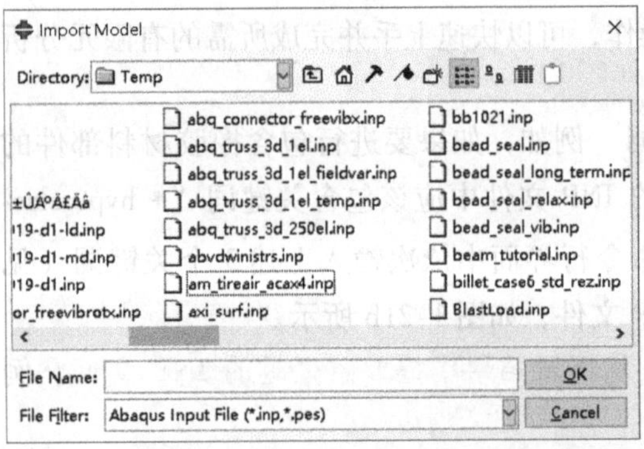

图 1-21 搜索包含所需关键词的 INP 文件
a) 搜索包含 3 个关键词的 INP 文件 b) 搜索结果

图 1-22 导入提取的 INP 文件　　　　图 1-23 橡胶材料的属性

提示：在使用 Import→Model→Abaqus Input File (＊.inp，＊.pes) 导入 INP 文件的过程中，部分关键词可能无法导入，原因是 Abaqus/CAE 界面还未能实现 Abaqus 软件的所有功能。本例中，在信息提示区会看到如图 1-24 所示的提示信息，提醒读者 "＊ELPRINT" "＊NODEPRINT" "＊PREPRINT" "＊PRINT, ADAPTIVEMESH" 这 4 个关键词未成功导入。

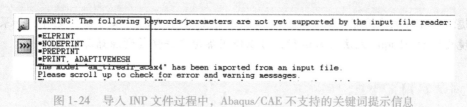

```
WARNING: The following keywords/parameters are not yet supported by the input file reader:
*ELPRINT
*NODEPRINT
*PREPRINT
*PRINT, ADAPTIVEMESH
The model "am_tireair_acax4" has been imported from an input file.
Please scroll up to check for error and warning messages.
```

图 1-24　导入 INP 文件过程中，Abaqus/CAE 不支持的关键词提示信息

(5) **abaqus doc**　该命令的功能是打开 Abaqus 帮助文件。

(6) **abaqus viewer**　该命令的功能是访问 Abaqus/CAE 的 Visualization 功能模块。

(7) **abaqus append**　该命令的功能是将两个结果文件 (＊.fil) 合并到一起。例如：

abaqus append job =*fjoin001* **oldjob** =*fjoin002* **input** =*fjoin003*

上述命令将文件 fjoin003.fil 中的计算结果添加到文件 fjoin002.fil 之后，并生成一个新文件 fjoin001.fil。

提示：所有的 Abaqus 命令都以 abaqus 开头，后面各个命令参数的顺序可以不固定。例如，abaqus job =*job_name* interactive 和 abaqus interactive job =*job_name* 的执行结果相同。

1.6　设置 Abaqus 的环境文件

Abaqus 软件在分析的过程中，将会产生大量的临时数据 (temporary data)，这些数据可以分为两类：一类是运行作业需要的关键数据 (performance-critical data)，一般保存于内存中；另一类是一般临时数据 (generic scratch data)，它既可以保存在内存中，也可以保存在磁盘上。

为了让分析作业能够顺利进行，计算机必须满足下列要求：

1) 必须有足够的磁盘空间来存储结果文件。

2) 必须有足够的内存空间来存储关键数据。

3) 必须有足够的磁盘空间来存储一般临时数据。

如果满足上述 3 条要求，分析作业可以顺利完成。对于 Abaqus/Standard 分析，增大内存会大大缩短计算时间。对于 Abaqus/Explicit 分析，生成的临时数据大部分是存储于内存中的关键数据，不写入磁盘，加快分析的主要方法是提高 CPU 速度。

在 Abaqus 安装目录下的文件夹 site 中可以找到环境文件 abaqus_v6.env，该文件可以控制 Abaqus 运行过程中的各项参数。例如：

1）改变与内存相关的参数来调整 Abaqus 的工作性能。

2）控制临时文件的保存目录以及以何种方式写入。

3）设置分析作业参数的默认值，这样就不必再在命令行中每次都输入参数值。

下面将讨论环境文件中常用参数的设置方法，相关内容的详细介绍，请参见 Abaqus 6.14 帮助文件 "Abaqus Installation and Licensing Guide" 第4章 "Customizing the Abaqus environment"。

> **提示**：在每次修改环境文件之前，建议将原始的环境文件做备份。这样，如果在修改环境文件后 Abaqus 无法正常运行，可以使用备份文件恢复到原始环境文件。

【常见问题 1-14】 磁盘空间不足

提交分析作业时出现下列错误信息，应该如何解决？

> **** ERROR: UNABLE TO COMPLETE FILE WRITE. CHECK THAT **SUFFICIENT DISK SPACE IS AVAILABLE.** FILE IN USE AT FAILURE IS shell3. stt.* （磁盘空间不足）
>
> 或者
>
> **** ERROR: SEQUENTIAL I/O ERROR ON UNIT 23, **OUT OF DISK SPACE OR DISK QUOTA EXCEEDED.*** （磁盘空间不足）

『错误原因』

Abaqus/Standard 在运行过程中，除了在当前工作目录下生成输出数据库文件（ODB）、信息文件（MSG）、数据文件（DAT）等文件之外，还会在临时文件目录下生成庞大的临时文件（默认目录为 D：\temp），如果临时文件的大小超过磁盘空间的允许值，或者超过计算机对文件大小的限制，计算过程就会被中止，并出现磁盘空间不足的提示信息。

> **提示**：分析作业异常中止或正常完成后，临时文件会被自动删除，磁盘空间也随之释放。因此，虽然在提交分析之前或分析结束之后看到磁盘有很大空间，分析过程中仍可能出现磁盘空间不足的现象。

DAT 文件会给出分析过程中需要的内存和磁盘空间大小。例如，在如图 1-25 所示的例子中，临时文件所需磁盘空间（required diskspace）约为 2.69GB。

```
         M E M O R Y   A N D   D I S K   E S T I M A T E
         SUMMARY FOR CURRENT NODE ORDERING  (STEP 1 TO STEP 4)

    (NOTE THAT IF NODE ORDERING CHANGES THE SIZE ESTIMATES FOR THE STEPS WILL CHANGE)


    STEP    MAXIMUM DOF    FLOATING PT    MINIMUM MEMORY    MEMORY TO      REQUIRED DISKSPACE
            WAVEFRONT      OPERATIONS       REQUIRED        MINIMIZE I/O
                           PER ITERATION    (MBYTES)        (GBYTES)          (GBYTES)

      1       8220         7.87E+011        451.67          3.00               2.69
      2       8220         7.87E+011        451.67          3.00               2.69
      3       8220         7.87E+011        451.67          3.00               2.69
      4       8220         7.87E+011        451.67          3.00               2.69
    ----    ---------     -----------     ------------     ------------      -------------
    MAX       8220         7.87E+011        451.67          3.00               2.69
```

图 1-25　DAT 文件中给出了分析所需的内存和磁盘空间大小

『解决方法』

如果出现上述错误信息，可以采取下列解决方法：

1）在环境文件 abaqus_v6.env 中修改临时文件的保存路径。笔者的临时文件的默认存放路径为 D:\temp，如果 D 盘空间不足，可以修改存放路径，方法如下：

假如 F 盘空间较大，可以将临时文件存放在 F 盘。在 Abaqus 安装目录下文件夹 site（笔者的路径是 D:\SIMULIS\Abaqus\6.14-1\SMA\site）中找到 abaqus_v6.env 文件，在开始位置添加下列语句：

> scratch = "f:/scratch"

保存环境文件并在 F 盘创建文件夹 scratch，重新启动 Abaqus/CAE。再次提交分析作业时，在 f:/scratch 中会创建一个临时子文件夹。分析结束后，子文件夹会自动消失。

2）在 Abaqus/CAE 的 Job 功能模块下修改临时文件的保存路径，如图 1-26 所示。

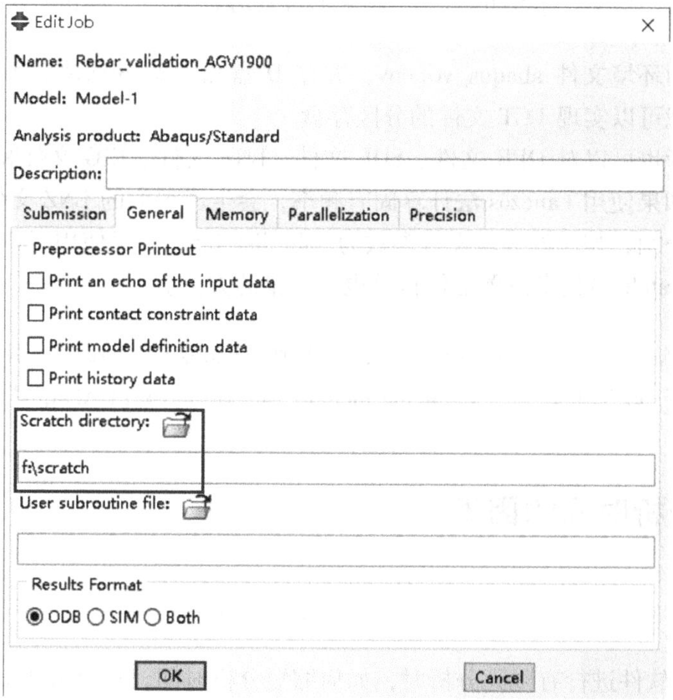

图 1-26　在 Job 功能模块下修改临时文件的保存路径

> **提示：** 如果在环境文件 abaqus_v6.env 和 Job 功能模块中都设置了临时文件的存放路径且路径不同，则在 Job 功能模块中的设置优先。

> **提示：** scratch 文件夹必须由读者创建并且已经存在（Abaqus 不会自动创建该文件夹），而且此文件夹必须可以写入数据。

3）将 Abaqus/Standard 运行过程中产生的临时文件分割成几个小文件，分割后的文件可以存放在同一盘符下，也可以分别放在多个盘符下。FCT 文件（＊.fct）通常是最大的临时文件，可以利用 split_fct 和 spill_list_fct 参数进行分割设置。例如，可以在环境文件 abaqus_v6.env 中添加以下两行语句：

> split_fct = ["4000MB", "4000MB"]

其含义为：分割文件大小的上限为 4000MB。

> spill_list_fct = ["D: \temp", "E: \temp"]

其含义为：在 D: \temp 存放第 1 个 4000MB 的 FCT 文件，在 E: \temp 存放第 2 个 4000MB 的 FCT 文件。

> **提示：** 必须保证参数 spill_list_fct 所指定的存放路径存在，而且可以写入数据。

保存修改后的环境文件 abaqus_v6.env，并在 D 盘和 E 盘分别建立 temp 文件夹，重新提交分析作业，就可以实现 FCT 文件的分区存盘。

类似地，读者也可以对 OPR 文件、SOL 文件、LNZ 文件、EIG 文件和 SCR 文件等临时文件进行分割。如果使用 Lanczos 法计算固有频率，会生成很大的 LNZ 文件，也可以根据需要对其进行合理分割，相应的环境文件参数为 spill_list_lnz。如果使用了并行的 Lanczos 求解器，用 lanczos_scratch 参数来设置工作目录也是不错的方法。

> **提示：** 关于临时文件管理的详细介绍，请参见 Abaqus 6.14 帮助文件 "Abaqus Analysis User's Guide" 第 3.4.1 节 "Managing memory and disk use in Abaqus"。

1.7 影响分析时间的因素

【常见问题 1-15】缩短分析时间，提高分析效率的技巧

使用 Abaqus 软件进行有限元分析时，如何缩短分析时间，提高分析效率？

『解答』

提高求解精度和缩短计算时间是有限元分析的两个重要目标，而这二者往往互相矛盾，缩短计算时间通常要以牺牲计算精度作为代价。如何根据不同的问题类型和求解要求，建立最合理的模型，用尽量短的计算时间得到足够准确的结果，是有限元分析过程中的重要问题之一。

影响分析时间的因素主要包括下列几个方面：

（1）分析类型 二维平面应力、平面应变和轴对称问题要比三维问题的模型规模小得多，如果所分析的问题符合二维模型的特征，就一定不要建立三维模型。如果模型具有对称

性，则一定利用对称性建模，施加对称边界条件，让分析模型的节点、单元和自由度数量大大减少，以提高分析效率。

根据"弹性力学"课程相关知识，下列情况可以简化为平面问题：

1）平面应力问题需要满足下列条件（见图1-27）：

① 等厚度薄板。

② 体力 f_x、f_y 作用于体内，且平行于 xy 面，沿板厚不变。

③ 面力 $\bar{f}_x$、$\bar{f}_y$ 作用于板边，且平行于 xy 面，沿板厚不变。

④ 约束 $\bar{u}$、$\bar{v}$ 作用于板边，且平行于 xy 面，沿板厚不变。

2）平面应变问题需要满足下列条件（见图1-28）：

① 很长的常截面柱体。

② 体力 f_x、f_y 作用于体内，且平行于 xy 面，沿长度方向不变。

③ 面力 $\bar{f}_x$、$\bar{f}_y$ 作用于柱面，且平行于 xy 面，沿长度方向不变。

④ 约束 $\bar{u}$、$\bar{v}$ 作用于柱面，且平行于 xy 面，沿长度方向不变。

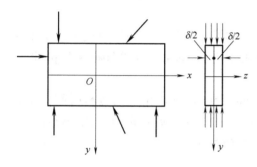

图 1-27 平面应力问题示意图

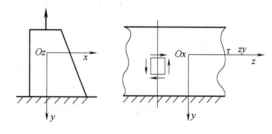

图 1-28 平面应变问题示意图

此外，非线性分析比线性分析迭代收敛难度更大，如果在模型中定义了接触、几何非线性、弹塑性材料等非线性参数，计算时间也会大大增加。

（2）分析对象和范围 有限元分析过程中，分析对象的选取也至关重要。如果关心的是梁柱节点的分析结果，就不必建立整层楼的有限元模型；如果关心的是应力集中区域的应力结果，仅对该区域进行网格细化，而无须对整个区域划分细化网格；如果仅关心接触区域的分析结果，在定义输出结果时，将区域 Domain 选为 Interaction 即可，如图 1-29 所示。

（3）网格密度 网格越细化，单元

图 1-29 设置输出分析结果区域为 Interaction

和节点数目就越多，计算时间也就越长。究竟选择多大的网格尺寸合适，读者需要进行单元有效性验证。当单元数量增加到一定程度后，分析结果的精度增加很小，而计算代价又非常大，此时可以选择较粗网格作为单元的有效网格。

（4）单元类型　对于同样的网格密度，二次单元（例如，C3D20R）比线性单元（例如，C3D8R）增加了很多内部节点，计算时间会大大增加；完全积分单元（例如，C3D8）和非协调单元（例如，C3D8I）的积分点比减缩积分单元（例如，C3D8R）的积分点多，计算时间也相对更长。

（5）接触的定义　接触面上的节点越多，计算时间就越长。有限滑移接触算法（finite sliding）比小滑移接触算法（small sliding）的计算量大，计算时间也更长。

（6）分析步时间、增量步和迭代步　在静力分析中，分析步时间没有实际的物理含义，计算时间取决于迭代和增量步的数量。问题越复杂，收敛难度越大，增量步长就越小，需要的迭代次数也就越多，计算时间就越长。

在动力分析中，分析步时间对应实际的物理时间，分析步时间越长，则求解时间越长。一般情况下，在 Abaqus/Explicit 分析中都只定义很短的分析步时间（例如，0.02s），否则可能计算时间过长。

另外，影响 Abaqus/Explicit 分析时间的关键因素是稳定极限值，该值取决于最小单元尺寸、材料性质、材料密度、单元类型等因素，详见本书第 16.4.2 节 "Abaqus/Explicit 分析的增量步长"。

（7）计算机性能　增大内存可以大大缩短 Abaqus/Standard 求解器的分析时间，而对 Abaqus/Explicit 求解器的分析时间影响不大。提高 CPU 的主频、使用多 CPU 或并行计算对加快 Abaqus/Standard 和 Abaqus/Explicit 的分析速度都很有效。

【常见问题1-16】CPU 使用率低、硬盘使用率高的原因

提交分析作业后，在 Windows 任务管理器中看到分析作业正在运行，但 CPU 的使用率很低，好像没有执行任何分析任务，而硬盘的使用率却很高，这是什么原因造成的呢？

『解答』

正常情况下，计算过程中的 CPU 的占用率较高，内存的使用量也比较大，而不会出现长时间的硬盘读写。出现上述现象时，可能的原因是模型中存在错误，Abaqus 正在把关于各个单元或节点的错误信息或警告信息写入 DAT 文件或 MSG 文件。例如，如果没有为单元赋予截面属性，Abaqus 就会把每个单元的相关错误信息都写入 DAT 文件，如果模型非常庞大，单元数目巨大，就会出现长时间写入硬盘的现象。

如果在分析过程中出现上述现象，应立刻查看 DAT 文件、MSG 文件和 STA 文件中的错误信息或警告信息，如果发现问题，则应中止当前分析，改正模型中的错误后重新提交分析作业。

1.8　本章小结

本章主要介绍了下列内容：

1）自由度的定义方法及数字标识符的含义。只有掌握了这些重要的基本概念，才能够正确地定义荷载、边界条件和约束条件。

2）Abaqus 中没有固定的单位制，读者在建模过程中需要为各个量选用相互匹配的单位。如果长度单位使用 m，则力、质量和时间的单位必须是 N、kg 和 s，对应的密度单位是 kg/m^3，应力和弹性模量的单位是 N/m^2（即 Pa）；如果长度单位使用 mm，则力、质量和时间的单位必须是 N、t（吨）和 s，对应的密度单位是 t/mm^3，应力和弹性模量的单位是 N/mm^2（即 MPa）。

3）Abaqus 中提供了两种时间计量方法：总分析时间计量法和分析步时间计量法。前者在定义过程中把所有分析步的时间累加起来，后者则以每个分析步的开始作为 0 时刻。

4）Abaqus 提供了 3 种定义局部坐标系的方法：

① 使用关键词 * TRANSFORM 定义节点自由度的局部坐标系，用于施加荷载、边界条件等。

② 使用关键词 * ORIENTATION 定义局部坐标系，用于定义材料特性、钢筋、应力/应变分量输出、耦合约束、惯性释放荷载、连接单元等。

③ 使用关键词 * SYSTEM 和 * NODE 定义局部坐标系下的节点坐标，这种方法不影响节点和单元的自由度方向。

5）Abaqus 在分析过程中会生成多种类型的文件，常用的重要文件包括：CAE 文件、INP 文件、DAT 文件、MSG 文件、STA 文件、RPY 文件、JNL 文件等。提交分析后，通常应仔细查看 DAT 文件、MSG 文件和 STA 文件中的信息，其中的警告信息和错误信息是查找模型问题的重要线索。

6）Abaqus 提供了一套极其详尽的在线帮助文件，可以方便快速地查询分析中的各种信息。

7）Abaqus 的默认工作路径是 D：\temp，可以修改此工作路径以方便存储模型和结果文件。

8）Abaqus 提供了丰富的 DOS 命令，例如，使用 abaqus help 可以显示所有 Abaqus 命令的语法规则，使用 abaqus findkeyword 可以在帮助文件中找到包含所需要关键词的 INP 文件，使用 abaqus fetch job = *job_name* 可以提取帮助文件中实例的 INP 文件、用户子程序、JNL 文件等。

9）运行分析作业需要足够的磁盘空间和内存，在环境文件 abaqus_v6. env 中可以设置内存参数以及临时文件的存储路径和存储方式。

10）影响分析时间的主要因素包括：分析类型、分析对象和范围、网格密度、单元类型、接触、分析步时间、增量步、迭代和计算机性能等。

第 2 章

Abaqus/CAE操作界面
常见问题解答与实用技巧

本章要点：

- ※ 2.1 Abaqus/CAE 操作界面
- ※ 2.2 选取对象的方法
- ※ 2.3 Tools 菜单的常用工具
- ※ 2.4 Plug-ins 菜单的功能
- ※ 2.5 本章小结

在 Abaqus/CAE 中建模时，充分利用软件操作界面提供的各种实用功能，可以大大提高建模的效率。本章将概要介绍 Abaqus/CAE 操作界面中的典型功能，教给读者快速熟悉界面的技巧，介绍选取对象的方法、Tools 菜单的常用工具（例如，参考点、面、集合、基准、定制界面等）、Plug-ins 菜单的功能。

相关内容的详细介绍，请参见 Abaqus 6.14 帮助文件 "Abaqus/CAE User's Guide" 第 51 章 "Probing the model"、第 61 章 "The Customize toolset"、第 62 章 "The Datum toolset"、第 72 章 "The Reference Point toolset"、第 73 章 "The Set and Surface toolsets"。

2.1 Abaqus/CAE 操作界面

【常见问题 2-1】快速熟悉 Abaqus/CAE 操作界面

Abaqus/CAE 操作界面中包含菜单、工具、图标、模型树等信息，初学者如何快速熟悉界面中各部分内容，为建模分析做准备？

『解答』

Abaqus/CAE 界面，包含：菜单、图标、模型树、视口、工具栏、信息提示区等，信息量非常大，初次接触该软件的读者可能会觉得没有头绪。如果仔细研究琢磨，会发现 Abaqus/CAE 的界面布置是有规律可循的，下面逐一详细介绍：

1）Abaqus/CAE 的主界面包括下列组成部分（见图 2-1）：

① 标题栏（title bar）：显示 Abaqus/CAE 的版本和当前模型数据库的名称。

② 环境栏（context bar）：Abaqus/CAE 包括一系列功能模块（module），每一模块完成

模型的一种特定功能。通过环境栏中的 Module 列表，可以在各功能模块之间切换。环境栏中的其他项则是当前正在操作模块的相关功能。例如，在 Part 功能模块中，可以通过环境栏来切换不同的部件。

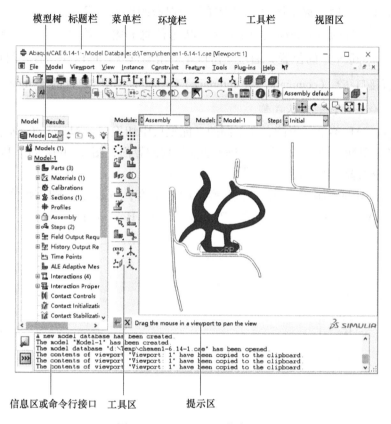

图 2-1　Abaqus/CAE 的主界面

③工具栏（toolbar）：提供了菜单的快捷访问方式（见图2-2），这些功能也可以通过菜单直接访问。

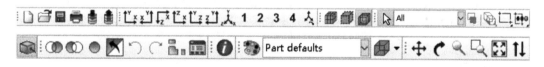

图 2-2　Abaqus/CAE 的工具栏

④菜单栏（menu bar）：包含所有当前可用的菜单，通过对菜单的操作，可以调用 Abaqus/CAE 的全部功能。选择不同的功能模块时，菜单栏中的菜单项也会有不同。

⑤模型树（model tree）：能够直观地显示模型的各个组成部分，例如：部件、材料、分析步、荷载和输出要求等。使用模型树可以很方便地在各功能模块之间进行切换，实现主菜单和工具栏提供的大部分功能。

⑥工具区（toolbox area）：当切换至某一功能模块时，工具区将会显示该功能模块相应的工具，帮助读者快速实现相关功能。

⑦ 画布和作图区（canvas and drawing area）：该区域用于绘图和放置视图。

⑧ 视图区（viewport）：模型的显示区域。

⑨ 提示区（prompt area）：在执行各种操作时，会在该区域显示相应的提示信息。例如：创建集合（set）时，提示区会给出选择相应对象的提示信息。

⑩ 信息区 🔲（message area）：用于显示状态信息和警告信息。此处也是命令行接口（command line interface）的位置，通过主窗口左下角的选项，可以在二者之间切换。

⑪ 命令行接口 ⏩（command line interface）：Abaqus/CAE 内置的 Python 脚本接口，可以键入 Python 命令和数学表达式等。

2）Abaqus/CAE 菜单：当读者在不同的功能模块中切换时，Abaqus/CAE 会自动更新菜单内容和工具区图标。图 2-3a 所示为 Part 功能模块的界面，图 2-3b 所示为 Property 功能模块的界面，比较二者可以发现：

① 在不同的功能模块中，有 7 个主菜单始终不变，分别是：File 菜单、Model 菜单、Viewport 菜单、View 菜单、Tools 菜单、Plug-ins 菜单、Help 菜单。

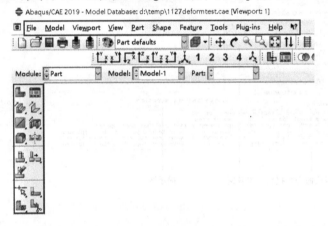

a)

b)

图 2-3　不同功能模块的主菜单和工具区

a）Part 功能模块的主菜单和工具区　b）Property 功能模块的主菜单和工具区

② 上述 7 个菜单在不同模块中的内容会有微小变化，例如，不同功能模块下 Tools 菜单的内容会有不同。

③ 上述 7 个菜单的功能在不同模块中对所有模型都有效，在建模过程中，读者应该根据需求选择合适的菜单进行操作。例如，要查询对象的属性、创建集合、定义幅值曲线，应该在 Tools 菜单操作；如果要对视口进行操作，则应到 View 菜单下寻找相对应功能；如果要设置模型相关的信息（重启动、子模型、复制模型等），则应在 Model 菜单下操作。

3）Abaqus/CAE 的工具栏和工具区：为了让建模工作更加高效，Abaqus/CAE 提供了完备的工具栏和工具区。相同的功能，既可以通过主菜单实现，也可以通过工具区实现。例如，要定义新的材料属性，切换到 Property 功能模块后，通过主菜单 Material→Create 或单击工具区图标 都可以实现。

『实用技巧』

1）在建模分析过程中，建议读者通过工具区图标实现所需功能，原因是：通常情况下，单击 1 次图标即可弹出相应对话框，使用主菜单访问时往往需要单击多次鼠标才能完成相同功能。

2）Abaqus/CAE 提供了非常实用方便的即时提示功能，对于不熟悉的工具图标和工具栏，只需将鼠标悬停到图标或工具栏附近 2~3 秒，其对应的功能就会显示出来。

3）在 Help 主菜单的右边，Abaqus/CAE 提供了即时帮助图标 （Invoke Context Sensitive Help），建模过程中遇到任何不熟悉或不了解的按钮、图标、界面等，都可以单击该按钮，打开相关帮助文件，帮助读者正确建模。例如，如果读者对定义梁的方位按钮 不了解，可以首先单击 按钮，然后单击 按钮，则弹出如图 2-4 所示的帮助页面。

12.15.3◆Assigning a beam orientation

After you have assigned beam sections to the wire regions of a part or to its stringers, you must assign an orientation to the beam sections by defining the approximate local 1-direction of the cross-section. The beam orientations that you assign to a part are assigned automatically to all instances of that part in the assembly. You can use the Query toolset to verify that you have assigned the correct beam orientation to a selected region. For more information, see ◆Using the Query toolset to obtain assignment information, ◆ Section 12.19.

To assign a beam orientation to a part:

1. If the part to which you want to assign an orientation is not visible in the current viewport, click the name of the desired part in the **Part** list located in the context bar.

   The selected part appears in the current viewport.

1. From the main menu bar, select **Assign→Beam Section Orientation**.

   Tip:◆ You can also click the tool in the Property module toolbox.

1. Select the wire region of the part from the viewport, and click mouse button 2 to indicate that you have finished selecting. (For more information, see Chapter 6, ◆Selecting objects within the viewport.")

   Tip:◆ You can limit the types of objects that you can select in the viewport by using the tools in the **Selection** toolbar. See ◆Using the selection options,◆ Section 6.3, for more information.

图 2-4 使用 按钮获得即时帮助信息

4）工具区图标按钮右下角带有黑色三角形标志的按钮，表示该按钮还隐藏了其他按钮，在建模过程中读者应该留意所需功能是否被隐藏了。例如，Mesh 功能模块的图标 右下角带有黑色三角形标志，该图标下面隐藏了下列图标 。

【常见问题 2-2】 **Abaqus/CAE** 的建模流程及技巧

在 Abaqus/CAE 中建模的操作流程是怎样的？

『解答』

在 Abaqus/CAE 中建模时，建议读者按照环境栏 Module 中功能模块（见图 2-5）的先后顺序建模，各个功能模块简要概述如下：

（1）Part 功能模块　　该模块的主要功能是建立二维、三维、轴对称的变形体或刚体部件。相关内容的详细介绍，请参见第 3 章"Part 功能模块常见问题解答与实用技巧"。

（2）Property 功能模块　　该模块的主要功能是定义材料属性、定义截面、为零部件赋予材料属性。相关内容的详细介绍，请参见第 4 章"Property 功能模块常见问题解答与实用技巧"。

（3）Assembly 功能模块　　该模块的主要功能是生成部件实例（Part Instance），并对部件实例定义各种约束以形成装配件。需要注意的是：Abaqus 分析的对象必须是装配件而不是零部件。荷载、边界条件、相互作用、初始场等都定义在装配件上。相关内容的详细介绍，请参见第 5 章"Assembly 功能模块常见问题解答与实用技巧"。

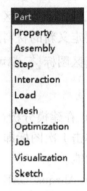

图 2-5　推荐的建模顺序

（4）Step 功能模块　　该模块的主要功能是定义分析的类型、增量步信息、几何非线性开关、求解器信息、定义场变量和历程变量的输出等。相关内容的详细介绍，请参见第 6 章"Step 功能模块常见问题解答与实用技巧"。

（5）Interaction 功能模块　　该模块的主要功能是定义装配件中各部件实例之间的相互作用关系（接触、约束、连接器单元）、相互作用属性（摩擦系数、法向行为、阻尼、流体属性等）。相关内容的详细介绍，请参见第 7 章"Interaction 功能模块常见问题解答与实用技巧"。

（6）Load 功能模块　　该模块的主要功能是定义荷载、边界条件、初始条件、多荷载工况、初始场等。相关内容的详细介绍，请参见第 8 章"Load 功能模块常见问题解答与实用技巧"。

（7）Mesh 功能模块　　该模块的主要功能是定义全局或局部区域网格密度、单元形状、单元类型、划分网格、网格有效性检测等功能。相关内容的详细介绍，请参见第 9 章"Mesh 功能模块常见问题解答与实用技巧"。

（8）Optimization 功能模块　　该模块的主要功能是根据需要定义优化任务（Optimization Task）和结束条件（Stop Condition），并根据设计响应（Design response）、目标函数（Objective Function）、约束（Constraint）、几何限制（Geometric Restriction）等条件进行优化。相关内容的详细介绍，请参见第 10 章"Optimization 功能模块常见问题解答与实用技巧"。

（9）Job 功能模块　　该模块的主要功能是创建分析作业、写出 INP 文件、监控分析作业、设置用户子程序文件、设置内存以及求解精度等。相关内容的详细介绍，请参见第 11 章"Job 功能模块常见问题解答与实用技巧"。

（10）Visualization 功能模块　　该模块的主要功能是设置各种后处理结果的显示选项、输出分析结果的变形图、云图、动画、切片、曲线图等。相关内容的详细介绍，请参见第 12 章"Visualization 功能模块常见问题解答与实用技巧"。

（11）Sketch 功能模块　该模块的主要功能是绘制草图，与 Part 功能模块中草图绘制的界面类似，使用频率较少。相关内容的详细介绍，请参见第 13 章 "Sketch 功能模块常见问题解答与实用技巧"。

『实用技巧』

1）【常见问题 2-2】中介绍的 11 个功能模块的先后顺序，通常是在 Abaqus/CAE 中建立有限元模型的顺序。除了 Optimization 功能模块和 Sketch 功能模块之外，其他 9 个模块在每个模型中都必须用到。在建模分析过程中，读者未必严格按照上述功能模块的先后顺序建模，例如，即使读者没有定义零部件和材料属性，也可以先定义 Step 功能模块的相关选项。但是，有些功能模块的定义是有严格的顺序要求，例如，定义荷载、边界条件、相互作用、划分网格等操作，必须事先定义好部件和装配件，否则上述定义没有 "载体"，肯定无法操作。

2）Abaqus/CAE 不会自动保存模型，建议读者养成良好的有限元分析习惯。每个功能模块定义完毕，一定及时保存模型。虽然某些情况下，重新启动 Abaqus/CAE 时提供了恢复模型的对话框，但是不能保证所有的操作都恢复成功。

【常见问题 2-3】修改 Abaqus/CAE 操作界面的背景色

如何将 Abaqus/CAE 操作界面的背景色设置为白色，使得图片或动画的显示效果更好？

『解答』

Abaqus 有限元分析完成后，通常需要将分析结果以图片、动画等形式输出。Abaqus/CAE 的默认背景色为深灰色，输出图片的效果不是十分美观，读者可按照下列操作更改背景颜色为白色。

在任一功能模块下，选择 View 菜单→Graphics Options（见图 2-6a），将 Viewport Background 修改为如图 2-6b 所示。

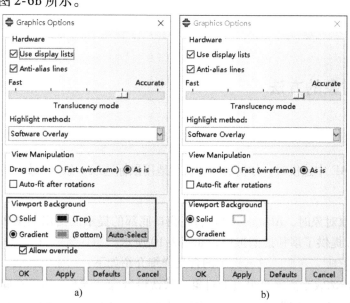

图 2-6　修改 Abaqus/CAE 的背景色为白色

a）默认的背景色　b）修改为白色

【常见问题 2-4】 显示/隐藏模型树或工具栏

如何显示或隐藏模型树（Model Tree）？如何显示和隐藏 Abaqus/CAE 界面中的工具栏？

『解答』

在 Abaqus/CAE 中建模时，为了让视图区更大，图形显示效果更好，通常要隐藏模型树；为了更好地把控整个模型，通常又需要显示模型树。显示/隐藏模型树时，只需在 View 菜单下，勾选或取消 Show Model Tree 选项即可，如图 2-7 所示。读者也可以使用 < Ctrl + T > 快捷键隐藏或显示模型树。

在 Abaqus/CAE 中建模时，为了让建模效率更高，读者通常会把常用的工具栏放到主界面上，把不常用的工具栏隐藏掉，操作方法如下：在 View 菜单下选择 Toolbars 选项，将弹出如图 2-8 所示的对话框，根据需要勾选或取消相关工具栏显示即可。

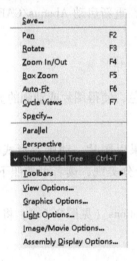

图 2-7　显示/隐藏模型树　　　　图 2-8　显示/隐藏工具栏

2.2　选取对象的方法

【常见问题 2-5】 快速选取边、面、点

在 Abaqus/CAE 中建模时，如何更方便快捷地用鼠标选取对象（例如，顶点、线、面等）？

『解答』

使用鼠标选取对象时，Abaqus/CAE 将在窗口底部的提示区给出如图 2-9 所示的提示信息。Abaqus/CAE 提供了多种过滤选项，如图 2-10 所示。如果选项设置与需要选取的对象不相符，则无法选取所需对象。这些选项的含义详细介绍如下：

1）■：是否选取距离屏幕最近的对象，默认设置为"是"。如果在同一位置有多个重叠的对象（例如，坐标相同的多个参考点），则应单击该按钮，并根据提示确认要选择的对象。

图 2-9　选择对象时的提示信息　　　　　图 2-10　过滤选项

2）：选取位于部件内部或部件外部的对象。这 3 个按钮的含义分别为：

① ：选取位于部件内部和外部的所有对象。

② ：仅选取位于部件内部的对象。

③ ：仅选取位于部件外部的对象。

3）：选取矩形区域、圆形区域或多边形区域内部的对象。

4）：5 个工具图标中的实体圆点表示选取对象，通过图标可以直观地看出选取的对象类型。例如，第 1 个图标按钮表示仅选取落在选择区域内部的对象；第 2 个按钮表示选取落在选择区域内部和边界上的对象；第 5 个按钮表示选取落在选择区域外部的对象。

5）：该图标表示是否自动高亮显示选取对象，默认设置为"是"。

『实用技巧』

选取边（或面）时，读者应时刻注意窗口底部提示区给出的选取方法，通常有两个选项，如图 2-11 所示：

1）individually：选取单个边（或面）。按住 Shift 键可以选择多个边（或面）；按住 Ctrl 键可以取消已经选择的边（或面）。

2）by angle：选择一系列相互连接的边（或面）。此时，只需选择一条边（或面），则所有相连的边（或面）都将被选中，它的限制条件是相邻边（或面）的夹角小于设定值。例如，如图 2-11 所示的角度值为 20.0°。

图 2-11　设置选取 20.0°范围内的边

2.3　Tools 菜单的常用工具

在 Abaqus/CAE 的各个功能模块中都提供了 Tools 菜单，其内容与功能模块相关，不同模块的内容不完全相同。本节将介绍 Tools 菜单中的参考点（Reference Point）、面（Surface）、集合（Set）、基准（datum）、定制工具（Customize）等几种最常用的工具。在后面的章节中还将介绍分割（Partition）、幅值（Amplitude）、虚拟拓扑（Virtual Topology）等其他工具的使用方法。

2.3.1　参考点

【常见问题 2-6】定义参考点

如何定义参考点？在什么情况下需要使用参考点？

『解答』

通过主菜单 Tools→Reference Point 来定义参考点。在下列情况下，需要定义参考点：

1）在 Part 功能模块中定义离散刚体部件或解析刚体部件时，都需要为其定义参考点。

2）在 Interaction 功能模块中定义刚体约束（Rigid body）、显示体约束（Display body）和耦合（Coupling）约束时（见图 2-12），必须指定参考点。

3）对于采用广义平面应变单元（generalized plane strain elements）的平面变形体部件，必须为其定义一个参考点作为参考节点（reference node）使用。

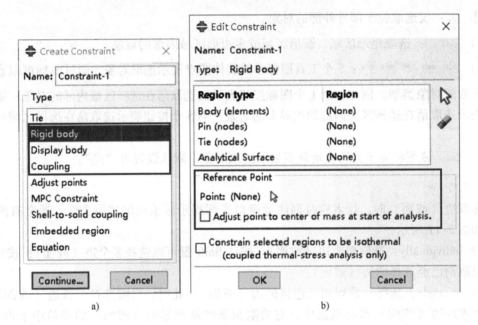

图 2-12 定义刚体约束、显示体约束和耦合约束对话框

a）选择约束类型 b）选择参考点

提示：第 2）种情况和第 3）种情况的本质都是把模型的某个区域和参考点的运动情况联系起来。此时，荷载和边界条件都不能直接施加在这些区域上，而要施加在相应的参考点上。

『实用技巧』

在定义参考点的过程中，需要注意下列问题：

1）在 Part 功能模块中，每个部件只能定义一个参考点。

2）在 Assembly、Interaction 和 Load 功能模块中，可以为整个装配件定义多个参考点，其默认的名称是 RP-1、RP-2 等，读者可以根据需要对它们重新命名。

3）在 Mesh 功能模块中生成单元网格时，将忽略参考点。

关于参考点的详细介绍，请参见 Abaqus 6.14 帮助文件"Abaqus/CAE User's Guide"第 72 章"The Reference Point toolset"。

2.3.2 表面

【常见问题2-7】 定义表面

表面的类型有哪些？在什么情况下应该定义表面？

『解答』

使用主菜单 Tools→Surface 可以创建表面，它包括两种类型：

（1）几何面（geometry surface） 由几何部件（或其部件实例）的一个或多个面（三维部件）或边（二维部件）构成。

（2）网格面（mesh surface） 由孤立网格部件（或其部件实例）的一个或多个单元面（三维部件）或单元边（二维部件）构成。

在 Interaction 功能模块中定义基于表面的接触或约束，以及在 Load 功能模块中施加荷载（例如，压力、面荷载等）时，建议读者首先为相应区域定义表面，并给出容易识别的名称，以方便建模。

关于表面的详细介绍，请参见 Abaqus 6.14 帮助文件"Abaqus/CAE User's Guide"第73 章"The Set and Surface toolsets"。

2.3.3 集合

【常见问题2-8】 定义集合

集合的类型有哪些？在什么情况下应该定义集合？

『解答』

使用主菜单 Tools→Set 可以创建集合，它包括 3 种类型：

1）几何集合（Geometry set）：几何部件（或其部件实例）上的区域。

2）节点集合（Node set）：一个或多个节点构成的集合。

3）单元集合（Element set）：一个或多个单元构成的集合。

对于孤立网格部件（或其部件实例），可以直接定义节点集合或单元集合。对于几何部件（或其部件实例），只能定义几何集合，但在 Abaqus/CAE 中定义的几何集合实际上是相应区域上的节点集合和单元集合。举例如下：

通过导入 CAD 模型生成了一个几何部件，希望为某个面上的节点定义一个节点集合，以便施加边界条件。在 Part 功能模块中单击菜单 Tools→Set，可以发现集合的类型只有 Geometry，而不是 Node 或 Element。设定集合的名称为 *MySet*，在施加边界条件时选择此集合。提交分析作业后，在 INP 文件中可以看到下列语句：

> *** Nset, nset = MySet**, internal, generate
>   1, 1738,   1
> *** Elset, elset = MySet**, internal, generate
>   1, 1528,   1

INP 文件只包括两种类型的集合：节点集合（nset）和单元集合（elset）。在 Abaqus/CAE 中定义几何集合 *MySet* 时，实际上是为相应区域的节点定义了一个名为 *MySet* 的节点集合，并同时为相应区域的单元定义了一个名为 *MySet* 的单元集合。由于边界条件只能施加在节点上，因此，在定义边界条件时，Abaqus 会自动选择节点集合 *MySet*。

在很多情况下，读者都可以通过定义集合来提高建模效率。例如：

1）在 Property 功能模块中，如果一个部件包含不同的材料，可以为不同的区域分别建立集合，然后为其赋予不同的截面属性（section）。

2）在 Interaction 功能模块中定义基于节点或单元的接触或约束时，可以首先为相应区域定义集合。

3）在 Load 功能模块中定义荷载和边界条件时，可以首先为相应区域定义集合。

4）在 Step 功能模块中定义场变量输出或历程变量输出时，可以指定只输出某个集合的计算结果。

> **提示：** 如果在定义截面属性、接触、约束、荷载、边界条件等模型参数的过程中指定了集合或表面的名称，如果对这些集合或表面进行了删除或重命名操作，则需要在上述模型参数中重新指定集合或表面的名称，否则将弹出找不到对应集合或表面的错误信息。

在 Part 功能模块和 Assembly 功能模块中都可以定义集合，二者的区别请参见第 5.1.1 节"模型、装配件、部件实例与部件"。

关于集合的详细介绍，请参见 Abaqus 6.14 帮助文件"Abaqus/CAE User's Guide"第 73 章"The Set and Surface toolsets"。

2.3.4　基准

【常见问题 2-9】 定义基准

基准（datum）的主要用途是什么？使用过程中需要注意哪些问题？

『解答』

使用主菜单 Tools→Datum 可以创建各种基准，包括：基准点（Datum point）、基准轴（Datum axis）、基准面（Datum plane）和基准坐标系（Datum CSYS），其功能类似于立体几何中的辅助线、辅助面等，可以帮助读者更方便地建立复杂模型。例如，基准坐标系可以用来定义材料、连接单元、耦合约束、边界条件、惯性释放荷载的方向，或者为部件实例定位。

> **提示：** 基准属于模型特征，可以对其进行编辑、删除、抑制、恢复等，但基准不参与分析计算，更不会影响分析结果。在 Mesh 功能模块中划分网格时，也不会为基准生成网格。如果要给模型添加顶点、线、面等几何特征（例如，在一条边上增加一个顶点，或在一个实体内部创建一个剖面），需要使用分割工具（partition），而不是基准工具。

创建基准时，既可以基于已有的几何特征（顶点、边、表面）创建，也可以基于已有的其他基准来创建；既可以为部件创建基准，也可以为装配件创建基准。

关于基准的详细介绍，请参见 Abaqus 6.14 帮助文件"Abaqus/CAE User's Guide"第 62 章"The Datum toolsets"。

2.3.5　定制界面

【常见问题2-10】定制 **Abaqus/CAE** 操作界面

如何定制 Abaqus/CAE 的操作界面？

『解答』

Abaqus/CAE 提供了定制界面的功能，允许读者修改 Abaqus/CAE 的默认界面，以方便建模操作。

定制界面的操作步骤，详细介绍如下：

1）有两种方法访问定制工具功能：菜单 Tools→Customize 或菜单 View→Toolbars→Customize。

2）设置键盘的快捷键可以方便建模操作。Abaqus/CAE 允许使用下列键来设置快捷键：

① 除了 <F1> 键之外的其他功能键。

② <Alt> + <Shift> + 任意一个键。

③ <Ctrl> + 任意键。

④ <Ctrl> + <Alt> + 任意一个键。

⑤ <Ctrl> + <Shift> + 任意一个键。

其中，"任意一个键"不能是功能键或右侧小键盘上的键。

例如，在 Load 功能模块中，可以为菜单 Tools→Amplitude→Create 定义快捷键 <Shift + Alt + A>，如图 2-13 所示。完成定义后，再单击菜单 Tools→Amplitude 时，所定义的快捷键就会显示在菜单中，如图 2-14 所示。

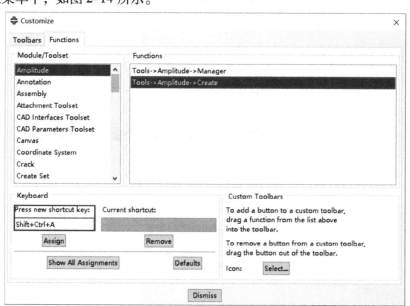

图 2-13　为创建幅值曲线功能定义快捷键 <Shift + Alt + A>

图 2-14 创建幅值曲线的快捷键

> **提示：** 如果发现所定义的快捷键不起作用，应首先检查此功能在当前功能模块中是否可用。

3）Abaqus/CAE 工具条中默认的按钮不可以更改，并且不受定制按钮的影响。定制按钮的图标可以选择 Abaqus/CAE 中已有的图标，也可以导入自定义图标，图片格式可以是 BMP、GIF、PNG 或 XPM，其像素数应合适。Abaqus/CAE 中标准的工具条按钮大小为 24×24 像素。

4）读者还可以根据需要定制自己的专属工具栏，操作步骤如下：

① 主菜单 Tools→Customize 进入定制界面。

② 单击右侧的 Create 按钮，将弹出如图 2-15 所示的对话框，输入自定义工具栏的名字 My Toolbar，单击 OK 按钮将弹出如图 2-16 所示的快捷工具条。

图 2-15 创建自定义工具栏

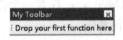

图 2-16 定制工具栏

③ 按照提示信息 "Drop your first function here"，将图 2-17 中最常使用的工具图标（Functions）拖曳到图 2-16 显示位置即可，笔者定制的工具栏如图 2-18 所示。同时，主菜单 View→Toolbars 菜单下已经自动添加 My Toolbar 工具栏（见图 2-19）。单击图 2-17 中的 Show All Assignments 按钮，将给出 Abaqus/CAE 中的所有快捷键（见图 2-20），读者可以根据需要熟记某些快捷键以提高建模效率。

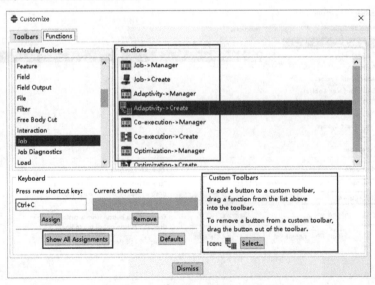

图 2-17 选择相应功能的工具图标

图 2-18　笔者定制的工具栏

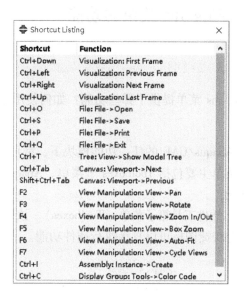

图 2-19　My Toolbar 工具栏　　　　　图 2-20　Abaqu/CAE 中的所有快捷键

关于定制界面的详细介绍，请参见 Abaqus 6.14 帮助文件 "Abaqus/CAE User's Guide" 第 61 章 "The Customize toolset"。

〖实用技巧〗

第 2.3 节介绍了 Abaqus/CAE 下的常用工具，包括：参考点、面、集合、基准以及定制界面等。这些工具的合理使用，会大大提高建模的效率。在定义参考点、表面、集合、基准等工具时，Abaqus 将自动给出缺省名（例如，RP-1、Set-1、Surf-1 等），这些缺省名按照建模的先后顺序命名，但是它们没有明确的含义，很难搞清楚参考点的位置、集合或表面的功能，十分不便。

在建模的过程中，读者应该不嫌麻烦，正确命名。建议的命名规则是：名字应该尽可能包含功能、位置等，信息越全越好，既便于调试修改模型，又不容易犯错，而且便于模型的保存和移植等。笔者的命名习惯如下：

1）定义节点时，命名为 Set-topsuface、Set-fixed，Set-left 等。

2）定义表面时，命名为 Surf-slave_bottom、Surf_master_left、Surf_pressure 等。

3）定义接触对关系时，命名为 Int_holder_blank、Int_slave_master 等。

4）定义荷载和边界条件时，命名为 CF100、pressure10Mpa、BC_bottom_fixed、BC_u3_fixed 等。

5）定义分析作业时，命名为 Job_mesh1_20191115（mesh1 表示网格尺寸为 1.0，20191115 表示分析作业的提交日期）、Job_general_contact_20191115 等。

在 Abaqus/CAE 中建模分析时，建议读者参考上述方法命名。其命名方法与 Python 语言的命名规则类似，这样做也有利于基于 Abaqus 提供的 Python 脚本接口（API）进行二次开发，相关内容的详细介绍，请参见本书第 19 章 "Abaqus 中的 Python 脚本接口常见问题解答与实用技巧"。

2.4　Plug-ins 菜单的功能

【常见问题 2-11】Plug-ins 菜单简介

Plug-ins 菜单提供了哪些功能？如何使用这些功能？

『解答』

在 Abaqus/CAE 的任一功能模块下，都可以访问 Plug-ins 菜单（见图 2-21）。

该菜单主要包括 Toolboxes 子菜单、Abaqus 子菜单、Tools 子菜单，下面详细介绍它们的主要功能：

（1）插件工具箱子菜单（Toolboxes）　该菜单包含了已经注册的插件图标（见图 2-22），单击这些快捷图标可以直接执行插件功能。

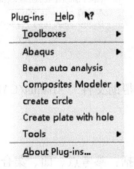

图 2-21　Plug-ins 菜单　　　　图 2-22　插件工具箱（Toolboxes）

（2）Abaqus 子菜单　该菜单（见图 2-23）给出了 Abaqus/CAE 内置的插件和部分实用功能，读者可以尝试运行查看效果。例如，打开 Getting Started 子菜单则弹出如图 2-24 所示的对话框，其中包含了所有已经制作成插件的模型，单击 Run 按钮，将自动提取模型的脚本文件（.py）并执行有限元分析，十分高效；更新脚本（Upgrade Scripts）子菜单可以对低版本的脚本文件更新为高版本的脚本文件，如图 2-25 所示。此外，RSG Dialog Builder 子菜单提供了快速创建图形用户界面（GUI）的功能，详见【常见问题 2-12】。

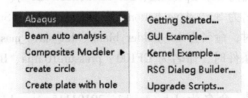

图 2-23　Abaqus 子菜单中的功能

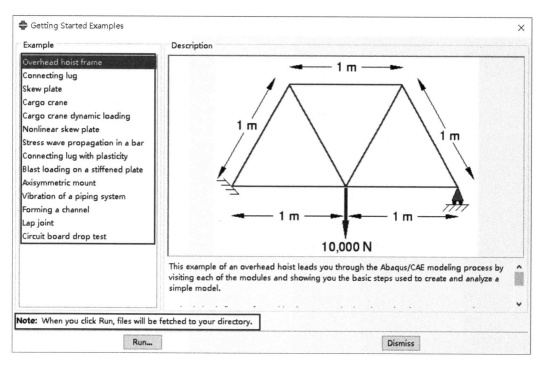

图 2-24　Plug-ins 菜单中已经注册的模型插件

（3）Tools 子菜单（见图 2-26）　提供了常用的工具，包括：自适应绘图、Abaqus/CAE 中的 X-Y 数据与 Excel 表格的交互、安装课程（Install Courses）、STL 格式文件的导入和导出等功能。

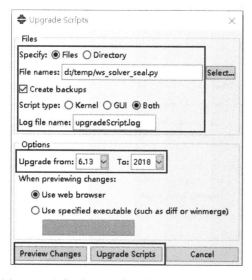

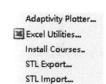

图 2-25　根据需要更新低版本的脚本文件（py.）　　　图 2-26　Tools 子菜单功能

打开安装课程子菜单（Install Courses），将弹出如图 2-27 所示的对话框，其中包含了 Abaqus 官方培训课程对应的模型文件，指定课程的安装路径，单击 OK 按钮即可提出相关课程的文件。

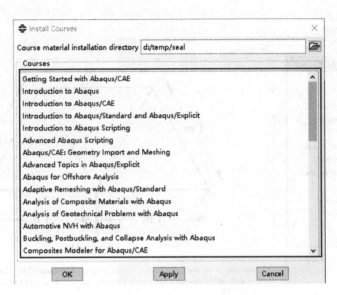

图 2-27　已安装的课程列表

【常见问题 2-12】 快速创建图形用户界面（**GUI**）

主菜单 Plug-ins→Abaqus→RSG Dialog Builder 的功能是什么？如何使用该子菜单快速构建图形用户界面，并定制插件？

『解答』

主菜单 Plug-ins→Abaqus→RSG Dialog Builder 的功能是快速创建图形用户界面，如图 2-28 所示。读者在构建图形用户界面时，可以按照下列操作步骤进行：

图 2-28　RSG 对话框构造器界面

1）单击 图标，快速了解 RSG 对话框构造器的基本功能和用法。

2）设计专属图形用户界面。根据需要添加对话框、文本区、图片、按钮、下拉式菜单等，如图 2-29 所示是笔者构建的 GUI 对话框。

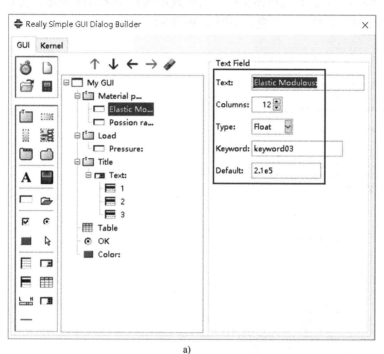

a)

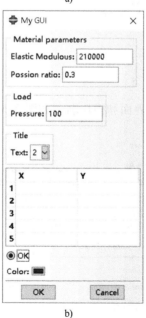

b)

图 2-29　笔者构建的对话框

a) 构建图形用户界面　b) 构造完毕的对话框

3）在创建对话框的过程中，需要为每个变量定义标题（Title），数据类型（String、Integer、Float）以及内核脚本中对应的参数名（Keyword）等信息。

4）定义完界面和各个参数后，切换到内核脚本（Kernel）标签页，将编写的 Python 脚本文件加载到 Module 下，并选择该文件中的函数加载到 Function 选项，实现将函数名中的变量与 GUI 界面中的参数一一对应，如图 2-30 所示。

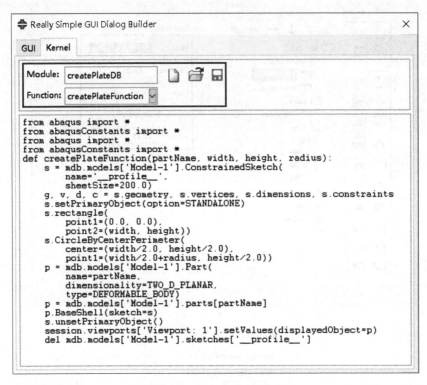

图 2-30　加载内核脚本和函数

5）单击■图标保存图形用户界面和模块名，如图 2-31 所示。

图 2-31　保存并注册插件

6）退出 Abaqus/CAE 后再重新打开 Abaqus/CAE，此时，Plug-ins 菜单中将出现刚创建的 My GUI 插件。

> **提示**：关于 Python 语言在 Abaqus 软件中应用的相关知识、图形用户界面创建的详细信息、插件制作的实例介绍，请参考笔者撰写的《Python 语言在 Abaqus 中的应用（第2版）》一书。

2.5　本章小结

本章主要介绍了下列内容：

1）教给初学者快速熟悉 Abaqus/CAE 操作界面的方法、建模流程及技巧、修改背景色以及显示/隐藏模型树或工具栏等功能。

2）通过设置过滤选项，可以更快捷地用鼠标选取所需对象。选取边或面时，可以选取单个对象，也可以通过设置选取角度等方式选取多个相互连接的对象。

3）定义刚体部件、刚体约束、显示体约束和耦合约束时，必须指定参考点，其实质是把模型的某个区域与参考点的运动情况联系起来。此时，荷载和边界条件都不会直接施加在这些区域上，而必须施加在对应的参考点上。

4）表面有两种类型：几何表面——由几何部件（或其部件实例）的一个或多个面（三维部件）或边（二维部件）构成的面；网格表面——由孤立网格部件（或其部件实例）上的一个或多个单元面（三维部件）或单元边（二维部件）构成的表面。

5）INP 文件中只包括两类集合：节点集合（nset）和单元集合（elset），在 Abaqus/CAE 中定义的几何集合实质上是相应区域上的节点集合和单元集合。

6）基准点、基准轴、基准面和基准坐标系类似于立体几何中的辅助线、辅助面等，可以帮助读者更方便地建立复杂模型。

7）定制界面功能允许读者根据需要定制自己的专属 Abaqus/CAE 操作界面、工具栏、快捷键等。

8）介绍了 Plug-ins 菜单的主要功能以及借助于 RSG 构造器快速创建图形用户界面（GUI）的操作步骤和实现方法。

本书第 1～2 章介绍了在 Abaqus 软件中建立有限元模型的基础知识和基本操作的常见问题解答与实用技巧，第 3～13 章将按照 Abaqus/CAE 界面上各功能模块的先后顺序，依次介绍各功能模块中容易混淆的概念、常见问题解答和实用技巧。第 14～20 章将详细介绍部分高级分析（INP 文件、多步骤分析、非线性分析、接触分析、弹塑性分析、Abaqus 中的 Python 脚本接口开发、错误信息与警告信息的处理）中的典型问题、解决方法和实用技巧。

第3章

Part 功能模块
常见问题解答与实用技巧

本章要点：

※ 3.1 创建、导入和编辑部件
※ 3.2 特征之间的相互关系
※ 3.3 刚体和显示体
※ 3.4 建模实例
※ 3.5 经验总结
※ 3.6 本章小结

部件（Part）是 Abaqus 软件建立有限元模型的基本构成元素。在 Abaqus/CAE 的 Part 功能模块中可以创建二维、三维或轴对称的变形体或刚体部件。本章将介绍在 Part 功能模块中创建、导入和编辑部件的方法，父特征、子特征及其相互关系，刚体和显示体的定义方法等，最后通过一个建模实例介绍 Part 功能模块中的常用建模技巧。

3.1 创建、导入和编辑部件

3.1.1 创建部件

【常见问题3-1】创建部件的方法及优缺点

在 Abaqus/CAE 中创建部件的方法有哪些？其各自的适用范围和优缺点怎样？

『解答』

表3-1列出了在 Abaqus/CAE 中创建部件的 5 种方法。Part 功能模块提供了丰富的处理几何模型的功能，可以直接创建几何部件（native geometry），也可以使用专门的 CAD 软件建模（复杂模型），再将其导入到 Abaqus/CAE 中。

> **提示：** 创建复杂的壳（shell）部件时，可以首先创建一个以这个壳为表面的实体（solid）部件，再单击菜单 Shape→Shell→From solid，将其转化为壳部件。

表 3-1　创建部件的方法

	方法描述	类　型	优　缺　点
1	在 Part 功能模块中直接创建部件	几何部件	部件不会出现几何缺陷（例如，缝隙），易于划分网格
2	从 CAD 软件（例如，Pro/E、SolidWorks、CATIA 等）导入部件	几何部件	适用于非常复杂的几何模型，缺点是导入 Abaqus/CAE 后可能出现几何缺陷，一般需要进行编辑（edit）操作
3	在 Assembly 功能模块中对部件实例进行布尔操作（Merge/Cut）	几何部件或孤立网格部件	详见本书第 5.3 节"对多个部件实例进行布尔操作"
4	从 ODB 文件或 INP 文件中导入孤立网格部件（orphan mesh part）	孤立网格部件	定义荷载和边界条件时直接使用已经划分好的网格，可以在 Mesh 功能模块中编辑节点和单元
5	在 Mesh 功能模块中创建网格部件（mesh part）		

3.1.2　导入和导出几何模型

【常见问题 3-2】导入/导出几何模型的文件格式

在 Abaqus/CAE 中导入或导出几何模型时，有哪些可供选择的格式？

『解答』

表 3-2 ～ 表 3-7 分别列出了在 Abaqus/CAE 中可以导入/导出的二维草图（Sketch）、几何部件（Part）和装配件（Assembly）、模型（Model）等的文件格式。导入装配件时，Abaqus/CAE 会自动创建相应的部件和部件实例（part instance）。

表 3-2　Abaqus/CAE 中可以导入/导出的二维草图文件格式

文 件 格 式	导入到 Abaqus/CAE （单击菜单 File→Import→Sketch）	从 Abaqus/CAE 中导出 （单击菜单 File→Export→Sketch）
ACIS SAT（＊.sat＊）		
IGES（＊.igs＊，＊.iges＊）	可以	可以
STEP（＊.stp＊，＊.step＊）		
AutoCAD DXF（＊.dxf）		不可以

表 3-3　Abaqus/CAE 中可以导入/导出的几何部件文件格式

文 件 格 式	导入到 Abaqus/CAE （单击菜单 File→Import→Part）	从 Abaqus/CAE 中导出 （单击菜单 File→Export→Part）
ACIS SAT（＊.sat＊）		
IGES（＊.igs＊，＊.iges＊）	可以	可以
VDA（＊.vda＊）		
STEP（＊.stp＊，＊.step＊）		

（续）

文 件 格 式	导入到 Abaqus/CAE （单击菜单 File→Import→Part）	从 Abaqus/CAE 中导出 （单击菜单 File→Export→Part）
CATIA V4（＊.model＊、＊.catdata＊、＊.exp＊）		
CATIA V5（＊.CATPart＊，＊.CATProduct＊）		
Parasolid（＊.x_t＊，＊.x_b＊，＊.xmt＊）	可以	不可以
ProE/NX Elysium Neutral（＊.enf＊）		
Output Database（＊.odb＊）		
Substructure（＊.sim＊）		

表 3-4　Abaqus/CAE 中可以导入/导出的装配件文件格式

文 件 格 式	导入到 Abaqus/CAE （单击菜单 File→ Import→Assembly）	从 Abaqus/CAE 中导出 （单击菜单 File→ Export→Assembly）
Assembly Neutral（＊.eaf＊）		
CATIA V4（＊.model＊、＊.catdata＊、＊.exp＊）	可以	仅能导出 ACIS SAT（＊.sat） 和 ACIS ASAT（＊.asat）格式 的文件
Parasolid（＊.x_t＊，＊.x_b＊，＊.xmt＊）		
ProE/NX/CATIA V5 Elysium Neutral（＊.enf＊）		

表 3-5　Abaqus/CAE 中可以导入的模型文件格式

导 入 方 式	可以导入的文件格式
导入到 Abaqus/CAE（单击菜单 File→Import→Model）	Abaqus/CAE Database（＊.cae）
	Abaqus Input File（＊.inp、＊.pes）
	Abaqus Output Database（＊.odb）
	Nastran Input File（＊.bdf，＊.dat，＊.nas，＊.nastran，＊.blk，＊.bulk）

表 3-6　Abaqus/CAE 中可以导入的模型文件格式

导 入 方 式	可以导入的文件格式
导入到 Abaqus/CAE（单击菜单 File→Import→Model）	Abaqus/CAE Database（＊.cae）
	Abaqus Input File（＊.inp、＊.pes）
	Abaqus Output Database（＊.odb）
	Nastran Input File（＊.bdf，＊.dat，＊.nas，＊.nastran，＊.blk，＊.bulk）

表 3-7　Abaqus/CAE 中可以导出的其他文件格式

导 出 方 式	可以导出的文件格式
导入到 Abaqus/CAE（单击菜单 File→Export→VRML/3DXML/OBJ）	＊.wrl，＊.wrz
	＊.3dxml
	＊.obj

相关内容的详细介绍，请参见 Abaqus 6.14 帮助文件 "Abaqus/CAE User's Guide" 第

10.1.1 节 "What kinds of files can be imported and exported from Abaqus/CAE" 和第 10.1.4 节 "Importing an assembly"。

『实用技巧』

读者在导入或导出草图、部件、装配件以及模型时，要注意弹出对话框中的各个选项。如图 3-1 ~ 图 3-3 所示为在 Abaqus/CAE 中导入零部件时的 3 个标签页，在导入零部件的过程中，读者应正确选择、设置标签页中的各个参数。

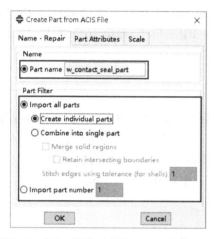

图 3-1 命名-修补（Name-Repair）标签页　　图 3-2 部件属性（Part Attributes）标签页

通常情况下，读者都是从其他专门的 CAD 软件中导入模型，如图 3-1 ~ 图 3-3 所示标签页使用频率最高。有些情况下也需要将 Abaqus 软件生成的零部件、装配件、后处理的结果等导出为其他软件支持的文件格式，操作过程中，应该仔细研究各个导出选项，保证所做的每一步都有理有据。

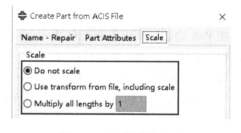

图 3-3 比例缩放标签页

【常见问题 3-3】 导入部件后显示错误信息

将 STEP 格式的三维 CAD 模型文件（*.stp）导入到 Abaqus/CAE 中时，在窗口底部的信息区中看到下列提示信息：

*A total of 236 parts **have been created**.* (创建了 236 个部件)

此信息表明 CAD 模型已经被成功导入，但是在 Abaqus/CAE 的视图区中却只显示出一条白线，看不到导入的几何部件，这是什么原因造成的？

『错误原图』

无法成功导入 CAD 模型的可能原因有很多种，下面介绍一种常见的原因：如果在 CAD 软件中把多个零部件装配在一起（这些零部件可能是在不同的 CAD 软件中创建的，各自的坐标系也可能不同），将其输出为 STEP 格式的文件时，有可能丢失这些零部件之间的装配关系，无法将其成功地导入到 Abaqus/CAE 中。

『解决方法』

IGES 格式的文件（*.igs）一般不会出现这类问题，因此可以在 CAD 软件中输出 IGES 格式的文件，再将其导入到 Abaqus/CAE 中。

如果所导入的部件可以通过旋转或拉伸二维截面来生成，可以只导入在 CAD 软件中生成的二维截面，再在 Part 功能模块中利用该二维截面图形（sketch）生成三维几何部件。

关于 IGES 格式文件的详细介绍，请参见 Abaqus 6.14 帮助文件 "Abaqus/CAE User's Guide" 第 10.4 节 "Understanding the contents of an IGES file" 和第 10.7.7 节 "Importing a part from an IGES-format file"。

3.1.3 编辑几何部件

将 CAD 模型导入到 Abaqus/CAE 中时，有时会出现短边、小面、尖角或几何缺陷（例如，缝隙），这些都会影响网格的划分质量。此时，可以使用 Part 功能模块中的几何编辑工具（Geometry Edit）编辑这些缺陷。Abaqus/CAE 将以特征的形式保存这些修改操作，如果编辑过程中操作不当或错误，可以对其进行重命名、删除或抑制（Supress）等。

【常见问题 3-4】使用几何编辑工具编辑导入的不精确部件

Abaqus/CAE 提供了多种几何编辑工具，使用时应注意哪些问题？

『解答』

在 Part 功能模块中单击菜单 Tools→Geometry Edit，就可以使用几何编辑工具。在操作的过程中，读者注意运用下列技巧：

1）在 Abaqus/CAE 中导入其他 CAD 软件建立的模型时，Abaqus 会自动高亮显示导入几何部件的不精确几何信息，如图 3-4 所示，同时弹出提示对话框（见图 3-5）。此时，并非必须对部件进行几何编辑，分析才能进行。只要不使用分割技术、不划分四边形或六面体单元网格，某些情况下分析依然能够顺利完成。

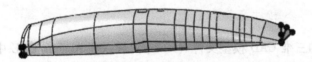

图 3-4 导入的包含不精确几何信息的部件

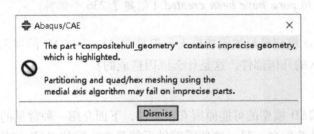

图 3-5 弹出的提示对话框（对于不精确部件，无法使用中性轴
算法的分割技术、无法生成四边形/六面体单元）

2）几何编辑过程中，尽量不要一次编辑太多部位，而应该逐步编辑。

3）如果直接删除三维实体（solid）的面，三维实体部件则变为壳（shell）部件。如果确实需要删除某个面，应使用编辑工具中的 Replace、Repair small 等工具进行操作。

4）如果模型中存在小的倒角，在其附近区域会生成很细的网格，增加计算时间。如果这些倒角不在分析结果的关心区域，可以使用编辑工具删除它们（即将倒角改为两个相邻的面直接相交），以避免不必要的细化网格。操作方法为：使用编辑工具中的 Replace，单击要删除的圆角，在窗口底部的提示区中选中 Extended neighbouring faces，单击 Done 按钮即可。

5）如果两个面在相交处接近相切，可以将其合并为一个面。操作方法为：使用编辑工具中的 Replace（用于合并较大的面）或 Replace small（用于去掉小面）。

6）如果需要对部件进行分割（Partition）操作，应该在编辑操作完成后进行，否则分割操作可能会失效。

7）单击菜单 Part→Manager，可以在 Part Manager 对话框中看到各个几何部件是否有效，如图 3-6 所示。对无效的几何部件进行编辑操作后，可以在 Part Manager 对话框中单击 Update Validity 按钮，查看编辑后的部件是否变得有效。

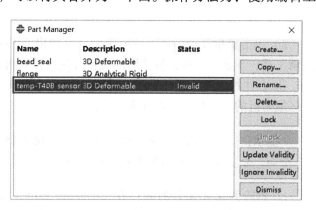

图 3-6 几何模型有效性检查

> **提示：** 对于复杂的几何部件，检查其有效性会耗费大量的时间，建议在完成全部编辑操作后再进行这项检查。

关于编辑几何部件的详细介绍，请参见 Abaqus 6.14 帮助文件 "Abaqus/CAE User's Guide" 第 11.16.6 节 "Using the Geometry Edit toolset in the Part modle"。

【常见问题3-5】 无法划分网格时编辑几何部件的方法

将三维 CAD 模型导入 Abaqus/CAE 中生成几何部件，为其划分网格时出现如图 3-7 所示的错误信息，应如何解决？

『解答』

在为导入的模型进行网格划分时，读者可能经常遇到（见图 3-7）无法划分网格的提示信息。此时，应首先找出部件中的无效部位，然后进行几何编辑。对应的 Abaqus/CAE 操作如下：

1）在 Part 功能模块中，单击菜单 Tools→Query，选中 Geometry diagnostics，在弹出的对话框中选择 Invalid entities：Errors，单击 Highlight，视图区将以红色高亮显示无效的部位。在本实例中，看到有一个顶点被高亮显示（见图 3-8 中心的黑色圆点）。

放大显示该无效部位，查看是否包含微小缝隙等几何缺陷。如果观察不到明显的缺陷，可能是由于几何模型本身存在的数值误差或内部错误，而导致此部位无效。

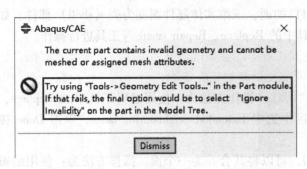

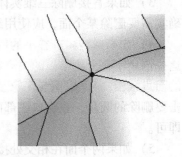

图 3-7　错误信息：invalid geometry（几何部件无效），无法划分网格　　图 3-8　几何部件上的无效部位

2）单击菜单 Tools→Geometry Edit，在弹出的 Geometry Edit 对话框中可以看到多种几何编辑工具，下面介绍两种最常用的编辑方法，读者可以根据具体模型合理选择：

① 合并相邻面：在 Geometry Edit 对话框中将 Category 设为 Face，选择 Replace，将无效区域附近的各个相切面合并为一个面。

> **提示**：如果一次合并多个面，可能会出现操作失败的情况。建议读者每次只合并两三个面，分多次将无效区域附近的面合并在一起。

② 删除并重建无效的面：在 Geometry Edit 对话框中将 Category 设为 Face，然后选择 Remove，删除无效区域内的面（此时，该部件就不再是一个三维实心体，而是由各个表面所构成的壳体）；再选择 Cover Edges，选择所删除面的各条边，重新创建这个面。

3）在如图 3-6 所示的对话框中单击 Update Validity 按钮更新此部件的有效性。

4）切换到 Mesh 功能模块，尝试重新划分网格，如果仍然出现如图 3-7 所示的错误信息，可以重复 1）至 4）的操作，直到所有无效部位都被修复为止。

3.2　特征之间的相互关系

【常见问题 3-6】基本特征、父特征和子特征及其相互关系

在 Part 功能模块中创建零部件时经常用到 3 个概念：基本特征（Base feature）、父特征（Parent feature）和子特征（Children feature），它们之间的关系是怎样的？

『解答』

在 Abaqus/CAE 中创建的部件是基于"特征"的（feature-based），特征（feature）包含了部件的几何信息、设计意图和生成规则（例如，拉伸长度、扫掠路径和旋转角度等），Abaqus/CAE 通过记录一系列的特征来储存每个部件。下面详细介绍一下"特征"的基本概念：

（1）基本特征　创建部件的第 1 步操作中所定义的特征，称为"基本特征"。在 Abaqus/CAE 中创建部件时，基本特征包括两方面信息：

1）部件的几何类型：可以是三维实体（solid）、壳（shell）、线框（wire）、点

（point），此类型一旦确定就不可以再被更改。

2）生成方式：拉伸（extrusion）、旋转（revolution）、扫掠（sweep）等，其中的参数（例如，拉伸长度、旋转角度、截面草图等）可以被修改。

从第三方软件中导入的几何部件只包含一个不可修改的基本特征，但可以为其增加其他特征（例如，切割、倒角等）。

（2）父特征与子特征　各个特征之间具有父子关系，基于已有特征定义的新特征是"子特征"，它依赖于已有的"父特征"而存在。例如，通过拉伸操作生成一个六面体部件，然后对该六面体的一条边进行倒角，则拉伸操作是"父特征"，倒角操作是"子特征"。

如果修改了父特征，与该父特征相关的子特征也会自动修改。如果抑制（suppress）或删除了父特征，则相关的子特征也自动被抑制或删除。删除父特征时，Abaqus/CAE 会弹出如图 3-9 所示的提示信息，要求确认是否删除所选择的父特征及其子特征。

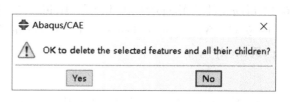

图 3-9　删除父特征时的提示信息

『相关知识』

为了避免创建零部件的过程中出现错误，应该按照下列顺序建立各个特征：

1）通过拉伸、旋转、扫掠等方式来生成部件，即创建部件的基本特征（菜单 Part→Create）。

2）增加拉伸、旋转、扫掠等其他特征（菜单 Shape→Solid 或 Cut）。

3）倒角（菜单 Shape→Blend）。

4）完成上述所有操作后，再进行分割操作（菜单 Tools→Partition）。

提示：当为基本特征增加特征时（例如，菜单 Shape→Solid→Extrude），建议选中 Keep internal boundaries（保留内部边界）选项，如图 3-10 所示。这样做的好处是：在 Mesh 功能模块中划分扫掠网格或结构化网格时，不再需要对该区域进行分割操作。

图 3-10　保留内部边界

放样（loft）操作可以在两个不同的截面之间生成过渡区域，该操作可能产生不正常的相交面，导致无法划分网格或无法完成分析。为了避免出现这种问题，可以在进行放样操作之前单击菜单 Feature→Options，选中 Perform self-intersection checks（自相交检查），如图 3-11 所示。

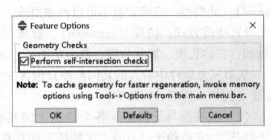

图 3-11　自相交检查

关于特征的详细介绍，请参见 Abaqus 6.14 帮助文件 "Abaqus/CAE User's Guide" 第 11.3 节 "What is feature-based modeling?"、第 11.9 节 "What types of features can you create?" 和第 11.10 节 "Using feature-based modeling effectively"。

『实用技巧』

在 Abaqus/CAE 中建模时可以采用下列技巧，让建立几何模型的工作效率更高：

1）在建立几何模型过程中，按照提示区域提供的信息可以顺利完成建模工作，图 3-12 给出让读者选择需要倒角的边的操作。

2）模型树（Model tree）集中给出了 Abaqus/CAE 模型的所有信息（见图 3-13），读者可以借助于模型树来编辑、删除、修改、抑制和恢复各种特征，只需在对应的操作旁边右击，选择相应功能即可（见图 3-14）。

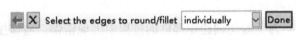

图 3-12　提示区域的信息

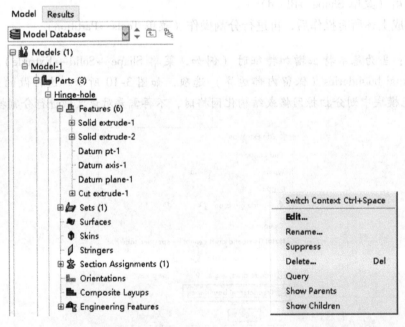

图 3-13　模型树给出了详细的特征信息　　　图 3-14　对特征进行操作

3）**Abaqus/CAE** 不会自动保存模型，建议读者养成良好的建模习惯，每个功能模块定义完毕，及时保存。

3.3 刚体和显示体

3.3.1 刚体部件的定义

【常见问题 3-7】定义刚体部件

什么是刚体部件（rigid part）？它有何优点？在 Part 功能模块中可以创建哪些类型的刚体部件？

『解答』

如果模型中某个部件的刚度远远大于其他部件的刚度，其变形远远小于其他部件的变形，就可以将其定义为刚体部件。在分析过程中，刚体部件不发生变形（即整个部件上各点之间的距离保持不变），而只发生整体的平动或转动。

需要注意的是：刚体部件是一个相对概念。例如，在冲压、轧制等金属成形分析中，模具或轧辊的刚度远远大于坯料，如果模具或轧辊本身的应力和变形不是关心的对象，就可以将其定义为刚体部件。

由于刚体部件只发生整体的平动或转动，因此可以用一个点的运动情况来控制整个刚体的运动情况，这个点就是刚体参考点（rigid part reference point）。创建刚体部件时，需要为其定义刚体参考点（Part 功能模块中，单击菜单 Tools→Reference Point），刚体部件上的所有边界条件和荷载都要施加在该刚体参考点上。

与变形体部件相比，刚体部件最大的优点是计算效率高。在分析作业运行过程中，刚体部件不参与所有基于单元的计算（例如，生成单元刚度矩阵、单元质量矩阵、总体刚度矩阵等），因此可以节省大量的分析时间。另外，在接触分析中，如果接触对的主面是刚体部件的面，分析更加容易收敛。

在 Part 功能模块中可以创建两种类型的刚体部件，分别是：

（1）离散刚体部件（Discrete rigid part） 离散刚体部件可以是任意的几何形状，可以为其添加 Part 功能模块中的各种特征（例如，单击菜单 Shape→Solid、Cut 或 Blend）。

（2）解析刚体部件（Analytical rigid part） 解析刚体部件只能是较简单的几何形状，其计算代价比离散刚体部件小。在接触分析中，解析刚体部件的形状应该是光滑的（各个相交的面或线都必须相切）。

选择刚体部件的类型时，应尽量采用解析刚体部件。如果部件的几何形状较复杂，或者是从第三方软件中导入的部件，由于无法直接创建解析刚体部件，此时可以选用下面两种方法解决：

（1）创建离散刚体部件 在 Mesh 功能模块中为离散刚体部件设定单元类型时，必须使用刚体单元，而刚体单元只有壳单元和线单元两类。如果离散刚体部件的类型是三维实体（solid），则需要首先在 Part 功能模块中将其转化为壳体部件（菜单 Shape→Shell→From Solid），或者采用第（2）种方法。

（2）创建变形体部件（Deformable part）　在 Interaction 模块中为其施加刚体约束（Rigid body constraint）或显示体约束（Display body constraint）。相关内容的详细介绍，请参见第 3.3.2 节"刚体部件、刚体约束和显示体约束"。

『实用技巧』

对于刚体部件，读者还需要注意下列问题：

1）由于刚体部件不会发生变形，因此，无须为解析刚体部件和离散刚体部件定义截面和材料属性。

2）解析刚体部件和离散刚体部件都需要定义刚体参考点。参考点的位置会影响刚体所受的弯矩和可能发生的转动，因此，对于动力分析，如果考虑了转动惯量对模型的影响，在定义转动惯量时必须合理设定刚体参考点的位置（对于均匀材料构成的部件，通常设在形心、质心、体积中心处）。对于形状不规则的部件，可以通过单击菜单 Tools→Query→Mass properties 查询体积中心或形心的位置，如图 3-15 所示。

```
Mass properties:
  Volume: 8.60e-005
  Volume centroid: -0.0104,0.0200,0.0226
```

图 3-15　Tools 菜单下查询质量特性

3）为刚体部件定义表面时（单击菜单 Tools→Surface→Create），需要指定表面位于刚体的哪一侧（在接触分析中，必须选择发生接触的一侧）。

4）读者可以根据需要转换部件的类型，解析刚体部件可以转换为变形体部件或离散刚体部件，变形体部件可以转换为离散刚体部件，具体操作是：在模型树下选择需要转换的部件，单击鼠标右键，单击 Edit，在如图 3-16 所示的对话框中选择需要转换的类型。

为缩短计算时间，在对复杂模型提交分析之前，可以首先将部件定义为刚体部件，得到初步的分析结果。在确认模型参数都正确之后，再把刚体部件改为变形体部件。

5）刚体部件的参考点必须在 Part 功能模块中定义，而不能在其他功能模块中定义。在 Interaction 功能模块中定义耦合约束和显示体约束时，也需要用到参考点，这些参考点可以在 Interaction 等功能模块中定义。

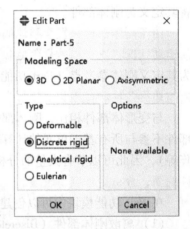

图 3-16　转换部件类型

提示：不能将变形体部件或离散刚体部件转换为解析刚体部件，否则将会弹出如图 3-17 所示的提示信息。

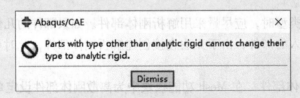

图 3-17　将变形体部件或离散刚体部件转换为解析刚体部件时的提示信息

关于刚体部件的详细介绍，请参见 Abaqus 6.14 帮助文件"Abaqus/CAE User's Guide"第 11.7 节"Modeling rigid bodies and display bodies"和第 11.8 节"The reference point and point parts"。

3.3.2　刚体部件、刚体约束和显示体约束

【常见问题 3-8】刚体部件、刚体约束和显示体约束的区别与联系

刚体部件（rigid part）、刚体约束（rigid body constraint）和显示体约束（display body constraint）都可以定义刚体，它们之间有何区别与联系？

『解答』

在 Interaction 功能模块中，可以为变形体施加刚体约束或显示体约束，将其变为刚体后各部分的运动情况完全取决于所指定的参考点运动情况。刚体约束与显示体约束的功能与第 3.3.1 节"刚体部件的定义"介绍的刚体部件十分相似，它们的区别列于表 3-8 中。

表 3-8　刚体部件、刚体约束和显示体约束的比较

	刚体部件	刚体约束	显示体约束
功能模块	Part 功能模块，菜单 Part→Create	Interaction 功能模块，菜单 Constraint→Create，选择 Rigid body	Interaction 功能模块，菜单 Constraint→Create，选择 Display body
作用	将单个部件定义为刚体	将装配件某个区域定义为刚体	将单个部件实例定义为显示体（相当于刚体）。显示体只起到图形显示的作用，不参与分析计算
网格	解析刚体部件不需划分网格，离散刚体部件需要划分网格	需要划分网格	不需划分网格（Abaqus/CAE 会自动为显示体生成网格）
刚体和变形体之间的转换方法	修改部件属性（详见第 3.3.1 节）	删除或抑制刚体约束后则恢复为变形体	删除或抑制显示体约束，就恢复为变形体

提示：对于由 CAD 模型导入的部件，即使部件是无效的（invalid），仍然可以为其施加显示体约束。

关于刚体约束的详细介绍，请参见 Abaqus 6.14 帮助文件"Abaqus/CAE User's Guide"第 11.7.3 节"What is the difference between a rigid part and a rigid body constraint？"。

关于显示体约束的详细介绍，请参见 Abaqus 6.14 帮助文件"Abaqus/CAE User's Guide"第 11.7.4 节"What is a display body"和第 15.5 节"Understanding constraints"。

3.4　建模实例

前面各节介绍了创建部件的基本方法、操作技巧和一些容易混淆的概念，下面给出一个创建部件的实例，介绍 Part 功能模块中创建部件的技巧。

【常见问题3-9】 多种方法建立几何模型

一个边长 100mm 的立方体，在其中心位置挖掉半径为 20mm 的球体，应如何建立几何模型？

『实现方法1』

利用对称性，首先在 Part 功能模块中创建 1/2 模型，对其做镜像拷贝得到对称的另一半模型，再在 Assembly 功能模块中将二者合并为一个完整的部件。对应的 Abaqus/CAE 操作如下：

（1）创建 1/2 立方体　在 Part 功能模块中创建三维变形体部件 *half-1*，类型为 Extrude，拉伸长度为 50（见图 3-18）。

（2）建立基准轴（用于旋转切割）　单击菜单 Tools→Datum，选择 Axis 和 Normal to plane thru Point，选中图 3-19 中的法向面（与 X-Z 面平行的面）和基准轴经过的点。

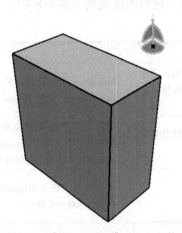

图 3-18 【实现方法1】1/2 立方体

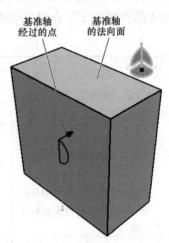

图 3-19 【实现方法1】旋转切割的半圆截面

（3）旋转切割　单击菜单 Shape→Cut→Revolve，绘制半圆，将旋转角度设为 180°（见图 3-20）。完成后的部件如图 3-21 所示。

图 3-20 【实现方法1】旋转切割的角度

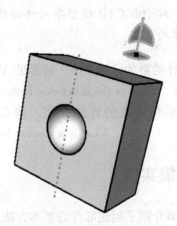

图 3-21 【实现方法1】旋转切割后的 1/2 立方体

（4）镜像拷贝 单击菜单 Part→Copy→*half-1*，将新部件命名为 *half-2*，选择 Mirror part about X-Y plane（以 X-Y 面作为对称面进行镜像拷贝）。

（5）装配 进入 Assembly 功能模块，为部件 *half-1* 和 *half-2* 创建部件实例（part instance）并平移定位。

（6）通过布尔操作合并两个 1/2 立方体模型 单击菜单 Instance→Merge/Cut Instances，按照如图 3-22 所示设置各个参数，并选择要合并的两个部件实例。这样就生成了中心挖掉球体的立方体部件，在 Part 功能模块中可以看到新的部件 *cubic*。

在上述操作中，虽然模型的几何形状比较简单，但运用了一些很有用的建模技巧，包括：

1）利用基准轴来完成旋转切割。

2）利用对称性和镜像拷贝来节省建模时间。

3）通过布尔操作将对称的两部分合并在一起。

『 实现方法 2 』

该方法不利用对称性，直接通过布尔操作让立方体和球体相减，达到挖空的效果。对应的 Abaqus/CAE 操作如下：

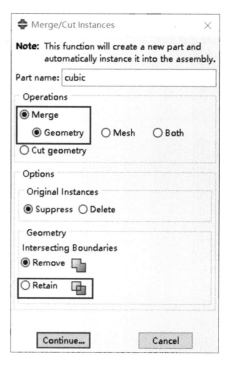

图 3-22 【实现方法 1】在 Assembly 功能模块进行布尔操作

（1）创建立方体和球体部件 在 Part 功能模块中，以拉伸（extrude）方式创建边长为 100 的立方体部件 *cubic*，再以旋转（revolve）的方式创建半径为 20 的球体部件 *sphere*（半圆截面旋转 360°）。为方便接下来的装配操作，应该让正方形截面的中心和半圆截面的圆心都为原点。

（2）装配 进入 Assembly 功能模块，为两个部件创建部件实例。旋转模型来查看立方体和球体的相对位置，单击菜单 Instance→Translate 将球体平移至立方体的中心（见图 3-23）。

（3）通过布尔操作实现立方体和球体相减 单击菜单 Instance→Merge/Cut Instances，选中 Cut ge-ometry（见图 3-24），先选择立方体（被切割的部件实例），然后选择球体。这样就生成了中心挖掉球体的立方体部件，在 Part 功能模块中可以看到新部件 *cubicsphere*。

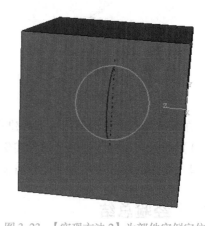

图 3-23 【实现方法 2】为部件实例定位

被挖掉的球体在立方体内部，无法直观地查看操作结果是否正确，在划分网格时也很难在内部边界上布置种子。可以首先在 Part 功能模块中将部件分割（partition）为对称的两块区域（见图 3-25），再利用显示组（display group）功能只显示模型的一半（见图 3-26）。

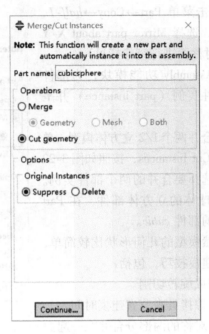

图 3-24 【实现方法 2】布尔操作

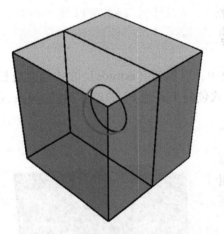

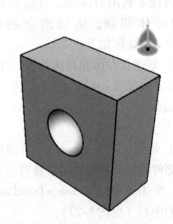

图 3-25 【实现方法 2】分割部件　　图 3-26 【实现方法 2】只显示部件的一半

在上述操作中灵活使用了下列建模技巧：

1）通过布尔操作让两个部件实例相减，生成新的部件。

2）使用分割和显示组功能查看复杂几何部件的内部区域。

3.5　经验总结

在 Part 功能模块中创建部件时，一般应该考虑下列两个问题：

（1）选择创建几何模型的软件　　对于简单的几何模型，可以优先考虑在 Abaqus/CAE 中建模，这样做的最大好处是 Part 功能模块能够与其他功能模块无缝结合，不会出现几何缺陷，无须进行编辑操作。

对于非常复杂的几何模型，如果在 Abaqus/CAE 中建模很困难，可以使用专门的 CAD 软件建模，再将其导入到 Abaqus/CAE 中。此时，应注意检查几何模型的有效性，编辑高亮显示的几何缺陷。在众多的 CAD 软件中，推荐使用 CATIA 软件，该软件不仅功能强大，提供了二次开发的接口，可以与 Abaqus 软件无缝对接，几何编辑工作量较少。

（2）建模顺序 Abaqus/CAE 基于特征建模的思路与实际的材料加工过程十分相似，即首先生成形状较简单的基本特征（类似于材料加工中的坯料），再添加拉伸、旋转、扫略等特征（类似于车、铣、刨、磨等加工），然后进行倒角等其他操作。

（3）建模技巧 读者应根据所建模型的几何特征（对称性等），选择合适的建模方法，并综合使用镜像功能、部件拷贝功能、布尔操作等功能，提高建模效率。

3.6 本章小结

本章主要介绍了下列内容：

1）Part 功能模块提供了丰富的处理几何模型的功能，可以直接创建几何部件，也可以使用专门的 CAD 软件建模，再将其导入到 Abaqus/CAE 中。

2）介绍了 Abaqus/CAE 提供的导入/导出的文件格式。

3）如果部件可以通过旋转或拉伸二维截面生成，可以只导入在 CAD 软件中生成的二维截面，再在 Part 功能模块中对该二维截面图形（sketch）进行操作生成三维几何部件。

4）将 CAD 模型导入到 Abaqus/CAE 中时，可能会出现几何缺陷（缝隙等），导致在 Mesh 功能模块中无法成功划分网格。此时，可以使用 Part 功能模块中的几何编辑工具（Tools→Geometry Edit）来编辑这些缺陷，保证几何模型的准确性和有效性。

5）在 Abaqus/CAE 中创建的部件是基于"特征"的，其中包含了部件的几何信息、设计意图和生成规则。

6）如果模型中某个部件的刚度远远大于其他部件的刚度，其变形远远小于其他部件的变形，可以将其定义为刚体部件，或为其施加刚体约束或显示体约束，以减小计算规模，节省分析时间。

7）刚体部件必须在 Part 功能模块中定义参考点，显示体或刚体约束的参考点可以在 Part 功能模块中定义，也可以在 Interaction 功能模块中定义。

8）创建复杂的几何部件时，应充分利用对称性，综合使用镜像拷贝、布尔操作、基准、分割、显示组等建模技巧。

第4章

Property 功能模块
常见问题解答与实用技巧

本章要点：

- ※ 4.1　定义材料特性参数
- ※ 4.2　定义超弹性材料
- ※ 4.3　定义梁截面形状、截面属性和横截面方位
- ※ 4.4　本章小结

在 Abaqus/CAE 的 Property 功能模块中可以定义材料的力学参数、截面属性（section）、梁截面形状（profile）、弹簧和阻尼器等。本章将介绍 Property 功能模块中的常见问题、解决方法和实用技巧，包括：定义材料的特性参数、定义超弹性材料、定义梁截面形状、截面属性、梁横截面方位。关于材料的塑性数据的定义方法、常见问题和实用技巧，请参考第 18 章"弹塑性分析常见问题解答与实用技巧"。

4.1　定义材料特性参数

【常见问题 4-1】为部件定义材料特性参数

在 Property 功能模块中，如何为部件定义材料特性参数？

『解答』

在 Property 功能模块中，为部件定义材料特性参数的详细操作如下：

1）单击 （Create Material）图标，将弹出如图 4-1 所示的对话框，读者根据所选单位制，正确输入材料的特性参数即可。

2）单击 （Create Section）图标，在弹出如图 4-2 所示的对话框中，选择合适的截面类型。

3）单击 （Assign Section）图标，选中赋予材料属性的部件或区域，将弹出如图 4-3 所示的对话框，正确选择对应的截面属性后，单击 OK 按钮即可。

4）对于赋予截面属性后的部件，Abaqus/CAE 将会给出视觉反馈，用浅绿色表示。

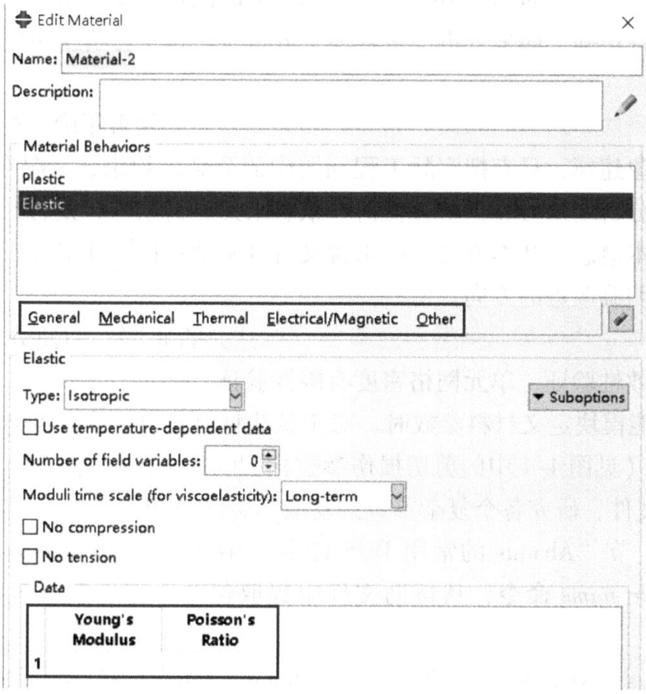

图 4-1 材料特性参数定义

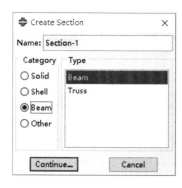

图 4-2 创建截面属性

图 4-3 为所选区域赋予截面属性

『实用技巧』

在使用 Abaqus 软件进行有限元分析的过程中，下列 4 个方面对有限元分析结果、有限元的收敛性至关重要，请读者予以重视：

1）**Property 功能模块中的材料特性参数**是否正确？尤其是复杂高级的材料参数值定义，是否有理有据？如果采用试验数据来表征，实验数据是否准确可靠？例如，如果想研究使用 3 年后的轮胎的老化行为、疲劳损伤行为，选择使用新轮胎做实验，试验数据是无法表征 3 年龄轮胎的力学行为。即试验只是手段和方法，试验状态与分析模型匹配对应才是关键。

2）**Interaction 功能模块中的相互作用**（尤其是接触和接触属性）定义是否正确？是否

正确选择了主面和从面？从面的网格密度是否比主面的网格密度致密？接触面的摩擦行为和法向行为是否定义且正确？如果分析中包含多个分析步，每个分析步中的接触定义能否正确模拟研究工况？

3）Load 功能模块中的荷载和边界条件、初始场等定义是否正确？有限元仿真分析是对实际工程问题的抽象建模，只有把实际工程问题中的荷载、约束、工况在 Abaqus 软件中正确表达，才能保证分析结果可靠。学习任何一款有限元分析软件，读者都应该有一定的力学基础，对力学的基本概念、基本方法、结果含义有准确地把握，才能够正确建立模型、调试模型、读懂结果、明确改进的方向。

4）Mesh 功能模块中的单元类型和网格密度设置是否正确？即使分析结果收敛，是否进行了单元类型有效性验证、单元网格密度有限性验证？

在 Property 功能模块定义材料参数时，对于某些材料参数，读者可能并不熟悉或者没有相关参数可供参考（见图 4-4 中的剪切损伤参数），此时，建议读者进行下列操作：

1）查阅帮助文件，研究各个复杂参数的功能、含义及相关要求。

2）使用第 1.5 节 "Abaqus 的常用 DOS 命令" 中介绍的 abaqus findkeyword 命令以及 abaqus fetch job = *file_name* 命令，从帮助文件中提取包含所需复杂材料属性定义关键词的 INP 文件。

3）启动 Abaqus/CAE，在 File 菜单下单击 Import→Model→Abaqus Input File，导入提取的 INP 文件。

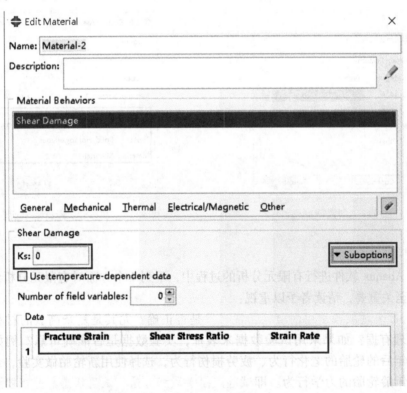

图 4-4　定义复杂材料特性参数

4）切换到 Property 功能模块，查看相关复杂参数的定义方法及材料特性参数值，为自己的有限元模型提供参考和借鉴。

5）参考帮助文件中的数据，提交自己创建的有限元模型，反复调试并与实验分析结果比对验证，直至分析结果准确。

6）以后的类似分析，可参考第5）步验证过的建模方法、参数设置、接触设置，提高分析效率。

【常见问题4-2】错误信息：**missing property definition**

在 Abaqus/CAE 软件的 Property 功能模块中，已经定义了材料参数和截面属性，但是提交分析作业时却弹出了如图 4-5 所示的提示信息，同时 DAT 文件中给出了下列错误提示信息：

*** ***ERROR***: *20 elements have missing property definitions. The elements have been identified in element set ErrElemMissingSection.*

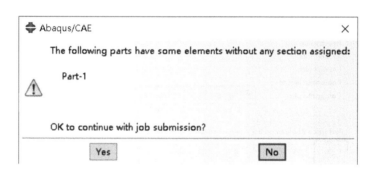

图 4-5　弹出的错误提示信息

这是什么原因造成的？应该如何解决？

『错误原因』

初学者在学习 Abaqus/CAE 软件的过程中，经常会看到类似的错误信息。而且会心存疑问，明明已经定义了材料特性参数，为何还会出现错误信息。原因是：Abaqus/CAE 是通过创建截面（Section）以及为部件赋予截面属性才能完成部件的材料参数定义。

『解决方法』

此时，应该按照下列操作改正错误：

1）切换到 Visualization 功能模块，单击创建显示组图标 ，在弹出的对话框（见图 4-6）中选中 ErrElemMissingSection 和 Highlight items inviewport 后，单击 （Relace）图标来高亮显示未定义材料属性的区域。

2）切换到 Property 功能模块，单击 （Assign Section）图标为未指定材料属性区域指定截面属性。

3）对于已经赋予截面属性的部件，Abaqus/CAE 会给出视觉反馈便于读者查看。

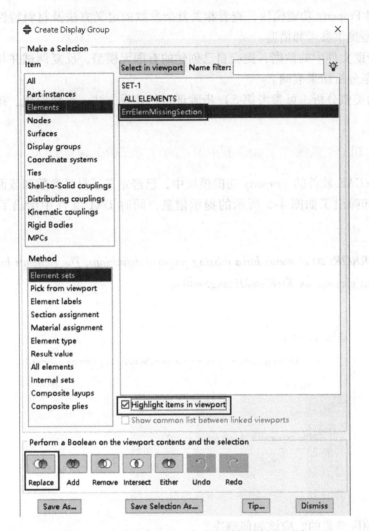

图 4-6　选中并高亮显示未定义材料属性的区域

【常见问题 4-3】 定义随温度变化的材料参数

在 Property 功能模块中定义材料特性参数时，如果某些参数依赖于温度，应该如何定义？

『解答』

在有限元分析过程中，很多情况下需要定义随温度或其他场变量变化的材料特性参数（例如，图 4-7 给出了随温度变化的弹性模量和泊松比），具体操作方法和步骤如下：

1) 准备随温度或其他场变量变化的曲线图或折线图（见图 4-7）。

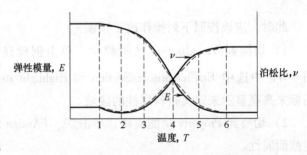

图 4-7　随温度变化的弹性模量和泊松比

2）根据曲线的斜率变化情况及分析需要，画上坐标网格，获得与温度对应的材料特性参数值。

3）切换到 Property 功能模块，创建材料并定义如图 4-8 所示的材料参数。需要注意的是：此时应该选中 Use Temperature-dependent data 选项，输入域中对应的 Temp 选项也将出现，如果材料的特性参数也与其他场变量相关，还可以设置 Number of field variables 中的数值。图 4-8 中仅仅列出两组随温度变化的材料数据，其他数据按照类似操作输入即可，不再赘述。

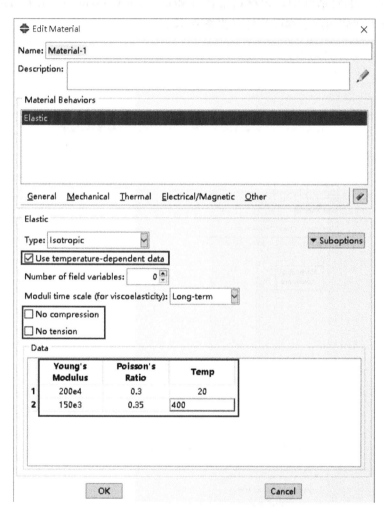

图 4-8　定义随温度变化的弹性模量和泊松比

4）在 INP 文件中，定义随温度变化的材料特性参数的关键词行和数据行如下：

* ELASTIC, TYPE = ISOTROPIC
200. 0E4, 0. 3, 20. 0
150. 0E3, 0. 35, 400. 0
....

『相关知识』

1）除了定义随温度或其他场变量变化的材料特性参数之外，有限元分析过程中还会经常遇到定义随时间变化的荷载或边界条件，此时需要用到 Tools 菜单中的幅值曲线（Amplitude）工具，更详细的介绍，请参见第 8.4 节"定义幅值曲线"。

2）如果 Abaqus/CAE 提供的材料模型和特性参数无法满足需要，可以借助于 Abaqus 软件提供的用户子程序（User Subroutine）功能进行 UMAT 或 VUMAT 的开发工作。此时，需要在如图 4-9 所示的对话框中设定材料常数（Mechanical Constants），并在 Job 功能模块的 General 标签页下加载用户子程序文件（见图 4-10）。

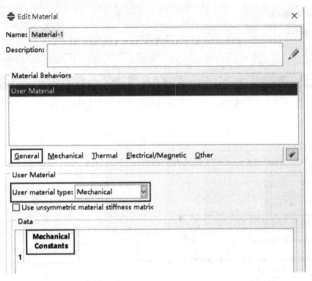

图 4-9　在 Property 功能模块指定用户自定义材料常数

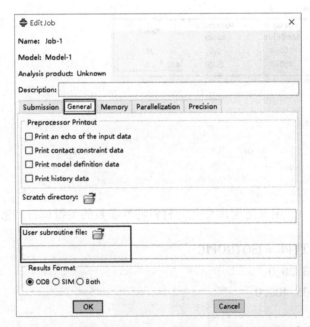

图 4-10　在 Job 功能模块的 General 标签页下加载用户子程序文件

【常见问题 4-4】 同一部件包含不同材料属性

同一个部件中包含多种不同的材料，应该如何为其定义材料属性？

『解答』

当同一部件中包含多种不同的材料时，要为不同部分定义不同的材料属性，操作步骤如下：

1）在 Property 功能模块中，单击菜单 Tools→Partition，根据不同材料的区域将部件进行分割。

2）根据部件特征，为不同的材料定义不同的截面属性（section），例如，实体截面属性、梁截面属性、桁架截面等。

3）分别将载有不同材料的截面属性赋予部件的不同区域。

『实用技巧』

1）虽然有些模型只有一种材料，但是也可能需要创建多种截面属性，再将其赋予不同的区域。例如，某个有限元模型，只有钢材一种材料，但是该模型中部分区域为实体区域、部分区域为线框区域（wire）、部分区域为壳区域。此时，应该分别创建实体截面属性（Solid section）、梁截面（Beam section）、壳截面（Shell section），再分别将创建的 3 种截面属性赋予对应的实体区域、线框区域和壳区域。

2）在进行弹塑性分析时，虽然整个部件的材料属性都相同，但是依然可以使用分割区域的方法，将部件中重要的、塑性变形较大的区域定义为弹塑性材料，将不重要的、几乎不发生塑性变形的区域定义为弹性材料，以便缩短计算时间，使分析更容易收敛。

【常见问题 4-5】 Macro Manager 录制材料参数

复杂的有限元模型往往包含很多种材料，而且每种材料的特性参数非常多，在 Abaqus/CAE 中定义这些参数十分浪费时间，是否有更加方便省时的方法来完成参数的定义呢？

『解答』

Abaqus/CAE 中的宏功能允许记录一系列 Abaqus 的脚本接口命令，并保存在宏文件（abaqusMaros. py）中。在 Abaqus/CAE 的 File 菜单下，选择 Macro Manager... 可以录制宏，每个脚本接口命令都与 Abaqus/CAE 的某个操作对应，录制完毕后无须保存模型直接退出 Abaqus/CAE，录制的宏将自动保存到文件 abaqusMacros. py（笔者的保存路径是 C:\用户\a\abaqusMcaros. py）。

下面以表 4-1 中所列 3 种材料的特性参数为例，教给读者使用宏管理器功能录制材料特性参数的详细操作步骤。实际应用时，读者可以根据需要录制任意数量的材料特性参数，或者直接创建材料库。

表 4-1 钢、铜和铝的材料特性

材 料 名 称	材 料 特 性	材料特性值
钢	弹性模量/Pa	200 E 9
	泊松比	0.3

85

（续）

材 料 名 称	材 料 特 性	材料特性值
钢	密度/(kg/m³)	7800
	屈服应力/Pa，塑性应变	400 E 6, 0.00
		420 E 6, 0.02
		500 E 6, 0.20
		600 E 6, 0.50
铜	弹性模量/Pa	110 E 9
	泊松比	0.3
	密度/(kg/m³)	8970
	屈服应力/Pa，塑性应变	314 E 6, 0.00
铝	弹性模量/Pa	70 E 9
	泊松比	0.35
	密度/(kg/m³)	2700
	屈服应力/Pa，塑性应变，温度/℃	270 E 6, 0, 0
		300 E 6, 1, 0
		243 E 6, 0, 300
		270 E 6, 1, 300

录制材料特性参数的详细操作步骤如下：

1）启动 Abaqus/CAE，在 File 菜单下选择 Macro Manager... 创建宏 add_SI_Materials，将保存路径设置为 Home，如图 4-11 所示。

2）切换到 Property 模块，在 Material Manager 下创建表 4-1 中的 3 种材料并输入对应材料特性。这部分操作比较简单，请读者自行完成。

3）单击 Stop Recording 按钮结束宏录制。

4）不必保存模型，直接退出 Abaqus/CAE。

5）重新启动 Abaqus/CAE，在 File 菜单中打开

图 4-11 创建宏 add_SI_Materials

Macro Manager，选中宏 add_SI_Materials，单击 Run 按钮执行宏文件（见图 4-12），瞬间执行完毕。切换到 Property 功能模块，在 Material Manager 中可以看到创建好的 3 种材料（见图 4-13）。

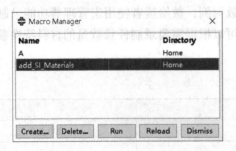

图 4-12 执行宏文件　　　　　　　　图 4-13 创建完的 3 种材料

在软件安装的根目录（笔者的路径为 C:\用户\a\abaqusMacros.py）下找到录制的宏文件 abaqusMacros.py（资源包下列位置\abaqusMacros.py），使用文本编辑器 EditPlus 软件打开，其源代码如下：

```
1    def add_SI_Materials():
2        import section
3        import regionToolset
4        import displayGroupMdbToolset as dgm
5        import part
6        import material
7        import assembly
8        import step
9        import interaction
10       import load
11       import mesh
12       import job
13       import sketch
14       import visualization
15       import xyPlot
16       import displayGroupOdbToolset as dgo
17       import connectorBehavior
18       session.viewports['Viewport: 1'].partDisplay.setValues(sectionAssignments = ON,
19           engineeringFeatures = ON)
20       session.viewports['Viewport: 1'].partDisplay.geometryOptions.setValues(
21           referenceRepresentation = OFF)
22       mdb.models['Model-1'].Material(name = 'Steel')
23       mdb.models['Model-1'].materials['Steel'].Elastic(table = ((20000000000.0,0.3),
24           ))
25       mdb.models['Model-1'].materials['Steel'].Density(table = ((7800.0,),))
26       mdb.models['Model-1'].materials['Steel'].Plastic(table = ((400000000.0,0.0),(
27           420000000.0,0.02),(500000000.0,0.2),(600000000.0,0.5)))
28       mdb.models['Model-1'].Material(name = 'Copper')
29       mdb.models['Model-1'].materials['Copper'].Elastic(table = ((110000000000.0,0.3),
30           ))
31       mdb.models['Model-1'].materials['Copper'].Density(table = ((8970.0,),))
32       mdb.models['Model-1'].materials['Copper'].Plastic(table = ((314000000.0,0.0),))
33       mdb.models['Model-1'].Material(name = 'Aluminum')
34       mdb.models['Model-1'].materials['Aluminum'].Elastic(table = ((70000000000.0,
35           0.35),))
```

```
36    mdb. models['Model-1']. materials['Aluminum']. Density(table = ((2700.0, ), ))
37    mdb. models['Model-1']. materials['Aluminum']. Plastic(temperatureDependency =
38    ON, table = ((270000000.0, 0.0, 0.0), (300000000.0, 1.0, 0.0), (243000000.0,
39    0.0, 300.0), (270000000.0, 1.0, 300.0)))
```

- 第 1 行代码定义函数 add_SI_Materials( )。
- 第 2 行至第 17 行代码分别导入下列功能模块：section、regionToolset、displayGroupM-dbToolset、part、material、assembly、step、interaction、load、mesh、job、sketch、visualization、xyPlot、displayGroupOdbToolset、connectorBehavior。细心的读者会发现，这些模块都是在 Abaqus/CAE 中建模使用的模块或工具。
- 第 18 行至第 21 行代码对视口 Viewport-1 中的部件进行显示设置，这些设置一般都由 Abaqus 自动完成，读者不必太关心。
- 第 22 行至第 39 行代码分别为模型 Model-1 创建了 3 种材料 Steel、Copper 和 Aluminum，代码都使用英文单词加限制符"."表示，读者很容易读懂并明白每行代码的含义，此处不再赘述。

『实用技巧』

1）对于企业用户，建议按照本节介绍的方法建立材料库；对于仿真分析工程师或在读研究生，根据需要，建议把常用材料特性也录制为宏，以提高建模分析的效率。

2）按照类似操作，读者也可以将复杂模型的建模部分、重复使用部分（例如，荷载工况库、分析过程库）录制为宏文件。

3）根据需要，读者可以录制部分 Abaqus/CAE 操作，也可以录制完整的有限元分析过程。

本节只介绍了最简单的 Abaqus 软件中的 Python 脚本开发，更完整的 Abaqus 脚本开发的详细介绍，请参见笔者的另一本著作《Python 语言在 Abaqus 中的应用（第 2 版）》，书中详细介绍了 Python 编程基础、Abaqus 中的 Python 脚本接口基础知识、编写脚本建立模型、访问输出数据库（ODB）、定制插件等内容，任何一位 Abaqus 软件用户借助于 Python 语言二次开发，都可以大大提高有限元分析的效率，少则提高几十倍，多则提高成千上万倍。

4.2 定义超弹性材料

【常见问题 4-6】 定义橡胶的超弹性材料参数

如何在 Abaqus/CAE 中定义橡胶的超弹性（hyperelasticity）材料参数？

『解答』

橡胶材料是弹性的（卸载后没有残余应变），但应力-应变曲线不是线性的，即所谓的"超弹性"。Abaqus 6.14 帮助文件"Getting Started with Abaqus：Interactive Edition"第 10.6 节"Hyperelasticity"介绍了超弹性的基本知识，第 10.7 节"Example：axisymmetric mount"给出了一个橡胶材料模型的实例。

在 Abaqus/CAE 中定义超弹性材料数据的简便方法是：在 Property 功能模块中读入超弹性材料的试验数据，Abaqus 会采用最小二乘法自动计算各个常数，如图 4-14 所示。

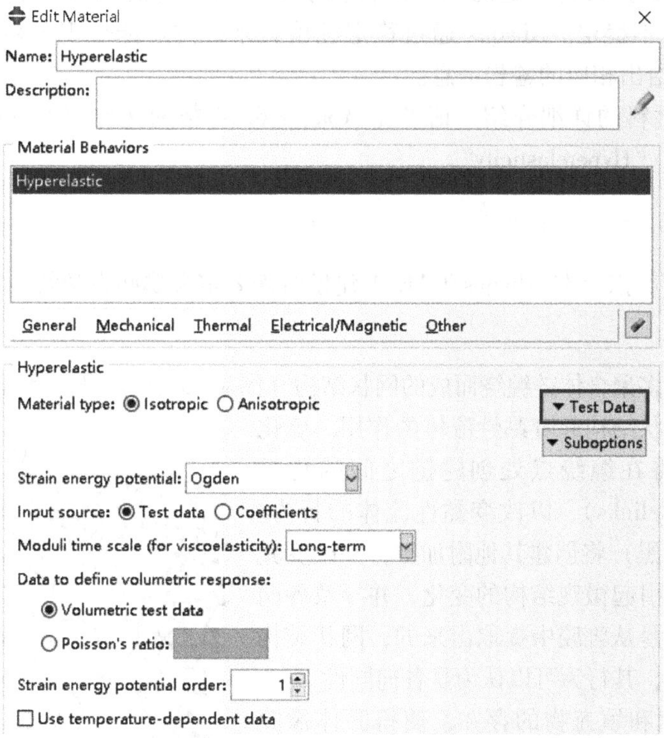

图 4-14 超弹性材料试验数据的输入

Abaqus/CAE 允许读入下列试验数据：

1）单轴拉伸/压缩试验（uniaxial tension/compression test data）。

2）等双轴拉伸/压缩试验（biaxial tension/compression test data）。

3）平面拉伸/压缩试验（planar tension/compression test data）。

4）体积拉伸/压缩试验（volumetric tension/compression test data）。

> **提示**：定义超弹性材料数据时必须输入名义应力（nominal stress）和名义应变（nominal stress），而不是直接输入实验得到的应力和应变数据。

『相关知识』

关于定义 Abaqus 中的超弹性材料，应注意下列问题：

1）假设材料的力学行为是弹性的、各向同性的。

2）分析过程中必须考虑几何非线性效应（设置 Nlgeom 为 ON）。

3）对于 Abaqus/Standard 分析，默认情况下假定超弹性材料是不可压缩的（泊松比 $\nu = 0.5$）；对于 Abaqus/Explicit 分析，默认情况下，假定超弹性材料是接近不可压缩的（泊松比 $\nu > 0.475$）。

4）Abaqus 采用应变势能（strain energy potential）来描述超弹性材料的应力-应变关系，而不是采用杨氏模量 E 或泊松比 ν。

5）对于根据实验数据确定的超弹性材料模型，当应变值达到一定程度（变形较大）时，计算过程可能不稳定。Abaqus 通过稳定性检查来确定可能出现不稳定的应变值大小，并在 DAT 文件中给出相应的警告信息。

关于超弹性材料的详细介绍，请参见 Abaqus 6.14 帮助文件"Abaqus Analysis User's Guide"第 22.4 节"Hyperelasticity"。

【常见问题 4-7】橡胶材料的特点和力学特性

橡胶材料有何特点？在 Abaqus/CAE 中建模时需要定义哪些力学特性？

『解答』

固体橡胶是许多聚合体链缠绕而成的网状结构（图 4-15 中的"E"表示缠绕点），长链滑动时相互缠绕，网状结构起着黏性流体的作用。硫化过程（硫加热）将在缠绕点处创建链之间的化学键——交键（cross-links），以改变黏性流体的行为。填充物（例如，炭黑）将创建其他附加键，并改变其力学特性，也可能引起微观结构的变化，并导致各向异性。而天然橡胶是从乳胶中提取出来的，网状结构的方向具有随意性，其行为可以认为是各向同性。

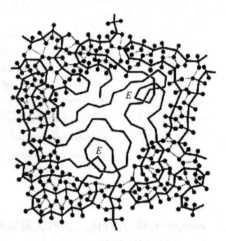

图 4-15 固体橡胶的网状结构

由于硫化过程和填充物的存在，使得固体橡胶具有下列特性：

（1）温度依赖特性 长链分子的活动性强烈依赖于温度。在温度极低的情况下，长链非常稳定，材料的行为与脆性材料或固体玻璃类似（非常刚硬）；在高温情况下，长链分子活动性增强，材料表现出"橡胶"特性。即使在橡胶特性范围内，长链的活动性依然与温度相关，力-位移关系、应力-应变关系或模量都随温度的升高而变得软起来。

（2）黏弹性特性 缠绕在一起的长链分子之间的滑动将引起橡胶的时间依赖或黏弹性特性。

（3）滞后特性和阻尼特性 由于长分子之间相互摩擦而耗能，在一个加载/卸载循环中，表现出滞后特性，耗散的能量表现为热能。

（4）损伤 变形可能导致交键产生损伤，Abaqus/CAE 提供的 Mullins 效应明确给出了由于刚度损伤引起的参考损失值。

（5）各向异性 有些人造橡胶（例如，纤维增强橡胶或颗粒填充橡胶）和软的生物组织表现出各向异性特性（见图 4-16）。

综上可知，固体橡胶材料的特性十分复杂，图 4-17 为真实固体橡胶典型单轴拉伸试验时的应力-应变曲线，图中包含了加载/卸载循环过程中的损伤、滞后现象和永久应变，逐步加载的过程同时给出了损伤的累计效应。

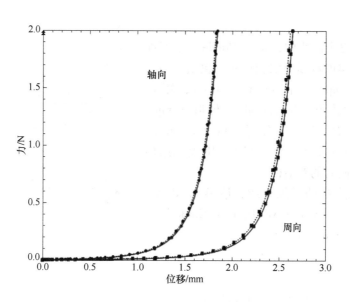

图 4-16　各向异性材料（仅选取两个方向）

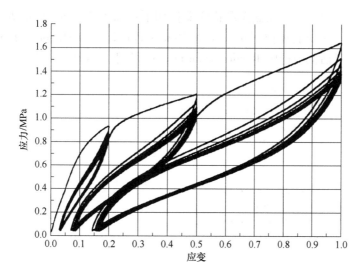

图 4-17　固体橡胶真实的单轴拉伸应力-应变曲线

4.3　定义梁截面形状、截面属性和横截面方位

4.3.1　定义梁截面形状

【常见问题 4-8】定义梁截面的几何形状和尺寸

如何定义梁截面的几何形状和尺寸？

『解答』

在 Property 功能模块中，菜单 Profile（梁截面形状）用于定义梁的截面形状和尺寸，包括：箱形（box）、管形（pipe）、圆形（circular）、矩形（rectangular）、六边形（hexagonal）、梯形（trapezoidal）、I 形、L 形、T 形、任意形状（arbitrary）和广义形状（generalized）等。如图 4-18 所示给出了创建 I 形梁截面时的对话框。

关于梁截面形状的详细介绍，请参见 Abaqus 6.14 帮助文件 "Abaqus/CAE User's Guide" 第 12.13.20 节 "Creating profiles"。

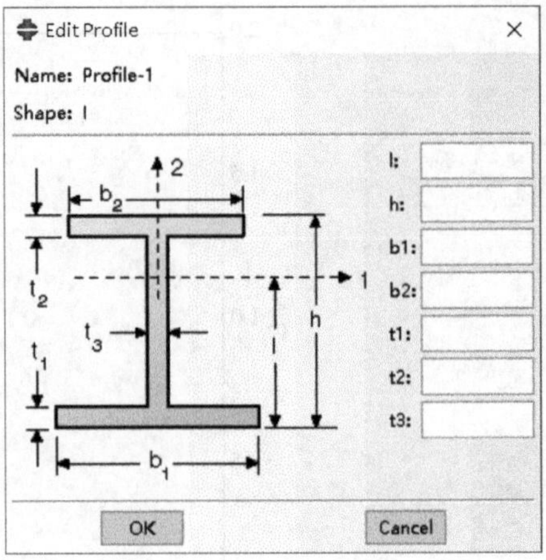

【常见问题 4-9】 显示梁截面形状

如何在 Abaqus/CAE 中显示梁截面形状？

图 4-18 创建 I 形梁截面形状

『解答』

在 Abaqus/CAE 中，显示梁截面形状的操作如下：除了 Visualization 功能模块和 Sketch 功能模块之外，在任一功能模块下选择菜单 View→Part Display Options 或 Assembly Display Options，在弹出的对话框中选中 Render beam profiles 即可，如图 4-19 所示。

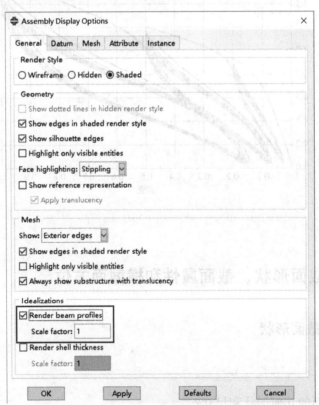

图 4-19 显示梁截面形状

> **提示**：只有定义了梁横截面方位（beam orientation），才可以显示梁截面形状（详见第4.3.3节"定义梁横截面方位"）。

4.3.2　定义截面属性

【常见问题4-10】截面属性和梁截面形状的区别

截面属性（section）和梁截面形状（profile）有何区别？

『解答』

只有梁才需要定义梁截面形状（profile），而 Abaqus 中的截面属性（section）是一个更广义的概念，它包含了材料特性（例如，弹性模量、泊松比和密度）和截面的几何参数（例如，壳的厚度和杆的面积）。对于梁，在定义其截面属性时需要指定梁截面形状（profile）。

在 Abaqus 软件中无法直接定义部件或单元的材料特性和截面几何参数，应该首先创建相应的截面属性，再将截面属性赋予部件。

常用的截面属性类型包括：实体截面属性（solid section）、壳截面属性（shell section）、梁截面属性（beam section）。只有当部件的类型为线框（wire）时，才能为其赋予梁截面属性。

关于梁截面属性的详细介绍，请参见 Abaqus 6.14 帮助文件"Abaqus/CAE User's Guide"第12.13.11节"Creating beam sections"。

【常见问题4-11】没有定义材料特性

提交分析作业时，为何在 DAT 文件中出现错误提示信息"*elements have missing property definitions( )*"？

『实例』

出错的 INP 文件如下：

```
* NODE
1,    0.0,   0.0,   0.0
2,   20.0,   0.0,   0.0
* ELEMENT, TYPE = T3D2, ELSET = link
1, 1, 2
* BEAM SECTION, ELSET = link, MATERIAL = steel, SECTION = CIRC
15. 0,
```

提交分析作业时，在 DAT 文件中出现下列错误信息：

*** *ERROR*: *.80 elements have missing property definitions* The elements have been identified in element set ErrElemMissingSection.

『错误原因』

单元类型为 T3D2（3 维 2 节点桁架单元），不能为其赋予梁截面属性（*BEAM SECTION）。

『解决方法』

根据模型需要，可以将单元类型修改为梁单元，或者保持单元类型 T3D2 不变，为其赋予正确的桁架截面属性类型。在 Abaqus/CAE 中为桁架定义截面属性时，设置如图 4-20 所示，将类型设为 Truss（桁架），修改后的 INP 文件如下：

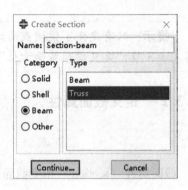

图 4-20 为桁架定义截面属性

```
* NODE
1,    0.0,    0.0,    0.0
2,   20.0,    0.0,    0.0
* ELEMENT, TYPE = T3D2, ELSET = link
1, 1, 2
* SOLID SECTION, ELSET = link, MATERIAL = steel
15.0,
```

『实用技巧』

当出现本实例中的错误信息时，可能的原因是没有为某个部件（或部件上的某个区域）赋予截面属性，或者虽然赋予了截面属性，但截面属性的类型错误。此时，可以采用下列解决方法：

1）在 Visualization 功能模块中，使用 📇（Create Display Group）工具显示错误信息中提到的单元集合 *ErrElemMissingSection*。

2）在 Property 功能模块中，检查是否已经为这些单元赋予了截面属性。

3）如果已经赋予了截面属性，仍然出现上述错误信息，可能的原因是截面属性的类型定义错误。

> 提示：定义截面属性时，平面应力单元、平面应变单元和轴对称单元都应该定义为实体截面属性（*SOLID SECTION），而不是壳截面属性（*SHELL SECTION）。

4.3.3 定义梁横截面方位

【常见问题 4-12】梁横截面方位的定义及作用

如何定义梁横截面方位（beam orientation）？它有什么作用？

『解答』

梁横截面方位通过 3 个局部坐标轴定义，如图 4-21 所示。

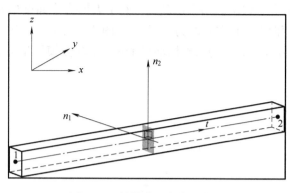

图 4-21 梁横截面方位的定义

1）t 轴：梁单元轴的切线方向，轴的正向从单元的第 1 个节点指向第 2 个节点。

2）n_1 轴：梁横截面局部坐标系的 1 方向，是梁横截面的第 1 个轴。

3）n_2 轴：梁横截面局部坐标系的 2 方向（梁的法线方向），是梁横截面的第 2 个轴。

在 Abaqus/CAE 中建模时，对于赋予了梁截面属性的区域，必须为其定义梁横截面方位。由材料力学知识可知，梁单元的抗弯和抗剪性能主要取决于其横截面特性（惯性轴、惯性矩、惯性积、面积矩等）。只有定义了梁单元的横截面方位，Abaqus 才能够确定各种横截面特性，才能判断出弯矩作用绕那个轴产生转动效应。

> **提示：** 在分析过程中，Abaqus 软件将忽略梁单元横截面的形状，直接使用横截面特性来计算梁单元上的力、应力、应变、挠度等各个量。因此，梁部件的类型应该是线框（wire），而不是实体（solid）。

使用 Abaqus/Standard 求解器分析梁的问题时，可以考虑梁单元的初弯曲或初扭曲的影响；使用 Abaqus/Explicit 求解器分析梁的问题时，将不考虑初弯曲和初扭曲的影响，认为所有的梁单元在分析开始时刻都是直梁。

【常见问题 4-13】定义梁横截面方位

如何在 Abaqus 中定义梁横截面方位？

『解答』

在 Abaqus/CAE 中定义梁横截面方位的步骤如下：

1）在 Property 功能模块中，单击 ✎（Assign Beam Orientation）按钮，选择需要定义横截面方位的梁，单击 Done 按钮。

2）在弹出的对话框中如图 4-22 所示，定义合适的矢量 n_1，输入的 3 个坐标分别是 Property 功能模块默认坐标系（即 Part 功能模块默认坐标系）下的 x、y、z 值，默认值为 0.0，0.0，－1.0，单击 OK 按钮确认。

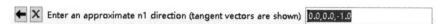

图 4-22 定义合适的 n_1 方向

梁的法线方向 n_2 由右手螺旋法则自动确定：右手大拇指指向梁单元轴的切线方向 t，四指指向 n_1 方向，四指弯曲 90° 的方向即为 n_2 方向。图 4-23 给出了当 n_1 方向为 $(0.0, 0.0, -1.0)$ 时，梁横截面方位的 3 个局部坐标轴与 Property 功能模块坐标系的关系。

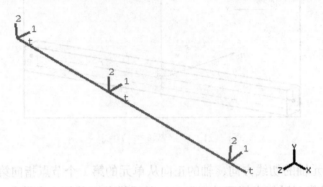

图 4-23　梁横截面局部轴与全局坐标系的关系

> **提示**：梁单元轴的切线方向 t 总在 Part 和 Property 功能模块坐标系的 X-Y 平面内，因为在 Part 功能模块中为梁建模时，只能在 X-Y 平面内绘图。在 Assembly 功能模块中可以通过旋转梁的方向在装配件中定位。

> **提示**：单击 ⓘ（Query Information）按钮，在弹出的对话框中选择 Beam orientations（见图 4-24），可以查询梁截面方位。

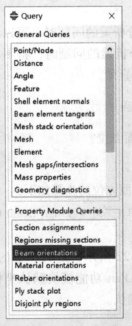

图 4-24　查询梁截面方位

梁截面方位在 INP 文件中的关键词是 ＊BEAM SECTION 或 ＊BEAM GENERAL SEC-TION。例如：

> ＊BEAM SECTION, SECTION = I, ELSET = *my-set*, MATERIAL = *my-material*
> 0.1,　1.0,　0.5,　0.5,　0.1,　0.1,　0.1
> 0.,　　0.,　　－1.

其含义是：为单元集 *my-set* 定义梁截面属性，梁截面形状为 I 形，材料名称为 *my-material*；第 1 个数据行的 7 个数据用来定义 I 形截面的尺寸，即图 4-18 中的 7 个尺寸参数；第 2 个数据行的 3 个数据即图 4-22 中的 n_1 向量。

【常见问题 4-14】 梁单元的切向与轴的方向平行

使用梁单元进行有限元分析时，为何出现下列错误信息：

> *** ERROR: **ELEMENT 16 IS CLOSE TO PARALLEL WITH ITS BEAM SECTION AXIS**. DIRECTION COSINES OF ELEMENT AXIS 2. 93224E-04-8. 20047E-05 1. 0000. DIRECTION COSINES OF FIRST SECTION AXIS 0. 0000 0. 0000 1. 0000. （单元 16 与梁横截面轴接近平行，梁单元轴的单位向量为 2. 93224E－04，－8. 20047E－05，1. 0000，梁横截面第 1 个轴的单位向量为 0. 0000，0. 0000，1. 0000。）

『错误原因』

上述错误信息的含义是：梁单元轴的切向方向 t 和梁横截面第 1 个轴的方向 n_1 几乎平行，这不符合定义梁横截面方位的要求（见图 4-5）。

建模过程中，如果同时为多根梁定义横截面方位，就可能出现上述错误信息。例如，一个部件中包含两根相互垂直的梁，同时选中这两根梁，为其定义 n_1 方向，就可能导致其中一根梁的 n_1 方向与 t 方向相同。

『解决方法』

为各个梁定义正确的梁横截面方位，n_1 方向应该与 t 方向呈垂直关系。

4.4　本章小结

本章主要介绍了下列内容：

1）介绍了为部件或部件区域指定材料特性的方法：

① 定义材料的各项特性参数。

② 定义合适的截面属性（实体截面、壳截面、梁截面等）。

③ 将创建的截面属性赋予部件或部件指定区域。

2）介绍了随温度或其他场变量变化的材料特性参数的定义方法，通常情况下需要把曲线离散为多个点，分别输入特性参数值，用多段折线代替曲线。

3）介绍了宏录制功能的使用方法，并创建了一个包含 3 种材料的宏。

4）分析超弹性材料时，可以在 Property 功能模块中输入材料的试验数据，Abaqus 会根据最小二乘法自动算出各个材料参数。超弹性材料试验数据中的应力和应变必须是名义应力和名义应变。

5）截面（section）与梁截面形状（profile）是两个不同的概念。截面包含了材料特性（例如，弹性模量 E、泊松比 ν 和密度 ρ）和截面的几何参数（例如，壳的厚度和杆的面积）。对于梁，在定义其截面属性时需要指定梁截面形状（profile）。

6）在 Abaqus 中不能直接定义部件或单元的材料特性和截面几何参数，而是要首先创建相应的截面，再将截面赋予部件。

7）梁横截面方位（beam orientation）通过 3 个局部坐标轴 t、n_1 和 n_2 定义。只有定义了梁单元的横截面方位，Abaqus 才能够确定各种横截面特性（惯性轴、惯性矩、惯性积、面积矩等）。

8）将部件分割为多个区域后，可以为部件的不同区域定义不同的材料特性。

第 5 章

Assembly功能模块
常见问题解答与实用技巧

本章要点：

- ※ 5.1 基本概念
- ※ 5.2 部件实例的定位方法
- ※ 5.3 对多个部件实例进行布尔操作
- ※ 5.4 查询质量特性
- ※ 5.5 建模思路
- ※ 5.6 本章小结

在 Abaqus/CAE 的 Assembly 功能模块中，可以将各个部件实例组装为装配件（assembly）。本章将介绍 Assembly 功能模块中的基本概念（模型、装配件、独立部件实例、非独立部件实例、部件）、装配时部件实例的定位方法和各种定位约束、多个部件实例的布尔操作等知识。

相关内容的详细介绍，请参见 Abaqus 6.14 帮助文件"Abaqus/CAE User's Guide"第 13 章"The Assembly module"。

5.1 基本概念

5.1.1 模型、装配件、部件实例与部件

【常见问题 5-1】 模型、装配件、部件实例与部件的概念

建模过程中经常涉及模型（model）、装配件（assembly）、部件实例（part instance）与部件（part）的概念，它们之间有什么区别和联系？

『解答』

Part 功能模块中创建的部件基于各自的局部坐标系，且不同部件之间相互独立。在 Assembly 功能模块中可以为各个部件创建相应的部件实例，并在全局坐标系下为这些部件实例定位，组成装配件。如果把各个部件比作机械零件，Assembly 功能模块的功能就是利用各种定位关系将这些零件组装为一台完整的机器。

1 个 Abaqus/CAE 模型中只能包含 1 个装配件，它可以由一个或多个部件实例组成。即使模型中只包含 1 个部件，也必须在 Assembly 功能模块中为其创建部件实例，这个单独的部件实例构成 1 个装配件。

图 5-1 显示了模型、装配件、部件实例和部件之间的关系。本书第 5.1.2 节详细介绍了部件实例与部件之间的区别与联系，第 5.1.3 节详细介绍了非独立部件实例（independent part instance）和独立部件实例（dependent part instance）之间的区别与联系。

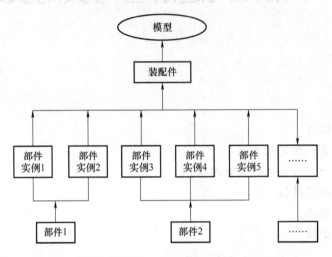

图 5-1　模型、装配件、部件实例、部件之间的关系

『相关知识』

在 Abaqus/CAE 的所有功能模块中，除了 Visualization 功能模块和 Sketch 功能模块之外，其余功能模块可以分为两类：

（1）基于部件的功能模块　这些模块针对部件进行操作。Part 功能模块和 Property 功能模块属于基于部件的功能模块，在 Mesh 功能模块中为非独立部件实例划分网格时，也是基于部件。

（2）基于装配件的功能模块　这些模块针对装配件进行操作。Assembly 功能模块、Step 功能模块、Interaction 功能模块、Optimization 功能模块、Load 功能模块和 Job 功能模块都属于基于装配件的功能模块。在 Mesh 功能模块中为独立部件实例划分网格时，也是基于装配件的。

在建模过程中，应注意区分以上两类功能模块。在基于部件的功能模块中创建的集合（set）和表面（surface），在基于装配件的功能模块不会显示在管理器中。如果要在 INP 文件中引用此集合或表面，必须在前面加上相应的部件实例名称，详见【常见问题 5-2】。

【常见问题 5-2】Unknown assembly node set

为什么下面的实例在提交分析时出现错误信息"*Unknown assembly node set*"（节点集不存在）？

『实例』

INP 文件中的相关关键字行和数据行如下：

```
* Part, name = soil
· · · · · ·
* Nset, nset = MySet, generate
      1,    1738,    1
* End Part
* Assembly, name = Assembly
* Instance, name = soil-1, part = soil
* End Instance
* End Assembly
· · · · · ·
* Step, name = Step-1
· · · · · ·
* Cloud
MySet,    1,    − 0. 195
· · · · · ·
* End Step
```

DAT 文件中的错误信息为:

*** ERROR: in keyword * CLOAD, file " test. inp" , line 7940: Unknown assembly node set MySet.

『错误原因』

节点集合 MySet 是在部件数据块（* PART）中定义的，在定义荷载、边界条件、预定义场等基于装配件的模型参数时，如果需要引用此集合名，必须在前面加上相应的部件实例名，否则 Abaqus 无法识别此集合。

『解决方法』

在 * CLOAD 数据行中的节点集合 MySet 前面加上部件实例名 soil-1，即

```
* Cloud
soil-1. MySet,    1,    − 0. 195
```

注意：这里需要使用部件实例名 soil-1，而不是部件名 soil。

『实用技巧』

在上面的实例中，如果节点集合 MySet 定义在装配件数据块（* ASSEMBLY）中，引用此集合名时就不需要加上部件实例名，相应的 INP 文件内容举例如下：

```
* Part, name = soil
......
* End Part
* Assembly, name = Assembly
* Instance, name = soil-1, part = soil
* End Instance
* Nset, nset = MySet, instance = soil-1, generate
    1,   1738,   1
* End Assembly
......
* Step, name = Step-1
......
* Cload
MySet,   1,   -0.195
......
* End Step
```

【常见问题 5-3】 **Unknown assembly id**

为什么下面的实例在提交分析时出现错误信息 "*Unknown assembly id*"（装配件编号不存在）？

『实例』

出现错误的实例是一个岩土分析模型，使用了关键词 * INITIAL CONDITIONS，TYPE = STRESS 来定义各个单元的初始应力（预定义场）。INP 文件中的相关内容如下：

```
* Part, name = soil
......
* End Part
* Assembly, name = Assembly
* Instance, name = soil-1, part = soil
......
* End Instance
* End Assembly
......
* Initial conditions, type = stress
1,   -1.97E +004,   -2.00E +004,   -1.39E +004,   1.33E +004
```

2, $-1.65E+004$, $-1.09E+004$, $-9.61E+003$, $1.42E+004$

......

DAT 文件中的错误信息为：

*** *ERROR*: *in keyword* * *INITIAL CONDITIONS, file" tt. inp" , line 755*: ***Unknown assembly id 1.***

『错误原因』

在 * INITIAL CONDITIONS 下面的数据行中，每一行的第 1 个数据 1、2、……是单元编号。此 INP 文件包含部件（* PART）和装配件（* ASSEMBLY），在定义预定义场、荷载、边界条件等基于装配件的模型参数时，如果需要引用节点或单元编号，必须在前面加上相应的部件实例名，否则 Abaqus 无法识别。

『解决方法』

在 * INITIAL CONDITIONS 数据行中的每个单元编号前面都加上部件实例名 *soil-1*，即：

* Initial conditions, type = stress
soil-1. 1, $-1.97E+004$, $-2.00E+004$, $-1.39E+004$, $1.33E+004$
soil-1. 2, $-1.65E+004$, $-1.09E+004$, $-9.61E+003$, $1.42E+004$

......

本书第8.3.2节"平衡初始地应力"详细介绍了在土木工程问题中平衡初始地应力的具体方法。

5.1.2 部件实例与部件的区别与联系

【常见问题 5-4】 部件实例与部件的区别与联系

部件实例与部件有何区别与联系？

『解答』

表5-1 列出了部件实例与部件的区别。部件实例是部件在装配件中的映射，与相应的部件存在着内在的联系。如果对部件进行了修改，此部件所对应的部件实例也会被自动更新。部件实例不能被直接编辑修改，而只能修改其相应的部件。

表5-1 部件实例与部件的区别

项　　目	部 件 实 例	部　　件
功能模块	在 Assembly 功能模块中创建	在 Part 功能模块中创建
坐标系	全局坐标系	每个部件各自的局部坐标系
数量	一个部件可以对应多个部件实例	每个部件都是唯一的

（续）

项　目	部件实例	部　件
是否可以被编辑修改	不可以	可以
作用区域	Assembly 功能模块、Interaction 功能模块、Load 功能模块、Mesh 功能模块（独立部件实例）	Part 功能模块、Property 功能模块、Mesh 功能模块（非独立部件实例）

相关内容的详细介绍，请参见 Abaqus 6.14 帮助文件 "Abaqus/CAE User's Guide" 第 11 章 "The Part module" 和第 13 章 "The Assembly module"。

5.1.3　非独立部件实例与独立部件实例的区别与联系

【常见问题 5-5】Dependent Instance 和 Independent Instance

在 Assembly 功能模块中创建部件实例时，有两种类型可供选择：Dependent（mesh on part）和 Independent（mesh on instance），二者有何区别？

『解答』

在 Assembly 功能模块中创建部件实例时，可以创建非独立部件实例（dependent part instance）和独立部件实例（independent part instance），前者是 Abaqus/CAE 的默认选择。二者的区别列于表 5-2 中。

对于同一部件，不能既对其创建独立部件实例，又对其创建非独立部件实例。对孤立网格部件（orphan mesh part）只能创建非独立部件实例。

表 5-2　非独立部件实例与独立部件实例的区别

类　型	非独立部件实例	独立部件实例
与相应部件的关系	是相应部件的一个指针	是相应部件的一个拷贝
网格划分	只能对相应的部件划分网格	直接对部件实例划分网格
分割和虚拟拓扑	不可以	可以
定义集合和面，施加荷载和边界条件	可以	可以
优点	多个部件实例对应同一个部件时，只需对部件划分 1 次网格即可，占用的内存资源较少，生成的 INP 文件也较小	划分网格时，可以同时显示多个相邻的部件实例，便于设定网格密度（例如，让接触对中从面的单元尺寸小于主面的单元尺寸）

『实用技巧』

在模型树（model tree）中可以查看或修改部件实例的类型，操作方法是：在模型树中，将鼠标移至某个部件实例上，其名称和类型就会显示出来（见图 5-2）。此时单击鼠标右键，选中 Make Dependent（或 Make Independent），就可以改变其类型（见图 5-3）。

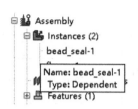

图 5-2 显示部件实例

图 5-3 改变部件实例类型

> **提示**：将非独立部件实例转换为独立部件实例时，其原有的网格保持不变，被继承到独立部件实例中；反之不成立，即当独立部件实例转换为非独立部件实例时，其原有的网格将被删除。

关于独立部件实例与非独立部件实例的详细介绍，请参见 Abaqus 6.14 帮助文件"Abaqus/CAE User's Guide"第 13.3.2 节"What is the difference between a dependent and an independent part instance"。

5.2 部件实例的定位方法

由于每个部件都在各自的局部坐标系下建立，而装配件则基于全局坐标系建立，因此创建部件实例的默认位置往往不是它在装配件中的位置。Assembly 功能模块的主要功能之一是通过平移、旋转或施加定位约束（constraint）的方法来定位部件实例，以组装成完整的装配件。

为了避免创建的部件实例之间相互重叠，在创建部件实例时，建议读者在如图 5-4 所示对话框中选中 Auto-offset from other instances 选项，便于进行装配定位。

关于定位部件实例的详细介绍，请参见 Abaqus 6.14 帮助文件"Abaqus/CAE User's Guide"第 13.5 节"Creating the assembly"和第 13.11 节"Applying constraints to part instances"。

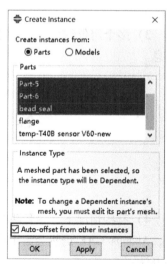

图 5-4 部件实例自动偏移

5.2.1 几种定位约束的区别

【常见问题 5-6】定位约束及功能

Assembly 功能模块提供了哪些定位约束，各自具有什么功能？

『解答』

在 Assembly 功能模块中单击菜单 Constraint，可以定义移动部件实例（movable instance）相对于固定部件实例（fixed instance）的位置关系，即，施加"定位约束"，它包括 7 种类型（见表5-3）。

表 5-3　Assembly 功能模块的 7 种定位约束

约束名称	特　征	适 用 范 围
Parallel face	面与面相互平行，二者之间的距离由 Abaqus/CAE 自动设定	仅适用于三维部件实例
Face to face	面与面相互平行，可以设定二者之间的距离	仅适用于三维部件实例
Parallel edge	边与边相互平行，二者之间的距离由 Abaqus/CAE 自动设定	适用于二维或三维部件实例，但不适用于轴对称部件实例
Edge to edge	边与边相互平行（对于三维问题，两条边会共线；对于二维问题，可以设定两条边之间的距离）	二维或三维部件实例均适用
Coaxial	两个圆弧面的旋转轴相互重合	仅适用于三维部件实例
Coincident point	点与点重合	二维或三维部件实例均适用
Parallel Csys	两个坐标系相互平行	二维或三维部件实例均适用

在施加定位约束时，需要注意下列问题：

1）每个定位约束的操作对象只能是两个部件实例（1 个可移动部件实例和 1 个固定部件实例），而不能是 3 个或 3 个以上的部件实例。

2）要为部件实例精确定位，三维模型需要施加三个定位约束，二维模型需要施加两个定位约束。

3）多个定位约束之间不能相互冲突，否则 Abaqus/CAE 将会给出如图 5-5 所示的提示信息。

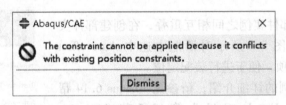

图 5-5　多个定位约束之间出现冲突时的错误信息

4）有些情况下，尽管两个定位约束在理论上应该相互冲突，但由于模型中存在数值误差，Abaqus/CAE 仍然会给出如图 5-5 所示的错误信息，无法完成定位操作。这时有两种解决办法：

① 将已有的定位约束转换为绝对定位（详见本书第 5.2.3 节"将定位约束转换为绝对位置"），然后再施加新的定位约束；

② 单击 ⓘ（Query information）按钮来测量顶点坐标、两点之间的距离、夹角等参数，

然后使用菜单 Instance→Translate（或 Rotate）使部件实例移动到适当的位置。

5）施加定位约束时，可以利用基准轴（datum axis）和基准面（datum plane）帮助定位，如果在 Part 功能模块中定义基准轴或基准面，它们将会随部件实例一起移动；如果在 Assembly 功能模块中定义基准轴或基准面，它们将保持在全局坐标系中的位置而不发生变化。

『实用技巧』

对于复杂模型，当为部件实例定位时，有时部件实例间相互重叠或遮挡导致定位不便，此时可以隐藏部分部件实例，以方便操作。具体方法是：单击菜单 View→Assembly Display Options，选择 Instance 标签页（见图 5-6），将隐藏的部件实例勾掉即可，定位结束后，单击 Set All On 按钮可以显示所有的部件实例。

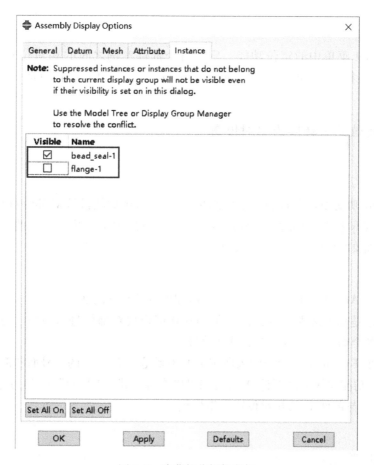

图 5-6　隐藏部分部件实例

5.2.2　Instance 菜单与 Constraint 菜单的区别

【常见问题5-7】Instance 菜单和 Constraint 菜单的定位区别

Assembly 功能模块的 Instance 菜单和 Constraint 菜单都可以为部件实例定位，二者有何区别？

第 5.2.1 节"几种定位约束的区别"已经介绍过 Constraint 菜单的功能，此处不再赘述。图 5-7 列出了 Instance 菜单中与定位有关的菜单项。

线性阵列 —— Linear Pattern
环形阵列 —— Radial Pattern
平移 —— Translate
平移到 —— Translate To
旋转 —— Rotate
      Replace
      Convert Constraints
      Merge/Cut...

图 5-7 Assembly 功能模块
中的 Instance 菜单

这两个菜单的区别在于：

1）Instance 菜单中的定位功能：让部件实例平移或旋转，或以阵列的方式复制部件实例，从而确定部件实例在全局坐标系下的绝对位置。这些操作不会以特征的形式显示在模型树中，不能被抑制、删除或查询。

2）Constraint 菜单中的定位功能：定义各个部件实例之间的相对位置关系，定位约束会显示在模型树 Assembly→Position Constraints 中，它们属于特征，可以被抑制或删除。

5.2.3 将定位约束转换为绝对位置

【常见问题 5-8】部件修改后定位约束改变

在 Assembly 功能模块中施加了定位约束后，在 Part 功能模块对部件进行了编辑修改。重新回到 Assembly 功能模块时，发现部件实例的位置发生了变化，原先的定位约束不再有效。出现这种现象的原因是什么？该如何解决？

『错误原因』

在 Abaqus/CAE 中，部件的每一个面、边和顶点都有其内在的编号，Assembly 功能模块中的定位约束也是基于这些编号进行。在 Part 功能模块对部件进行编辑、分割、修复等操作时，部件的各个面、边和顶点将被重新编号。

例如：某个 Face to face 定位约束所定义的关系是"部件 A 的 2 号面和部件 B 的 5 号面平行"，在 Part 功能模块中对部件 A 进行编辑操作后，其"2 号面"变为另外一个面，这时就会看到部件 A 与部件 B 的相对位置发生变化。

『解决方法』

出现上述问题的关键在于，定位约束所描述的是各个部件实例之间的相对位置关系，如果将这些定位约束转换为部件实例在全局坐标系下的绝对位置，就可以避免这类问题。

此时，可以采用下列操作方法：

在 Assembly 功能模块中单击菜单 Instance→Convert Constraints，选中所有部件实例，实现将相对定位约束改为绝对定位约束。这时可以看到，在模型树中 Assembly→Position Constraints 下面的各个定位约束都消失了。

建议读者养成这样的习惯：在完成装配后将所有定位约束都转换为绝对位置，避免以后修改部件时出现定位混乱。

5.2.4 不同功能模块中的约束

【常见问题5-9】 不同功能模块中约束的异同

在 Assembly 功能模块、Interaction 功能模块、Sketch 功能模块和 Mesh 功能模块中都涉及"约束"（constraint）的概念，它们之间有何异同？

『解答』

表5-4 比较了这些不同的"约束"概念，在本书下列章节中分别对它们做了详细的介绍：

1）Assembly 功能模块中的定位约束：参见本书第5.2.1~5.2.3节。
2）Interaction 功能模块中的约束：参见本书第7.1节"定义约束"。
3）Sketch 功能模块中的约束：参见本书第13.5节"草图中的各种约束"。
4）Mesh 功能模块中的种子（seed）约束：参见本书第9.4.2节"网格种子工具"。

表5-4 不同功能模块中的约束

	Assembly 功能模块	Interaction 功能模块	Sketch 功能模块	Mesh 功能模块
操作界面	菜单 Constraint	菜单 Constraint	草图绘制环境下：菜单 Add→Constraint	设置边上的种子时，单击窗口右下角的 Constraints 按钮
功能	定义部件实例之间的相对位置，形成装配件	定义模型中不同区域之间的相互作用、模型中各个自由度的相互关系	定义二维草图的几何对象间的位置和尺寸关系	控制网格种子的变化
包含的类型	Parallel face（面与面平行） Face to face（面与面相对） Parallel edge（边与边平行） Edge to edge（边对边） Coaxial（共轴） Coincident point（共点） Parallel Csys（坐标系与坐标系平行）	Tie（绑定约束） Rigid body（刚体约束） Display body（显示体约束） Coupling（耦合约束） Shell-to-solid coupling（壳-实体耦合约束） Embedded region（嵌入区域） Equation（方程约束）	Coincident（共点） Concentric（同心） Equal length（等长） Equal radius（半径相同） Fixed（固定） Horizontal（水平） Equal distance（等距离） Parallel（相互平行） Perpendicular（相互垂直） Symmetry（对称） Tangent（相切） Vertical（竖直）	允许单元数目增加或减少； 只允许单元数目增加； 不允许单元数目变化

5.3　对多个部件实例进行布尔操作

【常见问题5-10】对多个部件进行布尔操作

可否对多个部件进行布尔操作?

『解答』

在 Abaqus/CAE 中,无法对部件(part)直接进行相加或相减的布尔操作,但部件实例(instance)可以实现该功能,具体操作方法是:在 Assembly 功能模块中单击菜单 Instance→Merge/Cut Instances,其中,Merge 是将多个部件实例相加,Cut 是将多个部件实例相减,这两种操作都会生成新的部件和相应的部件实例。

对多个部件实例进行 Merge 操作的优点是:

1)不需要为相交区域定义绑定约束(tie),直接为合并后的新部件划分网格即可。

2)不需要为多个部件逐个定义材料属性,只需为合并后的新部件定义一次材料属性即可。

3)如果需要施加显示体约束(display body),只需为合并后的新部件实例定义一次即可。

4)如果装配件中包含很多单个部件实例,合并后模型会变得更加简洁。

Cut 操作常用的场合是通过相减操作得到模具的几何模型,它要求部件实例之间必须是互相接触或重叠的,且不能用于壳或网格部件实例。

关于布尔操作的详细介绍,请参见 Abaqus 6.14 帮助文件 "Abaqus/CAE User's Guide" 第13.7节 "Performing Boolean operations on part instances"。

5.4　查询质量特性

【常见问题5-11】查询部件或装配件质量特性

如何查询复杂部件和装配件的质量属性(体积、体积中心、质量、质量中心、惯性矩等)?

『解答』

在 Abaqus/CAE 各个功能模块的 Tools 菜单下,单击 Query 按钮将弹出如图5-8所示的查询对话框,选中 Mass properties 则可获取与质量相关的特性参数。

在基于部件的功能模块(Part 功能模块和 Property 功能模块)中可以查询各个部件的质量特性;基于装配件的功能模块中既可以查询整个装配件的质量特性,也可以查询单个部件实例的质量特性。例如,对于如图5-9所示的异形构件,在 Property 功能模块中查询到的质量特性参数如图5-10所示,包括:体积、质量、体积中心、质量中心、绕质量中心的惯性矩(I_{xx}、I_{yy}、I_{zz})和惯性积(I_{xy}、I_{yz}、I_{zx})。

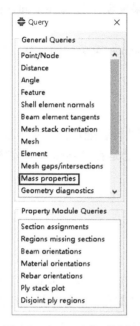

图 5-8　Query 查询对话框　　　　　　　　图 5-9　异形构件

```
Mass properties:
   Volume: 720225.06
   Volume centroid: 792.37,0.823,0.0770
   Mass: 0.00565
   Center of mass: 792.37,0.823,0.0770
   Moment of inertia about the center of mass (Ixx, Iyy, Izz, Ixy, Iyz, Izx): 260.50,11.96,264.24,0.830,0.101,0.0294
```

图 5-10　查询部件的质量特性参数

『实用技巧』

1）只有定义了密度参数，才能够查询与质量相关的特性参数，否则，将给出如图 5-11 所示的提示信息。

```
Mass properties:
   Volume: 1392.70
   Volume centroid: -14.19,3.80,10.00
Warnings: Some mass properties could not be computed due to the following issues
detected while querying the selected region(s) - missing density.
```

图 5-11　没有定义密度时查询质量特性给出的警告信息

2）对于包含刚体的动力学分析模型，为了避免偏心导致的附加偏心力影响，建议读者将刚体参考点设在模型的质量中心位置，对于复杂模型，可以使用质量查询功能，获取质量中心点坐标，方便定义刚体参考点。

3）在动态分析中，一般情况下都应把边界条件和荷载定义在刚体的质心上，因此，在定义刚体参考点时，应让其位于质心。

5.5　建模思路

在 Assembly 功能模块中创建装配件之前，应依次考虑下列问题：

1）创建独立部件实例还是非独立部件实例？如果模型中包含许多同样的部件，创建非独立部件实例就是最佳选择。

2）如何为各个部件实例定位约束关系？使用 Instance 菜单中的平移、旋转功能更方便，还是使用 Constraint 菜单中的定位约束更方便？

3）是否需要隐藏一部分部件实例，以方便操作？

4）是否需要对部件实例进行布尔操作？

把上述问题考虑清楚，便于更快速地对部件实例进行装配定位。对于复杂模型，还可以在建模过程中使用绝对坐标系进行建模，这样做的好处是在 Assembly 功能模块中无须定位直接生成装配件。

5.6 本章小结

本章主要介绍了下列内容：

1）模型、装配件、部件实例与部件之间的关系。在 Assembly 功能模块中可以为各个部件创建相应的部件实例，并在全局坐标系下为这些部件实例定位，组成装配件。一个 Abaqus/CAE 模型中只能包含一个装配件，它可以由一个或多个部件实例组成。

2）部件实例和部件的关系。部件实例是部件在装配件中的映射，与相应的部件存在着内在的联系。如果对部件进行了修改，此部件所对应的部件实例也会自动更新。

3）使用 Constraint 菜单施加定位约束，并定义部件实例之间的相对位置关系。

4）使用 Instance 菜单中的定位功能平移或旋转部件实例，或以阵列的方式复制部件实例，从而确定部件实例在全局坐标系下的绝对位置。

5）使用 Convert Constraints 功能将定位约束转换为部件实例在全局坐标系下的绝对位置，以避免在 Part 功能模块中修改部件时出现定位混乱现象。

6）介绍了 Assembly 功能模块、Interaction 功能模块、Sketch 功能模块和 Mesh 功能模块中各种"约束"的区别。

7）利用 Assembly 功能模块的布尔操作合并和分割部件实例，对于复杂模型的建立非常方便。

8）介绍了 Tools 菜单下 Query 子菜单查询质量特性的方法，能够查询的质量特性包括：体积、质量、体积中心、质量中心、惯性矩和惯性积等。

第6章

Step功能模块
常见问题解答与实用技巧

本章要点：

※ 6.1　四组重要概念
※ 6.2　四个特殊设置
※ 6.3　分析步替换
※ 6.4　实用技巧
※ 6.5　本章小结

　　一个复杂的有限元分析往往包含一系列相互关联的事件，可以根据事件发生的先后顺序，在 Abaqus/CAE 的 Step 功能模块中为这些事件分别定义相应的分析步，各个分析步的分析类型可以不同，提交分析作业时，Abaqus 会自动选取相应的求解器进行计算。例如，要模拟弓和箭的相互作用，可以定义下列 4 个分析步：①预拉伸弓弦（静力响应）；②拉弓（静力响应）；③提取固有频率（频率提取分析步）；④放开弓弦（动力响应）。

　　除了创建分析步之外，在 Step 功能模块中还可以定义数据输出、自适应网格、分析控制参数等。本章将详细介绍 Step 功能模块的四组重要概念、四个特殊设置（几何非线性开关、自适应技术、监控自由度、诊断信息输出）、分析步替换以及实用技巧等内容。

6.1　四组重要概念

6.1.1　初始分析步与后续分析步

【常见问题6-1】初始分析步与后续分析步的区别

　　初始分析步（initial step）与后续分析步（analysis step）有何区别？

『解答』

　　在 Abaqus/CAE 中可以看到两类分析步：

　　（1）初始分析步　初始分析步是 Abaqus/CAE 自动创建的 1 个分析步，描述的是模型的初始状态，在 Abaqus/CAE 操作界面上显示的名称为"initial"。一个 Abaqus 模型只能包含一个初始分析步，它不可以被重命名、编辑、替换、复制或删除。在初始分析步中可以定义模型在开始时刻的边界条件、预定义场和接触关系。

（2）后续分析步　在初始分析步后面可以定义 1 个或多个后续分析步，用来描述模型加载变化的过程。每个后续分析步都需要指定分析类型，例如，静力分析、显式动力分析、瞬态热传导分析、屈曲分析等。Abaqus 对后续分析步的顺序有一定的限制要求，例如，动态响应分析步必须出现在频率提取分析步之后。更详细的介绍，请参见第 15.3 节"多个分析步之间的关系"。

在分析过程中，Abaqus 的求解器会自动从一种分析类型切换到另一种分析类型，模型的响应（应力、应变、温度等）也会随着分析的运行而自动更新，前一分析步的分析结果将延续到后一分析步中。

> **提示**：本书提到"分析步"时，如果没有特别指明"初始分析步"，则指的都是"后续分析步"。

关于初始分析步与后续分析步的详细介绍，请参见 Abaqus 6.14 帮助文件"Abaqus/CAE User's Guide"第 14.3 节"Understanding steps"。

【常见问题 6-2】 两种分析步在定义荷载和边界条件方面的不同

初始分析步与后续分析步在定义荷载和边界条件方面有何区别？

『解答』

两种分析步在定义荷载和边界条件方面的区别如下：

1）在初始分析步中定义的边界条件只能为零值，后续分析步中定义的边界条件既可以为零值，也可以为非零值。例如，如果希望定义某个节点上的位移为 $U1 = 5$，则只能在后续分析步中定义。

2）如果边界条件在初始分析步中定义，则 INP 文件中的 *BOUNDARY 数据块出现在第 1 个 *STEP 之前；如果边界条件在后续分析步中定义，则 *BOUNDARY 数据块出现在 *STEP 和 *END STEP 之间。

3）边界条件既可以在初始分析步中创建，也可以在后续分析步中创建；荷载只能在后续分析步中创建。

6.1.2　通用分析步与线性摄动分析步

【常见问题 6-3】 通用分析步和线性摄动分析步的区别

通用分析步（general step）和线性摄动（linear perturbation）分析步的区别有哪些？

『解答』

在 Abaqus/CAE 中可以定义两种类型的分析步：通用分析步和线性摄动分析步。二者的区别列于表 6-1 中。

表 6-1　通用分析步与线性摄动分析步的区别

项　目	通用分析步	线性摄动分析步
适用范围	Abaqus/Standard、Abaqus/Explicit 求解器	仅适用于 Abaqus/Standard 求解器
线性/非线性	可以是线性或非线性响应	只能是线性响应
分析步状态	1）与分析历程相关，定义的是一个接一个的顺序分析流程 2）模型中的初始条件为第 1 个分析步的初始状态 3）每个分析步的开始状态是前一分析步结束时刻的模型状态	1）线性摄动分析步开始的状态称为基态（base state）。如果第 1 个分析步是线性摄动分析步，基态就是模型初始条件所描述的状态 2）线性摄动分析步结束时的模型状态不会延续到下一分析步中。例如，分析步 1、4 为通用分析步，分析步 2、3 为线性摄动分析步，则分析步 2、3、4 的开始状态都是分析步 1 结束时的模型状态 3）线性摄动分析步中结构的响应是线性的，但是模型中可以包含前一个通用分析步中的非线性响应 4）Abaqus/Standard 使用基态的弹性模量作为线性摄动分析步的线性刚度
荷载、边界条件和分析结果	1）定义的荷载、边界条件以及得到的分析结果都是总量（而不是相对于上一个分析步的增量） 2）如果不做任何修改，前一分析步施加的荷载将会延续到当前分析步中 3）前一分析步定义的荷载幅值曲线将延续到当前分析步	1）线性摄动分析步中施加的荷载要足够小，目的是使得模型的响应不会过多地偏离切线模量所预测的响应值 2）如果模拟中包含了接触问题，分析过程中接触面的接触状态不允许改变，即在基态中闭合的点始终闭合，在基态中开放的点始终开放 3）在线性摄动分析步中定义的荷载和边界条件仅对该分析步有效 4）定义的荷载、边界条件以及分析结果都是相对于上一个通用分析步的增量。
时间	可以使用总分析时间和分析步时间，请参见第 1.1.3 节	Abaqus/Standard 的总分析时间里不包含线性摄动分析步的时间。只有在模态动力分析时，才考虑线性摄动分析步的时间

『实用技巧』

Abaqus/Standard 中的下列分析类型必须定义为线性摄动分析步：

1）线性特征值屈曲分析（* BUCKLE）。

2）频率提取分析（* FREQUENCY）。

3）瞬态模态动力分析（* MODAL DYNAMIC）。

4）随机响应分析（* RANDOM RESPONSE）。

5）响应谱分析（* RESPONSE SPECTRUM）。

6）稳态动力分析（* STEADY STATE DYNAMICS）。

需要注意的是，读者不要将通用分析步和线性摄动分析步的概念与线性过程和非线性过程的概念相互混淆：

1）对于通用分析步，既可以定义线性分析，也可以定义非线性分析。通用分析步中的线性分析符合叠加原理，荷载和响应呈线性关系。如果前一个通用分析步是非线性分析，则后面的通用分析步都必须是非线性分析。

2）对于线性摄动分析步，分析只能是线性的，它是在基态的基础上继续进行线性分析，即求解基态的线性摄动，它的适用范围要比通用分析步中的线性分析更广。基态之前的响应可以是非线性的，在线性摄动分析步之后可以继续进行非线性分析。

关于通用分析步与线性摄动分析步的详细介绍，请参见 Abaqus 6.14 帮助文件"Getting Started with Abaqus：Interactive Edition"第 11.1 节"General analysis procedures"、第 11.2 节"Linear perturbation analysis"和"Abaqus Analysis User's Guide"第 6.1.3 节"General and linear perturbation procedures"。

6.1.3 分析步、增量步与迭代

Abaqus/Standard 在求解非线性问题时需要进行迭代计算，只有深刻理解分析步（step）、增量步（increment）与迭代（iteration）等概念，才能够根据具体模型来设置合理的增量步大小，加快分析收敛的速度，并根据 MSG 文件的迭代过程信息、错误信息或警告信息来修改模型。

【常见问题 6-4】分析步、增量步与迭代的概念、区别与联系

分析步、增量步与迭代等概念有何区别和联系？

『解答』

对分析步、增量步与迭代等概念简述如下：

（1）分析步 1 个模型可以由 1 个或多个分析步构成，用来描述一系列相互关联的事件。

（2）增量步 对于非线性问题，位移和荷载的关系是非线性的，无法一次完成整个分析步的求解，此时需要将整个分析步分解为多个增量步来依次求解，沿着非线性响应的变化路径逐步得到整个分析步的最终响应。

（3）迭代 Abaqus/Standard 求解器在一个增量步中寻找平衡解的尝试称为"迭代"。如果当前解满足了平衡条件（达到收敛），则此增量步计算结束，并开始求解下一个增量步；如果当前解不满足平衡条件，Abaqus/Standard 将会尝试进行下一次迭代，继续寻找平衡解。

关于分析步、增量步和迭代的更详细介绍，请参见第 16.3 节"Abaqus/Standard 的非线性分析"。

【常见问题 6-5】确定增量步的大小

Abaqus/Standard 在使用自动增量步法求解非线性问题时，如何确定增量步大小？

『解答』

前面简单介绍了分析步、增量步与迭代等概念，下面再详细讨论一下 Abaqus/Standard

求解非线性问题的具体过程。

默认情况下，Abaqus/Standard 使用自动增量步法求解非线性问题，即读者在建模时指定的初始增量步、最小增量步、最大增量步和最大增量步数目等，在求解过程中，Abaqus/Standard 求解器会根据收敛情况自动确定各个增量步的大小。具体过程为：

1）Abaqus/Standard 首先使用读者指定的初始增量步进行迭代。初始增量步的默认值为1（当前分析步的全部时间），即将当前分析步的荷载全部施加在一个增量步中。建议初始增量步不要采取软件的默认值1，对于大多数分析类型，应该改为 0.1 或更小，即将所有荷载的 10% 施加到第 1 个增量步。

2）如果在 16 次迭代内获得了收敛解，则成功结束当前增量步，并开始求解下一增量步。如果两个连续的增量步都在 5 次迭代之内获得了收敛解，Abaqus/Standard 自动将下一增量步增大为当前增量步的 150%，否则下一个增量步的大小就与当前增量步相同。增量步的上限为读者设定的最大增量步大小（默认值等于分析步时间）。

3）如果经过 16 次迭代仍没有获得收敛解，或者计算结果是发散的，Abaqus/Standard 自动将增量步减小为当前增量步的 25%，重新开始迭代尝试，此过程称为"折减"（cutback）。如果减小后的增量步依然无法在 16 次迭代之内找到收敛解，Abaqus/Standard 将重复上述折减过程，再次将增量步减小为 25%。这一过程反复进行，直至找到收敛解，或者出现下列情况而中止分析（在 Job 功能模块和 MSG 文件中可以看到对应的错误信息）：

① 折减次数超过 5 次，对应的错误信息为：

*** ERROR: *TOO MANY ATTEMPTS MADE FOR THIS INCREMENT: ANALYSIS TERMINATED*（对当前增量步作了过多次迭代尝试）

② 折减后的增量步小于读者设定的最小增量步大小（默认值为分析步时间乘以 10^{-5}），对应的错误信息为：

*** ERROR: *TIME INCREMENT REQUIRED IS LESS THAN THE MINIMUM SPECIFIED*（所需增量步小于设定的最小增量步）

> **提示：** 上述信息是分析非线性问题时最常见的错误信息，它表明分析无法收敛。非线性问题不收敛，往往是因为模型本身有问题（例如，存在刚体位移、过约束、接触或塑性材料定义不当、网格过于粗糙或过于细化等），此时，应查看 MSG 文件中的警告信息，并采取相应措施。仅将最小增量步设得更小一些，往往并不能解决问题。

此外，如果分析步的增量步总数超过了读者设定的最大增量步数目（默认值为 100），分析也会中止，并给出下列错误信息：

*** ERROR: *TOO MANY INCREMENTS NEEDED TO COMPLETE THE STEP*
（所需增量步数目大于所设定的最大增量步数目）

117

上面提到的"16 次迭代""增量步减小为 25%""折减次数超过 5 次"等都是 Abaqus/Standard 默认的自动增量步控制参数。对于大多数分析，使用这些默认参数足以满足分析需要。如果想修改这些控制参数，请参见 Abaqus 6.14 帮助文件"Abaqus/CAE User's Guide"第 14.15.1 节"Customizing general solution controls"、"Abaqus Analysis User's Guide"第 7.2.2 节"Commonly used control parameters"和第 7.2.4 节"Time integration accuracy in transient problems"。

【常见问题 6-6】设置增量步数目/初始增量步/最小（大）增量步

对于 Abaqus/Standard 分析，如何为自动增量步法设置合理的最大增量步数目（maximum number of increment）、初始增量步（initial increment）、最小增量步（minimum increment）和最大增量步（maximum increment）等参数？

『解答』

对于 Abaqus/Standard 分析，默认设置是使用自动增量步法。在如图 6-1 所示的 Abaqus/CAE 对话框中，可以看到默认的参数设置为 Type：Automatic。该对话框中各个参数的含义和设置方法介绍如下：

（1）初始增量步　如果在定义荷载时没有使用幅值曲线工具，则在初始增量步中的荷载大小为：

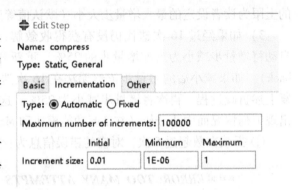

图 6-1　自动增量步法中的参数设置

$$总的荷载大小 \times \frac{初始增量步时间}{分析步总时间}$$

对于很容易收敛的问题，将初始增量步设为 1 即可。对于较难收敛的非线性问题，可以把初始增量步设为适当小的值（例如，0.01 或 0.1）。如果初始增量步设置得太小，会大大增加增量步数，延长计算时间；如果初始增量步设置得太大，分析会很难收敛，Abaqus/Standard 将不得不进行多次折减，反复减小增量步，这同样会浪费大量的计算时间，甚至有可能在 5 次折减后仍然无法收敛而中止计算。

（2）最小增量步　一般情况下使用默认值（分析步时间乘以 10^{-5}）即可。对于非常复杂的非线性问题，可以再将其减小 1~2 个数量级，太小则没有必要。不收敛往往是模型本身存在问题，仅减小最小增量步并不能真正解决问题。

（3）最大增量步　它对模型是否收敛没有影响，一般情况下采用默认值（等于分析步时间）即可。如果需要看到荷载逐渐增大的变形过程，可以通过设置最大增量步进行控制。例如，假设分析步时间为 1，如果把最大增量步设为 0.1，则至少可以得到 10 个增量步中的分析结果。

（4）最大增量步数目　Abaqus 的默认设置是 100，即如果达到 100 个增量步还没有完成当前分析步，Abaqus 会自动中止分析，并在 MSG 文件中给出对应的错误信息。对于复杂的非线性分析，需要的增量步数往往大于 100，建议读者把该参数值设置得尽量大一些。例如，如果分析步时间为 1，提交分析后看到 Abaqus/Standard 自动确定的增量步数量级大多

为 10^{-3}，则最大增量步数目应远远大于 $1/10^{-3} = 1000$，可将其设为 100000。

『相关知识』

Abaqus/Standard 求解非线性问题时，有两种控制增量步的方法：自动增量步法和固定增量步法，前面介绍的都是自动增量步法。对于固定增量步法，Abaqus/CAE 中仅需设置两个参数，操作界面如图 6-2 所示：

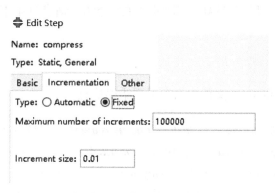

图 6-2　固定增量步法的参数设置

1）最大增量步数目：其含义同自动增量步法。

2）固定增量步大小（increment size）：在整个分析过程中增量步都为此固定值。

> **提示：** 使用固定增量步法分析计算时，如果由于增量步过大而出现收敛困难，Abaqus/Standard 不会自动减小增量步，导致分析失败，因此，尽量不要使用该法。

关于增量步设置的详细介绍，请参见 Abaqus 6.14 帮助文件 "Abaqus/CAE User's Guide" 第 14.10.2 节 "The Incrementation tab" 和 "Abaqus Analysis User's Guide" 第 7 章 "Analysis Solution and Control"。

6.1.4　场变量输出与历程变量输出

【常见问题 6-7】 场变量输出和历程变量输出的区别

在 Step 功能模块中可以设置两种输出：场变量输出（field output）和历程变量输出（history output），二者有何区别？

『解答』

场变量输出用于描述某个量随空间位置的变化，历程变量输出用于描述某个量随时间的变化。二者的区别详细介绍如下：

1）场变量输出：输出大量单元或节点上的计算结果，写入 ODB 文件的频率相对较低，用来在 Visualization 功能模块中生成云纹图、变形图、符号图（symbol plot）和 X-Y 图等。例如，如果希望在一个分析步结束时刻输出整个模型所有节点的位移，需要使用场变量输出。场变量输出的结果包括基本变量的所有分量（例如，所有的应力分量、应变分量等）。

2）历程变量输出：输出少量单元或节点上的计算结果，写入 ODB 文件的频率相对较高，用来在 Visualization 功能模块中生成 X-Y 图。例如，如果希望输出某个节点在所有增量步上的位移，需要使用历程变量输出。与场变量不同的是，历程变量允许单独输出某个独立分量（例如，某个方向的应力分量）。

> **提示**：能量分析结果反映的是能量随时间的变化情况，属于历程变量输出。

关于场变量输出和历程变量输出关键词的详细介绍，请参见本书第 14.4.2 节 "将分析结果输出到 ODB 文件"。

【常见问题 6-8】超出环境文件变量设置值

提交分析时，为何在 DAT 文件中出现下列错误信息？

> **** ERROR*: **The number of history output requests (11694) in this analysis has exceeded the maximum value of 10000 specified by the Abaqus environment variable 'max_history_requests.'** *The limit may increased by increasing the value of this variable or deactivated by setting 'max _ history _ requests = 0 ' in the Abaqus environment file. significant performance problems will occur with this analysis if these history requests are maintained.* （历程变量输出数量是 11694，超出了 Abaqus 环境文件变量 max_history_requests 所规定的上限值 10000）

『错误原因』

Abaqus 默认的历程变量输出上限值为 10000，当模型中的历程变量输出超过该值时（本实例为 11694），会出现上述错误信息。

『解决方法』

可以删除不必要的历程变量输出（例如，各种不需要的能量结果），或按照错误信息中给出的方法，更改 Abaqus 环境文件中规定的上限值，具体方法为：在 Abaqus 安装目录下找到环境文件 abaqus_v6.env，添加以下语句取消对历程变量输出数量的限制：

    max_history_requests = 0

或者适当地增大历程变量输出数量的上限值。例如，添加以下语句：

    max_history_requests = 12000

【常见问题 6-9】接触时间

模拟实体 A 以 1000mm/s 的速度与实体 B 相碰撞的过程，Abaqus/Explicit 分析步时间为 0.02s。两个接触面的初始距离为 1.5mm，两个面发生接触的时刻应该为：

$$1.5mm \div 1000mm/s = 0.0015s$$

为何在分析结果中看到两个实体从 0.002s 才开始发生接触？

『解答』

可以从下列两个方面查找出现上述现象的原因：

1）实体 A 是否为匀速运动。例如，在定义速度边界条件时是否使用了幅值曲线（amplitude）。

2）查看场变量输出（field output）的设置情况。Abaqus/Explicit 场变量输出的默认设置为 Frequency：Evenly spaced time intervals，Interval：20，即在一个分析步中以 20 个均匀的时间间隔输出场变量的分析结果（包括：位移、应力、应变等）。如果本实例中使用了这样的默认设置，则每隔 0.02s/20 次 =0.001s 输出 1 次，写入 ODB 文件的是 0.001s、0.002s、……时刻的位移结果，因此在后处理时看不到 0.0015s 时的位移结果。

在 Step 功能模块中单击菜单 Output→Field Output Requests→Edit，可以修改场变量输出的频率，如图 6-3 所示。

图 6-3 修改场变量输出频率

6.2 四个特殊设置

6.2.1 几何非线性开关

【常见问题 6-10】几何非线性开关及其作用

几何非线性开关的作用是什么？何时将其打开？

『解答』

几何非线性开关（Nlgeom）决定在分析过程中是否考虑几何非线性对计算结果的影响。如果在某个分析步中会出现大位移、大转动、初始应力、几何刚化或突然翻转（snap through）等问题，需要在该分析步中将几何非线性开关打开（将 Nlgeom 设为 ON），否则，即使分析能够顺利完成，得到的结果也是错误的。

对于 Abaqus/Explicit 分析，几何非线性开关默认处于开启状态（ON）；对于 Abaqus/Standard 分析，几何非线性开关默认处于关闭状态（OFF），需要根据具体问题进行设置。如果在某个分析步中将 Nlgeom 设为 ON，在随后的分析步中，Nlgeom 将一直保持为 ON。

> **提示**：如果模型不会出现几何非线性，则无须将 Nlgeom 设置为 ON，否则会大大增加 Abaqus/Standard 分析的收敛难度。

关于几何非线性的详细介绍，请参见本书第 16.1 节"线性分析与非线性分析"，以及 Abaqus 6.14 帮助文件"Getting Started with Abaqus：Interactive Edition"第 8.1.3 节"Geometric nonlinearity"。

6.2.2　自适应技术

【常见问题 6-11】自适应技术的适用范围、特点和优点

Abaqus 提供了哪几种自适应技术？其适用范围怎样？各自有何特点和优点？

『解答』

为了提高分析精度，Abaqus 提供了下列 3 种自适应技术（区别见表 6-2）：

（1）ALE 自适应网格　其全称为"任意的拉格朗日-欧拉自适应网格"（Arbitrary Lagrangian Eulerian adaptive meshing），它不改变原有网格的拓扑结构（单元和节点的数目和连接关系不会改变），而是在单个分析步的求解过程中逐步改善网格的质量，它的适用范围请参见【常见问题 6-12】。Step 功能模块的 Other 菜单下包含 3 个以 ALE 开头的菜单项，可以定义 ALE 自适应网格。

（2）自适应网格重划（adaptive remeshing）　通过多次重划网格达到所要求的求解精度，只适用于 Abaqus/Standard 分析，并且只能在 Abaqus/CAE 中实现，具体操作步骤为：

1）在 Mesh 功能模块中单击菜单 Adaptivity→Remeshing rule→Create，定义需要进行网格重划的区域、误差因子（error indicator）的相关变量和目标，以及网格重划的控制参数。需要注意的是，对于三维实体模型，必须使用四面体单元网格（tet）；对于二维模型，必须使用三角形单元（tri）或以进阶算法（advancing front）生成的四边形单元网格（quad），否则在提交分析时将会看到下列错误信息。

> *The regions containing the following remeshing rules and the regions they touch cannot be adaptively remeshed using the assigned mesh controls.*

2）在 Job 功能模块中选择菜单 Adaptivity→Manage，在弹出的 Adaptivity Process Manager 对话框中单击 Create 按钮，创建自适应分析作业过程（adaptivity process），指定最大重复次数（Maximum iterations），然后单击这个对话框中的 Submit 按钮提交分析（注意：非 Job Manager 对话框中的 Submit 按钮）。

3) Abaqus/CAE 会自动完成以下自适应网格重划过程：首先提交一个基于当前网格的分析作业，在分析完成后，根据得到的结果计算误差因子，根据该误差因子重新生成网格（在 Job 功能模块中可以看到新的网格），然后重新提交分析。以上过程将会自动重复执行，直到达到步骤 1）中设定的网格重划目标或步骤 2）中设定的最大重复次数。

（3）网格间的求解变换（mesh-to-mesh solution mapping） 用新的网格代替因变形过大而严重扭曲的原有网格，把原来的分析结果自动映射到新网格上，然后继续分析。这种方法仅适用于大变形问题的 Abaqus/Standard 分析，只能通过在 INP 文件中使用关键词 * MAP SOLUTION 实现。

表 6-2　3 种自适应技术

	ALE 自适应网格	自适应网格重划	网格间的求解变换
目标	控制单元网格的变形	控制计算精度	控制单元网格的变形
实现方法	在 Step 功能模块中设置	在 Mesh 功能模块和 Job 功能模块中设置	在 INP 文件中使用关键词 * MAP SOLUTION 来实现
优点	结合了纯拉格朗日方法（网格随材料移动）和欧拉方法（网格位置固定，材料在网格中流动）的优点，使分析更高效、更稳定	在考虑求解费用和计算精度的基础上，得到的网格满足误差因子（error indicator）的要求	通过在不同分析步之间变换单元网格，使原来由于网格变形严重而导致收敛困难的分析能够继续进行下去
网格操作	不改变原有网格的拓扑结构	利用迭代方法生成多个不同的网格	对多个网格进行操作
分析步	在一个分析步中	与分析步无关	在不同的分析步之间
适用范围	主要用于 Abaqus/Explicit 的大变形问题，以及 Abaqus/Standard 中的表面磨损过程模拟	只有在 Abaqus/CAE 中提交 Abaqus/Standard 分析时才可用	仅适用于 Abaqus/Standard 的大变形问题

关于以上 3 种自适应技术的详细介绍，请参见 Abaqus 6.14 帮助文件 "Abaqus Analysis User's Guide" 第 12.1.1 节 "Adaptivity techniques"。

【常见问题 6-12】 两种求解器定义 ALE 自适应网格的区别

在 Abqus/Standard 和 Abaqus/Explicit 分析中都可以定义 ALE 自适应网格，二者有何区别？使用过程中需要注意哪些问题？

『解答』

ALE 自适应网格主要用于 Abaqus/Explicit 的大变形分析，以及 Abaqus/Standard 中的声畴（acoustic domain）、冲蚀（ablation）和磨损问题。在 Abaqus/Standard 的大变形分析中，虽然也可以设定 ALE 自适应网格，但不会起到明显的作用。

虽然在 Abaqus/Standard 和 Abaqus/Explicit 分析中都可以定义 ALE 自适应网格，而且定义的界面相似，但是二者的功能却有很大的差异（见表 6-3）。

表6-3 ALE 自适应网格在不同求解器中的比较

	Abaqus/Standard 求解器	Abaqus/Explicit 求解器
适用范围	声畴、冲蚀和磨损问题	大变形问题
分析问题	拉格朗日类型问题或冲蚀、磨损问题	拉格朗日类型问题和欧拉问题
分析步类型	几何非线性静力分析、稳态传输分析、耦合的孔隙流体-应力分析、耦合的温度-位移场分析	大变形的瞬态分析（碰撞问题、穿透问题、锻造问题）；稳态过程分析（挤压问题、轧制问题）；显式动力学分析（绝热分析）和完全耦合的热-应力分析
平滑算法	原始构型投影法（original configuration projection）、体积法（volume smoothing）	体积法（volume smoothing）、拉普拉斯法（Laplacian smoothing）、等势法（equipotential smoothing）
诊断信息	不提供诊断信息功能	提供诊断信息功能
功能	功能相对较弱，使用过程中有很多限制条件	功能强大，应用广泛
单元类型	声学单元和部分实体单元	一阶减缩积分实体单元
分析信息	分析过程中与自适应网格相关的信息都写入 MSG 文件	
非线性	自适应网格必须用于考虑几何非线性的分析步中	

使用 ALE 自适应网格时，还需要注意下列问题：

1）在 Abaqus/Explicit 中分析超弹性材料和泡沫材料时，最好采用增强沙漏控制（enhanced hourglass control）的方法控制单元的变形，而不要采用 ALE 自适应网格。

2）在 INP 文件中，可以使用下面的关键词定义多个 ALE 自适应网格区域：

> *ADAPTIVE MESH, ELSET = *elset_name*

但是，在 Abaqus/CAE 中，每个分析步只能定义一个 ALE 自适应网格区域。

> **提示：** 在 Step 功能模块中，单击菜单 Other→ALE Adaptive Mesh Domain→Edit，设置各项参数，如图6-4所示。如果在某个分析步中不希望定义自适应网格区域，则选中 No ALE adaptive mesh domain for this step 即可。

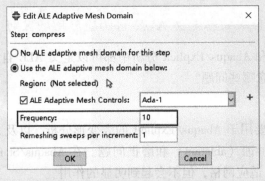

图6-4 设置自适应网格参数

3）不使用 ALE 自适应网格时，在分析过程中单元网格会跟随材料一起运动，每个节点和每个单元的输出变量都与材料点——对应，在 Visualization 功能模块中看到的单元变形和材料运动情况就是真实解。

使用 ALE 自适应网格时，随着单元变形的增加，Abaqus 求解器将逐渐更新节点和单元的位置，以避免单元过度变形，同时求解变量也将从旧的单元网格变换到新的单元网格中。此时，网格的位置和材料点的位置不再保持一致，在 Visualization 功能模块中查看计算结果时，应注意此问题。

关于 ALE 自适应网格的详细介绍，请参见 Abaqus 6.14 帮助文件"Abaqus Analysis User's Guide"第 12.2 节"ALE adaptive meshing"。

6.2.3 监控自由度

【常见问题 6-13】设置监控自由度

如果希望监控某个节点的 Z 方向位移，应该如何设置？

『解答』

在 Step 功能模块中，选择 Output 菜单下的 DOF Monitor 子菜单，将弹出如图 6-5 所示的对话框，勾选 Monitor a degree of freedom throughout the analysis，选择监控区域，并指定监控自由度为 3（整体坐标系的 Z 方向）即可。

提交分析作业后，被监控区域的 Z

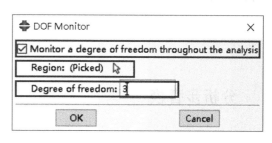

图 6-5 设置监控自由度

方向位移将写出到 DAT 文件中，在 Abaqus/CAE 的信息提示区中将同时给出被监控自由度的相关信息。

6.2.4 诊断信息输出

【常见问题 6-14】设置诊断信息输出

如何设置 Abaqus 分析过程中的诊断信息？

『解答』

在 Step 功能模块中，选择 Output 菜单下的 Diagnostic Print 子菜单，将弹出如图 6-6 所示的对话框，读者可根据需要勾选所需输出的诊断信息，包括：输出频率（Frequency）、接触（Contact）、塑性（Plasticity）、残差值（Residual）、求解信息（Solve）和模型改换（Model Change），Abaqus 软件默认将按照频率 1 输出残差值和求解信息。图 6-6 的下部区域给出了输出信息的含义，例如，Contact 表示将输出详细的接触应力信息。

提交分析作业后，设置的输出诊断信息将写出到 MSG 文件中，供读者查看。

> **提示**：如果模型包含复杂的接触定义和塑性参数，在默认设置的基础上，建议勾选接触（Contact）和塑性（Plasticity），便于调试和修正模型。

Step	Frequency	Contact	Plasticity	Residual	Solve	Model Change
compress	1	☐	☐	☑	☑	☐

Frequency:	Output frequency (in increments)
Contact:	Detailed contact stresses
Plasticity:	Points where algorithms have failed to converge
Residual:	Equilibrium residuals
Solve:	Number of equations and wavefront for each iteration
Model change:	Elements removed or reactivated in the step

图 6-6 设置诊断信息输出

6.3 分析步替换

【常见问题 6-15】分析步替换的优点和操作方法

什么是分析步替换（step replacement）？它有何优点？如何操作？

『解答』

创建了完整的有限元模型之后，如果希望修改分析步的类型（荷载、边界条件、接触等保持不变），可以在 Abaqus/CAE 中使用分析步替换功能。例如，可以将一般静力分析步替换为显式动力分析步或静力屈曲分析步等。下文中将替换前的分析步称为"原有分析步"，将替换后的分析步称为"新分析步"。

> **提示**：在 Step 功能模块，单击菜单 Step→Manger，选择要替换的分析步，单击 Replace，在如图 6-7a 所示的对话框中选择新分析步的类型即可。

分析步替换仅仅是一种在 Abaqus/CAE 中修改分析步类型的简便功能，并不涉及在两个分析步之间传递计算结果，不同于本书第 15.1 节"重启动分析"和第 15.2 节"在分析过程之间传递数据"。

创建新分析步后，Abaqus/CAE 自动将与原有分析步相关的模型参数（接触、边界条件、荷载等）拷贝到新分析步中，如果在原有分析步中定义的模型参数不适用于新分析步，Abaqus/CAE 将尽可能地将其替换为等效的模型参数，同时抑制（suppress）或删除原有的模型参数，并在下方信息区中给出相应的提示信息（见图 6-7b）。

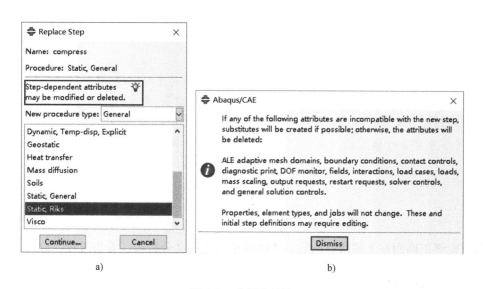

图 6-7　分析步替换

a）分析步替换对话框　b）单击图 a 中的 Tip 按钮看到的提示信息

例如，如果原有分析步是 Abaqus/Standard 求解器的一般静力分析步，在其中定义了自接触、压力荷载以及惯性释放荷载，将这个分析步替换为 Abaqus/Explicit 的显式动力分析步时，Abaqus/CAE 将执行下列操作：

1）在显式动力分析步中，使用 Abaqus/Explicit 中的自接触替换 Abaqus/Standard 中的自接触。

2）将压力荷载拷贝到显式动力分析步中。

3）抑制惯性释放荷载，原因是 Abaqus/Explicit 分析不支持惯性释放荷载。

在替换分析步之前，建议将原有模型做备份。在定义新分析步后，应仔细检查在原有分析步中定义的材料特性、单元类型、接触、边界条件、荷载、预定义场等参数是否依然有效。

如果在建模过程中更改了分析步的设置（例如，求解控制参数等），需要改回到原来的默认值，可以利用分析步替换功能来很方便地实现，只需要将此分析步替换为同样类型的分析步即可。

关于分析步替换的详细介绍，请参见 Abaqus 6. 14 帮助文件 "Abaqus/CAE User's Guide" 第 14. 3. 4 节 "What is step replacement" 和第 14. 9. 4 节 "Replacing a step"。

6.4　实用技巧

Step 功能模块中涉及多个较复杂的概念。在设置分析步属性时，即使参数设置得不合理，也只有在提交分析作业之后，才能通过查看 DAT 文件、MSG 文件、STA 文件、LOG 文件中的提示信息发现问题，并进行相应修改。因此，在平时的分析过程中，应养成查看这些文件的习惯，这样就不会因分析中止或不收敛等问题而感到束手无策。

在 Step 功能模块中进行操作时，一般应该考虑下列问题：

1）模型中包含了哪些相互关联的事件？应该如何划分分析步？每个分析步应该采用什么分析类型？应选择 Abaqus/Standard 求解器还是 Abaqus/Explicit 求解器进行分析、选择通用分析步还是线性摄动分析步？

2）模型是否会出现大位移或大转动？是否需要将几何非线性开关 Nlgeom 设为 ON？

3）如何设置每个分析步的最大增量步数目、初始增量步、最小增量步、最大增量步，以保证在收敛的前提条件下尽量缩短计算时间？

4）是否需要进行重启动分析？如果需要，如何在 Step 功能模块中定义重启动数据的输出？

5）希望得到哪些分析结果？在场变量和历程变量输出中需要定义哪些变量？如何定义输出的频率？

6）是否会出现单元过度变形？是否需要使用自适应技术？

只有能够正确回答上述所有问题，才能够正确地定义分析步、分析过程、分析参数。

6.5 本章小结

本章主要介绍了下列内容：

1）一个有限元模型通常由一个或多个分析步组成，用来描述一系列相互关联的事件。在 Abaqus/CAE 中可以看到两类分析步：初始分析步（initial）和后续分析步。初始分析步描述的是模型的初始状态，可以定义分析开始时刻的边界条件、预定义场和接触关系；在初始分析步后面可以定义一个或多个后续分析步，用来描述模型加载变化的过程。

2）分析步类型可以分为两大类：通用分析步和线性摄动分析步。线性摄动分析步是在基态的基础上继续进行线性分析，即求解基态的线性摄动。

3）每个分析步可以分解为多个增量步来依次求解，Abaqus/Standard 在一个增量步中寻找平衡解的尝试称为"迭代"。

4）默认情况下，Abaqus/Standard 使用自动增量步法求解非线性问题，建模时指定初始增量步、最小增量步、最大增量步和最大增量步数目等参数，Abaqus/Standard 在求解过程中会根据收敛情况自动确定各个增量步的大小。

5）场变量输出用于描述某个量随空间位置的变化，历程变量输出用于描述某个量随时间的变化。

6）如果在某个分析步中会出现大位移、大转动、初始应力、几何刚化或突然翻转（snap through）等问题，需要在该分析步中将非线性开关 Nlgeom 设为 ON。

7）在 Step 功能模块中，选择 Output 菜单下的 DOF Monitor 子菜单，可以实现输出指定区域指定自由度方向的位移结果，便于检查模型的正确性和对分析作业进行监控。

8）在 Step 功能模块中，选择 Output 菜单下的 Diagnostic Print 子菜单，可以设置输出的诊断信息，包括：输出频率（Frequency）、接触（Contact）、塑性（Plasticity）、残差值（Residual）、求解信息（Solve）和模型改换（Model Change）。如果模型包含复杂的接触定义和塑性参数，在默认设置的基础上，建议勾选接触（Contact）和塑性（Plasticity），便于调试和修正模型。

9）Abaqus 提供了 3 种自适应技术：ALE 自适应网格不改变原有网格的拓扑结构，在单个分析步的求解过程中逐步改善网格的质量;自适应网格重划通过多次重划网格达到所要求的精度;网格间的求解变换是用新的网格代替因变形过大而严重扭曲的原有网格,把原来的分析结果自动映射到新网格上。

10)分析步替换是一种在 Abaqus/CAE 中修改分析步类型的简便功能,Abaqus/CAE 会自动将与原有分析步相关的模型参数(接触、边界条件、荷载等)复制到新分析步中。

第 7 章

Interaction功能模块
常见问题解答与实用技巧

本章要点：

- ※ 7.1 定义约束
- ※ 7.2 接触和约束的自动探测
- ※ 7.3 弹簧、点质量和转动惯量
- ※ 7.4 本章小结

Abaqus/CAE 的 Interaction 功能模块可以实现下列功能：

1）定义模型各部分之间以及模型与外界环境之间的力学和热的相互作用（例如，接触、热辐射等）。

2）定义模型各部分之间的各种约束。

3）定义连接单元。

4）设置点质量（point mass）、转动惯量（rotary inertia）或热容（heat capacitance）。

5）定义裂纹（crack）。

6）定义弹簧（spring）和阻尼器（dashpot）。

本章将介绍常用的约束类型、接触与约束的自动检测、各种工程特征（点质量、转动惯量、弹簧、阻尼器）等内容。本书第 17 章"接触分析常见问题解答与实用技巧"将详细介绍接触分析的各种常见问题解答与实用技巧。

7.1 定义约束

本节将讨论 Interaction 功能模块中的各种约束，Assembly 功能模块、Sketch 功能模块和 Mesh 功能模块中也涉及"约束"的概念，其含义各不相同，应注意区分。相关内容的介绍，请参见本书第 5.2.4 节"不同功能模块中的约束"。

7.1.1 绑定接触与绑定约束

【常见问题 7-1】绑定接触和绑定约束的区别

在 Abaqus/Standard 分析中可以定义绑定接触（tie contact），它与绑定约束（tie constraint) 有何区别?

『解答』

在 Abaqus/CAE 中定义绑定接触 (tie contact) 的方法为: 在 Interaction 功能模块中选择菜单 Interaction→Create, 将接触类型设为 Surface-to-surface contact, 在如图 7-1 所示的对话框中, 根据模型的实际情况设置 Slave Node/Surface Adjustment (不要选择 No adjustment), 选中 Tie adjusted surfaces。对应的关键词为 * CONTACT PAIR, TIED。

在 Abaqus/CAE 中定义绑定约束 (tie constraint) 的方法为: 在 Interaction 功能模块中选择菜单 Constraint→Create, 将类型设为 Tie。对应的关键词为 * TIE。

绑定接触和绑定约束都是让两个面连接在一起不再分开。二者的一个重要的区别在于: 绑定约束只能在模型的初始状态中定义, 在整个分析过程中都不再改变; 绑定接触可以在某个分析步中定义, 在该分析步开始之前, 两个面之间没有连接关系, 从该分析步开始才绑定在一起。

绑定约束的优点是, 分析过程中不再考虑从面节点的自由度, 也不需要判断从面节点的接触状态, 计算时间会大大缩短。

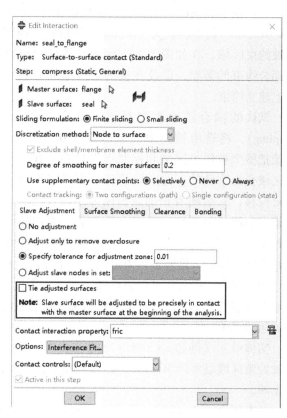

图 7-1　定义绑定接触对话框

对于绑定接触, Abaqus 根据模型的未变形状态确定哪些从面节点位于调整区域, 并将其与主面上的对应节点创建对应的约束。

无论是绑定约束还是绑定接触, 在定义主面时都应该尽量选择一个面, 而不是一条线或一个点, 否则有可能无法建立正确的绑定关系。

相关内容的详细介绍, 请参见 Abaqus 6.14 帮助文件 "Abaqus Analysis User's Guide" 第 35.3.1 节 "Mesh tie constraints" 和第 36.3.7 节 "Defining tied contact in Abaqus/Standard"。

7.1.2　运动耦合约束和分布耦合约束

【常见问题7-2】 运动耦合和分布耦合的区别

耦合约束 (couping constraint) 有两种类型: 运动耦合 (kinematic coupling) 和分布耦合 (distribute coupling), 二者有何区别?

『解答』

　　耦合约束的含义是：将被约束区域（constraint region）与一个控制点（control point）之间建立运动上的约束关系。在 Abaqus/CAE 中定义耦合接触的方法为：在 Interaction 功能模块中单击菜单 Interaction→Create，将类型设为 Coupling，依次选择控制点和被约束区域，在如图 7-2 所示的对话框中可以设置耦合约束的类型，以及在被约束区域的哪些自由度上建立约束。

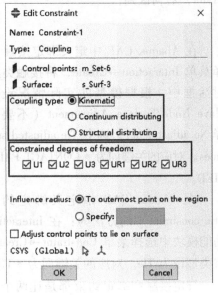

图 7-2　建立耦合约束

　　默认的耦合约束类型是运动耦合（kinematic coupling），将选中被约束区域的全部 6 个自由度，就像把整个被约束区域和控制点焊接在一起，被约束区域变为刚性的，此区域的各节点之间不会发生相对位移，只会随着控制点做刚体运动。注意，不要错误地理解为被约束区域上每个节点的位移都等于控制点的位移，例如，当控制点旋转时，被约束区域会随之旋转，这时被约束区域上每个点的位移都不同。

　　定义耦合约束时也可以只选择一部分自由度。例如，在图 7-2 中只选中 U1，则被约束区域上各节点在 1 方向上的位移将取决于控制点的运动，而其他 5 个自由度上的位移与控制点的运动无关。

　　实体单元（例如，C3D8I）的节点没有转动自由度，只有平动自由度 U1、U2、U3。如果被约束区域是实体单元的节点，定义耦合约束时是否选中 UR1、UR2、UR3 对分析结果没有影响。

　　分布耦合（distribute coupling）和上面介绍的情况类似，也是被约束区域随着控制点运动，只是被约束区域不再是刚性的，而是柔性的，可以发生变形，Abaqus 将控制点上受到的力，以某种方式分布（distribute）到被约束区域上，对被约束区域上各节点的运动进行加权平均处理，使此区域上受到的合力与合力矩同施加在参考点上的力与力矩等效。换言之，分布耦合允许被约束区域上的各部分之间发生相对变形，比运动耦合中的面更柔软。

　　建议读者设计一些简单的模型，来加深对上述内容的理解。二维模型（例如，平面应力）只有 3 个自由度 U1、U2 和 UR3，会更容易理解，可以尝试给定控制点上的位移，而不是施加力荷载，这样就更容易得到所希望的运动效果。

7.1.3　耦合约束和方程约束

【常见问题 7-3】耦合约束与方程约束

　　如图 7-3 所示的二维平面应力模型中，AB 边受到拉力 F 的作用，如果希望 AB 边始终保持水平状态，且 AB 边在 X 方向可以自由变形，应该如何建模？

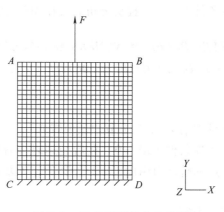

图 7-3　AB 边受到拉力 F 作用

『解答』

（1）方法 1：在 AB 边上施加压力荷载（类型为 Pressure），压力荷载的大小为力 F 除以 AB 边的长度，输入负值表示拉力。如果模型的几何形状比较复杂，AB 边是一条曲线，无法直接施加压力荷载，可以使用第 2 种方法定义。

（2）方法 2：使用耦合约束（couping constraint），创建一个参考点（reference point），在 AB 边和此参考点之间建立运动耦合约束，只约束 y 方向的自由度 U2，如图 7-4 所示。INP 文件中的对应语句为：

> * KINEMATIC COUPLING, REF NODE = *RPset*
>
> *ABset*,　2

其中，*RPset* 和 *ABset* 分别是参考点和 AB 边的节点集合名称，2 是 y 方向的自由度 U2。

> **提示：**如果在定义运动耦合约束时，将 x 方向的自由度 U1 也约束住，AB 边在 x 方向无法自由变形，这不符合该模型的要求。

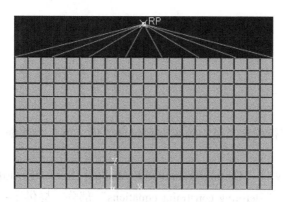

图 7-4　创建参考点和耦合约束

将力 F 施加在此参考点上，另外一定要为此参考点定义边界条件 U1 = 0 和 UR3 = 0。如果没有在参考点上定义边界条件 U1 = 0，提交分析后会在 MSG 文件中出现下列警告信息：

> *** *WARNING: SOLVER PROBLEM. NUMERICAL SINGULARITY WHEN PROCESSING NODE ASSEMBLY. 1 D. O. F. 1 RATIO = 3. 46901E + 015.*（参考点的自由度 U1 上出现数值奇异）

关于数值奇异问题，详见本书第 17.2.1 节"数值奇异"。

如果不在参考点上定义边界条件 UR3 = 0，在后处理时会看到 *AB* 边发生了转动，不再保持水平。这是因为在参考点的转动自由度 UR 3 上没有定义边界条件，参考点可以自由转动，*AB* 边也会随之转动。

该现象印证了前面介绍的内容：耦合约束的含义只是让 *AB* 边上各节点的运动遵从参考点的运动，而不意味着 *AB* 边上每个节点的位移都等同于参考点的位移。

（3）方法 3：使用方程约束（equation constraint）　在 *AB* 边和参考点之间建立方程约束，然后将力 *F* 施加在参考点上。具体方法为：在 Interaction 功能模块中选择菜单 Constraint→Create，将类型设为 Equation，输入如图 7-5 所示的数据，其中的 1 和 −1 是位移系数，*ABset* 和 *RPset* 分别是 *AB* 边和参考点的节点集合名，图 7-5 中的数据定义了下列位移关系：

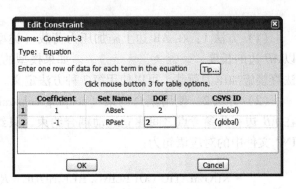

图 7-5　定义方程约束

$$1 \times (ABset\ 各点在\ 2\ 方向的位移) + (-1) \times (RPset\ 在\ 2\ 方向的位移) = 0$$

在如图 7-5 所示的对话框中，只有第 1 行数据中的节点集合可以包含多个节点，后面各行数据中的节点集合都只能包含 1 个节点。单击此对话框中的 Tip 按钮，可以看到相关的详细帮助信息。

INP 文件中的对应语句为：

```
* EQUATION
2
ABset,    2,    1.
RPset,    2,    -1.
```

其中，第 1 个数据行的含义是：约束方程包含 2 项，第 2 个数据行的 2 是自由度，1 是方程项的系数。

Abaqus 6.14 帮助文件"Getting Started with Abaqus：Interactive Edition"第 6.4 节"Example：cargo crane"的"Defining constraint equations"部分，提供了一个方程约束的操作实例。关于 * EQUATION 用法的详细介绍，请参见 Abaqus 6.14 帮助文件"Abaqus Keywords User's Guide"。

134

7.1.4 焊接和铰接

【常见问题 7-4】模拟焊接关系

两个构件焊接在一起，应该如何模拟这种焊接关系？

『解答』

建模方法取决于仿真分析的目的。如果关心的是整个结构的变形，焊缝处不是危险部位（应力很小），则不需要精确地对焊接区域建模，而只需要定义各个构件在焊接点上的约束关系即可，下面讨论几种常用的方法。

（1）面和面之间的焊接　可以使用绑定约束（tie）。

（2）点和面之间的焊接　可以使用运动耦合约束（kinematic coupling）。

（3）点和点之间的焊接　可以使用运动耦合约束。注意：要把 constraint region type（被约束区域的类型）设为 Node Set，而不是 Surface，原因是单独一个点无法构成面。使用 BEAM 或 WELD 类型的连接单元也可以模拟点和点之间的焊接，其缺点是操作过程比耦合约束复杂，优点是可以通过输出连接单元上的分析结果得到焊接点上的力和力矩。

在上述几种方法中，约束关系都应该在分析的开始就建立起来，在整个分析过程中保持不变。如果希望模拟连接区域的开裂，可以在 Abaqus/Explicit 中使用关键词 *BOND 模拟可开裂的连接（breakable bond），即两个面不满足失效判据时连接在一起，满足失效判据则开裂，详见 Abaqus 6.14 帮助文件 "Abaqus Analysis User's Guide" 第 37.1.9 节 "Breakable bonds"。

需要注意的是：上述方法都对焊接区域做了简化处理。如果关心焊接区域精确的应力和应变，则需要对焊接区域做精确的建模，在焊接区域划分足够细化的网格，准确地模拟其几何尺寸、热影响区的材料特性等。

【常见问题 7-5】模拟铰接关系

两个构件以铰接的方式连接在一起，应该如何模拟？

『解答』

铰接的含义是：两个铰接点之间不会发生相对平动，但可以发生任意的相对转动（例如，万向接头）。与焊接类似，一般情况下不需要对铰接区域精确地建模，而只需要定义各个构件在铰接点上的约束关系即可。常用的建模方法包括下列两种：

（1）使用方程约束（equation constraint）　详见本书第 7.1.3 节 "耦合约束和方程约束"。

（2）使用连接单元（connector）　例如，JOIN 类型的连接单元。

7.2 接触和约束的自动探测

【常见问题 7-6】接触和约束自动探测

在 Abaqus/CAE 中，如何实现接触和约束的自动检测？

『解答』

接触和约束的自动检测方法相同，都是由 Abaqus/CAE 自动查找模型中相邻的面（统称为"接触对"），然后由读者查看、确认和修改各个接触对的接触或约束关系。具体操作方法为：

在 Interaction 功能模块中单击 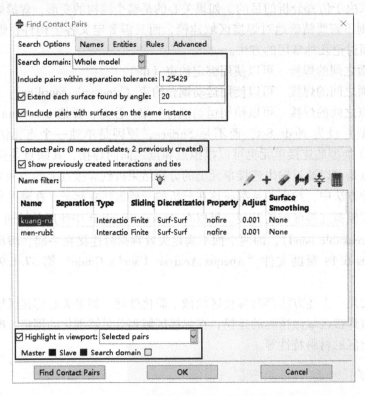（Find Contact Pairs）按钮，在如图 7-6 所示的对话框中定义搜索区域和搜索参数，单击 Find Contact Pair 开始搜索，如果对搜索结果满意，单击 OK 按钮，搜索到的接触和约束就会成为模型的一部分。

图 7-6　接触和约束自动检测

前述的"搜索参数"主要包括：

（1）距离容限值　即图 7-6 中的 Include pairs within separation tolerance，其含义为：两个面的距离在此容限值之内时，则认为是接触对。应该令距离容限值略大于接触面之间的实际距离。如果距离容限值太大，会捕获过多不需要的接触对。Abaqus/CAE 所允许的距离容限值不能小于 1×10^{-5}，也不能大于 1×10^{5}。

（2）延展角度　即图 7-6 中的 Extend each surface found by angle，其含义为：如果两个相连接的面之间的夹角在此延展角度之内，就把这两个面理解为同一个面。

【常见问题 7-7】接触和约束自动探测的适用范围

接触和约束自动探测功能适用于什么类型的有限元模型？

『解答』

接触和约束自动检测功能仅适用于三维模型，在下列情况下将不再适用：

1）二维平面应力、平面应变及轴对称模型。

2）梁和桁架模型。

3）面对边接触、边对边接触。

4）孤立网格部件实例与解析刚体表面之间的接触。

5）模型中既包含孤立网格部件实例，又包含未划分网格的几何部件实例。

『相关知识』

有些情况下，自动搜索的接触对可能不是读者需要的。例如：

（1）迭层的壳或薄层　如果模型中包含相互平行的迭层壳体或薄板，自动探测的结果中可能出现错误的接触对（例如，同一个薄板的上下表面）。遇到这类问题时，可以设定适当的搜索范围和距离容许值，或者在图 7-6 中单击 Entities tabbed 标签页，从搜索范围中去除某些类型的实例（例如，壳）。

（2）凹面　由于凹面的法线方向变化很大，当它与平面发生接触时，Abaqus/CAE 很难自动判断接触面之间的真实距离。

（3）包含大转动的机构　在这种机构中，两个面可能在初始状态下并不发生接触，经历大的转动后才发生接触，而自动搜索功能只能搜索到初始状态下的接触对。

对于上述第（2）、（3）类问题，应该手工定义接触对。

关于接触和约束自动探测的详细介绍，请参见 Abaqus 6.14 帮助文件 "Abaqus/CAE User's Guide" 第 15.6 节 "Understanding contact and constraint detection" 和第 15.16 节 "Using contact and constraint detection"。

7.3　弹簧、点质量和转动惯量

Interaction 功能模块和 Property 功能模块都包含 Special 菜单，可以通过该菜单定义点质量（point mass）、转动惯量（rotary inertia）、弹簧（spring）、阻尼器（dashpot）等工程特征，其区别在于：Interaction 功能模块中定义的工程特征属于装配件（assembly），Property 功能模块中定义的工程特征则属于部件（part）。

【常见问题 7-8】定义只受压不受拉弹簧

如何定义只受压而不受拉的弹簧？

『解答』

只受压不受拉弹簧是一种非线性弹簧，即力和弹簧长度变化量之间的关系不是线性的。非线性弹簧无法在 Abaqus/CAE 中直接定义，只能通过修改 INP 文件实现。为了避免在修改 INP 文件时出现错误，可以首先在 Abaqus/CAE 中定义线性弹簧，生成 INP 文件后，再在 INP 文件中将其改为非线性弹簧。

以连接模型中两点的弹簧为例（即 SPRINGA 弹簧单元），介绍其操作方法：在 Interaction 功能模块中单击菜单 Special→Springs/Dashpots→Create，将类型设为 Connect two points，选择两个模型中的两个点，将 Spring stiffness（弹簧刚度）设为任意值（例如，1000）。在生成的 INP 文件中可以看到下列语句：

```
* Element, type = SpringA, elset = Springs/Dashpots-1-spring
1,    PartA-1.195,    PartB-1.167
**
* Spring, elset = Springs/Dashpots-1-spring

1000.
```

其中: *Springs/Dashpots-1-spring* 是 Abaqus/CAE 自动给出的弹簧单元集合名, *PartA-1.195* 和 *PartB-1.167* 是弹簧连接的两个节点, ＊SPRING 语句下面必须有一个空行 (这是定义 SPRINGA 弹簧单元的规定), 1000 是线性弹簧的刚度。

下面, 将＊SPRING 到 1000 的 3 行语句替换为非线性弹簧的定义, 例如:

```
* Spring, elset = Springs/Dashpots-1-spring, NONLINEAR

-1800,    -0.1
-400,    -0.04
0,    0
0,    10
```

其中: NONLINEAR 表示非线性弹簧, 数据行中的 4 对数据表示的是力和弹簧长度变化量之间的非线性关系 (第 1 个数据代表力, 第 2 个数据代表位移), 长度变化量为负值时, 力为负值, 表示弹簧受压缩短; 长度变化量为正值时, 力为 0, 表示弹簧不受拉。

关于定义弹簧的详细介绍, 请参见 Abaqus 6.14 帮助文件 "Abaqus/CAE User's Guide" 第 37.1 节 "Modeling springs and dashpots"、"Abaqus Keywords User's Guide" 中 "＊SPRING" 和 "Abaqus Analysis User's Guide" 第 32.1 节 "Spring elements"。

【常见问题 7-9】刚体参考点约束不够

提交 Abaqus/Explicit 分析时, 为何在 STA 文件中看到下列错误信息?

*** ERROR: *Mass is not defined for the rigid bodies with the reference nodes listed below, but not all translational degrees of freedom are constrained at the reference node. Abaqus/Explicit now requires rigid bodies to have a non-zero mass unless translational constraints are applied with the ＊BOUNDARY option (see the ABAQUS Analysis Users Guide). Nodes that are part of a rigid body do not require mass individually but the rigid body as a whole must possess mass unless constraints are used. To remedy this error, either add translational constraints to the reference nodes with the ＊BOUNDARY option or add mass using the ＊MASS option, whichever is appropriate to obtain the desired response.* (在刚体参考点上既没有定义质量, 也没有约束其所有平动自由度)

*** ERROR: **Rotary inertia for the rigid bodies with the reference nodes listed below are not positive definite.** Abaqus/Explicit now requires rigid bodies to have positive definite rotary inertia unless rotational constraints are applied with the * BOUNDARY option (see the ABAQUS Analysis Users Guide). Nodes that are part of a rigid body do not require mass and inertia individually, but the rigid body as a whole must possess positive definite rotary inertia unless constraints are used. To remedy this error, either add rotational constraints to the reference nodes with the * BOUNDARY option or add inertia using the * ROTARY IN-ERTIA option, whichever is appropriate to obtain the desired response. （刚体参考点上的转动惯量是非正定的）

『错误原因』

上述错误信息已经给出了明确的提示：在进行动力分析时，如果刚体参考点的 3 个平动自由度没有被全部约束住（即刚体可以发生平动），则需要在刚体参考点上定义整个刚体的质量（mass）；如果刚体参考点的 3 个转动自由度没有全部约束住（即刚体可以发生转动），则需要在刚体参考点上定义整个刚体的转动惯量（rotary inertia）。

『解决方法』

根据上面的提示信息，解决方法包括：添加合适的边界条件（注意：要符合工程实际）；在刚体参考点上定义质量和转动惯量。

定义质量和转动惯量的方法是：在 Interaction 功能模块或 Property 功能模块中，单击菜单 Special→Inertia→Create，将类型设为 Point mass/inertia，选择刚体参考点，然后在如图 7-7 所示的对话框中输入质量和转动惯量。

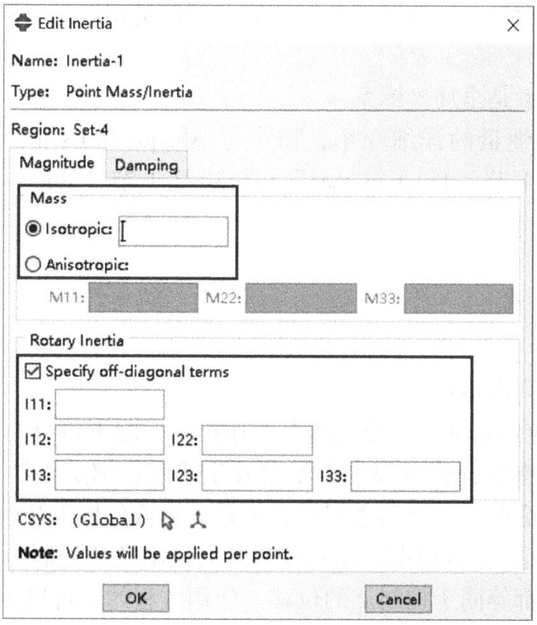

图 7-7 输入点质量和转动惯量

139

『相关知识』

转动惯量是刚体动力学中的重要物理量，其定义是：刚体内所有质点的质量与该质点到旋转轴距离的平方的乘积之和，其量纲是 ML^2。刚体转动惯量的大小，表明了刚体运动状态改变的难易程度。当外力系对旋转轴的力矩一定时，转动惯量越大，转动状态的变化就越小；转动惯量越小，转动状态的变化就越大。

对于如图 7-8 所示的质点 P，其转动惯量的计算公式为：

$$
转动惯量
\begin{cases}
I_{xx} = \sum_{i=1}^{n} m_i (y_i^2 + z_i^2) \\[2mm]
I_{yy} = \sum_{i=1}^{n} m_i (x_i^2 + z_i^2) \\[2mm]
I_{zz} = \sum_{i=1}^{n} m_i (x_i^2 + y_i^2)
\end{cases}
\quad
惯量积
\begin{cases}
I_{yz} = I_{zy} = \sum_{i=1}^{n} m_i y_i z_i \\[2mm]
I_{zx} = I_{xz} = \sum_{i=1}^{n} m_i z_i x_i \\[2mm]
I_{xy} = I_{yx} = \sum_{i=1}^{n} m_i x_i y_i
\end{cases}
$$

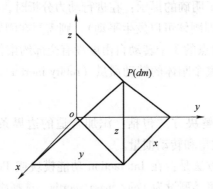

图 7-8　定义转动惯量的坐标系

由上述表达式可以看出，转动惯量必为正值，而惯量积可以是正值、负值或 0。由于转动惯量的大小与所选取的坐标系有关，在定义过程中一定要指定坐标轴。在如图 7-7 所示的对话框中，默认的坐标系是全局坐标系。

关于点质量和转动惯量的详细介绍，请参见 Abaqus 6.14 帮助文件"Abaqus Analysis User's Guide"第 30.1.1 节"Point masses"、第 30.2.1 节"Rotary inertia"和第 2.4.1 节"Rigid body definition"。

7.4　本章小结

本章主要介绍了下列内容：

1）绑定接触和绑定约束都是实现让两个面连接在一起不再分开。绑定约束只能在模型的初始状态中定义，在整个分析过程中都不会发生改变；绑定接触可以在某个分析步中定义，即在该分析步开始之前，两个面之间没有关系，从该分析步开始才绑定在一起。

2）耦合约束的含义是让被约束区域上各节点的运动遵从控制点的运动，而不是让被约束区域上各节点的位移都等同于控制点的位移。使用方程约束可以更灵活地控制不同节点之间的位移关系。

3）一般情况下不需要对焊接和铰接区域精确地建模，只需要定义各个构件在焊接点或铰接点上的约束关系即可。焊接可以用绑定约束、运动耦合约束、连接单元（BEAM 或 WELD 类型）或可开裂的连接（* BOND）模拟，铰接可以用方程约束或连接单元（例如，JOIN 类型）模拟。

4）只要给定搜索区域和搜索参数，Abaqus/CAE 提供的接触对自动探测功能可以自动搜索出所有可能的接触对。

5）在 Interaction 功能模块或 Property 功能模块中都可以定义点质量、转动惯量、弹簧、阻尼器等工程特征，但前者定义的特征基于装配件，后者定义的特征则基于部件。

第 8 章

8

Load功能模块
常见问题解答与实用技巧

本章要点：

- ※ 8.1 定义荷载
- ※ 8.2 定义边界条件
- ※ 8.3 指定预定义场
- ※ 8.4 定义幅值曲线
- ※ 8.5 本章小结

在 Abaqus/CAE 的 Load 功能模块中，可以定义各种荷载（load）、边界条件（boundary condition）、预定义场（predefined field）和荷载工况（load case）。本章将介绍 Load 功能模块使用过程中的一些常见问题，包括：定义集中荷载、弯矩荷载、线荷载、边界条件、预定义场、幅值（amplitude）曲线等。

相关内容的详细介绍，请参见 Abaqus 6.14 帮助文件 "Abaqus/CAE User's Guide" 第 16 章 "The Load module"。

8.1 定义荷载

在 Load 功能模块中，可以对模型施加多种荷载，本节将介绍工程实际中较常用的荷载（集中荷载、弯矩荷载、线荷载、面荷载、压力荷载、重力荷载、体荷载等）。相关内容的详细介绍，请参见 Abaqus 6.14 帮助文件 "Abaqus Analysis User's Guide" 第 34.4 节 "Loads"。

8.1.1 定义集中荷载和弯矩荷载

【常见问题 8-1】施加荷载无效的错误

使用实体单元 C3D8R 对悬臂梁建模，在梁的一端施加弯矩荷载（见图 8-1）。为何在 DAT 文件中出现下列错误信息：

> ****** ERROR: DEGREE OF FREEDOM 6 IS NOT ACTIVE ON NODE 93 INSTANCE PART-1-1. THIS LOADING IS NOT VALID.*** （部件实例 PART-1-1 上节点 93 的第 6 个自由度不可用，所施加的荷载是无效的）

『错误原因』

实体（solid）单元的节点只有平动自由度 U1、U2、U3，没有转动自由度 UR1、UR2、UR3，因此不能直接在实体单元的节点上施加弯矩荷载或定义转动边界条件。虽然 Abaqus/CAE 提供了如图 8-1 所示的操作界面，但读者应该自己判断是否可以施加指定方向的荷载。

需要注意的是：弯矩荷载的作用将使实体发生整体弯曲变形，它是各个节点的平动所形成的综合效果；而节点转动自由度的含义是以这个节点为中心做转动，读者应注意区分。

『解决方法』

如果确实需要在实体单元上施加弯矩荷载，可以通过建立耦合（coupling）约束的方法来实现。操作步骤如下：

1）在需要施加弯矩荷载的位置定义一个参考点（reference point）。

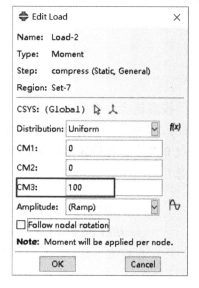

图 8-1　施加弯矩荷载

2）将弯矩荷载作用的实体单元区域定义为一个集合（注意：要选择一个区域，而不是一个节点）。

3）在 Interaction 功能模块中，单击菜单 Constraint→Create，将类型设为 Coupling，在上述区域和参考点之间建立耦合约束。在如图 8-2 所示的对话框中，选择 Kinematic 约束（实体单元区域不能再发生变形）或 Distributing 约束（实体单元区域可以发生变形）。

4）在 Load 功能模块中，将弯矩荷载直接施加在参考点上，此弯矩将会被传递到整个耦合区域上。

『相关知识』

1）二维实体单元（平面应力、平面应变和轴对称单元）也只有平动自由度 U1 和 U2，没有转动自由度 UR3，无法在 UR3 自由度上直接施加弯矩荷载。

2）梁（beam）单元和壳（shell）单元的节点包含转动自由度，可以直接施加弯矩荷载或定义转动位移。

关于弯矩荷载的详细介绍，请参见 Abaqus 6.14 帮助文件"Abaqus/CAE User's Guide"第 16.9.2 节"Defining a moment"。

【常见问题 8-2】　荷载方向随节点的转动而变化

定义集中荷载或弯矩荷载时，能否让荷载的方向在分析过程中随着节点的转动而变化？

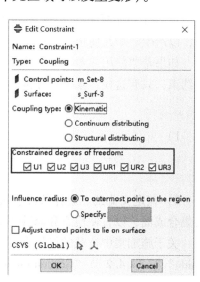

图 8-2　在参考点与弯矩作用区域之间建立耦合约束

『解答』

可以在图 8-1 所示的对话框中选中 Follow nodal rotation 实现此功能。同时应注意下列两点：

1）被施加荷载的节点应该包含转动自由度（例如，梁单元、壳单元的节点或参考点）。

2）应该在 Step 功能模块中打开几何非线性开关（将 Nlgeom 设为 ON）。

【常见问题 8-3】在不存在的节点施加集中荷载

模型包含一个三维部件实例，希望在某条边的中点上施加集中荷载（concentrated force），但无法用鼠标选取这个点，在相应位置上创建了一个参考点，并为其定义了名为 set-1 的集合，将荷载施加在这个集合上。提交分析时，为何在 DAT 文件中出现下列错误信息？

> ***ERROR**: Node set assembly_set-1 has not been defined. **A concentrated load has been specified on node set assembly_set-1. This node set is not active in the model.**（在不存在的节点集合上施加了集中荷载）

『错误原因』

施加荷载过程中，虽然参考点恰好位于实体指定边的中点上，但 Abaqus 软件不会自动认为这二者是同一个节点。由于模型中没有定义此参考点和实体的关系，**Abaqus** 认为此参考点是一个多余的节点。在提交分析时，所有多余的节点都被自动删除，错误信息表明该节点集合不存在。

『解决方法』

在 Part 功能模块的 Tools 菜单下选择分割工具（partition），在需要加载的位置做一下分割，以产生一个几何顶点，施加集中荷载时，用鼠标选取该点即可。

如果希望使用参考点施加集中荷载，则应该在参考点和需要施加荷载的区域之间建立耦合约束，只有这样，参考点才能真正成为模型的一部分并参与分析。

『实用技巧』

1）在弹塑性分析和含橡胶材料模型的分析中，最好不要直接在一个点上施加集中荷载，以免局部应变太大，导致收敛困难。应该在受力点附近选择一个区域，将它和参考点耦合在一起来共同承载。

2）在定义荷载、边界条件、接触、约束等模型参数时，建议读者首先将相应区域定义为集合或面，以方便检查和修改模型，避免出现错误。

关于施加集中荷载的详细介绍，请参见 Abaqus 6.14 帮助文件"Abaqus Analysis User's Guide"第 34.4.2 节"Concentrated loads"。

8.1.2 定义线荷载

【常见问题 8-4】边上施加均布荷载

如何在三维实体单元模型的一条边上施加均布荷载？

『解答』

Abaqus 软件没有提供在三维模型的边上施加均布荷载的功能，软件的内部约定是：集中荷载只能施加在点上，面荷载（surface traction）和压力荷载（pressure）只能施加在三维实体单元的面上（或二维实体单元的边上）；线荷载（line load）只适用于梁单元。

要在三维实体单元模型的边上施加分布荷载，可以采用以下两种方法：

1）方法1：将需要施加荷载的边和一个参考点耦合在一起，然后在参考点上施加集中荷载。

在定义耦合约束时，应参考本书第7.1.3节"耦合约束和方程约束"，只选择与荷载方向相同的自由度。例如，荷载是 x 方向，则在如图 8-2 所示的对话框中，应该只选择 U1，其含义为：将受约束区域的 U1 自由度和参考点耦合在一起，而受约束区域的其余 5 个自由度（U2、U3、UR1、UR2、UR3）是自由的。

如果荷载方向不同于全局坐标系的 x、y 或 z 方向，则可以定义一个局部坐标系，让局部坐标系的 x 方向与荷载方向相同，在定义耦合约束时只选择 U1，并将对话框底部的参数 Csys 设为此局部坐标系。

2）方法2：定义弹性模量很小的梁单元，在梁和需要施加荷载的边之间建立绑定（tie）约束，然后在梁上施加线荷载（line load）。

需要注意的是：梁上的荷载类型不要选择压力荷载（pressure），而应该选择线荷载（line load）。在定义绑定约束的从面（slave surface）时，类型应该是 Node Region，然后选中梁的所有节点。如果将从面类型设为 Surface，并选中梁的所有单元，可能会出现异常结果。

8.1.3 定义面荷载与压力荷载

【常见问题8-5】 面荷载与压力荷载的区别

面荷载（surface traction）和压力荷载（pressure）都是施加在面上的分布荷载，二者有何区别？

『解答』

面荷载和压力荷载值都是单位面积的荷载大小，二者的区别在于：压力荷载是一个标量，力的方向总是与面垂直；面荷载是一个矢量，其方向可以是任意的，定义面荷载时必须指定其方向矢量（direction vector），相关实例请参见《实例详解》中"施加荷载"一节。

关于面荷载和压力荷载的详细介绍，请参见 Abaqus 6.14 帮助文件"Abaqus Analysis User's Guide"第34.4.3节"Distributed loads"。

8.1.4 定义重力荷载与体荷载

【常见问题8-6】 重力荷载与体荷载的区别

重力荷载（gravity）和体荷载（body force）都可以表示体积力，二者有何区别？

『解答』

重力荷载给出的是各个方向上的重力加速度，受力区域上所受的合力等于：

受力区域的体积×密度×重力荷载（即重力加速度）

> **提示**：如果需要施加重力荷载，必须在 Property 功能模块中定义材料的密度。

体荷载中给出的是单位体积上的力，与密度无关，受力区域上所受的合力等于：

受力区域的体积×体荷载

关于重力荷载与体荷载的详细介绍，请参见 Abaqus 6.14 帮助文件"Abaqus Analysis User's Guide"第 34.4.3 节"Body forces"。

8.2 定义边界条件

关于边界条件的详细介绍，请参见 Abaqus 6.14 帮助文件"Abaqus Analysis User's Guide"第 34.3 节"Boundary conditions"。

【常见问题 8-7】某个节点同时施加荷载和位移

在模型的某个节点的 x 方向施加了 1000N 的荷载，同时为此节点定义了 x 方向的位移为 2mm，这样建模是否正确？

『解答』

有限元模型的加载方式有两种：

（1）施加力荷载　包括：集中荷载、弯矩荷载、线荷载、面荷载、压力荷载、重力荷载、体荷载等。

（2）施加位移荷载　在边界条件中给出节点在某个自由度上的位移。

注意：不能在同一个节点的同一个自由度上同时施加力荷载和位移荷载，这在物理上是相互矛盾的。在此实例中，1000N 的荷载所产生的位移量不一定是 2mm，反之，发生 2mm 位移所需要的荷载不一定是 1000N，有限元的解不可能同时满足这两种加载条件，在同一个节点的同一个自由度上同时施加荷载和位移，会让 Abaqus 软件求解器发生混乱，使得分析不收敛或出现 Conflicts 的错误信息。

> **提示**：本书中凡提到"荷载"时，如果没有特别说明，均指的是力荷载。

『实用技巧』

使用 Abaqus/Standard 求解器分析复杂的非线性问题时，施加位移荷载可以大大降低收敛的难度，因为，这时不必通过反复迭代来找到每个时间增量步上的位移解。如果施加力荷载时无法收敛，可以先不施加力荷载，而是根据经验估计一下模型的位移量，施加相应的位移荷载，使模型运动到最终位置附近，然后在下一个分析步中再去掉此位移荷载，恢复正常的力荷载。

【常见问题8-8】 某个自由度无效（**not active**）

提交分析时，为什么在 DAT 文件中出现下列警告信息：

*** *WARNING:* ***DEGREE OF FREEDOM 2 IS NOT ACTIVE*** *ON NODE 1 INSTANCE PART-1-1. THIS BOUNDARY CONDITION IS IGNORED.* （自由度2是无效的，此边界条件被忽略）

*** *WARNING:* ***Boundary conditions are specified on inactive dof*** *of 14 nodes. The nodes have been identified in node set WarnNodeBCInactiveDof.* （在无效的自由度上定义了边界条件）

『解答』

出现上述警告信息，通常是由于在这些节点上定义了耦合（coupling）约束或绑定（tie）约束，对应的自由度被消除掉了（not active），无法再在这些自由度上定义边界条件。对于这类常见的过约束，Abaqus 软件一般都可以自动进行适当处理，同时在 DAT 文件中给出上述提示信息。

在 Visualization 功能模块打开 ODB 文件，单击窗口顶部工具栏中的 ▦▫ （Create Display group）按钮，将 Item 设为 Nodes，将 Method 设为 Node sets，可以高亮显示警告信息中提到的节点集合 *WarnNodeBCInactiveDof*。

> **提示：** DAT 文件中的各种提示信息，经常涉及相关单元或节点的编号或集合名称，按照上面介绍的方法，单击 ▦▫ 按钮，可以查看这些节点或单元所在的位置。

第1.2节"Abaqus 中的文件类型及功能"中已经强调过：DAT 文件中的警告信息（Warnings）通常都是一些提示信息，并不一定意味着模型有错误，没必要因为这些警告信息而感到恐慌。如果在 DAT 文件中看到错误信息（Errors），或者在 MSG 文件（或 STA 文件）中看到警告信息（Warning），才应该引起注意。

【常见问题8-9】 某个自由度无效

提交分析时，为什么在 DAT 文件中出现下列警告信息：

*** *WARNING:* ***Degree of freedom 6 is not active*** *in this model and can not be restrained.* （自由度6是无效的，无法施加约束）

『解答』

上述警告信息看上去与【常见问题8-8】类似，但其原因与【常见问题8-1】是相同的，即实体单元只有平动自由度，没有转动自由度，不能在其转动自由度上定义边界条件（即使定义了也不会起作用）。

【常见问题 8-10】 不同分析步的位移施加

在分析步 1 中定义位移值为 10，在分析步 2 中将位移大小改为 20。分析步 2 结束时刻的总位移是 20 还是 30？

『解答』

对于一般分析步（General），荷载和边界条件的大小都是总量，而不是增量。如果上述实例中是一般分析步（例如，静力分析或显式动力分析），在分析步 2 结束时的总位移将是 20。

对于线性摄动（Linear perturbation）分析步，荷载和边界条件的大小都是增量。

8.3 指定预定义场

在 Load 功能模块中单击菜单 Predefined Field→Create，可以定义速度场、角速度场、温度场等多种类型的预定义场（predefined field），其相应的关键词是 * INITIAL CONDITIONS。

本书第 15.2.2 节"在分析过程之间传递数据"介绍了如何利用预定义场来导入已有的分析结果，实现不同分析过程之间的数据传递。

关于预定义场的详细介绍，请参见 Abaqus 6.14 帮助文件"Abaqus Analysis User's Guide"第 34.2 节"Initial conditions"、第 34.6 节"Predefined fields"和"Abaqus/CAE User's Guide"第 16.8.3 节"Creating predefined fields"。

8.3.1 指定速度和角速度预定义场

【常见问题 8-11】 边界条件和预定义场的速度和角速度的差别

在边界条件和预定义场中都可以定义速度和角速度，二者有何区别？

『解答』

在 Load 功能模块中，单击 ▙ （Create Boundary Condition）按钮，可以创建速度和角速度边界条件（见图 8-3），单击 ▙ （Create Predefined Field）按钮，可以创建速度和角速度预定义场（见图 8-4）。

这两种方法的区别在于：

1）角速度边界条件所定义的是节点（或参考点）以自身为中心旋转的角速度。对于实体单元，节点上没有转动自由度，无法直接定义角速度边界条件，应该使用【常见问题 8-1】中介绍的方法加以定义。

角速度预定义场定义的是节点（或参考点）绕某旋转轴旋转的角速度，此旋转轴通过图 8-4 中 Axis point 1 和 Axis point 2 定义。在实体单元的节点上也可以定义角速度预定义场。

2）速度和角速度边界条件可以使用局部坐标系，而速度预定义场只能基于全局坐标系，角速度预定义场需要指定旋转轴。

3）速度和角速度边界条件可以在初始分析步中定义（大小只能为 0），也可以在任意的后续分析步中定义，可以使用幅值曲线工具。

a)　　b)

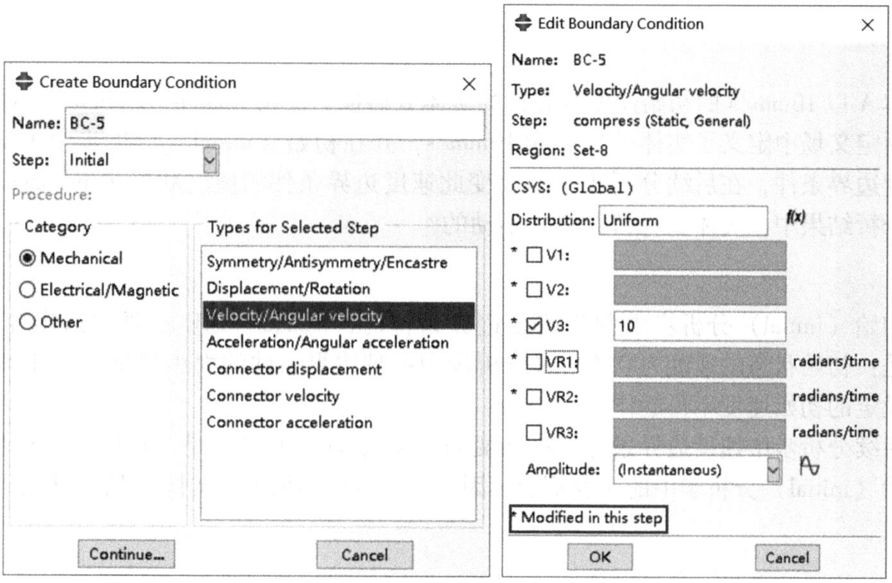

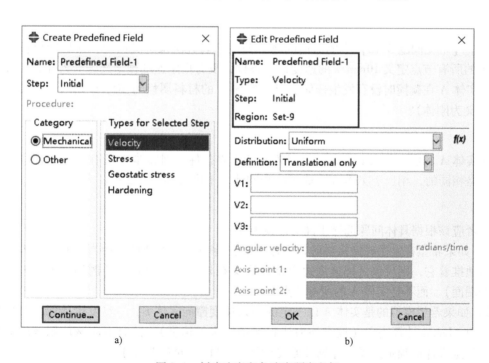

图 8-3　创建速度和角速度边界条件

a）定义速度/角速度边界条件　b）沿着 Z 轴正方向定义 10m/s 的速度

a)　　b)

图 8-4　创建速度和角速度预定义场

a）定义初始速度场　b）在初始分析步定义均匀的初始速度场

速度和角速度预定义场只能在初始（initial）分析步中定义，给出的是模型的初始运动状态（大小可以不为 0），不允许使用幅值曲线工具。

【常见问题8-12】 速度模型静止不动

实体 A 以 10mm/s 的初始速度与静止的实体 B 碰撞，使用 Abaqus/Explicit 来模拟碰撞过程。在预定义场中定义了实体的速度为 10mm/s，并在初始（initial）分析步中为实体 A 创建了速度边界条件，在后续分析步中不改变此速度边界条件的值（状态为 propagated）。为什么在分析结果中，实体 A 始终是静止不动的？

『错误原因』

在初始（initial）分析步中创建速度边界条件时，Abaqus/CAE 不要求给出速度大小，其含义是：初始状态的速度为 0（初始分析步中各种边界条件的大小都是 0）。这时在预定义场中设定的初始速度不再起作用。

在后续分析步中速度边界条件的状态变为 propagated，其含义是：在后续分析步中始终保持初始（initial）分析步中的速度不变。因此，在分析结果中，实体 A 始终静止不动。

『解决方法』

去掉速度边界条件，只保留速度预定义场即可。在初始状态下，实体 A 会以预定义场中所定义的 10mm/s 的速度运动；在后续分析步中，实体 A 的速度由 Abaqus/Explicit 根据实际碰撞情况计算得到。

150

【常见问题8-13】 碰撞未发生变形

对于【常见问题8-12】中的碰撞问题，使用下列方法来定义速度：在后续分析步中为实体 A 的所有节点定义 10mm/s 的速度边界条件，没有指定速度预定义场。为什么在分析结果中，实体 A 在碰撞时没有发生任何变形（实体 A 的材料属性与实体 B 相同，并没有将实体 A 定义为刚体）？

『错误原因』

在实体 A 的所有节点上定义了相同的速度边界条件，则实体 A 所有节点在任意时刻的位移也是相同的，相当于实体 A 变成了一个刚体，不可能再自由变形。

『解决方法』

读者应该根据具体问题选择正确的建模方法：

1）如果希望在发生碰撞接触时，实体 A 仍然保持原来的速度，相当于有一个外力始终在匀速地推着它，则应该只把速度边界条件定义在外力的作用面上（例如，远离碰撞区域的某个端面），而不是实体 A 的所有节点上。

2）如果希望模拟的是实体 A 以一定的初始速度撞向实体 B，一旦发生接触，碰撞体的速度就由 Abaqus 计算决定（没有外力让它保持原来的速度），此时不应该使用速度边界条件，而是定义速度预定义场，详见【常见问题8-12】中的解答部分。

8.3.2 平衡初始地应力

【常见问题8-14】 平衡初始地应力的方法

在土木工程问题中，如何平衡初始地应力？

『解答』

在模拟基坑开挖、隧道开挖、铁路设计中的工后沉降、桩土复合地基、挡土墙等土木工程问题中，都需要平衡初始地应力。定义初始地应力时需要满足下面两个条件：

（1）平衡条件　由应力场形成的等效节点荷载要与外荷载平衡，如果平衡条件无法得到满足，将无法达到位移为零的初始状态，此时的应力场也不再是所施加的初始应力场。

（2）屈服条件　如果通过直接定义高斯点上应力状态的方式施加初始应力场，常常会出现某些高斯点的应力位于屈服面之外的情况。超出屈服面的应力虽然会在后续的计算步中通过应力转移调整过来，但这毕竟不合理。当大面积的高斯点上的应力超出屈服面之后，应力转移要通过大量的迭代才能完成，而且有可能出现解不收敛的情况。

基于以上两个条件，平衡初始地应力的一种常用方法是：首先将重力荷载施加于土体，并施加符合工程实际情况的边界条件，计算得到在重力荷载下的应力场，再将得到的应力场定义为初始应力场，和重力荷载一起施加于原始有限元模型，将得到既满足平衡条件又不违背屈服准则的初始应力场，可以保证各节点的初始位移近似为0。

『实例』

本书资源包中提供了一个使用上述方法进行地应力平衡的实例，文件保存在路径\geo-static 下，其建模步骤简介如下：

1）在 Abaqus/CAE 中建立完整的模型（文件名为 NoInitialCondition. cae），定义部件、截面属性、装配件、网格、边界条件等。单元类型使用默认的线性减缩积分单元。例如，（CAX4R、C3D8R），它只有 1 个积分点，在后面输出应力结果时比较简便。

注意：如果涉及接触问题，先不要定义接触，而应该先用临时的边界条件把各个部件实例的所有自由度都固定住，否则可能出现不收敛的问题。建模的一个重要原则是：不要让 Abaqus 在一个分析步中同时解决多种复杂问题，而应该把它们分散在多个分析步中，以减小收敛的难度。

2）在 Step 功能模块中创建分析步，将分析类型设为 Geostatic。

3）在 Load 功能模块中，为整个土体定义重力荷载（类型为 Gravity）。如果重力的方向与坐标轴的正向相反，则应输入负值。

注意：如果模型的长度单位是 m，则重力荷载的大小是 9.8（单位为 m/s^2），密度的单位是 kg/m^3；如果长度单位是 mm，则重力荷载的大小是 9800（单位为 mm/s^2），密度的单位必须使用 $tonne/mm^3$（例如，1.15e-9tonne/mm^3），详见本书第 1.1.2 节 "选取合适的单位制"。

另外，除了重力荷载之外，在 Geostatic 分析步中不要施加其他荷载。

4）在 Job 功能模块中创建名为 *Job-NoInitialCondition* 的分析作业，提交分析。

5）将分析得到的应力场保存为一个文本文件。具体方法为：打开分析得到的 ODB 文件 Job-NoInitialCondition. odb，单击菜单 Report→Field Output，在如图 8-5 所示的对话框中，选中积分点上的各个应力分量（对于二维问题，应力分量为 S11、S22、S33 和 S12；对于三维问题，还应选中 S13 和 S23）。

单击此对话框中的 Set up 标签页，在 Name 后面输入要保存的文件名 bb. inp，取消对 Append to file 的选择（即创建一个新的文件），在 Write 后面只选中 Field Output（见图 8-6）。

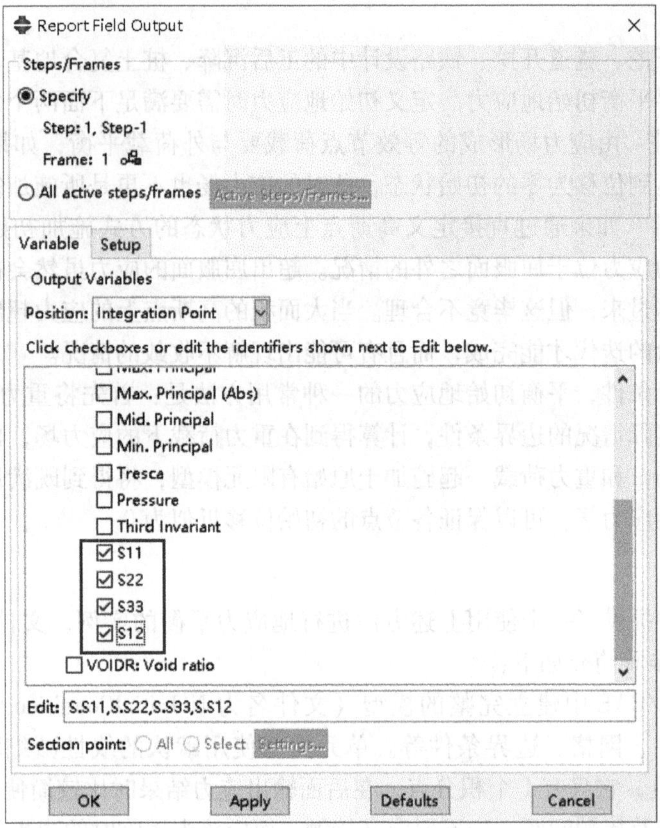

图 8-5　输出场变量 S11、S22、S33 和 S12

注意：此处输出的是当前增量步结束时的应力结果，因此上述对话框顶部的 Step 必须是 Geostatic 分析步，Frame 必须是 1。如果 Frame 是 0，会看到输出的应力都是 0。

6）按照 Abaqus 所要求的初始应力场文件格式，修改上述文本文件 bb. inp 中的内容。具体方法为：

使用 Excel 打开上述文本文件 bb. inp，在"文本文件导入向导"的步骤 1 中选择"分隔符号"，在步骤 2 中选择"Tab 键"和"空格"，这样 bb. inp 中的各列数据就成为 Excel 表格中的各个列。

删除表格中开始几行的模型信息，再删除积分点编号所在的第 3 列数据（都为数字 1），只保留单元编号列和各个应力分量列，并将各个应力分量的科学计数法格式改为显示小数点后 5 位数字，如图 8-7 所示是 Excel 表格的前 3 行数据：

> **提示**：Excel 中默认的科学计数法格式是只显示小数点后的 2 位，这样在后面的文件转换中会丢失数值精度，影响初始地应力平衡的效果。

接下来需要在单元编号前面的列中写入各个单元所在的部件实例（part instance）的名称和一个限定符"."，这样做的原因详见【常见问题 5-3】。本实例的模型中只包含一个部件实例，其名称为 *Soil-1*，将 Excel 数据修改为图 8-8 的形式（以前 3 行为例）。

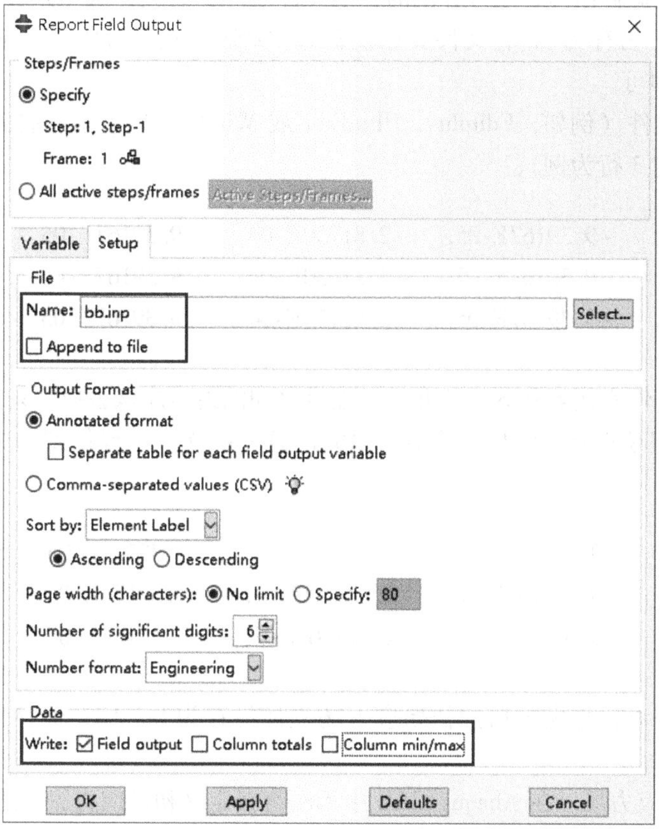

图 8-6　设置输出场变量

1	-9.39167E-05	-2.81750E-04	-9.39167E-05	5.60533E-18
2	-9.39167E-05	-2.81750E-04	-9.39167E-05	4.20399E-18
3	-9.39167E-05	-2.81750E-04	-9.39167E-05	-1.40133E-18

图 8-7　设置小数点位数后的表格形式

Soil-1.	1	-9.39167E-05	-2.81750E-04	-9.39167E-05	5.60533E-18
Soil-1.	2	-9.39167E-05	-2.81750E-04	-9.39167E-05	4.20399E-18
Soil-1.	3	-9.39167E-05	-2.81750E-04	-9.39167E-05	-1.40133E-18

图 8-8　修改后的 Excel 表格数据

> **提示**：此处需要添加的是部件实例（part instance）名，而不是部件（part）名。

> **提示**：如果模型中包含多个部件实例，在 bb.inp 中会看到这些部件实例各自有一套从 1 开始的单元编号。在进行上面的操作时，应该为每个单元编号加上它所对应的部件实例名。

153

下面将上述数据输出为以逗号分割的文本文件 bb. csv，具体操作方法是：在 Excel 中单击菜单"文件"→"另存为"，将文件类型设置为"CSV（逗号分隔）"，对于出现的提示信息，单击"是"即可。

用文字编辑软件（例如，Editplus、UltraEdit 或 Windows 记事本）打开 bb. csv，可以看到下列数据（以前 3 行为例）：

Soil-1., 1,	$-9.39167E-05,$	$-2.81750E-04,$	$-9.39167E-05,$	$5.60533E-18$
Soil-1., 2,	$-9.39167E-05,$	$-2.81750E-04,$	$-9.39167E-05,$	$4.20399E-18$
Soil-1., 3,	$-9.39167E-05,$	$-2.81750E-04,$	$-9.39167E-05,$	$-1.40133E-18$

第 1 列中，部件实例名称 *Soil-1* 和单元编号之间的逗号应该去掉，只保留二者之间的限定符"."。用文字编辑软件的替换功能可以完成这一操作，最终得到的文件内容如下所示（以前 3 行为例）：

Soil-1. 1,	$-9.39167E-05,$	$-2.81750E-04,$	$-9.39167E-05,$	$5.60533E-18$
Soil-1. 2,	$-9.39167E-05,$	$-2.81750E-04,$	$-9.39167E-05,$	$4.20399E-18$
Soil-1. 3,	$-9.39167E-05,$	$-2.81750E-04,$	$-9.39167E-05,$	$-1.40133E-18$

为方便读者查看，将完成后的初始应力场文件另存为 bb. dat，保存在资源包\geostatic 文件夹下。

7）定义初始应力场。在 Abaqus/CAE 中无法直接定义初始应力，只能手工添加关键词，具体方法为：

将原来的 CAE 模型另存为 WithInitialCondition. cae，单击菜单 Model→Edit keywords，在 * STEP 语句之前添加以下语句：

> * initial conditions, type = stress, input = bb. dat

8）在 Job 功能模块中将分析作业名称改为 *Job-WithInitialCondition*，重新提交分析。需要注意的是：初始应力场文件 **bb. dat** 应该与 INP 文件 **Job-WithInitialCondition. inp** 位于同一路径下，否则将会出现下列错误信息：

> *The following file(s) could not be located: bb. dat* （无法找到文件 *bb. dat*）

9）查看地应力平衡结果。打开分析结果文件 Job-WithInitialCondition. odb，可以看到在初始状态下（0 时刻），模型有了初始应力场，该应力场与上一个结果文件 Job-NoInitialCondition. odb 中分析步结束时刻的应力场完全相同。

在 Job-WithInitialCondition. odb 的分析步结束时刻，各个节点的应力与初始状态相同，位移的数量级为 E-18（相当于 0）。这样就实现了初始地应力平衡的目的：在 Geostatic 分析步的结束时刻，土体具备了重力荷载作用下的应力场，而节点位移为 0。

从这个简单的例子中可以看出初始地应力平衡的重要性，如果没有使用 * INITIAL CON-

DITIONS 进行地应力平衡，只是施加重力，那就是 Job- NoInitialCondition. odb 中的结果 —— 土体同样具备了重力荷载作用下的应力场，但节点位移远远大于 0（数量级为 E − 3）。

10）上面已经完成了初始地应力平衡，接下来可以在 WithInitialCondition. cae 的 Geostatic 分析步后面继续添加其他分析步，定义接触和荷载，并去掉前面第 1 步中的临时边界条件。

实际建模分析时：应该先只施加很小的荷载，使接触关系平稳地建立起来，再在下一个分析步中施加实际的荷载。

如果为土体定义了塑性参数（例如，Drucker Prager 材料准则），而分析不收敛，应先去掉塑性参数，看模型是否能够收敛，以便确定是塑性参数有问题还是接触等其他方面有问题，使得模型不收敛。

『相关知识』

如果地表水平，土体材料在水平方向是相同的，而且初始地应力只包含自重应力，可以使用一种更简便的初始地应力平衡方法 —— 直接建立上文提到的第 2 个模型 WithInitialCondition. cae，不需要初始应力场文件 bb. dat，并在 Edit keywords 时添加下列语句：

* initial conditions, type = stress, geostatic

在接下来的数据行中依次填写以下数据：单元编号或单元集合名称、应力竖向分量的第 1 个值、上述应力值对应的垂直坐标、应力垂直分量的第 2 个值、上述应力值对应的垂直坐标、侧压力的第 1 个系数、侧压力的第 2 个系数。为每个单独的单元编号或单元集合都应输入类似的一个数据行。

在这种方法中，初始地应力就是自重应力，只需要给定两个点的竖向应力值及其对应的坐标值，其他部位的竖向应力值可以通过两点的插值得到，而水平向的地应力则通过竖向应力乘以侧压力系数得到。这种方法的缺点是平衡效果不一定好，因为涉及侧压力系数问题。

Abaqus 6. 14 帮助文件 "Abaqus Example Problems Guide" 第 10. 1. 3 节 "Axisymmetric simulation of an oil well" 提供了一个使用这种方法的实例，该实例中使用了 Drucker Prager 材料准则。需要注意的是：在这个实例中，说明文档部分使用的是 MPa 等国际单位，而附带的 INP 文件使用的则是英制单位。

【常见问题 8-15】 Unknown assembly id

按上面实例的操作步骤进行初始地应力平衡时，为何在 MSG 文件中出现下列错误信息？

Error: in keyword * *INITIALCONDITIONS*, file " bb. dat" , line 1: **Unknown assembly id 1**
（不存在名称为 1 的装配件）

其中，bb. dat 文件是在 * INITIAL CONDITIONS 中引用的初始应力场文件，其中的内容为（以前 3 行为例）：

1,	−9.39167E-05,	−2.81750E-04,	−9.39167E-05,	5.60533E-18
2,	−9.39167E-05,	−2.81750E-04,	−9.39167E-05,	4.20399E-18
3,	−9.39167E-05,	−2.81750E-04,	−9.39167E-05,	−1.40133E-18

『错误原因』

【常见问题5-3】已经详细讨论了这个问题，模型的 INP 文件中包含部件（part）和部件实例（part instance），而在初始应力场文件 bb. dat 的单元编号前面没有给出部件实例的名称，Abaqus 无法判断各个单元属于哪个部件实例而出现上述错误信息。

『解决方法』

应该按照【常见问题8-14】操作步骤中的第6）步，在初始应力场文件 bb. dat 的单元编号前面给出部件实例的名称和限定符 "."。

还有一种解决方法是生成不包含部件和部件实例的 INP 文件，具体方法见本书第14.5.2 节 "生成不包含部件和装配件的 INP 文件"。这样，在初始应力场文件中的单元编号前面就不需要添加部件实例的名称。

『实用技巧』

如果在初始应力场文件中的单元编号前面添加了部件实例的名称，仍然出现上述错误信息（或其他类似的错误信息），应检查一下初始应力场文件中是否出现了下列问题：

1）添加的是部件（part）名称，而不是部件实例（part instance）名称。

2）添加的部件实例名称与 INP 文件中的部件实例名称不吻合（例如，出现拼写错误）。

3）部件实例中不存在这个单元编号（例如，模型中包含多个部件实例，弄错了它们和单元编号的对应关系）。

4）在部件实例的名称和单元编号之间没有添加限定符 "."。

5）部件实例的名称和单元编号之间出现了不应有的字符（例如，逗号），二者之间应该只有限定符 "."。

6）初始应力场文件的某个地方出现了不应有的字符，例如，各个数据之间使用了中文逗号、文件中出现了不应有的文字信息、部件实例名称使用了引号、输入数字 0 时不小心键入了字母 O 等。正确的初始应力场文件应该只包含部件实例名称、小数点、逗号、数字和科学计数法的符号 E 或 e，可以有空格或 Tab 符。

【常见问题8-16】 单元 0 不存在

按上面实例的操作步骤进行初始地应力平衡时，为何在 MSG 文件中出现下列错误信息？

> *Error: AN INITIAL CONDITION HAS BEEN SPECIFIED ON **ELEMENT 0. BUT THIS ELEMENT HAS NOT BEEN DEFINED*** （单元 0 不存在）

『解答』

出现上述错误信息时，往往是因为初始应力场文件中出现了空行，或者 INP 文件的

＊INITIAL CONDITIONS 语句后面出现了空行，详见【常见问题 14-2】。

8.4 定义幅值曲线

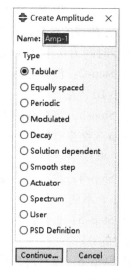

Tools 菜单下的幅值曲线工具（Amplitude），可以描述边界条件和荷载等模型参数随时间或频率（稳态动力分析）的变化。在 Load 功能模块和 Interaction 功能模块中，单击菜单 Tools→Amplitude，在如图 8-9 所示的对话框中可以选择幅值曲线的类型。

本节将介绍 4 种常用的幅值曲线类型：

1）Ramp：默认的线性过渡幅值曲线。

2）Tabular：表格型幅值曲线。

3）Equally spaced：等间距型幅值曲线。

4）Periodic：周期型幅值曲线，其表达式为 Fourier 级数。

关于幅值曲线的详细介绍，请参见 Abaqus 6.14 帮助文件 "Abaqus/CAE User's Guide" 第 57 章 "The Amplitude toolset"。

图 8-9　创建幅值曲线

157

8.4.1 默认的线性过渡幅值曲线

【常见问题 8-17】**Ramp** 幅值曲线

定义位移边界条件和荷载时，Abaqus/CAE 默认的幅值曲线为 Ramp（见图 8-10），它的含义是什么？

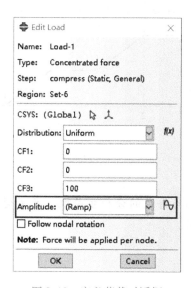

图 8-10　定义荷载对话框

『解答』

Ramp 是 Abaqus/Standard 默认的线性过渡幅值曲线工具，它的含义是从分析步的初始状态线性过渡到该分析步的结束状态。表 8-1 和图 8-11 给出了静力分析中的荷载变化情况（各个分析步时间都是 1，荷载幅值类型都是 Ramp）：

1）Step-1：创建了大小为 10 的荷载（在 Load 功能模块中可以看到此荷载的标记为 Created），荷载的变化过程是从 Step-1 开始时的 0 线性增大至 Step-1 结束时的 10。例如，当分析步时间为 0.3 时，荷载大小为 3。

2）Step-2：没有对荷载做任何更改（标记为 Propagated），荷载保持上一个分析步结束时的大小 10 不变。

3）Step-3：将荷载的大小修改为 5（标记为 Modified），即从 Step-3 开始时的 10 线性减小至 Step-3 结束时的 5。例如，Step-3 分析到一半时，荷载大小为 7.5（而不是所输入的荷载 5 的一半）。

4）Step-4：没有对荷载做任何更改（标记为 Propagated），荷载保持上一个分析步结束时的大小 5 不变。

5）Step-5：去掉荷载（标记为 Inactive），即荷载从 Step-5 开始时的 5 线性减小至 Step-5 结束时的 0。

6）Step-6：没有对荷载做任何更改（标记为 Inactive），荷载保持上一个分析步结束时的大小 0 不变。

表 8-1　在 Abaqus/CAE 中定义荷载

	Step-1	Step-2	Step-3	Step-4	Step-5	Step-6
荷载状态	Created	Propagated	Modified	Propagated	Inactive	Inactive
输入的荷载值	10	保持不变	5	保持不变	卸载	保持不变

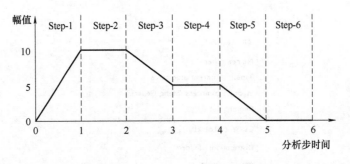

图 8-11　表 8-1 示例中荷载的变化过程

> **提示**：荷载和边界条件都与特定的分析步关联，定义荷载和边界条件时必须正确指定它们在哪个分析步中起作用。

【常见问题 8-18】　模拟卸载过程

如果想模拟实际工程问题中的卸载过程，应该如何施加荷载？

『解答』

如果荷载在卸载过程中是线性减小的，可以参考表 8-1 中的 Step-5，在相应的分析步中让荷载的状态变为 Inactive，Abaqus 的默认幅值曲线 Ramp 将让荷载线性减小为 0。

如果荷载在卸载过程中不是线性减小，可以根据实际问题自定义幅值曲线。下面几节将介绍几种常用的自定义幅值曲线。

8.4.2　表格型幅值曲线

【常见问题 8-19】 定义表格型幅值曲线

如何定义表格型（tabular）幅值曲线？

『解答』

在图 8-9 中选择 Tabular 则可以创建表格型幅值曲线，需要给出每个时间点上对应的幅值。在分析过程中，Abaqus 会自动在各个数据点之间进行线性插值。

如果幅值在短时间内发生剧烈变化（例如，地震分析中的加速度），必须保证分析过程中的时间增量步足够小，原因是 Abaqus 只在与增量步对应的时间点上设置幅值的取样点。如果时间增量步设置的太大，就无法体现幅值在短时间内的变化。

表格型幅值曲线的关键词为 * Amplitude，NAME = *name*，DEFINITION = TABULAR。对于图 8-12 中的幅值曲线，INP 文件中对应的语句为：

　　* Amplitude, NAME = *my-amp*, DEFINITION = TABULAR

　　0.0,　0.0,　0.2,　1.2,　0.4,　1.2,　0.6,　0.8,

　　0.8,　0.8,　1.0,　0.0

其中，除最后 1 行数据之外，每行都要求是 4 对数据。

8.4.3　等间距型幅值曲线

【常见问题 8-20】 定义等间距型幅值曲线

如何定义等间距型（equally spaced）幅值曲线？

『解答』

在图 8-9 中选择 Equally spaced 可以创建等间距型幅值曲线，需要在固定时间间隔给出幅值大小，Abaqus 将在每个时间间隔内进行线性插值。定义时应给出时间间隔和初始时刻（或最小频率值），默认的初始时刻为 0。

图 8-12 中的幅值也可以定义为等间距型幅值曲线（见图 8-13），INP 文件中对应的语句为：

　　* Amplitude, NAME = *my-amp*, DEFINITION = EQUALLY SPACED, FIXED INTERVAL = 0.2

　　0.0,　1.2,　1.2,　0.8,　0.8,　0.0（每个数据行最多允许 8 个数值）

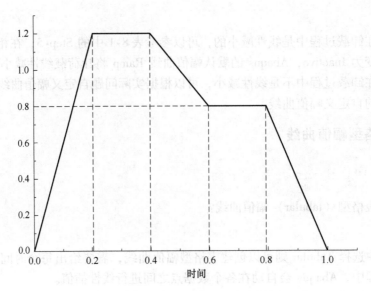

图 8-12　表格型幅值曲线

其中，除了最后 1 行数据外，其他每行都必须是 8 个数据。

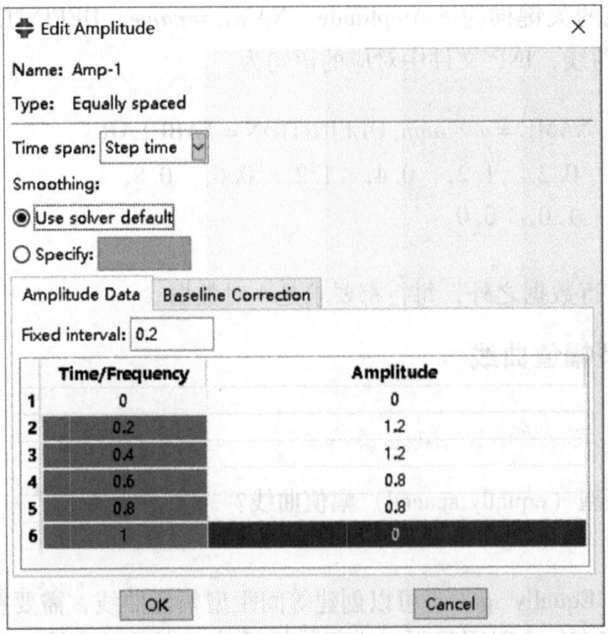

图 8-13　在 Abaqus/CAE 中创建等间距型幅值曲线

8.4.4　周期型幅值曲线

【常见问题 8-21】定义周期型幅值曲线

在什么情况下应该使用周期型（periodic）幅值曲线？如何定义？

『解答』

如果荷载或边界条件是周期变化的，则可以使用周期型幅值曲线，图 8-14 是周期型幅值曲线的例子。

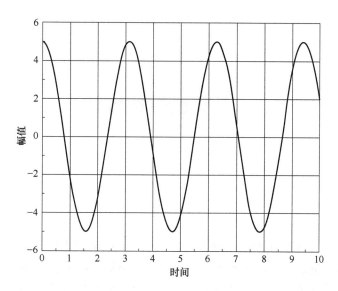

图 8-14　周期型幅值曲线 $a = 5\cos 2t$

周期型幅值曲线使用傅立叶（Fourier）级数表示，其表达式为：

当 $t \geqslant t_0$ 时：幅值 $a = A_0 + \sum_{n=1}^{N} \left[A_n \cos n\omega (t - t_0) + B_n \sin n\omega (t - t_0) \right]$ 　　(8-1)

当 $t < t_0$ 时：幅值 $a = A_0$

式中　N——傅里叶级数项的个数。

　　　ω——圆周频率（circular frequency），单位为 rad/s。

　　　t_0——起始时刻（starting time）。

　　　A_0——初始幅值（initial amplitude）。

　　　A_n——cos 项的系数（$n = 1, 2, 3, \cdots, N$）。

　　　B_n——sin 项的系数。

这个表达式看似复杂，实际上并不难掌握。例如，对于图 8-14 中的幅值曲线 $a = 5\cos 2t$，式（8-1）中的各个参数为：$N = 1$，$\omega = 2$，$t_0 = 0$，$A_0 = 0$，$A_1 = 5$，$B_1 = 0$。

在图 8-9 中选择 Periodic，则可以创建周期型幅值曲线（见图 8-15）。

周期型幅值曲线的关键词为 * Amplitude，NAME = *name*，DEFINITION = PERIODIC，对于 $a = 5\cos 2t$，在 INP 文件中对应的语句如下：

```
* Amplitude, NAME = my- amp, DEFINITION = PERIODIC
1, 2, 0, 0
5, 0
```

其中，第 1 行数据分别定义了 N、ω、t_0、A_0，第 2 行数据定义了 A_1、B_1。

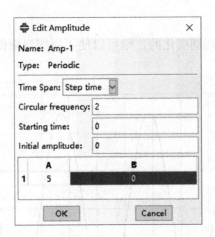

图 8-15 在 Abaqus/CAE 中创建周期型幅值曲线 $a = 5\cos 2t$

【常见问题8-22】 定义复杂冲头运动

将一块金属板料冲压成如图 8-16 所示的形状，冲头沿着图中所示路径运动：在 x-y 平面内旋转，每转完 1 圈，在 z 方向下降 1.5mm，并且圆周半径减小 2mm，然后重复上述运动过程。共转 6 圈，第 1 圈的半径为 20mm。如何在 Abaqus 中定义冲头的运动？

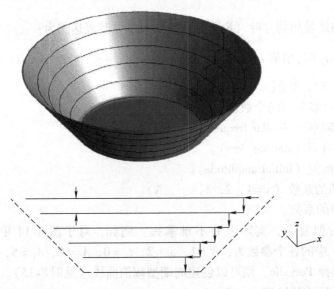

图 8-16 冲头运动示意图

> **提示：** 本实例中冲头的运动情况比较复杂，建模过程中涉及很多技巧。建议在阅读下面的解答之前，读者先尝试自己建立这个模型。即使是中级以上的读者，也往往需要反复修改多次才能成功。如果能够在 1 个小时之内成功完成模型（只模拟冲头运动，不模拟接触等问题），就可以称得上是使用 Abaqus 软件的高手。

『解答』

可以用周期型幅值曲线定义圆周运动中 x、y 方向上的位移，然后为冲头定义 3 个位移边界条件，分别描述 x、y、z 方向上的位移。

> **提示**：本实例使用直角坐标系，是为了帮助读者加深对周期型幅值曲线的理解。在这个实例中，使用柱坐标系会更简单。

资源包\Amplitude 文件夹中可以找到本实例的模型和结果文件。为简明起见，只模拟了旋转一周、旋转半径减小 1 次和下降 1 次，各个分析步时间都为 1 的情况。

冲头的初始坐标为（20，0，0），在旋转一周的过程中，冲头 x、y 方向上的位移可以表示为：

$$x = (-20) + 20\cos(2\pi \cdot t) \quad t = 0 \sim 1$$
$$y = 20\sin(2\pi \cdot t) \quad t = 0 \sim 1$$

在 Abaqus/CAE 中定义上述幅值曲线的方法如图 8-17 和图 8-18 所示。

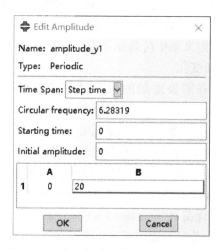

图 8-17　x 方向位移幅值曲线 *amplitude_x*1　　图 8-18　y 方向位移幅值曲线 *amplitude_y*1

本模型将冲头定义为刚体，所有边界条件都施加在刚体参考点上。表 8-2 描述了各个分析步中的位移边界条件，其中，边界条件 *BC-FixUR* 用来约束刚体参考点的 3 个转动自由度，注意此处的"转动自由度"是以刚体参考点为原点的自转，而在 x-y 平面内的圆周运动已经被分解为 x、y 方向上的平移。

表 8-2　各个分析步中的位移边界条件

边界条件	分析步 *Rotate*： 在 x-y 平面内旋转 1 周	分析步 *Reduce-Radius*： 沿 x 轴反方向移动 2mm	分析步 *Move-Z*： 沿 z 轴反方向移动 1.5mm
x 方向平移 （名称为 *BC-X*）	1 × 幅值 *amplitude_x*1	−2 × 默认幅值 Ramp	保持上一个分析步 结束时的位移不变
y 方向平移 （名称为 *BC-Y*）	1 × 幅值 *amplitude_y*1	0	0

（续）

边界条件	分析步 *Rotate*： 在 *x-y* 平面内旋转 1 周	分析步 *Reduce-Radius*： 沿 *x* 轴反方向移动 2mm	分析步 *Move-Z*： 沿 *z* 轴反方向移动 1.5mm
z 方向位移 （名称为 *BC-Z*）	0	0	−1.5×默认幅值 Ramp
3 个方向的转动 （名称为 *BC-FixUR*）	0	0	0

8.5 本章小结

本章主要介绍了下列内容：

1）实体单元只有平动自由度，没有转动自由度，不能在其转动自由度上定义转角、角速度边界条件、弯矩等。正确的做法是：建立耦合（coupling）约束，将转角、角速度边界条件、弯矩等定义在参考点上。

2）定义集中荷载或弯矩荷载时选中 Follow nodal rotation，可以让荷载的方向随着节点的转动而变化。

3）在需要加载的位置做分割，以产生 1 个顶点，施加集中荷载时用鼠标选取这个点。

4）在三维实体单元模型的边上施加分布荷载，可以采用下列两种方法：

① 将需要施加荷载的边和参考点耦合在一起，然后在参考点上施加集中荷载。

② 定义弹性模量很小的梁单元，在梁和需要施加荷载的边之间建立绑定约束，然后在梁上施加线荷载。

5）面荷载（surface traction）和压力荷载（pressure）的区别在于：压力荷载是标量，力的方向总是与表面垂直；面荷载是矢量，其方向可以是任意的。

6）重力荷载（gravity）和体荷载（body force）的区别在于：重力荷载给出的是各个方向的重力加速度，体荷载给出的是单位体积上的力。

7）有限元模型的加载方式有两种：施加力荷载和施加位移荷载。不能在同一个节点的同一个自由度上同时施加力荷载和位移荷载。

8）用 Abaqus/Standard 分析复杂的非线性问题时，如果施加力荷载时无法收敛，可以先不施加力荷载，而是根据经验估计一下模型的位移量，施加相应的位移荷载，然后在下一个分析步中再去掉此位移荷载，恢复正常的力荷载。

9）对于一般（general）分析步，荷载和边界条件的大小都是总量，而不是增量。

10）利用预定义场可以定义速度场、角速度场、温度场和初始状态等模型参数。

11）在边界条件和预定义场中都可以定义速度和角速度，二者的含义和使用场合不同。

12）平衡初始地应力的常用方法是：首先将重力荷载施加于土体模型，并施加相应的边界条件，计算得到重力荷载作用下的应力场，再将得到的应力场定义为初始应力场，和重力荷载一起施加于原始有限元模型，可以得到既满足平衡条件又不违背屈服准则的初始应力场，它能够保证各节点的初始位移近似为 0。

13）利用幅值曲线工具可以定义随时间变化的荷载和边界条件，常用的幅值曲线类型包括：默认的线性过渡幅值曲线（Ramp）、表格型幅值曲线（Tabular）、等间距型幅值曲线（Equally spaced）、周期型幅值曲线（Periodic）。

第9章

9

Mesh功能模块
常见问题解答与实用技巧

本章要点：

- ※ 9.1 单元类型
- ※ 9.2 沙漏模式、剪切闭锁和体积闭锁
- ※ 9.3 选取单元类型
- ※ 9.4 划分网格
- ※ 9.5 虚拟拓扑
- ※ 9.6 单元网格的常见错误信息和警告信息
- ※ 9.7 本章小结

在 Abaqus/CAE 的 Mesh 功能模块中可以实现下列功能：布置网格种子、设置单元形状、单元类型、网格划分技术和算法、划分网格、检验网格质量。在有限元分析过程中，划分网格是一个十分重要的环节，需要根据经验综合使用多种技巧。

网格密度设置和网格质量的好坏直接关系到分析是否能够顺利、快速地完成，也关系到是否能够得到高精度的分析结果。好的单元网格包含3个要素：

（1）合适的单元类型　在选择单元类型时，既要选择适合所分析问题的类型、保证结果精度，又要注意避免过度增加计算工作量。

（2）良好的单元形状　通过选择网格划分技术和布置网格种子控制。

（3）适当的网格密度　网格密度通过布置网格种子控制。

本章将详细介绍单元类型的基本概念、不同类型的单元（完全积分与减缩积分、非协调单元、杂交单元）、沙漏模式、剪切闭锁和体积闭锁、网格划分技术、虚拟拓扑技术、划分单元网格的常见问题及解决方法等内容。

9.1　单元类型

有限元分析的本质是将无限自由度问题简化为有限自由度问题，将理论上无法计算的连续体模型转换为可以由计算机求解的有限个单元组成的离散模型。**Abaqus** 单元库中提供了丰富的单元类型，几乎可以模拟实际工程中任意几何形状的几何模型。有限元分析过程中，可选取的单元类型很多，而且各种单元类型的节点数目、单元形状、插值函数阶次、单元构

造方式都有很大差异，每种单元都有其特定的使用范围，要根据分析类型和具体问题合理选择。如果单元类型选取的不正确或不恰当，即使最终可以得到计算结果，这些结果也可能误差较大，甚至是错误的。

关于单元类型选取的详细介绍，请参见 Abaqus 6.14 帮助文件 "Abaqus Analysis User's Guide" 第 28 章 "Continuum Elements" 和第 29 章 "Structural Elements"。

9.1.1　单元类型的表示方法

【常见问题 9-1】单元类型符号的含义

Abaqus 中每种单元类型名都用不同的字母和数字的组合表示，其表示方法遵循何种规则？

『解答』

表 9-1 和表 9-2 列出了常用的实体单元、壳单元、桁架单元和刚体单元的命名规则。关于 Abaqus 单元库的详细介绍，请参见 Abaqus 6.14 帮助文件 "Abaqus Analysis User's Guide" 最后一章 "Output Variable and Element Indexes"。

> 提示：Abaqus/Explicit 中的单元类型是 Abaqus/Standard 中单元类型的子集，其单元类型较少。

表 9-1　常用单元类型的命名规则

单元类型	表　示	含　义	举　例
实体单元	以 E 结尾	压电单元	C3D10E：10 节点二次四面体压电单元
	以 H 结尾	杂交单元	CAX8H：8 节点四次四边形杂交轴对称单元（线性压力）
	以 HT 结尾	杂交的位移/温度耦合单元	CPEG3HT：3 节点三角形杂交的线性位移/温度耦合广义平面应变单元（常压力）
	以 R 结尾	减缩积分单元	C3D8R：8 节点六面体减缩积分实体单元（沙漏控制）
	以 M 结尾	修正单元	C3D10M：10 节点修正的四面体实体单元（沙漏控制）
	以 I 结尾	非协调单元	C3D8I：8 节点六面体非协调实体单元
	以 T 结尾	温度耦合单元	C3D8RT：8 节点六面体减缩积分位移/温度耦合实体单元（沙漏控制）
壳单元	以 R 结尾	减缩积分单元	S4R：4 节点减缩积分一般壳单元
	以 5 结尾	每个节点使用 5 个自由度，包括 3 个平动自由度和 2 个面内转动自由度（没有绕壳面法线的转动自由度）	S4R5：4 节点减缩积分薄壳单元（每个节点采用 5 个自由度）
	以 SAX 开头	轴对称壳单元	SAX1：2 节点线性轴对称厚壳或薄壳单元
	以 SC 开头	连续壳单元	SC6R：6 节点通用目的有限薄膜应变连续壳单元

（续）

单元类型	表　示	含　义	举　例
梁单元	以 H 结尾	杂交梁单元	B32H：三维二次杂交梁单元
	以 OS 结尾	开口截面梁单元	B32OS：三维二次开口截面梁单元
	以 OSH 结尾	开口截面杂交单元	B32OSH：三维二次开口截面杂交梁单元
桁架单元	以 E 结尾	压电单元	T3D2E：三维 2 节点压电桁架单元
	以 T 结尾	热耦合单元	T2D3T：二维 3 节点热耦合桁架单元
	以 H 结尾	杂交单元	T3D2H：三维 2 节点杂交桁架单元

表 9-2　Abaqus 中所有刚体单元类型

单元类型	表　示	含　义
刚体单元	R2D2	2 节点二维刚体单元（用于平面应变和平面应力问题）
	R3D3	3 节点三维三角形刚体单元
	R3D4	4 节点三维四边形双线性刚体单元
	RAX2	2 节点线性轴对称刚体单元（用于二维轴对称模型）
	RB2D2	2 节点二维刚体梁单元
	RB3D2	2 节点三维刚体梁单元

9.1.2　完全积分与减缩积分单元

【常见问题 9-2】完全积分单元与减缩积分单元的含义

什么是完全积分和减缩积分单元？二者的性能有何差异？

『解答』

1. 完全积分单元（例如，C3D8、C3D20）

完全积分的含义是：当单元具有规则形状时，在数值积分过程中所采用的高斯（Gauss）积分点的数目能够对单元刚度矩阵中的插值多项式进行精确积分。"规则形状"指的是单元的边相交成直角，且中间节点位于边的中点。完全积分的线性单元在每个方向有 2 个积分点，完全积分的二次单元在每个方向上有 3 个积分点。

当承受弯曲荷载作用时，完全积分单元容易出现剪切闭锁现象（请参见第 9.2.2 节"剪切闭锁和体积闭锁"），造成单元过于刚硬，即使划分很细的网格，计算精度仍然很差。

2. 减缩积分单元（例如，C3D8R、C3D20R）

减缩积分单元比完全积分单元在每个方向上少使用 1 个积分点，因此称为减缩积分。减缩积分单元可以缓解完全积分单元可能导致的单元过于刚硬和计算挠度偏小的问题。在 Abaqus 中，只有四边形和六面体单元才允许使用减缩积分，所有的楔形体、四面体和三角形实体单元只能采用完全积分。

使用减缩积分单元可以避免剪切闭锁问题，而且单元形状对减缩积分单元的计算结果精度影响不大，但如果希望得到的是应力集中部位的节点应力，则尽量不要选用线性减缩积分单元（例如，C3D8R），原因是线性减缩积分单元只在单元的中心有 1 个积分点，相当于常应力单元，它在积分点上的应力结果是相对精确的，而经过外插和平均后得到的节点应力则不精确。

线性减缩积分单元存在"沙漏模式"（hourglassing）的数值问题，有可能过于柔软（请参见第9.2.1节"沙漏模式"）。二次减缩积分单元也可能出现沙漏模式问题，但在正常网格中沙漏模式不会向外扩展，如果网格足够细化，依然可以保证计算精度。除了大应变的弹塑性问题和接触问题外，一般情况下二次减缩积分单元是应力/位移问题的最佳选择。

关于完全积分与减缩积分的详细介绍，请参见 Abaqus 6.14 帮助文件 "Getting Started with Abaqus：Interactive Edition" 第4.1.1节 "Full integration" 和第4.1.2节 "Reduced integration"。

9.1.3 非协调单元

【常见问题9-3】非协调单元的定义和注意问题

什么是非协调单元？使用非协调单元时需要注意哪些问题？

『解答』

采用线性完全积分单元容易出现剪切闭锁现象，非协调单元（例如，C3D8I）可以避免这种问题。非协调单元将增强单元变形梯度的附加自由度引入到线性单元中，以避免单元交界处的位移场出现重叠或裂隙。

在弯曲问题有限元模型中，非协调单元的计算精度很接近二次单元的结果，而计算代价远远低于二次单元，但是如果单元形状较差，非协调单元的分析精度会下降。在使用非协调单元时，应在所关心的关键部位分割（partition）出一个形状规则的区域（例如，在应力集中部位），在此区域内生成高质量的四边形（Quad）或六面体（Hex）单元网格（相交的各个角尽量保持90°），详细的操作方法可以参考《实例详解》中"划分网格"的实例。

关于非协调单元的详细介绍，请参见 Abaqus 6.14 帮助文件 "Getting Started with Abaqus：Interactive Edition" 第4.1.3节 "Incompatible mode elements" 和《实例详解》中"非协调模式单元"一节。

9.1.4 杂交单元

【常见问题9-4】杂交单元的定义和注意问题

什么是杂交单元？使用过程中需要注意哪些问题？

『解答』

杂交单元主要用于模拟不可压缩材料（泊松比 $\nu = 0.5$）或接近不可压缩材料（泊松比 $\nu > 0.495$）。Abaqus/Standard 中的实体单元（包括所有的减缩积分单元和非协调单元）都有杂交单元类型。

不可压缩材料承受荷载时，由于体积保持不变，单元的压应力不能利用节点位移场计算，因此无法像可压缩材料那样，使用节点的纯位移插值函数来构造单元。杂交单元是专门为不可压缩材料构造的特殊用途单元，它包含一个可以直接确定单元压应力的附加自由度，节点的位移场则主要用来计算偏应变和偏应力。对于同样的有限元分析，杂交单元的计算代价要高于常规单元的计算代价。

> **提示**：不可压缩材料不能使用常规单元模拟，而必须要用杂交单元（平面应力问题除外）。

关于杂交单元的详细介绍，请参见 Abaqus 6.14 帮助文件 "Getting Started with Abaqus：Interactive Edition" 第4.1.4节 "Hybrid elements" 和《实例详解》中 "杂交单元" 一节。

9.2 沙漏模式、剪切闭锁和体积闭锁

在讨论单元性能时经常会涉及沙漏模式、剪切闭锁和体积闭锁等概念，它们是有限元分析过程中经常遇到的数值问题，本节将对这3种现象产生的原因和解决方法进行归纳总结。

9.2.1 沙漏模式

【常见问题9-5】沙漏模式的产生原因和解决方法

沙漏模式（hourglassing）是怎样产生的？应该如何避免？

『解答』

沙漏模式主要出现在 CPS4R、CAX4R、C3D8R 等线性减缩积分单元的应力/位移场分析中。线性单元本身的积分点数目就比较少，减缩积分单元在每个方向上的积分点数目又减少1个，因此，可能出现没有刚度的零能模式，即所谓的 "沙漏模式"。当网格较粗时，这种零能模式会通过网格扩展出去，使计算结果变得无意义，或者导致严重的网格畸变。

要判断是否出现了沙漏模式的数值问题，最简单的方法是查看单元的变形情况，如果单元变成交替出现的梯形形状，就可能出现了沙漏模式，相关实例见本书第17.3节 "Abaqus/Standard 接触分析综合实例" 中的【综合实例17-1】。

Abaqus 中的伪应变能或 "沙漏刚度" 主要用来控制沙漏变形能量。在 Visualization 功能模块中选择菜单 Result→History Output，可以绘制伪应变能 ALLAE（artificial strain energy）和内能 ALLIE（internal energy）的曲线，单击窗口顶部工具栏中的 🛈（Query information）图标可以查看曲线上各点的值。当伪应变能 ALLAE 约占内能 ALLIE 的1%时，表明沙漏模式对计算结果的影响不大；当伪应变能超过总内能的10%时，分析结果是无效的，必须采取措施加以解决。

常见的解决方法包括：

（1）细化网格 使用线性减缩积分单元时，一定要避免划分过于粗糙的网格，如果结构会发生弯曲变形，在厚度方向应至少划分4个单元。

（2）设置沙漏控制选项 Abaqus 对线性减缩积分单元提供了多种沙漏控制选项，通过引入少量的人工 "沙漏刚度" 来限制沙漏模式的扩展。当网格足够细化时，这种方法非常有效，可以获得足够准确的计算结果。

在 Mesh 功能模块中选用线性减缩积分单元时，可以选择下列沙漏刚度控制方式：Enhanced、Relax stiffness、Stiffness、Viscous 和 Combined（见图9-1）。

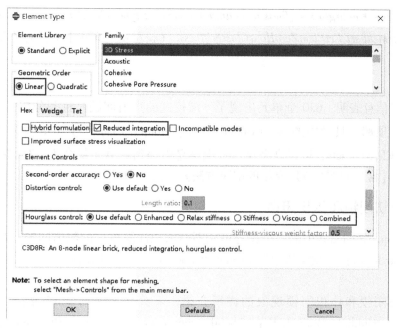

图 9-1   设置沙漏控制方式

> **提示：** 选择沙漏控制选项时要慎重，如果所设置的沙漏控制选项数值大于默认值，可能导致沙漏刚度过大而出现数值不稳定。一般情况下，使用系统默认的沙漏控制选项即可。如果采用默认的沙漏控制选项仍然出现了沙漏模式，往往是由于网格太稀疏所致。此时，最好用细化网格的方法解决，而不要随便更改默认的沙漏控制选项。

（3）更换单元类型　非协调单元不会出现沙漏模式的问题，适用于 Abaqus/Standard 的各种分析类型，只要在所关心的关键部位划分形状规则的单元网格，就可以达到较高的分析精度。

在 Abaqus/Standard 分析中，二次减缩积分单元（C3D27R 和 C3D27RH 除外）的沙漏模式在普通的网格密度下一般不会向外传播，如果网格足够细化，通常情况下就可以保证计算精度，但是需要注意，在大应变弹塑性问题和接触问题中不能使用二次减缩积分单元。

C3D27R 和 C3D27RH 单元的 27 个节点都存在时，会包含 3 个未约束的沙漏模式，只有用边界条件对其施加足够的约束时才可以使用。

（4）避免在 1 个节点上定义荷载或边界条件　1 个独立节点上承受荷载或施加边界条件约束时，由于局部变形太大，应力集中程度很高，往往会出现数值计算问题。此时，可以将点荷载或点上的边界条件定义在包含该点的小区域上，有利于避免沙漏模式的扩展。

【常见问题 9-6】沙漏刚度为零

提交分析作业时出现下列错误信息，应该如何解决？

*** *Error in job Job-1: 630 elements have been defined with **zero hourglass stiffness**. You may use * hourglass stiffness or change the element type. The elements have been identified in element set ErrElemZeroHourGlassStiffness.* （模型中有 630 个单元的沙漏刚度为零）

『解答』

上述错误信息表明：630 个单元出现了沙漏模式的数值问题。打开分析生成的 ODB 文件，单击窗口顶部工具栏中的 ▣ （Create Display group）图标，将 Item 设为 Elements，将 Method 设为 Element sets，可以高亮显示错误信息中提到的单元集合 *ErrElemZeroHourGlassStiffness*，按照【常见问题 9-5】介绍的解决方法修正模型即可。

9.2.2 剪切闭锁和体积闭锁

虽然 Abaqus/Standard 中的完全积分单元不会出现沙漏模式的数值问题，却可能出现剪切闭锁（shear locking）和体积闭锁（volumetric locking）等数值问题，下面详细介绍二者的相关知识。

关于剪切闭锁和体积闭锁现象的详细介绍，请参见 Abaqus 6.14 帮助文件 "Abaqus Analysis User's Guide" 第 28.1.1 节 "Solid（continuum）elements" 和 "Getting Started with Abaqus: Interactive Edition" 第 4.1 节 "Element formulation and integration"。

【常见问题 9-7】 产生剪切闭锁现象的原因和解决方法

剪切闭锁现象是怎样产生的？应该采取什么方法解决？

『解答』

剪切闭锁现象一般发生在出现弯曲变形的线性完全积分单元中（例如，CPS4、CPE4、C3D8）。由于线性单元的直边无法承受弯曲荷载作用，分析过程中可能出现本来不存在的虚假剪应变，使单元的弯曲刚度过大，计算的位移值偏小，即单元的位移场不能模拟由于弯曲而引起的剪切变形和弯曲变形，这就是所谓的 "剪切闭锁" 现象。当单元长度与厚度的数量级相同或长度大于厚度时，此现象会更严重。

需要注意的是：剪切闭锁现象仅影响受弯曲荷载作用的完全积分线性单元。如果模型受到剪力荷载作用，完全积分线性单元的计算结果则非常好。对于二次单元，由于单元的边上可以发生弯曲变形，一般不会出现剪切闭锁现象。但是如果单元畸变非常严重，或者应力状态非常复杂，存在弯曲应力梯度，二次单元也会出现某种程度的闭锁现象。

只有当荷载所产生的弯矩非常小时，才可以考虑采用完全积分线性单元。如果不能肯定弯曲荷载作用的影响大小，可以尝试使用不同的单元类型，并比较其分析结果，然后选定合适的单元类型。

如果怀疑模型中出现了剪切闭锁现象，可以考虑采用非协调单元或减缩积分单元，但要注意前面几节中介绍过的注意事项。如果模型中网格扭曲非常厉害，仅仅改变单元类型往往不会使计算结果得到很大的改进，划分网格时应尽可能保证单元形状规则。

【常见问题9-8】 产生体积闭锁现象的原因和解决方法

体积闭锁现象是怎样产生的？应该采取什么方法解决？

『解答』

体积闭锁是完全积分单元受到过度约束（overconstraint）时的一种闭锁现象。如果材料为不可压缩或近似不可压缩，完全积分单元可能变得特别刚硬而不会产生体积变形，即所谓的"体积闭锁"。

体积闭锁的一个显著特征是：各个积分点之间或各个单元之间的静水压力出现急剧变化。在 Visualization 功能模块中绘制静水压力的云纹图时，如果看到静水压力从一个积分点到另一个积分点的变化很大，呈棋盘形分布，就有可能出现了体积闭锁的数值计算问题。

如果模型中出现了体积闭锁的数值问题，可以采用下列方法解决：

（1）选取适当的单元类型 如果 Abaqus/Standard 分析中包含不可压缩材料，当塑性应变与弹性应变在同一个数量级上时，二次完全积分单元容易出现体积闭锁现象，往往还伴随着沙漏模式的数值问题，不能用于弹塑性分析中。如果必须采用完全积分的二次实体单元，则需要选择这种单元类型的杂交单元形式，但其计算代价将大大增加。

如果使用二次减缩积分单元（例如，C3D20R），当应变大于20% 时，需要划分足够密的网格才不会产生体积自锁。

建议使用的单元类型为：非协调单元、线性减缩积分单元或修正的二次四面体单元（C3D10M）。

（2）细化网格 在塑性应变较大的区域应划分足够细化的网格。

（3）引入少量的可压缩性 对于不可压缩材料（泊松比 $\nu = 0.5$），引入少量的可压缩性可以减轻体积闭锁现象。由于几乎不可压缩材料和完全不可压缩材料的计算结果很接近，因此，可以将不可压缩材料的泊松比取为 0.475 ~ 0.5 的值。

9.3 选取单元类型

前面几节介绍了 Abaqus 软件提供的常用单元类型，单元的构造方式不同，适用范围也就不同。选取单元类型时，读者应综合考虑下列几个方面：

1）如果希望得到节点的应力结果，则尽量不要选用线性减缩积分单元（例如，C3D8R）。

2）如果选用线性减缩积分单元，应避免出现沙漏模式的数值问题。

3）在定义了接触和弹塑性材料的区域，不要使用 C3D20、C3D20R、C3D10 等二次单元。

4）完全积分单元容易出现剪切闭锁和体积闭锁问题，一般情况下尽量不要选用。

5）对于 Abaqus/Standard 分析，如果能够划分四边形（Quad）或六面体（Hex）网格，建议尽量选用非协调单元（例如，C3D8I），同时要注意保证关键部位的单元形状规则。

6）如果无法划分六面体（Hex）网格，则应使用修正的二次四面体单元（C3D10M），它适用于接触和弹塑性问题，只是计算代价较大。

7）有些单元类型适于 Abaqus/Standard 分析，但是无法用于 Abaqus/Explicit 分析中（例如，非协调单元）。

如果以上 7 个方面无法同时兼顾，可以根据所关心问题的侧重有所取舍。要判断当前的网格密度和单元类型是否合适，可以使用"网格有效性验证"的方法，具体做法是：

1）使用当前的网格密度和单元类型进行分析。

2）使用更细化的网格或其他单元类型进行分析。

3）比较两次分析的结果：如果二者相差很小（例如，小于 2%），说明当前的网格密度和单元类型已经足以保证分析精度了；如果二者相差很大，说明原来的网格密度设置和单元类型设置不是最佳选择。相关内容的详细介绍，请参见《实例详解》中"数值算例：不同单元类型和网格的结果比较"一节。

【常见问题 9-9】 单元类型选取错误

DAT 文件中为什么会出现下列错误信息：

** ERROR: *A HEAT TRANSFER ANALYSIS IS NOT MEANINGFUL SINCE **THERE ARE NO TEMPERATURE DEGREES OF FREEDOM IN THE MODEL.*** （模型中不存在温度场的自由度，无法进行热传导分析）

或者

*** ERROR: *DEGREE OF FREEDOM 11 AND AT LEAST ONE OF DEGREES OF FREEDOM 1 THRU 6 MUST BE ACTIVE IN THE MODEL FOR * COUPLED TEMP-DISP. CHECK THE PROCEDURE AND ELEMENT TYPES USED IN THIS MODEL.* （对于温度-位移耦合场分析，第 11 个自由度和自由度 1～6 中的至少 1 个自由度必须是可用的）

『错误原因』

选取的单元类型不能用于传热分析或温度-位移耦合场分析。

『解决方法』

在 Abaqus/CAE 中选择单元类型时，不要使用普通的 C3D8R、C3D8I、CPS4R 等单元，而应该把 Family 选项设为 Coupled Temperature-Displacement，这时会看到单元类型自动变为以 T 结尾的位移/温度耦合单元，例如，C3D8T、C3D8RT（详见表 9-1）。

> **提示**：在 Mesh 功能模块中选取单元类型时，Abaqus/CAE 不会自动检查所选取的单元类型是否合适，只有在提交分析时才会进行检查。

【常见问题 9-10】 相交处单元类型不协调

使用分割工具（partition）将部件分为两部分：一部分使用线性六面体单元 C3D8I；另

一部分使用二次四面体单元 C3D10M。在生
成网格时，Abaqus/CAE 会提示"两个区域
的网格不协调"（见图 9-2）。如果两个区域
都使用线性单元或都使用二次单元，就不会
出现这样的问题。应该如何实现不同单元类
型在相交边界上的过渡呢？

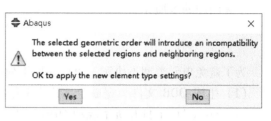

图 9-2　为相邻区域定义不同阶次
单元类型时的提示信息

『解答』

　　由于线性单元的边上没有中间节点，而
二次单元的边上有中间节点，因此，在线性单元和二次单元交界处的位移场是不协调的
（见图 9-3a）。

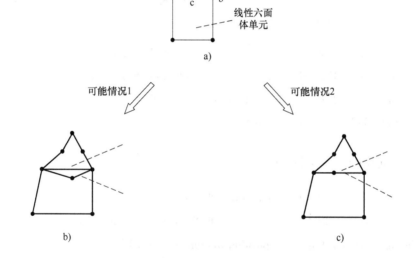

图 9-3　二次四面体单元和线性六面体单元交界处的两种可能情况

a）变形前：二次四面体单元的中间节点 c 位于线性六面体单元的边 ab 上

b）变形后：四面体单元的中间节点 c（主面节点）不再位于六面体单元的边 ab
　　（从面）上，即出现了位移不协调，会出现异常的额外应力

c）变形后：四面体单元的中间节点 c（从面节点）仍然位于六面体单元的边 ab
　　（主面）上，即位移是协调的，不会出现异常的额外应力

　　Abaqus/CAE 会自动在两种单元的交界处定义两个内部面（surface）：线性六面体单元
的面和二次四面体单元的面，并在这两个面之间建立绑定约束（tie），这时有两种可能：

　　1）如果线性六面体单元所在面为绑定约束的从面（slave surface），二次四面体单元所
在面为主面（master surface），受力变形后模型就会出现位移不协调问题（见图 9-3b），查
看应力结果时，会在两种网格的交界处看到远远高于正常值的附加应力。

　　2）如果线性六面体单元所在面为主面，二次四面体单元所在面为从面，则不会出现位
移不协调问题（见图 9-3c），在两种网格的交界处不会出现附加应力。

上述问题的本质是：定义绑定约束时，应该让网格较细的面（二次四面体单元的面）作为从面。类似地，假如是在两个实体之间定义绑定约束或接触，无论这两个实体的单元阶次是否相同，都应该将网格较细的面定义为从面。

为了避免单元类型不协调，可以采取下列解决方法：

（1）生成 ODB 文件　完成全部建模工作后，提交分析作业。无须等待分析结束，就可以在 Abaqus/CAE 中打开所生成的 ODB 文件。

（2）查看主面和从面　单击窗口顶部工具栏中的 按钮，将 Item 设为 Surfaces，将 Method 设为 Internal sets，这时会在对话框右侧看到 Abaqus/CAE 自动生成的以 "_T" 开头的面，其中以 "_M" 结尾的面是绑定约束的主面，以 "_S" 结尾的面是绑定约束的从面。选择其中一个面后选中 Highlight items in viewport，可以高亮显示这个面。如果看到以 "_M" 结尾的面（例如，*_T0_PART-1-1_M*）是由二次四面体单元构成，则需要将它与*_T0_PART-1-1_S* 面互换。

（3）互换主面和从面　回到 CAE 模型中，单击菜单 File→Model→Edit Keywords，找到定义上述绑定约束的关键字行，例如：

> * Surface, type = ELEMENT, name = **_T0_Part-1-1_M**, internal
>
> * Surface, type = ELEMENT, name = **_T0_Part-1-1_S**, internal
>
> * Tie, name = _T0_Part-1-1, position tolerance = 19. 7317
>
> **_T0_Part-1-1_S,　　_T0_Part-1-1_M**

对前两行语句中的两个面名称做一下互换，改为：

> * Surface, type = ELEMENT, name = **_T0_Part-1-1_S**, internal
>
> * Surface, type = ELEMENT, name = **_T0_Part-1-1_M**, internal
>
> * Tie, name = _T0_Part-1-1, position tolerance = 19. 7317
>
> **_T0_Part-1-1_S,　　_T0_Part-1-1_M**

（4）保存模型，重新提交分析　这时将不再出现由于位移不协调而产生的异常应力。

关于绑定约束（tie）的详细介绍，请参见《实例详解》中 "Interaction 功能模块" 一节、Abaqus 6. 14 帮助文件 "Abaqus/CAE User's Guide" 第 15. 5 节 "Understanding constraints" 以及 "Abaqus Analysis User's Guide" 第 35 章 "Constraints"。

『相关知识』

在为三维实体部件划分网格时，应该尽量划分六面体（Hex）单元网格，它们能够以较小的计算代价得到较高的计算精度。

如果部件的几何形状较复杂，无法生成六面体单元网格，则必须采用四面体（Tet）单元网格。这时应注意，四面体线性单元（C3D4）过于刚硬，计算精度很差，应该使用修正的二次四面体单元（C3D10M），它的计算精度很高，在接触分析和弹塑性分析中也同样适用，但其缺点是计算代价很大。

一种折中方法是：使用分割工具（partition）将部件分为几个部分，在几何形状较规则的部分生成六面体单元网格，以减小模型的计算规模，得到形状规则的单元，获得较高的求解精度；在另外一些形状复杂的部分生成四面体单元网格，使用 C3D10M 单元，这时要注意前面介绍的位移场协调问题。

【常见问题9-11】 单元类型与截面属性不匹配

对下面的实例提交分析，在 DAT 文件中出现下列错误信息，应该如何解决？

> *** ERROR: *1 elements have missing property definitions*. *The elements have been iden-tified in element set ErrElemMissingSection.* （有1个单元没有定义截面属性）

『实例』

该实例的 INP 文件内容为：

```
* NODE
1,    0.0,   0.0,   0.0
2,   20.0,   0.0,   0.0
* ELEMENT, TYPE = T3D2, ELSET = link
1,   1,    2
* BEAM SECTION, ELSET = link, MATERIAL = steel, SECTION = CIRC
```

『错误原因』

单元类型为桁架单元 T3D2，却定义了梁的截面属性 * BEAM SECTION。

『解决方法』

对于桁架单元，需要使用关键词 * SOLID SECTION 来定义截面属性。假如杆的截面面积为100，应该将 INP 文件中的 * BEAM SECTION 语句改为：

```
* SOLID SECTION, ELSET = link, MATERIAL = steel
100.
```

『相关知识』

出现上述错误信息的另外一种常见原因是：没有在 Property 功能模块为模型中的所有单元定义截面属性。

关于截面属性的定义方法，请参见本书第4章"Property 功能模块常见问题解答与实用技巧"。

【常见问题9-12】 Abaqus/CAE 不支持的单元类型及定义方法

有哪些单元类型是不能在 Abaqus/CAE 中选择的？如果需要使用这些单元，应该如何操作？

『解答』

在 Mesh 功能模块中，可以选择 Abaqus 软件提供的大部分单元类型，但有些单元类型是 Abaqus/CAE 所不支持的，见表 9-3。

表 9-3　Abaqus/CAE 不支持的单元类型

单元类型	单元名称
声介质（acoustic interface）单元	ASI1
应力/位移场变量节点（stress/displacement variable node）单元	C3D15V、C3D27 等
具有非轴对称响应的轴对称单元（axisymmetric elements with non-axisymmetric response）	CAXA4N、CAXA8PN 等
无限（infinite）单元	CIN3D8、CINAX4 等
孔隙压力黏结单元	COH2D4P、COH3D6P 等
圆柱（cylindrical）单元	CCL9、MCL6 等
拖链（drag chain）单元	DRAG2D、DRAG3D
管/土接触（pipe-soil interaction）单元	PSI24、PSI34 等
轴对称滑移线（axisymmetric slide line）单元	ISL21A、ISL22A
圆柱面（cylindrical surface）单元	SFMCL6、SFMCL9
分布耦合（distributing coupling）单元	DCOUP2D、DCOUP3D
流体静力学（hydrostatic fluid）单元	F2D2、F3D4 等
框架（frame）单元	FRAME2D、FRAME3D
二次线弹簧（second-order line spring）单元	LS3S、LS6
9 节点四边形膜（nine-node quadrilateral membrane）单元	M3D9、M3D9R
9 节点双曲薄壳（nine-node doubly curved thin shell）单元	S9R5
耦合的温度/位移和热传导裂隙（heat transfer gap）单元	GAPUNIT、DGAP
流体静力学连接（hydrostatic fluid link）单元	FLINK
管-管接触（tube-to-tube contact）单元	ITT21、ITT31
弹塑性接头（elastic-plastic joint）单元	JOINT2D、JOINT3D

如果需要使用这些单元类型，可以选用下列解决方法：

1）以无限单元 CIN3D8 为例，它是 8 节点的六面体单元，可以先在 Mesh 功能模块中用扫掠（sweep）网格划分技术生成六面体单元网格，扫掠方向为希望定义的无限远方向，以保证节点编号顺序是正确的。将单元类型暂时选为 C3D8R，然后用 Edit Keywords 或文本编辑器修改 INP 文件中的关键词，将 *ELEMENT 后面的单元类型改为 CIN3D8 即可。

2）有些单元可以用 Abaqus/CAE 所支持的其他单元类型来替代，见表 9-4。

3）对于应力/位移场变量节点单元 C3D27（R）（H），当在 Abaqus/CAE 中提交 Abaqus/Standard 分析作业时，软件会自动将接触对中与从面相连接的 C3D20（R）（H）单元转换为 C3D27（R）（H）。

表 9-4　可以等效替代的单元类型及替代方法

单元类型	替代方法
CONN2D2，CONN3D2	Interaction 功能模块中相应的连接单元
DASHPOT，DASHPOT1，DASHPOT2	1）Property 功能模块或 Interaction 功能模块中的工程特征（engineering feature） 2）Interaction 功能模块中相应的连接单元
GAPCY，GAPSPHER，GAPUNI	Interaction 功能模块中相应的连接单元
HEATCAP	Property 功能模块或 Interaction 功能模块中的工程特征
ITSCYL，ITSUNI	Interaction 功能模块中相应的连接单元
JOINTC	Interaction 功能模块中相应的连接单元
MASS	Property 功能模块或 Interaction 功能模块中的工程特征
ROTARYI	Property 功能模块或 Interaction 功能模块中的工程特征
SPRINGA，SPRING1，SPRING2	1）Property 功能模块或 Interaction 功能模块中的工程特征 2）Interaction 功能模块中相应的连接单元

『相关知识』

关于无法在 Abaqus/CAE 中直接选择的单元类型的详细介绍，请参见 Abaqus 6.14 帮助文件 "Abaqus/CAE User's Guide" 第 17.5.2 节 "What kinds of elements must be generated outside the mesh module" 和 "Abaqus Theory Guide" 第 3 章 "Elements"。

关于单元替代方法的详细介绍，请参见 Abaqus 6.14 帮助文件 "Abaqus/CAE User's Guide" 第 15.7 节 "Understanding connectors" 和《实例详解》中 "多体分析的主要方法" "连接单元边界条件和连接单元荷载" "连接单元行为" 等章节。

【常见问题 9-13】 选择三维实体单元类型的原则

选择三维实体单元类型时，应遵循哪些原则？有哪些注意问题？

『解答』

选择三维实体单元类型时应遵循下列原则：

1）对于三维区域，尽可能采用结构化网格划分技术或扫掠网格划分技术，从而得到 Hex（六面体）单元，减小计算代价，提高计算精度。当几何形状复杂时，也可以在不重要的区域使用少量楔形（Wedge）单元。

2）如果使用了自由网格划分技术，Tet 单元类型应选择二次单元。在 Abaqus/Explicit 中应选择修正的 Tet 单元 C3D10M，在 Abaqus/Standard 中可以选择 C3D10 单元。但如果模型中有大的塑性变形或存在接触，而且使用的是默认的 "硬" 接触关系（"hard" contact relationship），也应选择修正的 Tet 单元 C3D10M。

3）Abaqus 的所有单元均可用于动态分析，选取单元类型的一般原则与静力分析相同。但在使用 Abaqus/Explicit 模拟冲击或爆炸荷载时，应选用线性单元，因为它们具有集中质量公式，模拟应力波的效果优于二次单元所采用的一致质量公式。

如果使用 Abaqus/Standard 求解器，在选择单元类型时还应注意下列几个方面：

1）对于应力集中问题，尽量不要使用线性减缩积分单元，可以使用二次单元来提高精度。如果在应力集中部位进行了网格细化，使用二次减缩积分单元与二次完全积分单元得到的应力结果相差不大，但二次减缩积分单元的计算时间相对较短。

2）对于弹塑性分析，如果材料是不可压缩的（例如，金属材料），则不能使用二次完全积分单元，否则会出现体积自锁问题，也不要使用二次 Tri 单元或 Tet 单元。推荐使用修正的二次 Tri 单元或 Tet 单元、非协调单元，以及线性减缩积分单元。如果使用二次减缩积分单元，当应变超过 20% 时要划分足够密的网格。

3）如果模型中存在接触或大的扭曲变形，则应使用线性 Quad 或 Hex 单元，以及修正的二次 Tri 单元或 Tet 单元，而不能使用其他二次单元。

4）对于以弯曲为主的分析，如果能够保证所关心部位的单元扭曲较小，使用非协调单元（例如，C3D8I 单元）可以得到非常准确的结果。

5）除了平面应力问题之外，如果材料是完全不可压缩的（例如，橡胶材料），则应使用杂交单元；在某些情况下，对于近似不可压缩材料也应使用杂交单元。

【常见问题 9-14】 选择壳单元类型的原则

选择壳单元类型时，应遵循哪些原则？有哪些注意问题？

『解答』

如果薄壁构件的厚度远小于其典型整体结构尺寸（一般小于 1/10 整体结构尺寸），并且可以忽略厚度方向的应力，就可以用壳单元来模拟此结构。壳体问题可以分为两类：薄壳问题（忽略横向剪切变形）和厚壳问题（考虑横向剪切变形）。对于单一各向同性材料，当厚度和跨度的比值小于 1/15 时，可以认为是薄壳结构；大于 1/15 时，则可以认为是厚壳结构。对于复合材料，这个比值要更小一些。

Abaqus 软件提供的壳单元有多种分类方法，按照薄壳和厚壳来划分，可以分为：

1）通用目的（general-purpose）壳单元：此类单元对薄壳和厚壳问题均有效。

2）特殊用途（special-purpose）壳单元：包括纯薄壳（thin-only）单元和纯厚壳（thick-only）单元。

根据单元的定义方式，Abaqus 软件又将单元划分为：

1）常规（conventional）壳单元：通过定义单元的平面尺寸、表面法向和初始曲率来对参考面进行离散，只能在截面属性中定义壳的厚度，而不能通过节点来定义壳的厚度。

2）连续体（continuum）壳单元：类似于三维实体单元，对整个三维结构进行离散。

选择壳单元类型时可以遵循下列原则：

1）对于薄壳问题，常规壳单元的性能优于连续体壳单元；而对于接触问题，连续体壳单元的计算结果更加准确，因为它能在双面接触中考虑厚度的变化。

2）如果需要考虑薄膜模式或弯曲模式的沙漏问题，或模型中有面内弯曲，在 Abaqus/Standard 求解器中使用 S4 单元（4 节点四边形有限薄膜应变线性完全积分壳单元）可以获得很高的精度。

3）S4R 单元（4 节点四边形有限薄膜应变线性减缩积分壳单元）性能稳定，适用范围较广。

4）S3/S3R 单元（3 节点三角形有限薄膜应变线性壳单元）可以作为通用壳单元使用。由于单元中的常应变近似，需要划分较细的网格来模拟弯曲变形或高应变梯度。

5）对于复合材料，为模拟剪切变形的影响，应使用适于厚壳的单元（例如，S4、S4R、S3、S3R、S8R），并要注意检查截面是否保持平面。

6）四边形或三角形的二次壳单元对剪切自锁或薄膜自锁都不敏感，适用于一般的小应变薄壳。

7）在接触模拟中，如果必须使用二次单元，不要选择 STRI65 单元（三角形二次壳单元），而应使用 S9R5 单元（9 节点四边形壳单元）

8）如果模型规模很大且为几何线性问题，使用 S4R5 单元（线性薄壳单元）比通用壳单元更节约计算成本。

9）在 Abaqus/Explicit 求解器中，如果包含任意大转动和小薄膜应变，应选用小薄膜应变单元。

关于壳单元的详细介绍，请参考 Abaqus 6.14 帮助文件"Getting Started with Abaqus：Interactive Edition"第 5 章"Using Shell Elements"和"Abaqus Analysis User's Guide"第 29.6 节"Shell Elements"。

【常见问题 9-15】选择梁单元类型的原则

选择梁单元类型时，应遵循哪些原则？

『解答』

如果一个构件横截面的尺寸远小于其轴向尺寸（通常为小于 1/10 轴向尺寸），就可以用梁单元来模拟。Abaqus 中的所有梁单元都是梁柱类单元，即可以产生轴向变形、弯曲变形和扭转变形。Timoshenko 梁单元还考虑了横向剪切变形的影响。B21 和 B31 单元（线性梁单元）以及 B22 和 B32 单元（二次梁单元）是考虑剪切变形的 Timoshenko 梁单元，它们既适用于模拟剪切变形起重要作用的深深，又适用于模拟剪切变形不太重要的细长梁。这些单元的横截面特性与厚壳单元的横截面特性相同。

Abaqus/Standard 求解器中的三次单元 B23 和 B33 被称为 Euler-Bernoulli 梁单元，它们不能模拟剪切变形，但适合于模拟细长构件（横截面尺寸小于轴向尺寸的 1/10）。由于三次单元可以模拟沿长度方向的三阶变量，所以只需划分很少的单元就可以得到很准确的结果。

选择梁单元类型，可以遵循下列原则：

1）在任何包含接触的问题中，应该选用 B21 或 B31 单元（线性剪切变形梁单元）。

2）如果横向剪切变形非常重要，则应选用 B22 和 B32 单元（二次 Timoshenko 梁单元）。

3）在 Abaqus/Standard 的几何非线性分析中，如果结构非常刚硬或非常柔软，应使用杂交单元（例如，B21H 和 B32H 单元）。

4）如果在 Abaqus/Standard 求解器中模拟具有开口薄壁横截面的结构，应该选用基于横截面翘曲理论的梁单元（例如，B31OS 和 B32OS 单元）。

关于梁单元的详细介绍，请参见 Abaqus 6.14 帮助文件"Getting Started with Abaqus：Interactive Edition"第 6 章"Using Beam Elements"和"Abaqus Analysis User's Manual"第 29.3 节"Beam Elements"。

9.4 划分网格

Mesh 功能模块提供了多种网格划分工具，主要包括：

（1）网格种子（seeding）工具　用来设置网格种子的疏密（详见第 9.4.2 节"网格种子工具"）。

（2）分割（partition）工具　用来将复杂模型分割成几何形状简单的区域，以便于划分网格。

（3）虚拟拓扑（virtual topology）工具　用来修改模型中较小的面和边，以便生成质量更好的网格（详见第 9.5 节"虚拟拓扑"）。

（4）网格编辑（edit mesh）工具　用来对已经划分好的网格进行小的调整（详见第 9.4.4 节"网格编辑工具"）。

充分利用这些工具不仅可以得到质量较高的网格，而且可以大大提高划分网格的效率。本节将介绍使用各种划分网格工具时需要注意的问题。

9.4.1 网格划分技术

【常见问题 9-16】**Abaqus/CAE 中的网格划分技术及异同**

Abaqus/CAE 提供了哪几种网格划分技术？它们之间有何异同？

『解答』

Abaqus/CAE 提供了 4 种网格划分技术，分别是：结构化网格划分技术（structured meshing）、扫掠网格划分技术（swept meshing）、自由网格划分技术（free meshing）和自底向上网格划分技术（bottom-up meshing），详见【常见问题 9-18】。

进入 Mesh 功能模块后，视图窗口中出现以不同颜色显示的部件或部件实例，根据颜色提示可以判断各个区域可以采用的网格划分技术（见表 9-5）。

表 9-5　部件或部件实例的颜色与网格划分技术的关系

颜色	网格划分技术	适用范围	是否需要使用分割（partition）工具
绿色	使用结构化网格划分技术	对几何形状有特殊要求，适合几何形状规则的模型	有可能需要使用分割工具
黄色	使用扫掠网格划分技术	沿着一个扫掠路径来生成网格，只适于特定的几何形状	有可能需要使用分割工具
粉红色	使用自由网格划分技术	适用性强，几乎可以对任意几何形状的模型划分网格	不需要使用分割工具
橙色	无法直接划分网格	—	必须使用分割工具
浅褐色	使用自底向上网格划分技术	适用于几何形状复杂、使用结构化和扫掠网格划分技术无法生成六面体单元网格的场合	不需要分割工具就能生成六面体单元网格，如果使用分割工具，可以得到更高质量的网格

『相关知识』

如果在 Assembly 功能模块中创建了非独立的部件实例，切换到 Mesh 功能模块后会看到模型显示为蓝色（即当前显示的是装配件），此时不能进行各种划分网格操作，否则将会出现如图9-4所示的错误信息。此时，必须首先在窗口顶部的环境栏中将 Object 选项设为 *Part*，才能进行网格划分操作。

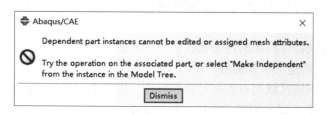

图 9-4　对非独立部件实例进行划分网格操作时的错误信息

【常见问题 9-17】 使用 **Partition** 分割工具

划分网格时，在什么情况下需要使用分割（partition）工具？

『解答』

在 Part 功能模块和 Mesh 功能模块中，都可以单击菜单 Tools→Partition 使用分割工具，常用的场合包括：

1）对于几何形状复杂的三维部件，可以首先使用分割工具将其分为多个几何形状简单的区域，再使用结构化或者扫掠网格划分技术生成高质量的六面体或四边形单元网格，图 9-5 给出了一个分割实例。

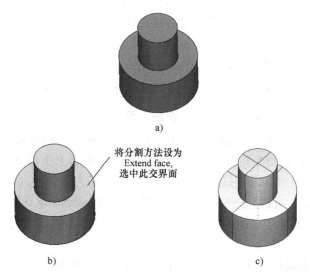

a)

将分割方法设为
Extend face,
选中此交界面

b)　　　　　　　c)

图 9-5　对部件分割后，可以使用扫掠网格划分技术生成六面体单元网格

a）分割前，无法使用扫掠网格划分技术（显示为橙色）　b）方法1：在交界面处将部件分割为上下2 部分后，可以使用扫掠网格划分技术，扫掠路径为轴线方向　c）方法2：沿纵向分割为4部分后，可以使用扫掠网格划分技术，扫掠路径为圆周方向，单元形状应选择"六面体为主（hex- dominated）"

> **提示：** 能够使用扫掠网格划分技术的前提条件是：可以将一个横截面沿某个路径扫掠。如图 9-5a 所示部件上半部分和下半部分的横截面不同，因此无法沿着轴向扫掠。经过图 9-4b 的分割操作后，部件被分为上下两个区域 （cell），可以分别进行扫掠操作。因此，在所有横截面发生变化的位置都应该进行分割操作。

2）对于需要细化网格的部位，可以使用分割工具划分出一个小区域，在这个区域上细化网格种子。

3）如果希望控制部件内部的网格密度，可以在相应位置进行分割操作，从而得到一些新的边，并在这些新的边上布置网格种子。

4）如果部件的不同区域拥有不同的材料特性，则需要在材料变化处进行分割，在 Property 功能模块中为各个区域分别赋予不同的材料和截面属性。

5）如果一条边或一个面的不同部分施加不同的荷载或边界条件，就需要在荷载或边界条件变化处进行分割，然后分别为其定义。

6）如果几何部件实例的某个位置上没有顶点，则无法在此处施加点荷载。这时，可以在此处首先进行分割操作，割出一个顶点，再施加荷载。

【常见问题 9-18】 自底向上网格划分技术的优点和注意问题

自底向上网格划分 （bottom-up meshing） 技术，它有何优点？使用时需要注意哪些问题？

『解答』

结构化网格划分技术、扫掠网格划分技术以及自由网格划分技术都属于自顶向下网格划分技术，其特点是：网格划分完毕后，单元网格与几何模型自动联系到一起。

自底向上网格划分技术的最大优点是能够在任意形状的实体区域内生成六面体单元网格，操作步骤如下：

1）进入 Mesh 功能模块，布置适当的网格种子。

2）单击 ▉ （Assign mesh controls），将网格划分技术设为 Bottom-up。

3）单击 ▉ （create bottom-up mesh） 按钮，设定下列参数。

① 选择生成网格的方式：扫掠 （sweep）、拉伸 （extrude） 或旋转 （revolve）。

② 选择源面 （source side）：Abaqus/CAE 将首先在源面上生成四边形单元的边界网格 （boundary mesh），然后对其进行扫掠、拉伸或旋转，生成六面体单元。

③ 设定其他参数。例如，扫掠时需要指定连接面 （connecting sides） 和/或目标面 （target side），拉伸时需要指定方向矢量 （vector），旋转时需要指定旋转轴 （axis） 和旋转角 （angle） 等。

4）修改上述参数进行多次尝试，直到获得质量较好的网格。

5）这样生成的网格并不一定完全和几何模型发生联系，应单击 ▉ 按钮并保持几秒，直到弹出 ▉ （associate mesh with geometry） 按钮，单击此按钮，将网格和几何模型联系在一起。所谓"联系"包括以下几种情况。

① 让几何模型的面与单元面联系在一起。

② 让几何模型面上的边与单元的边联系在一起。

③ 让几何模型上的顶点与单元的节点联系在一起。

> **提示：** 当几何模型与单元网格联系到一起时，单元网格将显示为黄色。

在 Abaqus/CAE 中为几何部件实例定义接触、约束、边界条件和荷载等参数时，都要指定几何面、边和顶点，如果这些面、边和顶点没有与相应的单元面、边和顶点正确地联系在一起，在提交分析时就会出现错误。例如，在几何面上施加均布荷载，此面对应着几百个单元，但仅仅定义了一个单元与此面相联系，在提交分析时，Abaqus/CAE 会认为所有荷载都施加在这个唯一的单元上，从而导致错误的分析结果。

关于自底向下网格划分与几何模型联系的详细介绍，请参见 Abaqus 6.14 帮助文件"Abaqus/CAE User's Guide"第 17.12 节"Mesh-geometry association"。

『相关知识』

使用自底向上网格划分技术时，往往通过多次尝试才能获得满意的网格，而且需要定义网格和几何模型的联系，操作起来比较复杂，只有当采用结构化和扫掠网格划分技术无法生成六面体网格时才应考虑使用此网格划分技术。

源面上的边界网格（boundary mesh）是影响六面体单元网格质量的主要因素，可以使用下列方法提高边界网格的质量：

1）修改源面的单元控制（Mesh Control），进阶算法（Advancing front）（见图 9-6）往往比中性轴算法（Medial axis）更容易得到形状规则的网格。

2）使用几何诊断工具（geometry diagnostics）找出可能影响边界网格质量的小边、小面和带有尖角的面，并使用几何编辑工具（geometry edit toolset）编辑这些部位，或者使用虚拟拓扑工具（virtual topology toolset）忽略小的边或面，详见第 9.4.3 节"网格划分失败的原因和解决方法"。

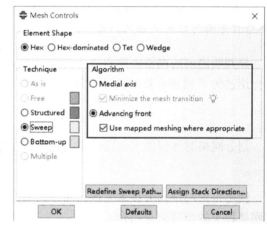

图 9-6　进阶算法（Advancing front）

3）在关心的关键部位分割（partition）出形状规则的区域，在此区域内生成高质量的四边形单元网格（各个角尽量保持为 90°）。

生成自底向上网格后，也可以使用信息查询图标 ❶ 和网格质量检查工具 📉 检查网格质量。

关于自底向上网格划分技术（bottom-up meshing）的详细介绍，请参见 Abaqus 6.14 帮助文件"Abaqus/CAE User's Guide"第 17.11 节"Bottom-up meshing"。

9.4.2　网格种子工具

使用网格种子工具（菜单 Seed）可以实现以下功能：设定部件或独立部件实例的总体

网格种子密度、设定边上的单元数量（均匀分布）、设定边上的单元大小（均匀或非均匀分布）、删除已经定义的网格种子等。

关于定义网格种子的详细介绍，请参见 Abaqus 6.14 帮助文件 "Abaqus/CAE User's Guide" 第 17.15 节 "Seeding a model" 和《实例详解》中 "网格种子" 一节。

【常见问题 9-19】控制网格密度

如何合理地控制网格密度？

『解答』

通过布置不同的网格种子，可以很方便地控制网格密度。初学者通常的做法是：会为整个部件划分大小均匀的网格，这种划分网格的方法十分不妥。正确的做法是：在某些重要部位（应力集中区域、塑性应变较大的区域或接触面上）细化网格，以提高分析结果的精度，在其他不重要的部位划分较粗的网格，减小模型规模，缩短计算时间。

对于工程问题，往往可以事先预测出应力较大的区域（例如，轴肩的小圆角处），在这些位置应该细化网格。如果事先无法知道最大应力所在的位置，可以先为整个模型划分较粗的网格，得出应力的大致分布后，再在应力较大处进行网格细化，并重新提交分析作业，或者用子模型（submodel）技术单独分析所关心区域，相关内容详见《实例详解》中 "使用子模型来分析弯曲成形过程" 一节。

> **提示**：与其他软件相比，Abaqus/CAE 的优点在于：材料属性、相互作用、荷载和边界条件等都可以定义在几何模型上，重新划分网格时，这些参数都无须重新定义。

要判断当前的网格密度和单元类型是否合适，可以按照本书第 9.3 节 "选取单元类型" 中介绍过的 "网格有效性验证" 方法，比较不同网格密度下的分析结果。

【常见问题 9-20】节点位置与网格种子完全吻合

划分网格时如何使节点的位置与网格种子的位置完全吻合？

『解答』

使用自由网格划分技术生成三角形（Tri）或四面体（Tet）单元网格时，节点的位置会与网格种子的位置完全吻合。

使用扫掠网格划分技术生成四边形（Quad）或六面体（Hex）单元网格时，有两种网格划分算法可供选择：

1）中性轴算法（Medial axis）：网格与种子的吻合程度较差。

2）进阶算法（Advancing front）：网格和种子可以较好地吻合，更容易得到大小均匀的网格，只要网格种子布置得不是过于稀疏，使用进阶算法往往更容易得到形状规则的网格。

> **提示**：如果模型中使用了虚拟拓扑技术，则只能采用进阶算法划分网格。

单击 ▥ （Seed Edges）为某条边设置网格种子时，将弹出如图 9-7 所示的对话框，其中，Constraints 标签页下包含 3 个选项，选中 Do not allow the number of elements to change，

即"不允许单元数量变化"，以保证节点的位置与网格种子的位置吻合。有些情况下，这种对网格种子的严格约束会导致划分网格失败，这时应该重新定义网格种子或者选中 Allow the number of elements to increase or decrease，让 Abaqus 软件自动调整网格种子。

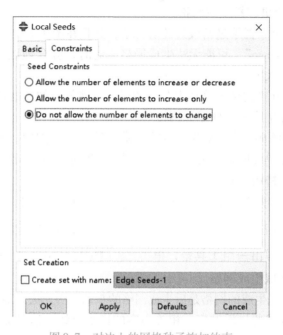

图 9-7　对边上的网格种子施加约束

【常见问题 9-21】顶点和节点的概念及异同

建立模型过程中经常提到"顶点"和"节点"的概念，二者有何区别和联系？

『解答』

顶点和节点的区别和联系如下：

1）顶点是几何模型中的概念，部件各条边的端点、断点、交点等都是顶点。节点是有限元中的概念，各个节点的连线构成了单元。

2）划分网格时，在顶点处一定会有种子，而且是受完全约束的种子，因此，在顶点处必有节点。但反之不成立，在节点处不一定有顶点。

综上，顶点的位置将影响网格节点的分布，进而影响单元网格的生成质量，在创建几何模型时应该充分考虑到这一点。

9.4.3　网格划分失败的原因和解决方法

【常见问题 9-22】划分六面体网格的方法

无法为模型成功划分六面体（Hex）单元网格，应如何解决？

『解答』

可以考虑下列解决方法：

1）如果在网格控制（mesh control）选项中设置单元形状为 Hex（全是六面体单元构成）或 Quad（完全由四边形单元构成），可以尝试将其改为 Hex-dominated（六面体单元为主）或 Quad-dominated（四边形单元为主），即允许网格中包含少量楔形（wedge）或三角形（Tri）单元，这样会更容易生成网格。

2）如果在某条边上布置了过密或过疏的种子，并且在图 9-7 中选择了 "Do not allow the number of elements to change"，可能无法生成网格。此时，应合理地布置种子，相邻两条边上的种子间距不能相差太大。

3）本书第 9.4.1 节 "网格划分技术" 介绍过，某些复杂的三维部件可以使用分割工具进行分割，为整个部件生成六面体单元网格。

4）参考【常见问题 9-10】，某些复杂的三维部件经过分割后，可以在其中几何形状较规则的部分生成六面体单元网格，另外一些形状复杂的部分生成二次四面体单元网格，这时需要注意单元类型的不协调问题。

5）如果将部件分割为多个区域，而且各个区域之间的连接关系很复杂，直接单击 ![Mesh part]（Mesh part）图标可能无法成功地生成网格。这时，可以尝试单击 ![Mesh] 图标右下角的小三角形图标并保持几秒，直到弹出一组工具条，单击 ![Mesh region]（Mesh region）图标，依次选择部件的各个区域，逐个为每个区域生成网格。

使用这种方法时，先生成的网格是后生成网格的基础，当无法为某个区域划分网格时，可以尝试改变选择各个区域的先后顺序。相关内容的详细介绍，请参见 Abaqus 6.14 帮助文件 "Abaqus/CAE User's Guide" 第 17.7.9 节 "Do I have to mesh the entire model in one operation"。

6）对于某些几何形状过于复杂的三维部件，如果确实无法生成六面体单元网格，则只能使用自由网格划分技术生成四面体（Tet）单元网格。

如果几何部件中存在短边、小面、小尖角或微小的缝隙，也会导致网格划分失败，详见下面的讨论。

【常见问题 **9-23**】 无法生成单元网格

将一个三维 CAD 模型导入 Abaqus/CAE 来生成几何部件，在为其划分四面体（Tet）单元网格时，出现如图 9-8 所示的错误信息，无法生成网格。此问题应如何解决？

『错误原因』

如图 9-8 所示的错误信息给出了划分网格失败的两种常见原因：网格种子太稀疏或部件存在几何缺陷（例如，短边、小面、小尖角或微小的缝隙）。

读者可以首先将无法划分网格的区域保存为一个集合，具体操作方法为：在如图 9-8 所示的对话框中勾选 Save failed faces in set: Failed-MeshRegion-1，单击 OK 按钮。然后，可以单击窗口顶部工具栏中的 ![Create Display group]（Create Display group）图标，使用显示组高亮显示这些无法

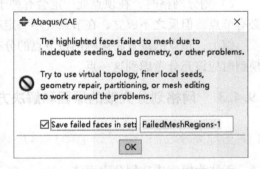

图 9-8　划分网格失败时的错误信息

划分网格的区域（见图9-9）。

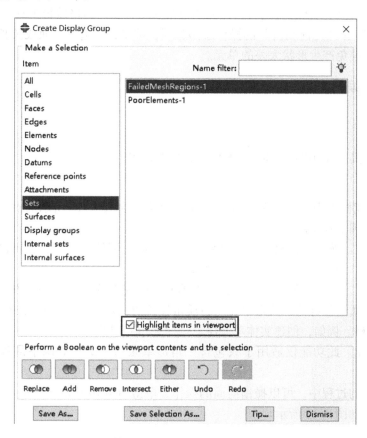

图9-9 使用显示组显示无法生成网格的区域

如果看到无法划分网格的区域是一些狭长的面，很可能是在这些区域上产生形状太差的单元（例如，边与边的夹角太小或太大、各个边的长度差异太大），导致划分网格失败。

在 Part 功能模块中选择菜单 Tools→Query 下的 Geometry diagnostics，可以检查模型中是否存在短边、小面、小尖角或微小的缝隙。

『解决方法』

读者在建模过程中，如果遇到错误信息和警告信息，一定耐心地把对话框中的信息读完，提示信息中通常会给出错误原因和解决方法。如图9-8所示的提示信息中给出了几种解决方法：

1）使用虚拟拓扑（virtual topology）工具忽略短边、小面或狭长的面，详见本书第9.5节"虚拟拓扑"。

2）使用几何编辑（Geometry Edit）工具将短边、小面或狭长的面与周围的区域合并，详见本书第3.1.3节"编辑几何部件"。

3）将过于狭长的区域进行分割（partition），增加顶点和节点。

4）加密种子。需要注意的是：没有必要为整个部件细化网格，而只需为无法划分网格的区域布置更密的种子即可，具体操作方法为：在如图9-9所示的对话框中单击左下角的

Replace 按钮，只显示集合 *Failed-MeshRegion-1* 所对应的区域，然后为其设置网格种子。

5）对质量较差的网格进行编辑，详见本书第 9.4.4 节"网格编辑工具"。

"虚拟拓扑"和"几何编辑"的操作思路相同，都是将短边、小面或狭长的面和周围的边或面合并，以避免产生形状太差的单元。

9.4.4 网格编辑工具

【常见问题 9-24】 网格编辑工具的作用及用法

网格编辑工具（单击菜单 Mesh→Edit）有什么作用？

『解答』

在 Mesh 功能模块中，选择菜单 Mesh→Edit 将弹出如图 9-10 所示的对话框，使用网格编辑工具可以实现下列功能：

1）编辑节点。例如，创建整体坐标系或参考坐标系下的新节点、编辑已有节点、删除节点、合并节点、调整二次单元的中间节点等。

2）编辑单元。例如，创建新单元、删除单元、改变壳单元面的法线方向、将较狭窄的四边形单元改为质量较好的三角形单元、将质量较差的三角形单元合并为四边形单元等。

3）编辑网格。例如，创建实体单元层、创建壳单元层等。

4）网格细化。此功能仅适用于只包含三角形单元的二维孤立网格部件（orphan mesh part）。

在编辑网格的过程中，可以撤销前面的操作，单击图 9-10 中的 Settings 按钮可以设置撤销操作的次数，如图 9-11 所示。

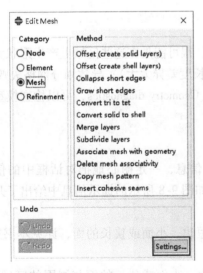

图 9-10　编辑网格对话框

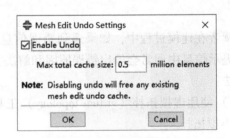

图 9-11　设置撤销操作次数

> **提示**：修改孤立网格部件时，如图 9-10 所示的所有网格编辑工具都可用。修改几何部件或几何部件实例的网格时，仅前两项网格编辑工具 Node 和 Element 可用。

关于网格编辑工具的详细介绍，请参见 Abaqus 6.14 帮助文件"Abaqus/CAE User's Guide"第 64 章"The Edit Mesh toolset"。

9.5 虚拟拓扑

9.5.1 虚拟拓扑的基本概念

在 Mesh 功能模块中选择菜单 Tools→Virtual topology，可以使用虚拟拓扑工具忽略复杂几何模型中不重要的细节（例如，把某个面和相邻的面合并、把某条边和相邻的边合并、忽略某条边或某个顶点等），从而更容易地生成质量较高的网格。

关于虚拟拓扑技术的详细介绍，请参见 Abaqus 6.14 帮助文件"Abaqus/CAE User's Guide"第 75 章"The Virtual Topology toolset"。

【常见问题 9-25】虚拟拓扑结构与虚拟拓扑技术

什么是拓扑结构？什么是虚拟拓扑结构？何时需要使用虚拟拓扑技术？

『解答』

"拓扑结构"即由面、边和顶点等元素构成的几何结构。对模型的拓扑结构进行操作，比如将几个拓扑结构相加、相减或相交，得到的简化的几何模型，称为虚拟拓扑结构。

当模型中包含一些非常小的面或边时，划分网格会非常困难，这些位置的网格可能质量很差或者会生成不必要的细化网格。如果这些小面或短边所在的位置不是关心的重要部位，就可以利用虚拟拓扑技术忽略这些小的几何特征，以便更容易地生成质量较好的网格。需要注意的是：虚拟拓扑技术并不改变部件或部件实例的基本特征，而只是根据需要对部件的细节进行忽略或简化。

关于虚拟拓扑技术，使用过程中应注意下列问题：

1）对于使用了虚拟拓扑技术的部件，仍然可以像普通的几何部件一样，进行分割（partition）、几何编辑（geometry edit）、拉伸（extrude）、扫掠（sweep）和倒角（round/fillet）等操作。

2）Abaqus/CAE 将虚拟拓扑保存为对应的部件或装配件的特征（feature）。在模型树中可以对虚拟拓扑进行重新命名、抑制、恢复、删除等操作，但不能进行编辑操作。

3）当选择需要合并的边或面时，相邻的边或面之间的角度变化应该比较平缓，其夹角最好大于 120°，否则，合并后可能会出现不正常的几何形状。单击窗口顶部工具栏中的 图标可以查询相邻边或面之间的夹角。

『相关知识』

如果进行了虚拟拓扑操作，则无法再使用下列方法划分网格：

1）在二维模型中使用自由网格划分技术或中性轴算法划分四边形单元或四边形单元为主的网格。

2）在三维模型中使用扫掠网格划分技术和中性轴算法。

3）在二维模型中使用结构化网格划分技术，且划分网格的区域不包含四个角点。

4）在三维模型中使用结构化网格划分技术，且划分网格的区域不包含六个面。

9.5.2　虚拟拓扑工具和几何编辑工具

【常见问题9-26】几何编辑工具与虚拟拓扑工具的异同

几何编辑工具（Geometry Edit）与虚拟拓扑工具都是为了建模需要而对模型进行简化操作，二者有何异同？

『解答』

第3.1.3节"编辑几何部件"详细介绍了几何编辑工具的使用方法，表9-6比较了几何编辑工具与虚拟拓扑工具的异同。

表9-6　几何编辑工具与虚拟拓扑工具的比较

项　　目	几何编辑工具	虚拟拓扑工具
功能模块	只能在 Part 功能模块中使用	只能在 Mesh 功能模块中使用
目的	1）保证模型的几何有效性 2）减少模型中的短边和小面，以利于划分网格	减少模型中的短边和小面，以利于划分网格
操作对象	从第三方软件中导入的部件（part）	部件（part）或独立部件实例（independent part instance）
功能	1）修改小的几何缺陷 2）编辑内部几何特征：如缝补小的缝隙、删除自相交的面、重新生成有效的替换面等 3）利用拓扑技术移走多余的顶点或边	1）合并面或边 2）删除某条边或某个顶点
对部件几何特征的影响	修改部件的几何特征	没有修改部件的几何特征，只是忽略或简化模型的几何细节
导出几何部件	将几何部件导出为 CAD 模型时，保留对几何特征的修改	将几何部件导出为 CAD 模型时，忽略虚拟拓扑操作
Assembly 功能模块中的布尔操作（Merge/cut）	编辑后可以进行布尔操作	使用了虚拟拓扑技术的部件实例无法再进行布尔操作

9.6　单元网格的常见错误信息和警告信息

9.6.1　网格质量问题

【常见问题9-27】单元扭曲

随书资源包\Gear 文件夹下提供了一个齿轮转动的 Abaqus/Explicit 分析实例，提交分析后，为什么在 DAT 文件中看到下列警告信息？

*** NOTES: **DISTORTED ISOPARAMETRIC ELEMENTS**: *ANGLE BETWEEN ISO-PARAMETRIC LINES IS LESS THAN 45 DEGREES OR GREATER THAN 135 DE-GREES.* （等参元形状是扭曲的，出现了小于45°的锐角或大于135°的钝角）

*** WARNING: **44 elements are distorted**. *Either the interior angles are out of the suggested limits or the triangular or tetrahedral quality measure is bad.* **The elements have been identified in element set WarnElemDistorted.** （44个单元的形状是扭曲的，这些单元被保存在单元集合 *WarnElemDistorted* 中）

『错误原因』

　　DAT 文件中的上述"单元扭曲"警告信息是预处理过程中出现的信息，这时分析还没有开始，模型还没有出现位移和变形。大多数情况下，在 DAT 文件中出现的这种警告信息是因为在划分网格时出现了形状过于不规则的单元（出现了过小的尖角或过大的钝角）。

　　打开分析生成的 ODB 文件，单击窗口顶部工具栏的 按钮，将 Item 设为 Elements，将 Method 设为 Element sets，可以高亮显示错误信息中提到的单元集合 *WarnElemDistorted*，如图 9-12 所示。可以看出：这些形状较差的单元位于齿根处（见图 9-13 中的深色单元），而这个位置恰恰是应力集中部位。如果分析目的是得到齿轮危险部位的应力，较差的单元形状会导致分析结果的精度大大下降。

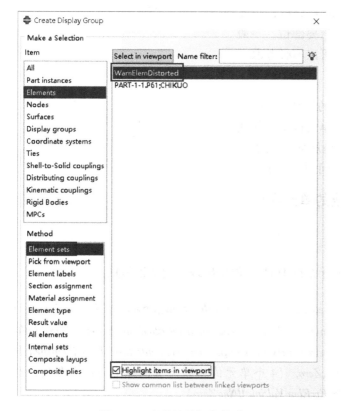

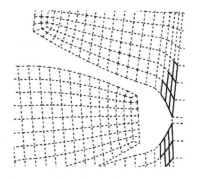

图 9-12　高亮显示扭曲单元　　　　　　图 9-13　形状较差的单元位于齿根部

另外，对于 Abaqus/Explicit 分析，即使模型中只有 1 个很小的或者形状扭曲的单元存在，都会大大降低稳定极限值，增加计算时间，相关内容的详细介绍，请参见本书第 16.4.2 节 "Abaqus/Explicit 分析的增量步长"。

『解决方法』

要得到高质量的单元，应注意下列问题：

1）在狭长的几何区域内，应将网格种子布置得密一些，否则容易出现形状不规则的单元。

2）在使用四边形单元（Quad）或六面体单元（Hex）划分网格时，有两种可供选择的算法：中性轴算法（medial axis）和进阶算法（advancing front）。只要网格种子布置得不是过于稀疏，使用进阶算法往往更容易得到形状规则的网格，相关内容的详细介绍，请参见 Abaqus 6.14 帮助文件 "Abaqus/CAE User's Guide" 第 17.7.6 节 "What is the difference between the medial axis algorithm and the advancing front algorithm"。

3）几何部件上应尽量避免出现很尖的锐角、很短的边或很小的面，这些地方的单元形状可能会很差。在做分割（partition）操作时，也应注意避免出现此类问题。

4）划分网格后，可以单击菜单 Mesh→Verify，选择 Analysis Checks，检查可能会导致错误或警告信息的单元，如图 9-14 所示。

当模型的几何形状很复杂时，很难完全避免出现形状较差的单元。对于 Abaqus/Standard 分析，只要这些单元所在位置远离分析所关心的重要部位，一般情况下对分析结果不会有大的影响，可以不必考虑。

『相关知识』

DAT 文件中出现 "单元扭曲" 的警告信息时，还有另外一种常见的原因：如果这些单元位于接触或绑定约束（tie）的从面上，有可能是从面节点坐标的调整造成了单元扭曲，详见【常见问题 9-28】。

图 9-14   单元网格分析检查

9.6.2   调整从面节点坐标造成的单元异常

【常见问题 9-28】单元体积为零或负值

将一个三维模型提交分析时，为什么在 DAT 文件中出现下列错误信息：

> *** *ERROR: The volume of 4 elements is **zero, small or negative**. Check coordinates or node numbering or modify the mesh seed. In the case of a tetrahedron this error may indicate that all nodes are located very nearly in a plane. The elements have been identified in element set ErrElemVolSmallNegZero.* （4 个单元的体积为零、很小的值或负值，这些单元已被保存为单元集合 *ErrElemVolSmallNegZero*）

『解答』

如果单元的节点编号顺序错误，会出现上述错误信息，【常见问题 9-29】将详细介绍。如果网格是在 Abaqus/CAE 中生成的，而且没有手工修改过 INP 文件中的节点编号，通常不会出现节点编号顺序错误的问题。

按照第 9.4.4 节"网格编辑工具"中介绍的方法，打开 ODB 文件，单击 按钮高亮显示上述出现错误的单元集合 *ErrElemVolSmallNegZero*。如果看到这些单元确实形状很差（例如，非常薄），单元体积接近零，则有两种可能的情况：

1) 回到原始的 CAE 模型（.cae），单击 查看上述单元。如果这些单元的形状和体积在 CAE 模型中就是异常的，说明是网格本身问题，可能在相应位置存在很短的边或很小的尖角，或者网格种子太稀疏，可以采用【常见问题 9-27】介绍的方法加以解决。

2) 如果这些单元的形状和体积在原始的 CAE 模型中是正常的，而在 ODB 文件中单元节点坐标发生变化，导致单元的体积接近为零，则可能的原因包括：

① 这些单元位于接触对的从面（slave surface）上，接触定义中的 adjust 参数造成从面节点坐标变化。这种情况的解决方法：修改模型，缩小从面和主面的初始距离（最好让初始距离为 0），这样从面节点坐标不会变化，单元形状也就不会改变。

② 这些单元位于绑定约束（tie）的从面上，绑定约束定义中的 position tolerance 参数造成从面节点坐标变化。这种情况的解决方法是：在定义绑定约束时去掉默认选项 Adjust slave surface initial position，以避免从面节点坐标发生变化。

另外在上述①、②两种情况中，如果从面和主面都是圆弧面，应注意让从面和主面在圆弧方向的网格密度相同，以保证从面节点和主面节点一一对应。沿圆弧方向的种子不要太稀疏。以 90°的圆弧面为例：如果是接触面，建议沿圆弧方向至少划分 10 个单元；如果是绑定约束，建议沿圆弧方向至少划分 4 个单元。

本书第 17.3.1 节"接触分析综合实例 1"提供了一个调整接触从面节点坐标的实例。

9.6.3　节点编号顺序错误

【常见问题 9-29】 单元面积为零或负值

在前处理软件 HyperMesh 中为一个二维模型划分了网格，将其转化为 Abaqus 模型后提交分析，为什么在 DAT 文件中出现下列错误信息：

> ***ERROR**: **The area of 628 elements is zero, small, or negative**. Check coordinates or node numbering, or modify the mesh seed. The elements have been identified in element set ErrElemAreaSmallNegZero.* （628 个单元的面积为零、很小的值或负值，这些单元保存为单元集合 *ErrElemAreaSmallNegZero*）

『错误原因』

除了【常见问题 9-27】和【常见问题 9-28】介绍的常见错误原因之外，单元的节点编号顺序错误也会出现上述错误信息。

Abaqus 软件中的二维实体单元必须在 1-2 面内定义，且节点编号顺序为逆时针方向，如图 9-15 所示。如果模型是从 HyperMesh 等其他前处理软件导入的，单元的节点编号可能与图 9-15 所示的节点编号顺序相反，就会出现上述错误信息。

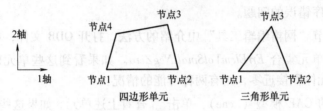

图 9-15　二维单元正确的节点编号顺序

打开分析生成的 ODB 文件，单击窗口顶部工具栏中的 按钮，高亮显示错误信息中提到的单元集合 *ErrElemAreaSmallNegZero*。

如果想在 Abaqus/CAE 中查看节点编号或单元编号，可以采用下列方法：

1）在 Part 功能模块下选择菜单 View→Part Display Options，或在 Assembly 功能模块下选择菜单 View→Assembly Display Options，选中 Show node labels 或 Show element labels。

2）在 Visualization 功能模块下，单击左侧工具区中的 （Common Options）按钮，选择 Labels 标签页，然后选中 Show node labels 或 Show element labels。

3）在任意一个功能模块下，单击窗口顶部工具栏中的 ，选择 Node 或 Element 可以查询某个节点或单元的编号。

『解决方法』

修改 INP 文件，将出错的节点编号按照逆时针顺序重新排列即可。例如，下面语句定义了轴对称四边形单元：

> * ELEMENT, TYPE = CAX4, ELSET = up
> 1172, 1351, 1050, 1049, 1350

其中 1172 是单元编号，后面 4 个数字是该单元的节点编号。如果手工修改节点编号顺序的工作量很大，可以使用 UltraEdit、EditPlus 等文字编辑软件直接对数据列进行编辑，或者将 INP 文件内容导入 Excel 表格中进行修改。

为了避免出现节点编号次序问题，读者应尽量在 Abaqus/CAE 的前处理器中建模和划分网格。只要模型不是异常复杂，Abaqus/CAE 的前处理功能都能够满足建模需要。

9.6.4　单元扭曲错误

本书第 9.6.1～9.6.3 节介绍的单元网格错误都是在 DAT 文件中出现的"单元扭曲"信息，此时分析还没有开始，模型还没有出现位移和变形，是在初始状态下的单元网格问题。如果在 Abaqus/Standard 求解器分析过程中生成的 MSG 文件或 Abaqus/Explicit 分析生成的 STA 文件中出现了单元异常信息，则表明在分析过程中出现了单元扭曲问题。

本书第 16.4.4 节"Abaqus/Explicit 分析中的边界条件和荷载"介绍了在 Abaqus/Explicit 分析中出现单元扭曲时的处理方法，第 18.4 节"弹塑性分析不收敛时的解决方法"介绍了弹塑性分析中出现单元扭曲时的处理方法。

9.7 本章小结

本章主要介绍了下列内容：

1）使用线性减缩积分单元（例如，C3D8R）时应避免出现沙漏模式。如果希望得到准确的节点应力，则尽量不要选用线性减缩积分单元。

2）在定义了接触和弹塑性材料的区域，不要使用 C3D20、C3D20R、C3D10 等二次单元。

3）完全积分单元容易出现剪切闭锁和体积闭锁的数值计算问题，一般情况下尽量不要使用。

4）对于 Abaqus/Standard 分析，如果能够划分四边形（Quad）或六面体（Hex）网格，建议尽量使用非协调单元（例如，C3D8I），同时要注意保证关键部位的单元形状是规则的。

5）如果无法划分六面体（Hex）网格，则应使用修正的二次四面体单元（C3D10M），它适用于模拟接触和弹塑性问题，但是计算代价较大。

6）结构化网格划分技术、扫掠网格划分技术、自由网格划分技术和自底向上网格划分技术各自有其优缺点和适用范围。对于复杂模型，可以使用分割工具将部件分为多个几何形状简单的区域，然后分别使用恰当的网格划分技术生成质量较好的网格。

7）合理使用网格种子工具、分割工具、网格质量检查工具等，可以快速高效地生成高质量网格。

8）网格划分失败时，可以尝试下列解决方法：改变网格控制参数、调整种子的密度、使用虚拟拓扑或几何编辑工具改善几何模型、分割复杂的几何区域、逐个为各个区域生成网格。

9）介绍了实体单元、壳单元、梁单元的选取原则，如果复杂模型中同时包含几种单元类型，应该综合考虑分析目的和研究对象特征，选择适当的单元类型。

10）介绍了网格有效性验证的操作方法：首先，使用当前的网格密度和单元类型进行分析；然后，使用更细化的网格或其他单元类型进行分析；最后，比较两次分析的结果，如果二者相差很小（例如，小于2%），说明当前的网格密度和单元类型已经足以保证分析精度了；如果二者相差很大，说明原来的网格密度和单元类型设置不是最佳选择。

第10章
Optimization功能模块
常见问题解答与实用技巧

本章要点:

- ※ 10.1 基础知识
- ※ 10.2 优化步骤和迭代过程
- ※ 10.3 本章小结

Abaqus/CAE 中的 Optimization 功能模块为优化模块,可以在 Abaqus 软件中进行优化工作。目前,Tosca 软件和 Isight 软件是最受读者欢迎的优化软件,在 Abaqus 软件中使用 Optimization 功能模块进行优化的应用较少。因此,本章仅介绍 Optimization 功能模块的基础知识、优化步骤和优化过程,复杂模型的优化工作,建议选择 Tosca 软件或 Isight 软件来完成。

10.1 基础知识

本节将介绍 Optimization 功能模块的基础知识,包括:该模块的主要功能、基本概念等知识。

【常见问题 10-1】 主要功能

Optimization 功能模块的主要功能有哪些?

『解答』

在 Optimization 功能模块中,单击 ▓ 图标,可以创建优化任务(见图 10-1)。在 Abaqus/CAE 中可以实现 4 种优化功能,分别是:拓扑优化(Topology optimization)、形状优化(Shape optimization)、尺寸优化(Sizing optimization)和焊道优化(bead optimization)。

【常见问题 10-2】 基本概念

Optimization 功能模块的基本概念有哪些?

『解答』

1)优化任务(Optimization task):包含优化的定义,例如,设计响应、目标、限制条件和几何约束。单击 ▓ 图标,可以创建优化任务(见图 10-1)。

2）设计响应（Design responses）：指的是优化分析的输入量。设计响应可以从 Abaqus 的分析结果输出文件（odb）直接读取，例如，刚度、应力、特征频率及位移等。设计响应通常与模型密切相关，也与分析步和荷载相关。单击 ⏳ 图标，将弹出如图 10-2 所示的创建设计响应对话框，

图 10-1　创建优化任务　　　　　　　　　　图 10-2　创建设计响应对话框

3）目标函数（Objective functions）：该函数给出了优化目标。目标函数通常是从设计响应中提取一定范围内的值（例如，最大位移和最大应力），它可以用多个设计响应公式来表示。如果设定目标函数为最小化或者最大化某个设计响应，则将通过增加每个设计响应值代入目标函数进行计算。如果有多个目标函数，可以使用权重因子定义每个目标函数的影响程度。单击 ✺ 图标，将弹出创建目标函数对话框（见图 10-3），单击 Continue 按钮，则弹出编辑目标函数对话框，可以设置目标函数、权重因子等参数（见图 10-4）。

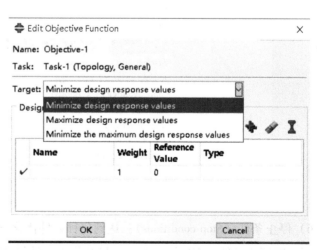

图 10-3　创建目标函数对话框　　　　　　　　图 10-4　编辑目标函数对话框

4）约束（Constraints）：优化过程中施加的限制条件（例如，指定体积必须减少45%或者某区域的位移不能超过1mm），也可以是某些与优化无关的尺寸约束（例如，轴承面的直径不能改变）。单击 图标，将弹出创建约束对话框（见图10-5），单击 Continue 按钮将弹出编辑优化约束对话框，如图10-6所示。

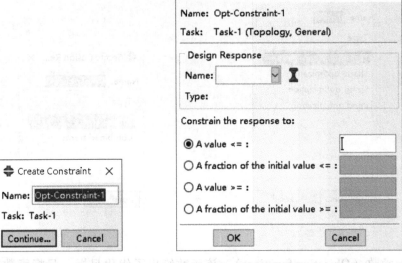

图 10-5 创建约束对话框   图 10-6 编辑优化约束对话框

5）几何限制条件（Geometric Restriction）：优化过程中对模型几何形式的限制条件。例如，满足对称性等。单击 图标将弹出如图10-7所示的创建几何限制条件对话框。

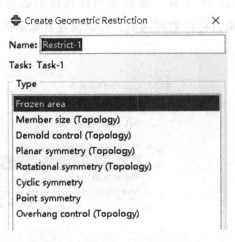

图 10-7 创建几何限制条件对话框

6）停止条件（Stop conditions）：达到何种条件优化分析结束。单击 图标可以根据需要设置局部停止条件。需要注意的是：局部停止条件仅适用于形状优化任务，如果创建的是拓扑优化，则会弹出如图 10-8 所示的提示信息。

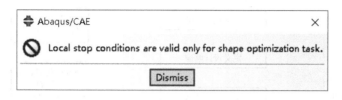

图 10-8　拓扑优化任务设置局部停止条件时抛出的提示信息

7）设计区域（Design area）：需要优化的模型区域。该区域可以是整个模型，也可以是模型的一部分或者多个部分。在给定边界条件、荷载及约束下，拓扑优化将通过增加/删除区域中的单元材料达到最优设计，而形状优化通过移动区域内节点来达到优化目的。

8）设计变量（Design variables）：优化设计中需要改变的参数。拓扑优化将设计区域的单元密度设为设计变量，形状优化的设计变量是设计区域内表面节点的位移。

9）设计循环（Design cycle）：优化分析需要不断更新设计变量进行迭代，每次迭代称为一个设计循环。

10.2　优化步骤和迭代过程

本节将简要介绍 Optimizaiton 功能模块中优化的步骤。

【常见问题 10-3】优化步骤和迭代过程

在 Abaqus/CAE 中进行优化设计的步骤怎样？

『解答』

在 Abaqus/CAE 中对模型进行优化设计时，应该按照下列步骤进行：

1）创建待优化的 Abaqus 模型。

2）创建优化任务。

3）创建设计响应。

4）根据设计响应创建目标函数和约束。

5）创建优化分析作业，提交分析。

基于读者定义的优化任务，Abaqus/CAE 的优化模块将进行多次迭代运算，详细步骤如下：

1）准备设计变量（单元密度或表面节点位置）。

2）更新 Abaqus 有限元模型。

3）执行 Abaqus/Standard 分析。

4）如果满足最大迭代次数或满足停止条件，则分析结束，否则一直执行上述设计循环，如图 10-9 所示。

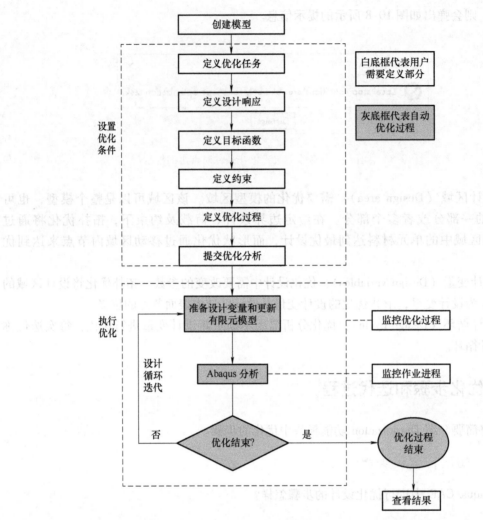

图 10-9　详细的优化过程

10.3　本章小结

本章主要介绍了下列内容：

1）Abaqus/CAE 的 Optimization 功能模块可以实现拓扑优化（Topology optimization）、形状优化（Shape optimization）、尺寸优化（Sizing optimization）和焊道优化（bead optimization）功能。

2）介绍了与优化功能模块相关的 9 个重要概念，分别是：优化任务（Optimization task）、设计响应（Design responses）、目标函数（Objective functions）、约束（Constraints）、几何限制条件（Geometric Restriction）、停止条件（Stop conditions）、设计区域（Design area）、设计变量（Design variables）和设计循环（Design cycle）。

3）介绍了 Optimization 功能模块中完成优化设计任务的步骤和迭代过程。

第11章

Job功能模块
常见问题解答与实用技巧

11

本章要点：

※ 11.1 监控分析作业
※ 11.2 查看分析诊断信息
※ 11.3 指定用户子程序
※ 11.4 指定数值精度
※ 11.5 本章小结

在 Abaqus/CAE 的 Job 功能模块中，可以创建和管理分析作业、监控分析的运行状态。相关内容的详细介绍，请参见 Abaqus 6.14 帮助文件"Abaqus/CAE User's Guide"第 19 章"The Job module"。

11.1 监控分析作业

【常见问题 11-1】查看 **Abaqus/Standard** 分析作业的运行状态

如何查看 Abaqus/Standard 分析作业的运行状态?

『解答』

在 Job Manager 对话框中单击 Monitor 按钮，可以显示分析作业的运行状态（即 STA 文件中的内容）。图 11-1 给出了 Abaqus/Standard 分析的实例，其中各列数据的含义如下：

1）Step：分析步编号。

2）Increment：增量步编号。

3）Att：迭代过程中的尝试（attempt）次数。每出现一次增量折减（cutback），Att 就增加 1，相关内容请参见本书第 6.1.3 节"分析步、增量步与迭代"。

4）Severe Discon Iter：严重不连续迭代（severe discontinuity iteration）的次数（简称 SDI），在分析过程中，每出现 1 次接触状态的变化（由开放到闭合、由闭合到开放、节点滑动、节点静止等），SDI 的次数增加 1，SDI 的次数越多，表明该分析步该增量步越不容易收敛。

5）Equil Iter：平衡迭代次数（简称 EI），主要指求解平衡方程的迭代次数。

6）Total Iter：总的迭代次数，为严重不连续迭代次数和平衡迭代次数之和。

7）Total Time/Freq：总的分析步时间（或频率）。

8）Step Time/LPF：当前分析步时间（或静力屈曲分析中的加载比例系数）。

9）Time/LPF Inc：时间（或加载比例系数）增量步长。

			1	2	3	4	5	6	7	8	9
Step	**Increment**	**Att**	**Severe Discon Iter**	**Equil Iter**	**Total Iter**	**Total Time/Freq**	**Step Time/LPF**	**Time/LPF Inc**
1	1	1	1	1	3	1	1	1
2	1	1	0	1	1	2	1	1
3	1	1	0	3	3	3	1	1
4	1	1	0	2	2	3.1	0.1	0.1
4	2	1	0	1	1	3.2	0.2	0.1
4	3	1	0	1	1	3.35	0.35	0.15
4	4	1	0	1	1	3.575	0.575	0.225
4	5	1	0	1	1	3.9125	0.9125	0.3375
4	6	1	1	2	3	4	1	0.0875
5	1	1	4	0	4	4	0	0.0001
5	1	2	4	0	4	4	0	2.5e-05
5	1	3	14	0	14	4.00001	6.25e-06	6.25e-06
5	2	1	7	0	7	4.00001	1.25e-05	6.25e-06
5	3	1	5	0	5	4.00002	2.1875e-05	9.375e-06
5	4	1	6	0	6	4.00004	3.59375e-05	1.40625e-05
5	5	1	7	0	7	4.00006	5.70313e-05	2.10938e-05
5	6	1	4	1	5	4.00009	8.86719e-05	3.16406e-05
5	7	1	1	1	2	4.00014	0.000136133	4.74609e-05
5	8	1	0	2	2	4.00021	0.000207324	7.11914e-05
5	9	1	0	1	1	4.00031	0.000314111	0.000106787

Log Errors ! Warnings Output

Started: Analysis Input File Processor

Completed: Analysis Input File Processor

图 11-1　监控 Abaqus/Standard 分析作业

在图 11-1 的例子中，可以看到下列信息：

（1）分析步 1　此分析步中包含 1 个增量步（increment），该增量步只做了 1 次尝试就达到收敛（即没有发生折减），在这次尝试中发生了 2 次严重不连续迭代和 1 次平衡迭代，总迭代次数为 3。总的分析步时间为 1，当前分析步时间为 1，增量步长为 1。

（2）分析步 2　此分析步也包含 1 个增量步，只做了 1 次尝试，在这次尝试中只发生了 1 次平衡迭代就达到收敛，说明此分析步中各节点的接触状态没有发生变化，很容易收敛。总时间为 2（即分析步 1 的时间与分析步 2 的时间之和），当前分析步时间为 1，增量步长为 1。

（3）分析步 3　与分析步 1 和分析步 2 类似，不再详述。

（4）分析步 4　此分析步包含 6 个增量步，每个增量步都只做了 1 次尝试。

在第 1~5 个增量步中，没有出现严重不连续迭代，只经历 1~2 次平衡迭代就达到收敛，因此从第 3 个增量步开始，时间增量步长自动增加为原来的 150%，分别为 0.1、0.15、0.225 和 0.3375。

在第 6 个增量步中，增量步长变为 0.0875，原因是在第 5 个增量步结束时，已经完成的当前分析步时间为 0.9125，只差 0.0875 就可以完成整个分析步。

（5）分析步 5　第 1 个增量步经历了 3 次尝试才达到收敛：第 1 次尝试的增量步长为 0.0001，无法达到收敛；第 2 次尝试的增量步长减小为原来的 25%，即 2.5E-05，仍然无法收敛；第 3 次尝试的增量步长继续减小为原来的 25%，即 6.25E-6，经历了 14 次严重不连续迭代后，此增量步达到收敛。

第 2 个增量步只做了 1 次尝试，经历了 7 次严重不连续迭代后达到收敛，增量步长保持为第 1 个增量步中的 6.25E-6。

第 3 个增量步只做了 1 次尝试，经历了 5 次严重不连续迭代后达到收敛。由于连续的 2 个增量步都较容易达到收敛，Abaqus/Standard 求解器自动将增量步长增加为原来的 150%，即 9.375E-06。

其余增量步的分析过程与此类似，不再详述。

『实用技巧』

图 11-1 窗口底部的 Errors 和 Warnings 标签页显示了 DAT 文件、MSG 文件和 STA 文件中出现的前 10 个错误信息和警告信息。如果错误信息或警告信息超过 10 个，可以在上述文件中找到完整的信息。

【常见问题 11-2】 查看 **Abaqus/Explicit** 分析作业的运行状态

如何查看 Abaqus/Explicit 分析作业的运行状态？

『解答』

对于 Abaqus/Explicit 分析，同样可以在 Job Manager 对话框中单击 Monitor 查看其运行状态。图 11-2 给出了一个实例，其中各列数据的含义同图 11-1。

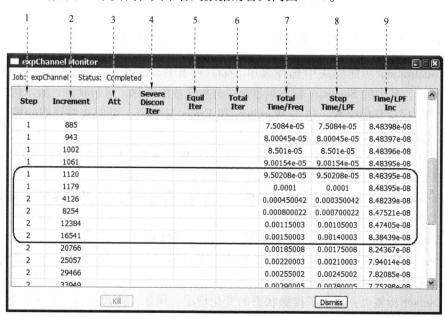

图 11-2　监控 Abaqus/Explicit 分析作业

由于 Abaqus/Explicit 分析不需要进行迭代，因此，图 11-2 中的第 3～6 项均为空白。Abaqus/Explicit 的计算结果以应力波的形式传递，增量步数目很多，而每个增量步很小。图 11-2 的例子中，分析步 1 使用了 1179 个增量步，分析步时间为 0.0001，增量步长为 8.48395E−08。

11.2　查看分析诊断信息

对使用 Abaqus/Standard 求解器进行分析计算的有限元模型，MSG 文件给出了详细的分析步、增量步和迭代过程信息，对于调试和修改模型非常有帮助，但是，该文件中的信息量非常庞大，很少有读者会耐心地看完所有信息。为了帮助读者理解 MSG 文件中的详细信息，Abaqus 软件把 MSG 文件的求解过程信息固化到 Visualization 功能模块中 Tools 菜单下的 Job diagnostic，相关内容的详细介绍，请参见 Abaqus 6.14 帮助文件 "Abaqus/CAE User's Guide" 第 41 章 "Viewing diagnostic output"。

> **提示：** 在 Step 功能模块中选择菜单 Output→Diagnostic Print，可以设置输出分析诊断信息。

【常见问题 11-3】　查看 Abaqus/Standard 分析的诊断信息

如何查看 Abaqus/Standard 分析的诊断信息？

『解答』

下面以【常见问题 11-1】中的 Abaqus/Standard 分析作业为例，介绍查看分析诊断信息的方法。

> **提示：** 在分析作业运行结束之前，也可以查看分析诊断信息。

在 Visualization 功能模块中选择菜单 Tools→Job Diagnostics，可以查看分析诊断信息（见图 11-3a），其中的 Summary 标签页显示了分析作业的名称、运行状态、版本信息，以及警告信息和错误信息的个数。单击 Warnings 和 Errors 标签页，可以查看详细的警告信息和错误信息（见图 11-3b）。

单击图 11-3 窗口左侧的各个分析步，可以显示更详细的分析诊断信息。图 11-4 显示了 1 个迭代步的分析诊断信息，其中 5 个标签页的内容分别介绍如下：

1) Summary 标签页：显示了此迭代步是否收敛、警告信息的个数、接触是否收敛、接触诊断信息的个数（见图 11-4）。

2) Warnings 标签页：显示了完整的警告信息（见图 11-5）。

3) Residuals 标签页：显示了与方程平衡有关的量，例如，最大残余力、最大位移增量、最大位移校正量等（见图 11-6）。

4) Contact 标签页：显示了接触状态的变化情况，例如，过盈接触、最大接触力误差、最大穿透误差等（见图 11-7）。

5) Elements 标签页：显示了迭代过程中与单元和材料点计算有关的信息。

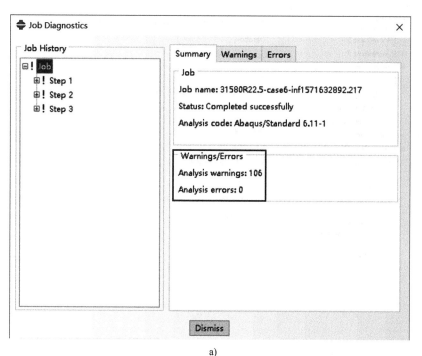

a)

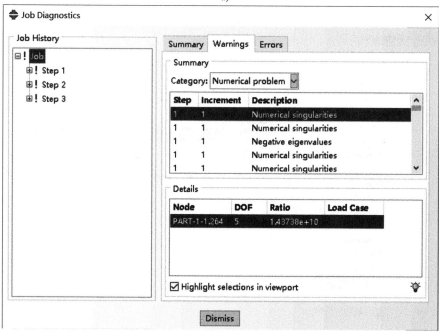

b)

图 11-3　分析诊断信息窗口

a）Summary 标签页　b）Warnings 标签页

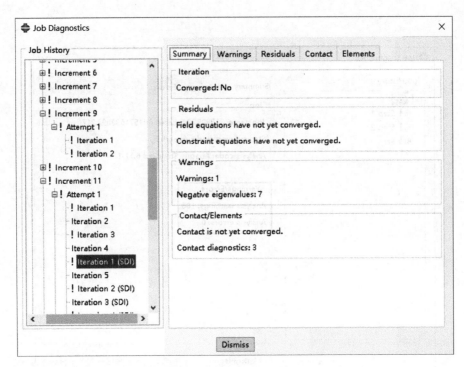

图 11-4　迭代步的分析诊断信息

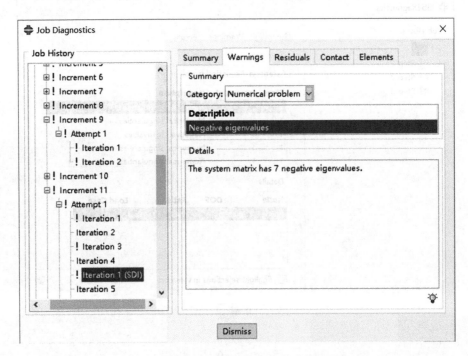

图 11-5　Warnings 标签页

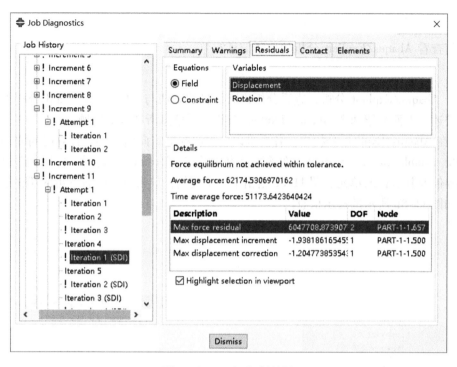

图 11-6   Residuals 标签页

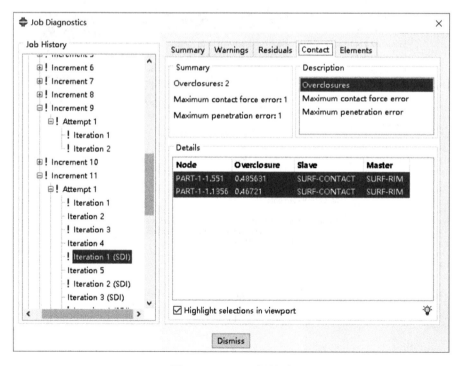

图 11-7   Contact 标签页

【常见问题 11-4】 查看 Abaqus/Explicit 分析的诊断信息

如何查看 Abaqus/Explicit 分析的诊断信息？

『解答』

对于 Abaqus/Explicit 分析，查看分析诊断信息的方法与 Abaqus/Standard 分析类似，在此不再赘述。下面介绍两个 Abaqus/Explicit 分析诊断信息所特有的问题：

1）在 Abaqus/Explicit 分析中，各变量以应力波的形式向前传递，计算时间取决于稳定时间增量（stable time increment）。在诊断信息中单击 Elements 标签页，会显示出稳定时间增量临界值及其所在的单元。图 11-8a 给出了一个实例，单击对话框右下角的 Tip 按钮，可以看到如图 11-8b 所示的提示信息。

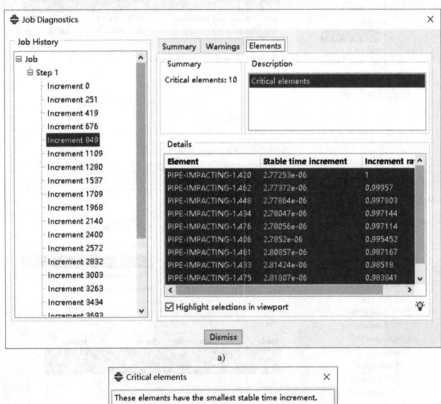

a)

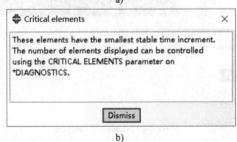

b)

图 11-8　Abaqus/Explicit 分析诊断信息的 Elements 标签页

a）Elements 标签页显示的临界单元　b）Tip 信息

2）可以为 Abaqus/Explicit 分析诊断信息中与时间增量有关的量绘制 XY 图。例如，在图 11-9 中选中 Kinetic energy（动能），单击 Plot selected column 按钮，即可绘制出如图 11-10 所示的 XY 图。

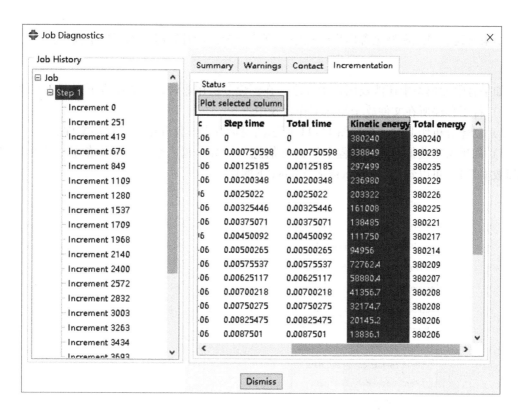

图 11-9　查看分析作业诊断信息

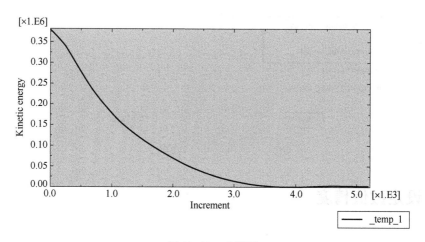

图 11-10　动能图

11.3　指定用户子程序

【常见问题 11-5】创建包含用户子程序的分析作业

如果所建有限元模型包含用户子程序，创建分析作业时如何考虑用户子程序？

『解答』

如果有限元模型中还涉及用户子程序，在创建分析作业时，需要注意下列两个方面：

1）将子程序所在文件放于当前工作目录中。

2）创建分析作业时，在如图 11-11 所示的对话框中，打开用户子程序文件。

3）如果希望获得前处理过程中的详细信息（例如，输入数据、约束信息、模型定义、历程数据等），可以勾选 Preprocessor Printout 下的选项。

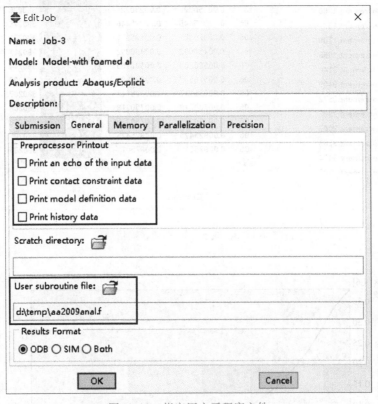

图 11-11　指定用户子程序文件

11.4　设定数值精度

【常见问题 11-6】警告信息建议使用双精度

提交 Abaqus/Explicit 分析时，在 STA 文件中看到下列警告信息，应如何解决？

*** *WARNING: THE ANALYSIS MAY NEED A LARGE NUMBER OF INCREMENTS (MORE THAN 300000), AND IT MAY BE AFFECTED BY ROUND-OFF ERRORS. RUNNING THE DOUBLE PRECISION EXECUTABLE IS RECOMMENDED.* （增量步数超过 30000，建议使用双精度来计算）

『解答』

对于大多数计算机，运行 Abaqus/Explicit 分析时的默认精度是单精度（single precision），即 32 位字长，它比 64 位字长的双精度（double precision）节省 20% ~ 30% 的 CPU 时间。一般情况下，单精度的分析结果就足够准确了，但在下列情况下，应使用双精度进行 Abaqus/Explicit 分析。

1）需要超过 30000 个增量步的分析。

2）典型的节点位移增量小于相应节点坐标值的 10^{-6} 倍。

3）使用了超弹性材料。

4）变形体部件发生了多次旋转。

出现上述情况时，在 STA 文件中会看到上述警告信息。对于 Abaqus/Explicit 分析，设置双精度的方法有 3 种：

1）如果是在 Abaqus/CAE 的 Job 功能模块中提交分析，可以在创建分析作业时选择 Precision 标签页，根据需要将 Abaqus/Explicit precision 设为 Double- analysis only、Double- constraints only、Double- analysis + packager（见图 11-12）。

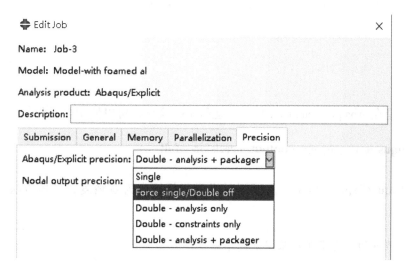

图 11-12 设置 Abaqus/Explicit 分析为双精度

2）如果在 Abaqus Command 窗口中运行 INP 文件，可以使用下列命令：

abaqus job = *job_name* **double**

3）在 Abaqus 安装目录下找到环境文件 abaqus_v6. env，添加下列语句：

explicit_precision = DOUBLE_PRECISION

相关内容的详细介绍，请参见 Abaqus 6.14 帮助文件 "Abaqus Analysis User's Guide" 第 3.2 节 "Execution procedures"。

【常见问题 11-7】 设置节点计算结果为双精度

ODB 文件中节点的计算结果是否可以设置为双精度？

『解答』

默认情况下，ODB 文件中的节点场变量结果是单精度，如果希望输出双精度的节点计算结果，有以下两种设置方法：

1）如果是在 Job 功能模块中提交分析，可以在创建分析作业时选择 Precision 标签页，将 Nodal ouput precision 设为 Full（见图 11-13）。

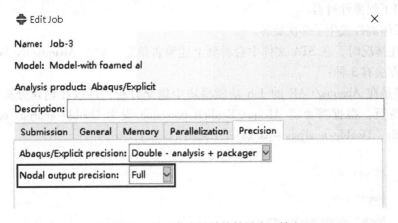

图 11-13　设置节点的计算结果为双精度

2）如果是在 Abaqus Command 窗口中运行 INP 文件，可以使用以下命令：

abaqus job = *job_name* **output_precision = full**

对于 Abaqus/Explicit 分析，需要同时设置分析精度为双精度，具体方法见【常见问题 11-6】。

> **提示**：节点的历史变量结果只能是单精度。

11.5　本章小结

本章主要介绍了下列内容：

1）在 Job Manager 对话框中单击 Monitor 按钮，可以监控分析作业的运行状态。

2）在 Visualization 功能模块中选择菜单 Tools→Job Diagnostics，可以查看分析诊断信

息。诊断信息中列出了各个分析步、增量步和迭代步中的警告信息、接触信息、残余力等数据，便于查找问题，改正模型。

3）介绍了提交包含用户子程序的模型的方法。

4）根据需要可以将 Abaqus/Explicit 分析的精度设置为双精度，以得到更准确的分析结果。

5）默认情况下，ODB 文件中节点场变量结果是单精度，根据需要可以将其设置为双精度。

第12章

Visualization功能模块
常见问题解答与实用技巧

12

本章要点：

- ※ 12.1 输出图片和动画
- ※ 12.2 显示分析结果
- ※ 12.3 扫掠/拉伸绘图
- ※ 12.4 镜像/阵列绘图
- ※ 12.5 绘制 X-Y 图
- ※ 12.6 查看分析结果
- ※ 12.7 创建新的场变量
- ※ 12.8 本章小结

任何一款有限元分析软件，其分析过程都包含 3 个步骤：建立模型（前处理）、定义分析过程和提交分析作业（求解）、显示分析结果（后处理）。Abaqus/CAE 的 Visualization 功能模块提供了丰富的后处理功能，可以将分析结果以图片、动画、曲线、表格等形式生动地展示出来。

本章将详细介绍 Visualization 功能模块中生成各种分析结果图片、动画过程中的常见问题及实用技巧，相关内容的详细介绍，请参见 Abaqus 6.14 帮助文件 "Getting Started with Abaqus：Interactive Edition" 附录 D "Viewing the Output from Your Analysis" 和 "Abaqus/CAE User's Guide" 第 40~56 章。

12.1 输出图片和动画

12.1.1 输出图片

【常见问题 12-1】 输出模型和分析结果的图片

如何将 Abaqus 模型或分析结果以图片的形式输出？

『解答』

在 Abaqus/CAE 的任一功能模块中，单击菜单 File→Print 将弹出如图 12-1 所示的对话框，将 Destination 选项设为 File，将 Format 选项设为 PNG 格式或 TIFF 等格式的文件，指定文件名和保存路径即可。

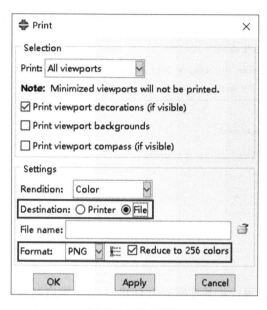

图 12-1　输出图片

12.1.2　输出动画

【常见问题 12-2】动画重叠

为了比较分析结果，希望将两个不同 ODB 文件生成的动画重叠在一起显示，应该如何操作？

『解答』

操作步骤如下：

1）在 Visualization 功能模块中显示第 1 个 ODB 文件的动画，选择菜单 Animate→Save As，保存此动画（假设文件为 D:/Temp/aa.avi）。

2）单击菜单 View→Image/Movie Options，在 Movie 标签页中单击 ▆（Create Movie）图标，选择已经保存的第 1 个动画 D:/Temp/aa.avi，根据需要设置它在视图中的位置和显示方式，如图 12-2 所示。

3）显示第 2 个 ODB 文件的动画时，背景动画 aa.avi 会同时显示出来。

『实用技巧』

在 Abaqus/CAE 的各个功能模块中，单击菜单 View→Image/Movie Options，在 Image 标签页中可以设置视图的背景图片，请读者自行尝试操作。

【常见问题 12-3】制作多个 ODB 文件的动画

不同的分析作业会生成不同的 ODB 文件，如何将多个 ODB 文件连接起来制作成一个动画？

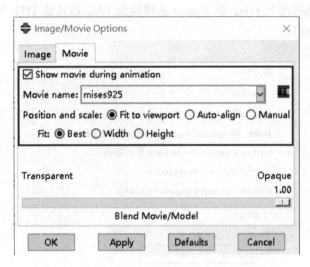

图 12-2 Image/Movie Options 对话框

『解答』

如果是重启动分析，可以将基础模型的 ODB 文件与重启动模型的 ODB 文件连接起来，详见本书第 15.1.6 节"合并基础模型和重启动模型的 ODB 文件"。如果不是重启动分析，只能分别为不同的 ODB 文件保存单独的动画文件，然后借助专门的视频处理软件将它们合并为一个视频文件。

12.2 显示分析结果

12.2.1 变形缩放系数

【常见问题 12-4】设置变形缩放系数

显示分析结果时，发现模型的位移量很大，与预期的情况不符，是什么原因造成的？

『解答』

发现位移或变形异常时，应该首先查看视图底部显示的变形缩放系数（deformation scale factor），只有此系数为 1 时，视图中所显示的位移才是真实的位移值。

单击 (Common options) 图标，可以修改变形缩放系数（见图 12-3），其中包括 3 个选项：

1）Auto-compute：由 Abaqus/CAE 自动确定变形缩放系数。

2）Uniform：由读者输入变形缩放系数，各个方向上的缩放系数相同。

3）Nonuniform：由读者输入变形缩放系数，各个方向上的缩放系数可以不同。

Abaqus/CAE 自动确定变形缩放系数的方法如下：

1）如果建模时在分析步中没有打开几何非线性开关（Nlgeom 为 Off），表明模型的位移很小，Abaqus/CAE 会自动选择较大的变形缩放系数，以便让读者看到明显的位移。

2）如果建模时在分析步中打开了几何非线性开关（Nlgeom 为 ON），表明模型的位移比较大，Abaqus/CAE 会自动设置变形缩放系数为 1。

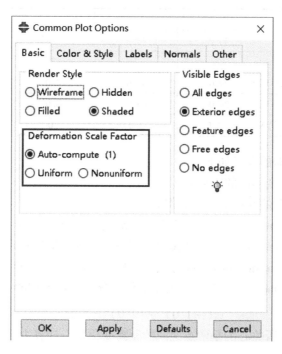

图 12-3 设置变形缩放系数

【常见问题 12-5】 严重的接触穿透现象

随书资源包\penetration 中，提供了一个接触分析实例：\penetration\Plate-Contact. cae。

在 Visualization 功能模块中查看其分析结果时，为何看到了严重的接触穿透现象，如图 12-4 所示（见书后彩色插页）？

『解答』

出现上述接触穿透现象的原因是：Abaqus/CAE 自动设置的变形缩放系数为 56.6932，刚体位移放大了 56.6932 倍，使得显示效果失真。

在图 12-3 所示的对话框中，将 Deformation Scale Factor 设为 Uniform，将 Value 设为 1，就不再出现接触穿透现象，如图 12-5 所示（见书后彩色插页）。

【常见问题 12-6】 查询变形前后两点间距离变化

如何查询变形前后两点之间的距离变化？

『解答』

在 Visualization 功能模块中，单击 ⓘ （Query information）图标，选择 Distance，可以查询两点之间变形前和变形后的距离。

表 12-1 给出了一个查询结果的实例，其中前 3 列是 3 个方向上的距离分量，最后 1 列 Magnitude 是合位移。

表 12-1　两点之间变形前和变形后的距离

	1	2	3	Magnitude
Base distance	30.0	40.0	0.0	50.0
Scale	2	2	2	—
Deformed distance（unscaled）	29.0	42.0	0.0	51.039
Deformed distance（scaled）	28.0	44.0	0.0	52.154
Relative displacement（unscaled）	−1.0	2.0	.0	2.236

表 12-1 中各行数据的含义如下：

1）Base distance：变形前的距离为 50。

2）Scale：3 个方向的变形缩放系数都为 2。

3）Deformed distance（unscaled）：不考虑变形缩放系数的变形后实际距离为 51.039。

4）Deformed distance（scaled）：考虑变形缩放系数的变形后距离为 52.154。

5）Relative displacement（unscaled）：不考虑变形缩放系数的相对位移为 2.236。注意：此处的 Relative displacement 是由各方向的相对位移分量计算得到的，即

$$\sqrt{(-1.0)^2 + (2.0)^2} = 2.236$$

一般情况下，读者所关心的是两点之间的距离变化量，计算方法应该是变形后和变形前的距离之差，即

$$51.039 - 50 = 1.039$$

【常见问题 12-7】 变形图和云纹图看不到模型的位移

显示分析结果时，为什么在变形图和云纹图中都看不到模型的位移？

『解答』

如果在分析过程中遇到上述现象，可以从下列几个方面查找原因：

1）按照【常见问题 12-4】介绍的方法增大变形缩放系数（例如，增大至 1E+006）。

2）单击 ⬚ （Animate：Time History）图标显示各个分析步的动画，确认是否在所有分析步上都看不到位移。

3）显示分析结束时刻的变形图或云纹图，单击 🛈 （Query information）按钮，选择 Probe values 查看各处的位移值，这时可能会出现下列几种常见的情况：

① 如果在选择场变量输出（field output）时查找不到位移 U，很可能是因为在 Step 功能模块中设置场变量输出时，没有选择位移 U，因此，在 ODB 文件中根本没有保存位移结果。

② 如果能够在场变量输出中找到位移 U，但模型各处的位移值都显示为 "No value"，很可能是因为在 Step 功能模块中设置场变量输出时，没有将位移 U 的输出区域设为默认的 Whole model（整个模型），而是只选择了模型的一部分。

③ 如果模型各处的位移值都显示为 0，应检查 MSG 文件中的警告和错误信息，看分析

是否正常结束，并检查模型本身是否正确（例如，是否正确地施加了荷载）。

12.2.2 显示局部坐标系下的结果

【常见问题 12-8】 显示局部坐标系的结果

如何显示局部坐标系下的位移、应力、应变、荷载、支座反力分量？

『解答』

本书第 1.1.5 节"Abaqus 中的坐标系"已经介绍过，在 Abaqus 中使用局部坐标系有两种情况：

（1）在节点上使用局部坐标系 定义边界条件（包括：位移、速度、加速度）、集中荷载、弯矩荷载和线性方程约束时所选择的局部坐标系是基于节点的，对应的关键词为 * TRANSFORM。

（2）在单元上使用局部坐标系 在定义材料属性、耦合约束和连接单元时所选择的局部坐标系是基于单元的，对应的关键词为 * ORIENTATION。

默认情况下，在 Visualization 功能模块中显示单元分析结果（例如，单元的应力、应变）时，会自动使用建模时定义的单元局部坐标系，而显示节点分析结果（例如，节点上的位移、应力和应变）时，总是使用默认的全局直角坐标系，将忽略建模时在节点上定义的局部坐标系。

如果希望显示局部坐标系下的节点分析结果，可以进行下列操作：

1）如果建模过程中在节点上定义了局部坐标系，可以在 Visualization 功能模块选择菜单 Result→Options，选中 Transformation 标签页，在 Transform Type 项下选择 Nodal，如图 12-6 所示。

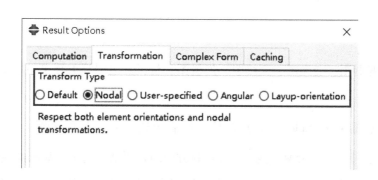

图 12-6 显示节点局部坐标系结果

2）如果建模时没有使用局部坐标系，可以在 Visualization 功能模块中单击菜单 Tools→Coordinate System→Create，创建局部坐标系（例如，名称为 CSYS-1），其类型可以是直角坐标系、柱坐标系或球坐标系。然后，单击菜单 Result→Options，在 Transformation 标签页中选择 User-specified，选中局部坐标系 CSYS-1（或模型中已有的局部坐标系）。

这时，再显示节点上的位移、应力、应变、荷载、支座反力等分量时，将都基于局部坐标系。例如，在显示位移分量 $U1$ 时，视图左上角可以看到其标记为 U，$U1$（CSYS-1）。

相关内容的详细介绍，请参见 Abaqus 6.14 帮助文件 "Abaqus/CAE User's Guide" 第 42.6.8 节 "Transforming results into a new coordinate system"。

『实用技巧』

需要注意的是：Abaqus/CAE 在计算局部坐标系上的位移、速度、加速度时，将把位移矢量投影到变形后的局部坐标系上。如果模型发生了旋转，Abaqus/CAE 所给出的局部坐标系上的结果可能并非读者所希望得到的结果。

如图 12-7 所示，长度为 10 的杆件发生 90°的刚体旋转，在图中所示柱坐标系下，杆件端点 A 的径向位移应该是 0，周向位移应该是 $\pi/2$，但在 Abaqus/CAE 的计算结果中，该柱坐标系下的 A 点的径向位移 $U1$ 是 10，即位移矢量在 A 点最终位置的 R 轴方向上的投影；A 点的周向位移 $U2$ 是 -10，即位移矢量在 A 点最终位置的 T 轴方向上的投影。

因此，当模型发生了周向位移时，不要在 Abaqus/CAE 中使用柱坐标系查看位移，而应该根据变形后的节点直角坐标手工计算其径向和周向位移。

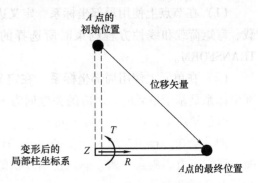

图 12-7　杆件旋转的实例

如果模型只发生了径向位移，不发生周向位移（例如，圆筒的热膨胀），则不会出现上述问题。

12.2.3　多种图形叠加显示

【常见问题 12-9】　多个图重叠显示

如何将未变形图、变形图、云纹图、矢量图、材料方向图等重叠在一起显示？

『解答』

单击 ⬚ (Allow multiple states) 图标，然后单击 ⬚ (未变形图)、⬚ (变形图)、⬚ (云纹图)、⬚ (矢量图) 或 ⬚ (材料方向图) 添加需要重叠显示的图形。如图 12-8 所示 (见书后彩色插页) 给出了叠加显示未变形图、变形图、云纹图和变形符号图的效果。

再次单击 ⬚ 图标，可以恢复到只显示 1 种绘图模式的状态。

12.2.4　同时显示多个视图

【常见问题 12-10】　创建视图显示不同的分析结果

如何创建多个视图 (viewport)，让其各自显示不同的分析结果？

『解答』

在 Abaqus/CAE 的各个功能模块下，都可以单击菜单 Viewport→Create 创建新视图。在不同视图中可以显示不同功能模块下的内容，或者分别显示不同的ODB 文件。

单击菜单 Viewport→Tile Vertically，可以并排显示不同的视图，如图 12-9 所示（见书后彩色插页）给出了 3 个视图并排显示的效果，其中，视图 1 显示了如图 12-8 所示的叠加绘图；视图 2 显示了 Part 功能模块中的部件；视图 3 显示了 Interaction 功能模块的绑定约束。

『实用技巧』

前面介绍的是在多个视图中同时显示不同功能模块的模型图，如果读者在制作 PPT 报告的过程中，希望能够展示多个分析结果的动画效果，可以按照下列步骤实现：

1）根据需要创建视图。如果希望同时展示 4 个分析结果的动画，只需要再创建 3 个视图即可，原因是 Abaqus/CAE 启动后会自动创建 1 个视图。

2）依次对每个视图进行设置，让其显示不同方案的动画。

3）单击 ▦ （Animation Options）图标，将弹出如图 12-10 所示的对话框，在 Viewports 标签页下同时选中 4 个视图，按下 OK 按钮。

4）单击 Viewport 菜单，单击 Tile Vertically，4 个视图将垂直排布且同时展示动画，效果如图 12-11 所示（见书后彩色插页）。

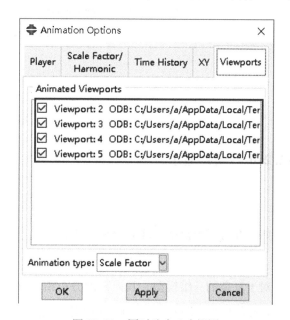

图 12-10　同时选中 4 个视图

12.2.5　显示最大最小值

【常见问题 12-11】 显示分析结果的最大/最小值

如何显示 ODB 文件中分析结果的最大/最小值及其所在位置？

『解答』

在 Visualization 功能模块下，最经常使用的后处理功能是显示云纹图（ 图标），单击 （Contour Options）图标，将弹出如图 12-12 所示的对话框。在 Min/Max 下分别勾选 Show location，再显示云纹图时将自动显示对应分析结果的最大/最小值及位置，如图 12-13 所示（见书后彩色插页）。需要注意的是：Auto- Computed Limits 项提供了下拉式菜单，默认是在所有帧的分析结果（Use limits from all frames）中找到最大/最小值。

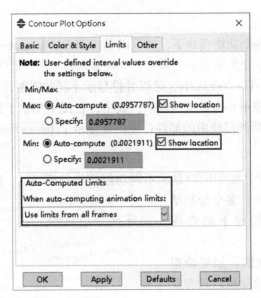

图 12-12　勾选 Show location 选项显示最大/最小值及其位置

12.2.6　切片显示

【常见问题 12-12】切片显示

如何查看三维模型内部的分析结果?

『解答』

对于复杂的三维模型,其内部的分析结果查看起来十分不便,使用 Tools 菜单下的 View Cut 功能或者单击图标 ，可以切开视图,便于观察内部的分析结果或模型信息,如图 12-14 所示。

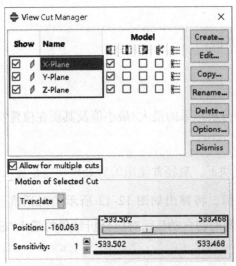

图 12-14　视口截切管理器

需要注意的是：

1）X-Plane、Y-Plane、Z-Plane 分别表示垂直于 X 轴、Y 轴和 Z 轴的面，即 YZ 面、XZ 面和 XY 面。

2）勾选 Allow for multiple cuts 选项，可以同时切开多个面，图 12-15（见书后彩色插页）给出了同时切开 3 个面的效果图。

3）单击并按住鼠标拖拉最下方的滑动条，可以让切面滑动，便于读者选择所需的切面位置。

12.2.7 显示组

【常见问题12-13】创建显示组显示分析结果

Abaqus/CAE 中的显示组有什么功能？在分析结果的后处理过程中，如何使用它们？

『解答』

显示组（Display Group）是 Abaqus/CAE 中建立有限元模型的最经常使用的工具之一，其主要功能是：根据需要来创建和显示关心的部件实例、单元集合、节点集合的信息。尤其对于复杂三维模型，部件和部件实例之间相互遮挡，建模和后处理过程中操作起来十分不便，使用显示组功能可以创建任意的显示组合，该组合中只存放关心的对象，让模型和结果显示更加清晰。

在 Tools 菜单下，单击 Display Group→Create，或者单击 🖿 图标都将弹出如图 12-16 所示的对话框。前面章节中经常提到，如果出现单元扭曲等错误信息，可以在显示组中高亮显示 WarnElemDistorted 或 WarnElemAspectRatio 的单元集合，然后查找错误原因。

后处理过程中，笔者经常使用显示组功能显示关心区域的分析结果。对于如图 12-17 所示（见书后彩色插页）的复杂轮胎模型，如果不使用显示组功能，整个模型看起来都是蓝色，无法看到轮胎内部各构件的应力分布情况，十分不便。

此时，可以进行下列操作：

1）单击 🖿 图标将弹出如图 12-16 所示的对话框，将 Item 设为 Elements，将 Method 设为 Element sets。

2）按住鼠标左键，同时选中（见图 12-16）中的 3 个单元集合 Part-1-1. BELT3、Part-1-1. BELT4 和 Part-1-1. BELTFILER，并勾选 Highlight items in viewports。

3）单击 ◑ （Replace）图标，视图中将只显示 3 个集合的模型，可以清晰地看到它们的分析结果，如图 12-18 所示（见书后彩色插页）。

4）单击 ◑ （Add）、◑ （Remove）、◑ （Intersect）、◑ （Either）等图标，可以在上述 3 个集合的基础上增加或移除显示的单元集合，请读者自行操作并查看效果。

5）如果希望将 3 个集合创建为显示组，可以单击图 12-16 下方的 Save Selection As，在弹出的如图 12-19 所示的对话框中输入显示组的名称即可。

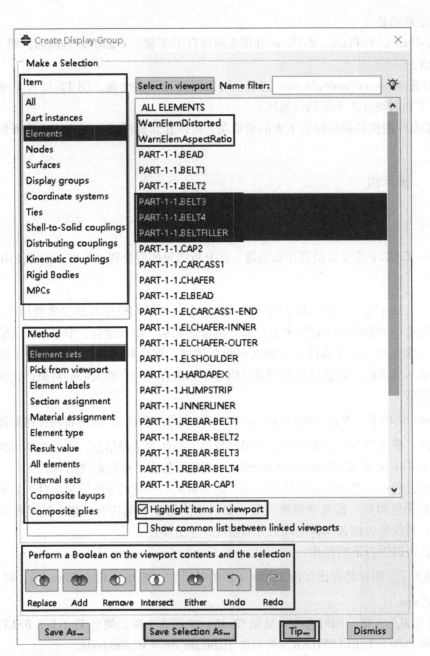

图 12-16 创建显示组对话框

『实用技巧』

1）单击图 12-16 中的 Tip... 按钮，将弹出如图 12-20 所示的提示信息，详细介绍了创建显示组的操作过程。读者在建模过程中，如果对话框中包含 Tip... 按钮，一定养成好习惯，认真学习研究给出的信息提示内容。

2）根据需要，还可以将 Method 设为 Element type、Material assignment、Internal sets 等，如图 12-21 所示（见书后彩色插页）给出了将 Method 设为 Internal sets 的效果图。

图 12-19　将单元集合保存为显示组

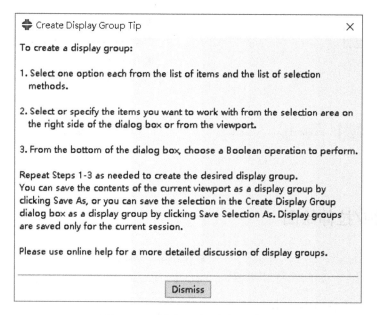

图 12-20　创建显示组的提示信息

12.2.8　图例/状态栏/标题栏等的显示与设置

【常见问题 12-14】图例/状态栏/标题栏等的显示与设置

查看 ODB 文件的分析结果时，默认的设置中包含：罗盘（compass）、坐标轴（triad）、图例（legend）、标题栏（title block）、状态栏（state block）等信息，十分杂乱。如何根据自身需要设置它们？

『解答』

在 Visualization 功能模块中，选择 Viewport 菜单下的子菜单 Viewport Annotation Options，将弹出如图 12-22 所示的对话框。默认将显示罗盘（compass）、坐标轴（triad）、图例（legend）、标题栏（title block）、状态栏（state block）等信息，读者可以根据需要勾掉不需要显示的信息。如果默认设置的字体、颜色、位置、小数点位数等不合适，可以单独进行设置，图 12-23 给出了 Legend 标签页的设置情况。

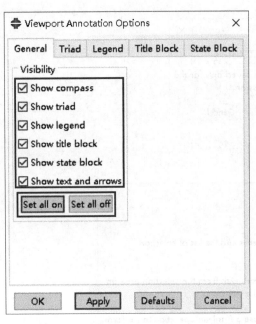

图 12-22　Viewport Annotation Options 对话框

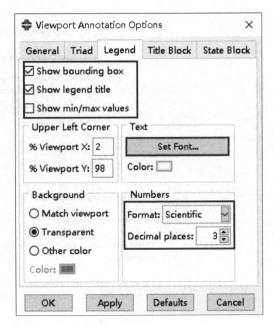

图 12-23　Legend 标签页的设置

228

12.3　扫掠/拉伸绘图

【常见问题 12-15】扫掠/拉伸绘图

实际模型为三维模型，由于符合"弹性力学"课程中平面应力或平面应变问题的简化条件，在 Abaqus/CAE 中建立的是平面模型，如果希望显示三维模型的效果，应该如何操作？

『解答』

在 Visualization 功能模块下，单击 （ODB Display Options）图标，将弹出如图 12-24 所示的对话框，在 Sweep/Extrude 标签页下根据需要设置相关参数，单击 OK 按钮即可。需要注意的是：笔者打开的 ODB 文件不存在可拉伸的单元，因此，Extrude 项的参数默认屏蔽掉了。如图 12-25 所示（见书后彩色插页）给出了对二维模型扫掠 90°后的效果。

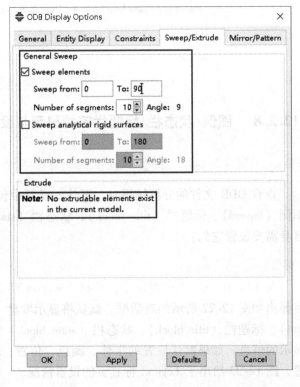

图 12-24　设置扫掠/拉伸参数

12.4　镜像/阵列绘图

【常见问题 12-16】镜像/阵列绘图

有限元分析过程中，选择 1/4 模型建模，分析结束后希望查看完整模型的有限元分析结果，应该如何操作？

『解答』

在 Visualization 功能模块下，单击 （ODB Display Options）图标，将弹出如图 12-26 所示的对话框，在 Sweep/Extrude 标签页下根据需要设置相关的镜像和阵列参数即可。

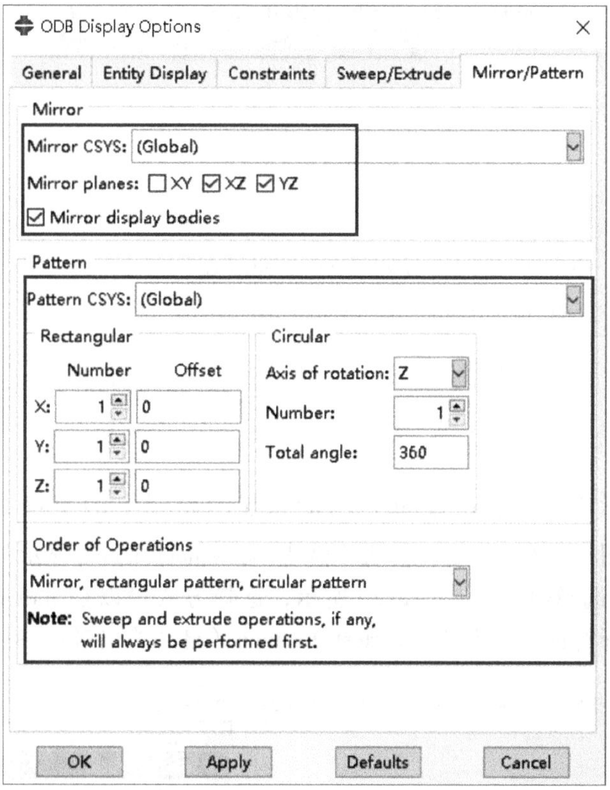

图 12-26　设置 Mirror/Pattern 标签页下的参数

图 12-27（见书后彩色插页）给出了 1/4 模型和镜像后完整模型的效果图。

12.5　绘制 X-Y 图

【常见问题 12-17】定义路径（**path**）

如何快速定义路径（path）？

『解答』

在 Visualization 功能模块中，单击菜单 Tools→Path→Create 可以创建路径，以便于将来沿着路径绘图，常用的创建方法有两种：

（1）Node list（选择节点）　图 12-28 中 100：500：1 的含义是：此路径包含编号从 100 到 500 的所有节点（1 是节点编号增量）。如果路径上的节点编号比较有规律，在图 12-28 中手工输入节点编号列表往往更快捷。

图 12-28　编辑路径的节点编号

首先，使用显示组（display group）功能只显示路径上的节点或单元，再单击 ⬚ (Common options）图标，在 Label 标签页中选中 Show node labels 显示节点坐标。

（2）Edge list（选择边）　如图 12-29 所示，选择方式可以是 individually（逐个选择）、by feature edge（选择特征边）和 by shortest distance（自动找出最短路径）。

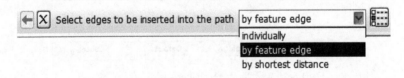

图 12-29　通过选择边来创建路径

相关内容的详细介绍，请参见 Abaqus 6.14 帮助文件 "Getting Started with Abaqus：Interactive Edition" 附录 D.13 "Displaying results along a path" 和 "Abaqus/CAE User's Guide" 第 48 章 "Viewing results along a path"。

【常见问题 12-18】绘制应力-应变关系曲线

如何创建应力和应变之间的关系曲线？

『解答』

操作方法如下：

1）在 Visualization 功能模块中选择菜单 Tools→XY Data→Manager，在 XY Data Manager 对话框中单击 Create，分别创建应力-时间曲线（名称为 *stess-time*）和应变-时间曲线（名称为 *strain-time*）。

2）在 XY Data Manager 对话框中再次单击 Create，选择 Operate on XY data。

3）在弹出的 Operate on XY Data 对话框中，选择函数 combine（X，X），再依次单击已有的应力-时间曲线和应变-时间曲线名称，单击 Save As。

4）在 XY Data Manager 对话框中，选择新创建的 XY 曲线，单击 Plot 就可以将其显示出来。

相关内容的详细介绍，请参见 Abaqus 6.14 帮助文件"Getting Started with Abaqus：Interactive Edition"附录 D.11"Operating on X-Y data"和"Abaqus/CAE User's Guide"第 47.4 节"Operating on saved X-Y data objects"。

【常见问题 12-19】 将分析结果保存为文本文件

如何将位移、应力、应变等分析结果保存为文本文件？

『解答』

可以选择下列几种方法之一完成：

1）单击 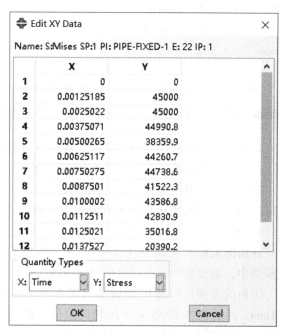（Query information）图标，选择 Probe values 后单击希望查询的节点，再单击 Probe Values 对话框底部的 Write to File 按钮，就可以将 Probe Values 对话框中显示出来的分析结果输出至文本文件。默认的输出文件名是当前工作目录下的 abaqus.rpt，读者也可以自己定义文件名。

2）单击菜单 Tools→XY Data→Manager，在 XY Data Manager 对话框中单击 Create，创建所关心结果的 XY 数据，然后单击 Edit 按钮，在弹出的 Edit XY Data 对话框中（见图 12-30）拖动鼠标选中所有数据，然后单击右键，选择 Copy，可以把曲线中的数据拷贝至剪贴板，粘贴到文本文件或 Excel 表格中。

3）创建 XY 数据后，选择菜单 Report→XY，选择需要输出的 XY Data，设置输出文件的名称和格式。

4）不创建 XY 数据，直接选择菜单 Report→Field Output，选择需要输出的场变量，设置输出文件的名称和格式。

	X	Y
1	0	0
2	0.00125185	45000
3	0.0025022	45000
4	0.00375071	44990.8
5	0.00500265	38359.9
6	0.00625117	44260.7
7	0.00750275	44738.6
8	0.0087501	41522.3
9	0.0100002	43586.8
10	0.0112511	42830.9
11	0.0125021	35016.8
12	0.0137527	20390.2

Edit XY Data

Name: S:Mises SP:1 PI: PIPE-FIXED-1 E: 22 IP: 1

Quantity Types

X: Time Y: Stress

图 12-30 Edit XY Data 窗口中显示的应力值

12.6 查看分析结果

12.6.1 壳单元的应力结果

【常见问题 12-20】壳单元的应力分量

壳（shell）单元的应力分量 S11、S22、S33、S12 分别代表什么方向，为什么没有 S13 和 S23？

『解答』

壳单元应力和应变分量的含义与实体单元的应力和应变分量不同。默认情况下，实体单元的应力和应变分量都是基于整体坐标系，而壳单元的应力和应变分量则基于壳自身的局部坐标系。

如果在定义截面属性时指定了壳单元的局部坐标系，则应力、应变和截面力分量的方向都基于此局部坐标系。如果没有指定壳单元的局部坐标系，则采用默认的局部坐标系方向，其确定方法如下：

1）整体坐标系的 x 方向在壳单元面上的投影作为局部坐标系的 1 方向。如果整体坐标系的 x 方向与壳单元面法线方向的夹角≤0.1°，则将整体坐标系的 z 方向在壳单元面上的投影作为局部坐标系的 1 方向。

2）局部坐标系的 2 方向与 1 方向夹角为 90°，由右手螺旋法则确定：伸开右手，让四指的指向与壳单元的节点编号顺序相同，大拇指的指向即为局部坐标系的 3 方向，局部坐标系的 2 方向也同时被确定。

关于局部坐标系的详细介绍，请参见 Abaqus 6.14 帮助文件 "Abaqus Analysis User's Guide" 第 1.2.2 节 "Conventions" 和本书第 1.1.5 节 "Abaqus 中的坐标系"。

> 提示：在 Visualization 功能模块中单击 ![icon] （Plot Material Orientations on Deformed Shape）图标，可以查看壳单元的局部坐标系方向。

对于包含位移自由度的壳单元，各个应力分量的含义如下：

1）S11：局部坐标系下 1 方向的正应力。

2）S22：局部坐标系下 2 方向的正应力。

3）S33：局部坐标系下 3 方向的正应力。

4）S12：局部坐标系下 1、2 方向的切应力。

在局部坐标系下 2、3 方向和 1、3 方向没有切应力分量存在，因此，在 Visualization 功能模块中，场变量的输出结果中只有 S11、S22、S33、S12 四个应力分量。

下面的实例可以帮助读者加深对壳单元应力分量的理解：圆管内径为 5mm，厚度为 0.1mm，两端施加 100N/mm² 的轴向拉伸荷载。为便于施加边界条件，根据模型的对称性，对 1/4 圆管建模，如图 12-31 所示，在 3 条边上分别定义 3 个方向的对称边界条件，荷载类型为 Shell edge load（单位长度的荷载），大小为 10N/mm，壳单元类型为 S4。

整体坐标系已经在 12-31 中显示出来，根据前面介绍的规则，壳单元的局部坐标系为：

1 方向：圆筒面的切向（整体坐标系的 x 方向在壳单元面上的投影）。

2 方向：圆筒面的轴向。

3 方向：圆筒面的法向。

在分析结果中，S22 为 100N/mm^2，S11、S33 和 S12 都为 0。此时圆管的受力状态与壳单元的厚度无关，属于弹性力学中的平面应力问题。

关于壳单元的详细介绍，请参见 Abaqus 6.14 帮助文件"Abaqus Analysis User's Guide"第

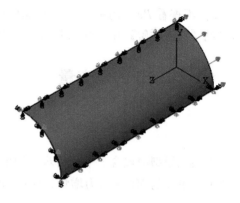

图 12-31　1/4 圆管实例

29.6.7 节"Three-dimensional conventional shell element library"和第 1.2.2 节"Conventions"。

『相关知识』

梁单元与壳单元类似，其应力分量同样基于局部坐标系，详细介绍请参见 Abaqus 6.14 帮助文件"Abaqus Analysis User's Guide"第 29.3.4 节"Beam element cross-section orientation"和第 29.3.8 节"Beam element library"。

12.6.2　力的分析结果

【常见问题 12-21】 分析结果为零

实体 A 以一定的初始速度与实体 B 碰撞，实体 B 的底面固支。希望查看场变量 CF 和 RF 的结果以获得碰撞过程中的接触力，但发现接触面各个节点上的 CF 和 RF 都为 0，这是什么原因造成的？

『解答』

有限元分析完成后，每个节点上都会有位移、应力和应变结果，但并非每个节点上都会有力的结果。

场变量 CF 的含义是集中荷载（concentrated force），只有在 Load 功能模块中定义了集中荷载的节点，其 CF 值才非零。

场变量 RF 的含义是支座反力（reaction force），即边界条件的约束所产生的反作用力，只有在 Load 功能模块中定义了边界条件的节点，其 RF 值才非零。

实体 A 和实体 B 接触面上的节点既没有定义集中荷载，也没有定义边界条件，所以其 CF 和 RF 的值都为零。

如果要查看 RF 的分析结果，可以查看实体 B 底面上的节点，原因是这些节点上定义了固支边界条件，所以 RF 值非零。例如，1 方向的接触力等于实体 B 底面所有节点的 RF1 之和（力的平衡条件）。这种方法需要手工把底面所有节点的 RF 值相加，操作起来很不方便。有两种更简便的解决方法：

1）定义一个参考点，在固支底面和该参考点之间建立运动耦合约束（kinematic coupling），然后把固支边界条件施加在这个参考点上，该参考点的 RF 值等于接触力的大小。

2）不查看 *RF*，而是在 Step 功能模块中直接输出历史变量 *CFN*（接触力），具体方法请参见《实例详解》中"定义接触"一节。

12.7　创建新的场变量

【常见问题 12-22】创建新的应力场变量

有限元模型中包含 3 个分析步，如果希望查看分析步 3 结束时刻与分析步 2 结束时刻模型中所有单元的 Mises 应力增量，应该如何操作？

『解答』

详细的操作步骤如下：

1）启动 Abaqus/CAE，打开随书资源包中 ODB 文件 \viewer_tutorial. odb 分析步 3 结束时刻的 Mises 应力分布，如图 12-32 所示（见书后彩色插页），分析步 2 结束时刻的 Mises 应力分布，如图 12-33 所示（见书后彩色插页）。

2）切换到 Visualization 功能模块，单击 Tools 菜单→Field Output→Create from Fields...，将创建的场变量命名为 Field-delta-S，分别设置如图 12-34 和 12-35 所示的对话框，单击 OK 按钮完成场变量的创建。

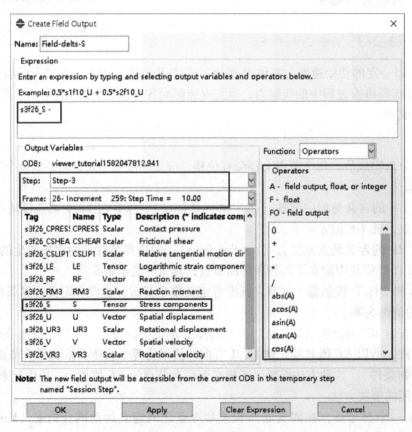

图 12-34　选择 Step-3 结束时刻的 Mises 应力结果

3）选择 Result 菜单下的 Step/Frame，弹出如图 12-36 所示的对话框，选择 Sesson Step 项，单击 OK 按钮。

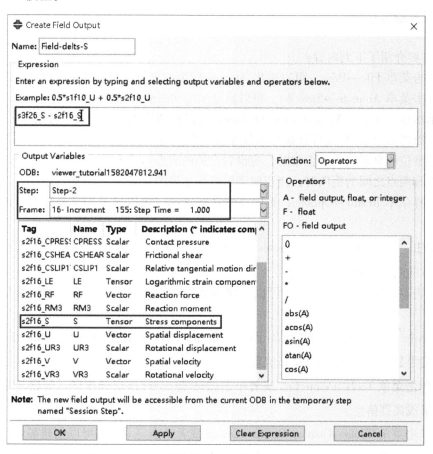

图 12-35　选择 Step-2 结束时刻的 Mises 应力结果，完成求差运算表达式

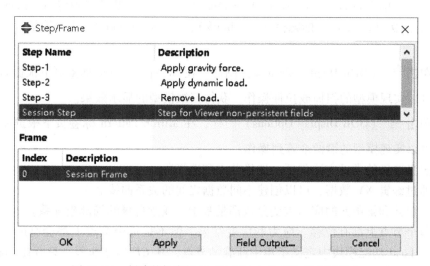

图 12-36　创建的场变量 Field-delta-S 已在分析步列表中

4）视口中将显示场变量 Field-delta-S 的显示效果，如图 12-37 所示（见书后彩色插页）。

12.8　本章小结

本章主要介绍了下列内容：

1）单击菜单 File→Print，可以输出 Abaqus 模型或分析结果的图片文件。

2）单击菜单 Animate→Save As，可以将显示的动画输出为文件。

3）单击菜单 View→Image/Movie Options，可以将图片或动画设置为背景。

4）可以将多个 ODB 文件连接起来制作成一个动画。

5）模型位移显示结果不正常时，应设置合适的变形缩放系数。

6）查询两点之间的距离时，应正确理解查询结果的含义。

7）选择菜单 Result→Options，选中 Transformation，可以显示局部坐标系下的节点分析结果。

8）单击 $\overset{\raisebox{0.3em}{$\square$}}{}$（Allow multiple states）图标，可以将未变形图、变形图、云纹图、矢量图、材料方向图等重叠在一起显示。

9）单击菜单 Viewport→Create 可以创建多个视图，并各自显示不同的模型信息或结果信息。

10）单击 （Contour Options）图标，在 Min/Max 下分别勾选 Show location，可以在图例和模型中显示最大/最小值及其位置。

11）单击菜单 Tools→View Cut 或者单击图标 ，可以切开视图，观察复杂模型内部的分析结果或模型信息。

12）单击菜单 Tools→Display Group→Create 或者单击 图标可以创建显示组，显示扭曲的单元、出现错误信息的单元以及读者需要显示的单元集、节点集等。

13）单击菜单 Viewport→Viewport Annotation Options，可以设置罗盘（compass）、坐标轴（triad）、图例（legend）、标题栏（title block）、状态栏（state block）等是否显示以及显示选项。

14）单击 （ODB Display Options）图标，在 Sweep/Extrude 标签页下根据需要设置相关参数，可以实现模型的扫掠或拉伸操作，获得三维模型的显示效果。

15）单击 （ODB Display Options）图标，在 Mirror/Pattern 标签页下根据需要设置相关参数，可以实现模型的镜像或阵列操作。

16）定义路径的常见方法包括：选择节点和选择边。

17）通过编辑 XY 数据，可以创建不同数据之间的关系曲线。

18）壳单元和梁单元的应力应变分量都是基于壳或梁自身的局部坐标系。

19）每个节点上都有位移、应力和应变结果，但不是每个节点上都会有反力的分析结果。只有在 Load 功能模块中定义了集中荷载的节点，其 *CF* 值才非零；只有在 Load 功能模块中定义了边界条件的节点，其 *RF* 值才非零。

20）选择菜单 Tools→Field Output→Create from Fields...，可以创建需要的场变量。

第13章

Sketch功能模块
常见问题解答与实用技巧

本章要点:

※ 13.1 通过绘制草图创建部件
※ 13.2 将 AutoCAD 图形导入 Abaqus/CAE
※ 13.3 改变坐标的显示精度
※ 13.4 设置草图的整体尺寸
※ 13.5 草图中的各种约束
※ 13.6 本章小结

在 Abaqus/CAE 的 Sketch 功能模块中,可以绘制二维平面草图(sketch)。在 Part 功能模块中生成三维部件时,可以在草图的基础上进行拉伸(extrude)、扫掠(sweep)、旋转(revolve)等操作。

本章将介绍 Sketch 功能模块中需要注意的问题及实用技巧,包括:利用草图创建部件、将 AutoCAD 图形导入 Abaqus/CAE、改变坐标的显示精度、设置草图的整体尺寸、草图中的各种约束等。相关内容的详细介绍,请参见 Abaqus 6.14 帮助文件"Abaqus/CAE User's Guide"第 20 章"The Sketch module"。

13.1 通过绘制草图创建部件

【常见问题 13-1】 利用草图提高建模效率

在 Part 功能模块中创建部件时,如何利用在 Sketch 功能模块中绘制的草图提高建模效率?

『解答』

操作方法如下:

1)在 Part 功能模块中单击 ![icon](Create Part)图标,设置 Create Part 对话框,单击 Continue 按钮,进入草图绘制界面。

2)单击 ![icon](Add Sketch)图标,选择需要使用的草图。

3）根据需要移动、旋转、复制或修改草图，然后生成需要的部件。

13.2　将 AutoCAD 图形导入 Abaqus/CAE

【常见问题 13-2】将 AutoCAD 软件生成的二维模型导入 Abaqus/CAE

怎样将 AutoCAD 软件绘制的二维模型导入到 Abaqus/CAE 中？

『解答』

操作方法如下：

1）将 AutoCAD 中生成的二维图形保存为 DXF 格式的文件（*.dxf）。

2）在 Abaqus/CAE 中，单击菜单 File→Import→Sketch，在如图 13-1 所示的对话框中选择需要导入的 DXF 文件。

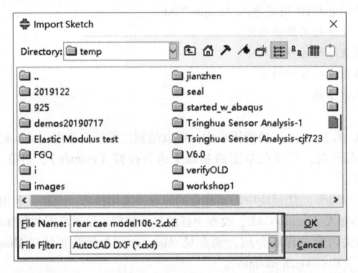

图 13-1　导入 AutoCAD 图形文件

3）在 Sketch 功能模块，窗口右上角的 Sketch 下拉列表中选择所导入的草图名称。

关于可以导入 Abaqus/CAE 的文件格式，请参见本书第 3.1.2 节"导入和导出几何模型"。

13.3　改变坐标的显示精度

【常见问题 13-3】改变坐标和尺寸的显示精度

在绘制草图时，默认的坐标和尺寸显示精度是小数点后两位数字，如何改变此精度？

『解答』

在 Sketch 功能模块中绘制草图时，单击 ▦ （Sketcher Options）图标，在如图 13-2 所示的对话框中选择 Dimensions 标签页，根据需要修改 Decimal places（小数点后的数字位数）的值。

在这个对话框中，读者也可以修改 Sketch 功能模块的一般设置（General）、标注设置（Dimensions）、约束设置（Constraints）和图像设置（Image）。

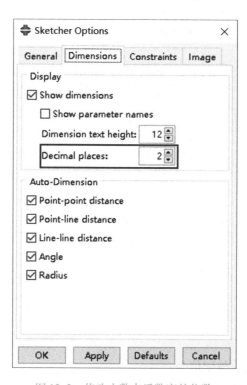

图 13-2　修改小数点后数字的位数

13.4　设置草图的整体尺寸

【常见问题 13-4】合理设置 Approximate size 参数

创建草图时，可以输入 Approximate size（草图整体尺寸），应如何合理设置该参数？

『解答』

该参数决定了创建草图的栅格区域大小。建议将它设为草图最大尺寸的 2 倍左右，这样做的原因是：

1）绘制草图时，习惯上都是从原点开始定位坐标，将 Approximate size 设为草图最大尺寸的 2 倍左右，可以保证整个草图都位于栅格区域内，方便绘图。

2）对称模型往往需要只在半个栅格区域内绘制草图。

如果在绘制草图过程中发现 Approximate size 设置得过大或过小，可以单击 ▦（Sketcher Options）按钮，修改 Sheet size 的值，如图 13-3 所示。

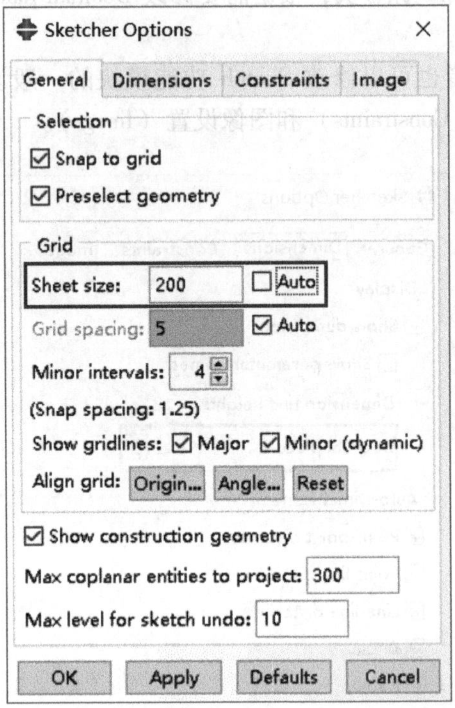

图 13-3　修改 Approximate size 的值

『相关知识』

Abaqus 软件允许的尺寸极限值为：

1）顶点坐标的最小值和边的最小尺寸为 10^{-6}。

2）单元的最小尺寸为 10^{-3}。

3）模型的最大尺寸为 10^5。

如果模型尺寸超过上述限值，则应更改单位制。

13.5　草图中的各种约束

【常见问题 13-5】**Constraint** 约束、**Dimension** 约束和 **Parameter** 约束的区别

绘制草图时可以定义 Constraint 约束、Dimension 约束和 Parameter 约束，三者有何区别？

『解答』

（1）Constraint 约束　与 Constraint 约束相关的图标为 （Auto-Constraint）和 （Add Constraint），其功能为：通过逻辑关系控制各个几何对象的位置和尺寸。例如，如果为两个圆定义了同心约束，当修改其中一个圆的位置时，另一个圆也会随之一起移动。

表 13-1 中列出了所有 Constraint 约束类型的符号表示及功能。

表 13-1　Abaqus/CAE 中的 Constraint 约束

Constraint 约束类型	表示符号	功　　能
Coincident（共点）	O	所选择的对象共点
Concentric（同心）	⊙	所选择的各个圆弧或圆同心
Equal length（等长）	/	所选择的各个线段等长
Equal radius（半径相同）	—	所选择的各个圆弧或圆半径相同
Fixed（固定）	△	所选择的圆弧或圆的半径、直线的角度、顶点位置保持固定不变
Horizontal（水平）	H	所选择的线与草图的 X 轴平行
Equal distance（等距离）	⫶	所选择的顶点与两个顶点或两条线的距离保持相等
Parallel（相互平行）	//	所选择的各条线相互平行
Perpendicular（相互垂直）	⊥	所选择的各条线相互垂直
Symmetry（对称）	o|o	所选择的对象关于某个对称轴对称
Tangent（相切）	‖	所选择的对象在其最相近的点相切（这些对象中至少包含一条曲线）
Vertical（竖直）	V	所选择的线与草图的 Y 轴平行

注：如果在草图中定义了多种约束，Abaqus/CAE 会自动决定如何移动各个对象，使其同时满足多种约束。

241

> **提示**：在 Sketch 功能模块、Assembly 功能模块和 Interaction 功能模块中都涉及"约束（constraint）"的概念，但其功能各不相同，对它们的详细比较请参见本书第 5.2.1 节"几种定位约束的区别"。

（2）Dimension 约束　与 Dimension 约束相关的按钮为 ⛫ （Auto-Dimension）、✐ （Add Dimension）和 ⟷ （Edit Dimension Value），它们的功能是：为草图中的对象添加尺寸标注，从而定义线与线之间的长度、角度、距离等。Dimension 约束包括下列类型：

1）水平标注、垂直标注、模糊（oblique）标注：两个点、两条线或一个点和一条线之间的直线距离。

2）角度标注：两条线之间的夹角（以度为单位）。

3）半径标注：圆、弧或圆角的半径。

（3）Parameter 约束　对应的图标为 *f(x)* （Parameter Manager），其功能是：为尺寸标注或常数定义参数名，用来建立几何对象之间的参数关系，由于每个参数都有自己的名字，可以定义复杂的约束表达式，当几何对象之间的约束关系比较复杂时，应选用这种约束类型。

以上 3 种约束的区别如下：Constraint 约束是通过逻辑关系定义各个几何对象之间的位置和尺寸，不涉及数值关系；Dimension 约束和 Parameter 约束则是定义各个几何对象之间的数值关系或参数表达式，涉及数值关系。

相关内容的详细介绍，请参见 Abaqus 6.14 帮助文件"Abaqus/CAE User's Guide"第 20.7 节"Controlling sketch geometry"和第 20.12 节"Constraining, dimensioning, and parameterizing a sketch"。

『相关知识』

每个约束都会消除对应几何对象的自由度，因此，要避免在同一个自由度上定义多个约束（注意：这里的"约束"和"自由度"都是绘制草图过程中的概念，并非通常意义上的节点和单元上的约束和自由度）。如果几何对象显示为绿色，表明它已经受到完全约束，如果再为其定义约束，就会出现过约束，通常会显示为紫色。

出现过约束时，可以采用下列解决方法：

1）单击 ↻ （Undo/Redo Last Action）按钮撤销上一步操作。

2）删除部分约束或尺寸标注。

3）将不必要的尺寸标注转换为参考尺寸（reference dimensions），具体操作方法为：单击 ⊟ （Edit Dimension Value）按钮，选择需要转换为参考尺寸的尺寸标注，在如图 13-4 所示的对话框中选中 Reference。

参考尺寸不属于 Dimension 约束，它只是给出该尺寸的一个近似值。

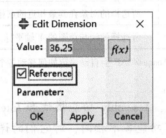

图 13-4　将尺寸标注转换为参考尺寸

【常见问题 13-6】添加尺寸标注时自动确定标注值的位置

使用 Dimension 约束来添加尺寸标注时，Abaqus/CAE 会自动确定标注值的位置。如果标注值与标注线之间的距离非常远，如图 13-5a 所示，应如何解决？

『解答』

单击 ⠿ （Sketcher Options）按钮，然后在如图 13-3 所示的对话框中将 Grid spacing 的值改小一些，可以缩短标注值与标注线之间的距离，如图 13-5b 所示。

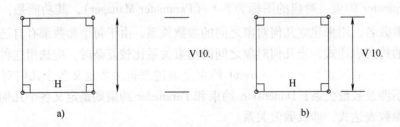

图 13-5　修改标注值与标注线之间的距离

a）标注值与标注线之间的距离较远　b）标注值与标注线之间的距离适当

『实用技巧』

如果希望改变尺寸标注的字体大小，可以在如图 13-2 所示的对话框中修改 Dimension text height 的值。

13.6 本章小结

本章主要介绍了下列内容：

1）在 Part 功能模块中创建部件时，单击 ⬚ （Add Sketch）按钮可以添加已绘制的草图，提高建模效率。

2）只有将 AutoCAD 图形保存为 DXF 格式的文件，才能将其导入到 Abaqus/CAE 中。

3）建议将草图的大致尺寸（Approximate size）设为模型最大尺寸的 2 倍左右。如果模型尺寸的数量级太大或太小，则应该考虑选取其他单位制。

4）Constraint 约束定义的是几何对象之间的逻辑关系；Dimension 约束定义的是几何尺寸值；Parameter 约束定义的是几何对象之间的参数关系。

第 2 篇

提 高 篇

第14章

INP文件
常见问题解答与实用技巧

14

本章要点:

INP 文件是前处理器与求解器之间的联系桥梁,它包含了对分析模型的完整描述。INP 文件是一个基于关键词格式的文本文件,可以非常方便地对它进行修改,Abaqus 软件的所有功能都可以通过在 INP 文件中定义关键词来实现。如果使用 Abaqus/CAE 作为前处理器,可以在关键词编辑器(Edit Keywords)中修改 INP 文件。

本章将介绍 INP 文件的组成和输入格式、将 INP 文件导入 Abaqus/CAE、修改和运行 INP 文件、在 INP 文件中定义输出和在 Abaqus/CAE 中生成 INP 文件等内容。

关于 INP 文件的详细介绍,请参见 Abaqus 6.14 帮助文件"Getting Started with Abaqus: Keywords Edition"第 2 章"Abaqus Basics"。

14.1 INP 文件的组成和输入格式

14.1.1 INP 文件的组成

在很多情况下,利用 INP 文件不但可以更方便地修改模型参数和控制分析过程,还可以完成一些 Abaqus/CAE 所不支持的部分功能。Abaqus 的早期版本中并没有 Abaqus/CAE 操作界面,模型都是以 INP 文件的形式建立并在 Abaqus command 命令行中提交。INP 文件中包含了节点、单元、材料、分析步、荷载、边界条件和输出等所有模型信息,可以描述各种复杂模型。

【常见问题 14-1】 INP 文件的组成和顺序

一个完整的 INP 文件由哪几个部分组成？编写 INP 文件时一般应按照什么顺序进行？

『解答』

每一个完整的 INP 文件都会依次出现两部分数据：模型数据（model data）和历程数据（history data），二者包含的主要信息如表 14-1 所示。

表 14-1　模型数据和历程数据的信息

	模型数据（model data）	历程数据（history data）
功能	定义完整的有限元模型，包括：节点、单元、单元性质、材料特性、初始条件等关于模型自身特征的数据	定义"模型发生了什么?"、"如何发生的?"。例如，分析过程、加载过程、输出结果等
内容	1）模型信息：节点信息、单元信息 2）材料特性、截面属性等 3）其他模型信息	1）过程选项信息：分析步及参数 2）荷载和边界条件 3）场变量和历程变量的结果输出

下面详细介绍模型数据和历程数据的概念及用法：

（1）模型数据　模型数据用来定义完整的有限元模型。下列模型数据是必须的：

1）单元和节点数据。模型的几何形状通过单元和节点来定义，因此，INP 文件中必须给出节点和单元信息。

2）材料特性。必须定义分析过程中用到的各种材料的性能（例如，钢、混凝土、岩石、土、橡胶等）。

还有一些模型数据不是必须定义的参数，根据分析需要定义即可。例如：

1）部件和装配件。如果 INP 文件是由 Abaqus/CAE 自动生成的，将会包含部件（*PART）、装配件（*ASSEMBLY）、实例（*INSTANCE）等数据块；如果 INP 文件是由其他前处理器（例如，MSC. PATRAN、FEMAP 等）生成，信息中将不包含部件、装配件和实例等数据块，而是直接定义节点和单元等数据信息。

2）初始条件。例如，初始应力、初始温度、初始速度等。

3）边界条件、约束、相互作用、幅值、输出控制、用户子程序等。

（2）历程数据　历程数据包括：分析类型、荷载、边界条件和输出要求等。有限元分析的目的是模拟模型对外部荷载或者初始条件的响应情况，因此，一个完整的 Abaqus 有限元分析是建立在分析步基础上的，这些分析步都在历程数据中描述。

一个 INP 文件可以包含多个分析步，每个分析步都以 *STEP 开始，以 *END STEP 结束。*STEP 是历程数据和模型数据的分界点，第 1 个 *STEP 之前的所有内容均属于模型数据，其后的所有内容则都属于历程数据。

分析步的类型是必需定义的历程数据，它必须紧跟 *STEP 关键词。Abaqus 软件提供了两种分析步：一种是一般分析步（general step），可以是线性或非线性的；另一种是线形摄动分析步（linear perturbation step），只能是线性的。

下列历程数据是可选数据，包括：

247

1）荷载：定义荷载的类型和大小，可以表述为时间的函数（通过幅值曲线工具来定义）。

2）边界条件。

3）输出控制选项。

『实用技巧』

编写 INP 文件时，模型数据必须位于历程数据之前，但是在模型数据和历程数据内部，数据块的顺序和位置一般是任意的，但是有一些情况例外，包括：

1）关键词 * HEADING 必须放在 INP 文件的第 1 行。

2）关键词 * ELASTIC、* DENSITY 和 * PLASTIC 是 * MATERIAL 的子选项，必须直接跟在 * MATERIAL 关键词之后。

3）关键词 * STATIC、* DYNAMIC 和 * FREQUENCY 必须跟在 * STEP 关键词之后，用来指定分析步的类型。

提示：关键词后面通常都可以紧跟多种不同参数（必选参数、可选参数等），数据行中也可以定义多种变量，请读者根据需要多查看 Abaqus 6.14 帮助文件 "Abaqus Keywords Reference Guide" 和 "Abaqus Analysis User's Guide" 第 4 章 "Output" 中的相关内容。

14.1.2 INP 文件的输入规则

各种编程语言（例如，FORTRAN、C ++）都有一定的语句规则要求。INP 文件也是如此，它必须满足特定的格式及规则，求解器才能认识它们，然后将其成功地读入并进行分析。

【常见问题 14-2】 Error：Element 0

为什么某个工程实例在提交分析作业时出现下列错误信息：

*Error: an initial condition has been specified on **Element 0**. But **this element has not been defined*** （在单元 0 上定义了初始条件，但此单元没有被定义）

『实例』

出错的 INP 文件内容如下：

* initial conditions, type = stress, geostatic

Part-1. aaa，　0，　20，　7.5，　19.5，　0.6

←————此处多了一行空行

* initial conditions, type = ratio

Part-1. aaa，　1

『错误原因』

关键词 * INITIAL CONDITIONS 后面的数据行中由于多了 1 行空行，Abaqus 软件将把此空行理解为编号为 0 的单元，因此，在 DAT 文件中出现上述错误信息。

如果在提交分析作业时，提示的错误信息中出现了"Node 0"或"Element 0"，通常是因为在编辑修改 INP 文件的过程中，不小心出现了空行。

『解决方法』

将空行去掉，保存 INP 文件，重新提交分析。

『实用技巧』

下面强调编写 INP 文件时应注意的问题，包括：

1）数据项之间应该用英文逗号分开，不能用空格或中文逗号。

2）关键词行中的空格将被忽略。

3）应避免出现关键词拼写错误或者关键词位置错误。如果可能，尽量不要手工编写 INP 文件，应该首先在 Abaqus/CAE 中建模，生成 INP 文件，在此基础上做少量的修改。

4）如果关键词行中的参数有参数值，应该使用赋值符号" = "定义，且各参数之间用英文逗号隔开。

5）INP 文件的每一行不能超过 256 个字符（包括空格）。如果关键词行包含多个参数，超过 256 个字符的限制条件时，可以将其分为多行编写，并在行尾加上逗号。例如，以下语句：

* ELEMENT, TYPE = T2D2, ELSET = bottom

也可以写为：

* ELEMENT, TYPE = T2D2,
ELSET = bottom

6）关键词和参数都不区分大小写，参数值通常也不区分大小写，但是文件名区分大小写，这是因为 Python 语言编程中，对文件名大小写敏感。

7）编写关键词和参数时，不必把完整的单词拼写出来，仅用开头的几个字母即可（能够相互区分开）。例如：

* RESTART, WRITE, **NUMBER INTERVAL** = 3, TIMEMARKS = NO

也可以写为：

* RESTART, WRITE, **NUM** = 3, TIMEMARKS = NO

本书第 20.2 节"DAT 文件中的错误信息和警告信息"详细介绍了 INP 文件编写格式错误时的错误信息和警告信息及处理方法。

14.1.3　引用外部文件的方法

在编写 INP 文件时，Abaqus 允许引用其他文件中的模型数据、历程数据、注释行以及其他外部文件。

【常见问题 14-3】 *INCLUDE 关键词引用外部文件

如何在 INP 文件中引用外部文件中的内容？

『解答』

使用关键词 *INCLUDE 可以引用外部文件中的内容。例如，希望在 INP 文件中引用外部文件 node . txt，在 INP 文件的开头部分可以编写为：

> *HEADING
> **INCLUDE, INPUT = node . txt**
> ……

所引用的外部文件 node . txt 内容如下：

> *NODE, NSET = topnodes
> 101,   0.345,   0.679,   0.223
> 102,   0.331,   0.699,   0.234
> 103,   0.322,   0.689,   0.232

则 INP 文件等效于：

> *HEADING
> *NODE, NSET = topnodes
> 101,   0.345,   0.679,   0.223
> 102,   0.331,   0.699,   0.234
> 103,   0.322,   0.689,   0.232
> ……

在 INP 文件中使用关键词 *INCLUDE 引用外部文件，相当于把外部文件的内容直接写入 INP 文件中。被引用的外部文件可以包含 INP 文件的任何内容，外部文件本身还可以进一步引用其他的数据文件（最多可以引用 5 层），这些文件的格式必须保持一致。

Abaqus 在运行过程中碰到 *INCLUDE 关键词时，将立即读取 INPUT 参数指定的外部文件内容，然后重新返回原始 INP 文件，继续进行数据处理。

在 INP 文件中引用外部文件的好处是：

1) 对于复杂模型，可以把节点和单元数据保存为数据文件，让 INP 文件变得简短。

2) 可以使用其他前处理软件生成节点和单元，然后以上述方式导入 INP 文件。

3) 对于复杂模型，可以多人分工协作，每人各自负责一部分建模工作。

4) 同一个外部文件可以被多个 INP 文件多次引用，这就可以减小输入文件的工作量。

5) 便于对同一个网格模型进行不同类型的分析，或施加不同的荷载和边界条件。

6）可以将材料参数放在单独的 INP 文件中，每种材料使用代码表示，既便于保密管理，又可避免重复的材料参数定义。

【常见问题 14-4】 无法找到指定文件

为什么某个工程实例中出现如下错误信息？

*Error: **The following file(s) could not be located**（无法找到下列文件）*

『实例』

INP 文件 brake. inp 放在工作路径 D：\Temp 下，它所引用的两个外部文件 brake_elem. inp 和 brake_node. inp 放在路径 F：\。brake. inp 文件中的内容如下：

* HEADING
* RESTART, WRITE, FREQUENCY = 99
* INCLUDE, INPUT = brake_squeal_node. inp
* INCLUDE, INPUT = brake_squeal_elem. inp

在 Abaqus Command 窗口中将 brake. inp 提交分析时，出现下列错误信息：

*Abaqus Error: **The following file(s) could not be located**: brake_node. inp, brake_elem. inp. Abaqus/Analysis exited with error(s).*

『错误原因』

外部文件的存放路径不正确，Abaqus 无法找到这些外部文件。

『解决方法』

可以选用下列解决方法之一：

1）将被引用的外部文件和 INP 文件放在同一路径下，然后提交分析。进行子结构分析时，必须将被引用的文件和 INP 文件放在同一路径下。

2）如果外部文件和 INP 文件不在同一个路径下，则需要在 INP 文件中写明外部文件的路径，即将 brake. inp 中的相关内容修改为：

* HEADING
* RESTART, WRITE, FREQUENCY = 99
* INCLUDE, INPUT = **F：\brake_squeal_node. inp**
* INCLUDE, INPUT = **F：\brake_squeal_elem. inp**

> **提示**：在 Abaqus 帮助文件提供的实例中，许多 INP 文件都引用了外部文件，运行这些实例时，应该注意外部文件的路径问题。

251

14.2 将 INP 文件导入 Abaqus/CAE

INP 文件功能强大，在 Abaqus 的早期版本中主要用它进行建模分析，但是与 Abaqus/CAE 相比，INP 文件还存在下列不足：

1）模型不够形象和直观。

2）需要掌握大量关键词的使用方法才能读懂或编写 INP 文件，这对于初学者和很多工程技术人员来说难度都较大。

在很多情况下，将 INP 文件导入到 Abaqus/CAE 中，再对模型进行修改、提交分析和后处理，可以大大地提高建模分析的效率。单击菜单 File→Import→Model，在图 14-1 所示的对话框中选中需要导入的 INP 文件，可以将其导入到 Abaqus/CAE 中。

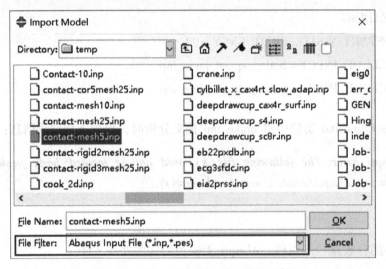

图 14-1 Abaqus/CAE 中导入 INP 文件

【常见问题 14-5】提交分析作业报错

对于同一个 INP 文件，在 Abaqus Command 窗口中提交分析能够成功运行，而将它导入 Abaqus/CAE，再在 Job 功能模块下提交分析，却出现错误，这是什么原因造成的？

『错误原因』

INP 文件中的有些关键词是 Abaqus/CAE 所不支持的。例如，下列关键词只能在 INP 文件中进行定义：

* EL PRINT	将单元的分析结果写入 DAT 文件
* NODE FILE	将节点的分析结果写入 FIL 文件或 SEL 文件
* NODE PRINT	将节点的分析结果写入 DAT 文件
* MPC	建立多点约束
* INITIAL CONDITIONS	定义初始条件

笔者做了统计，Abaqus 软件总共包含 504 个关键词，但是有 185 个关键词是 Abaqus/CAE 不支持的，占了关键词总数量的 36.7%。读者在建模分析过程中，如果在 Abaqus/CAE 中无法找到所需功能，建议借助于 Abaqus 6.14 帮助文件的搜索功能，找到所需的帮助信息。关于 Abaqus/CAE 不支持关键词的详细介绍，请参考 Abaqus 6.14 帮助文件 "Abaqus/CAE User's Guide" 附录 A. 2 "Keyword support from the input file reader"。

> **提示**：在 Abaqus/CAE 中单击菜单 Help→Keyword Browser，可以直接打开附录 A. 1。

如果 INP 文件中包含 Abaqus/CAE 所不支持的关键词，导入此 INP 文件时，Abaqus/CAE 窗口底部的信息区将会给出警告信息，例如：

> *WARNING*: **The following keywords/parameters are not yet supported by the input file reader**:
> --------------
> * *CONTACT FILE*
> * *EL PRINT*
> * *NODE FILE*
> * *NODE PRINT*
> The model "*deepdrawcup_cax4r*" has been imported from an input file.
> Please scroll up to check for error and warning messages.

『解决方法』

将 INP 文件导入 Abaqus/CAE 后，应仔细查看信息区中是否出现了上述警告信息。如果发现存在 Abaqus/CAE 所不支持的关键词，应单击菜单 File→Model→Edit Keywords（关键词编辑器），添加所有无法导入的关键词。

完成上述编辑操作后，可以继续在 Abaqus/CAE 中修改模型。最后在 Job 功能模块中提交分析作业或生成 INP 文件时，在关键词编辑器中所做的修改始终有效。在 Abaqus/CAE 中保存模型时，在关键词编辑器中所修改的关键词也将一起被保存。

需要注意的是：有些情况下，在关键词编辑器中所做的修改可能导致模型错误，详见【常见问题 14-16】。

> **提示**：①在关键词编辑器中修改原始模型（original model）后，如果在 Job 功能模块中进行重启动分析，在关键词编辑器中所进行的修改将被忽略。②关键词编辑器中显示的内容不包含几何模型信息，只能在 Abaqus/CAE 中修改几何模型。

14. 3　将 INP 文件提交分析

【常见问题 14-6】将 INP 文件提交分析的方法

将 INP 文件提交分析有哪些方法？

『解答』

将 INP 文件提交分析的方法包括：

1）在 Abaqus Command 命令行窗口中提交分析，命令为：

abaqus job = *job_name* **interactive**

其中，*job_name* 是 INP 文件名；**interactive** 参数为可选参数，使用该参数的好处是可以方便地看到分析作业的运行情况 —— 对于 Abaqus/Standard 分析，将在屏幕上输出 LOG 文件中的信息；对于 Abaqus/Explicit 分析，将在屏幕上输出 STA 文件和 LOG 文件中的信息。

需要注意的是：提交分析之前，要保证 INP 文件位于 Abaqus Command 窗口显示的当前路径下（默认为 Abaqus 的工作路径）。

> **提示：** 在 Windows 操作系统中单击开始→Dassault Systemes SIMULIA Abaqus CAE 6.19→Abaqus Command，DOS 窗口中显示的路径即为 Abaqus 的工作路径。

2）在 Abaqus/CAE 的 Job 功能模块中提交分析。如果 INP 文件中包含 Abaqus/CAE 不支持的关键词，可以在 Job 功能模块中，使用菜单 Job→Manager，单击 Create，将 Source 设为 Input file（见图 14-2），单击 ▣ （Select）按钮，选择 INP 文件然后提交分析。

如果 INP 文件中没有包含 Abaqus/CAE 不支持的关键词，可以将 INP 文件直接导入到 Abaqus/CAE 中，在 Job 功能模块创建新的分析作业并提交。

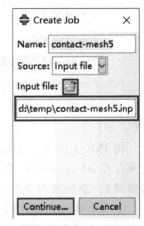

图 14-2　为 INP 文件创建分析作业

【常见问题 14-7】 提交包含用户子程序的分析作业

如果 INP 文件中涉及用户子程序，应该如何提交分析作业？

『解答』

需要调用用户子程序时，应使用下列命令：

abaqus job = *job_name* **user** = *user_sub* **interactive**

其中，*user_sub* 是用户子程序的文件名（不要给出文件扩展名 .f 或 .for）。如果无法顺利运行用户子程序，可以尝试下列解决方法：

1）将用户子程序文件和 INP 文件保存在同一个路径下。

2）如果用户子程序文件使用了扩展名 .f，可以尝试将扩展名改为 .for 。在 Abaqus 的帮助文件中，很多实例的用户子程序都使用了扩展名 .f。

3）确保安装了正确的 Fortran 版本（更高或更低的版本都可能出现问题）。

详细信息请参见 Abaqus 帮助文件 "Abaqus Installation and Licensing Guide" 附录 A. 1 节 "System Software"。

【常见问题 14-8】 无法找到文件

使用 Windows 记事本编写了 INP 文件，并将其保存在 Abaqus 工作目录下，文件名为 myjob. inp。在 Abaqus Command 窗口中使用命令 abaqus job = myjob 提交分析，为什么在屏幕上出现下列错误信息？

*Abaqus Error: **The following file(s) could not be located**: myjob. inp.* （无法找到下列文件）
Abaqus/Analysis exited with error(s) .

『错误原因』

在 Windows 资源管理器中查看此文件的扩展名，会发现 Windows 记事本保存的完整文件名为 myjob. inp. txt，因此，Abaqus 无法找到需要提交分析的 myjob. inp 文件。

『解决方法』

去掉此文件的扩展名 . txt，将其恢复为正确的文件名 myjob. inp。

Windows 记事本在保存文件时会自动添加扩展名 . txt，导致出现上述错误信息。建议读者选用更好的文字处理软件（例如，EditPlus）来编写 INP 文件。

【常见问题 14-9】 无法顺利提交分析作业

将 INP 文件提交分析后，发现分析无法顺利进行，应该如何查找错误原因？

『解答』

如果 INP 文件中有错误（例如，输入格式不正确、缺少数据行等），分析无法进行，这时，可以在 DAT 文件中搜索"error"来查看错误信息。DAT 文件中的错误信息（error）和警告信息（warning）都以 3 个 * 号开头，通常都出现在出错关键词行的下面，例如：

* surface, type = ELEMENT, name = ASSEMBLY_BEAM-1_SURF-TOP
*** *ERROR: **SURFACE DEFINITION ASSEMBLY_SURF-TOP NOT FOUND.***

错误信息表明：* SURFACE 的定义存在错误。

> **提示**：如果 DAT 文件中出现了错误信息（error），必须改正模型中的错误才能保证分析顺利进行；DAT 文件中的警告信息（warning）大多是一些提示信息，并不代表模型真的有错误，可以忽略。

『实用技巧』

为了获得详细的模型预处理信息，可以在 INP 文件的开始添加下列关键词：

* Preprint, echo = YES, model = YES, history = YES, contact = YES

* Preprint 关键词的功能是将详细的预处理信息（例如，模型信息、历程信息、接触定义信息等）输出到 DAT 文件中，以便于检查、修改模型中的错误。对于复杂模型，这些详细的预处理信息会使 DAT 文件变得异常庞大，不方便阅读。读者根据需要合理选择是否使用这项设置。

* Preprint 关键词对应的 Abaqus/CAE 操作如下：在 Job 功能模块中单击菜单 Job→Edit，在 General 标签页中设置需要输出的预处理信息，如图 14-3 所示。

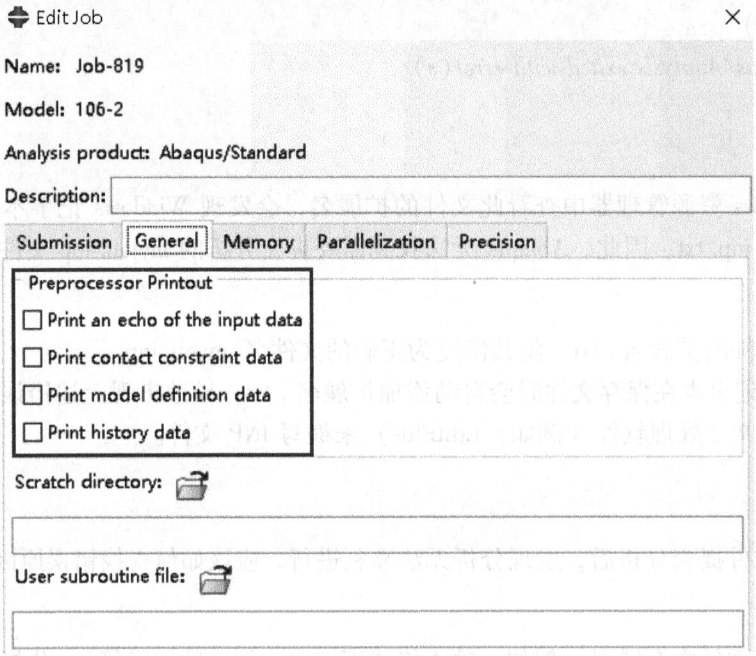

图 14-3　在 Abaqus/CAE 中设置是否输出预处理信息

在提交分析作业之前，可以先在 Abaqus Command 窗口中利用数据检查命令（datacheck）对 INP 文件进行预处理检查：

abaqus job = *job_name* **datacheck interactive**

执行完毕，可以查看 DAT 文件中的错误信息和分析需要的磁盘空间、内存大小等，以确保分析可以顺利进行。

【常见问题 14-10】 中止分析作业

如果模型规模庞大或包含多个分析步，完成整个分析需要很长的时间，可否先暂停分析，查看已完成的分析结果是否正确，然后再继续提交分析作业？如何彻底中止分析作业？

『解答』

在 Abaqus Command 窗口中使用下列命令，可以暂停分析作业：

abaqus suspend job = *job_name*

使用下列命令，可以在暂停的位置继续运行分析作业：

abaqus resume job = *job_name*

如果希望彻底中止分析作业，不再使用 abaqus resume 命令继续分析，可以选择下列方法：

1) 同时按下 < Ctrl + Alt + Del > 组合键，在 Windows 任务管理器中直接结束进程。

2) 如果是在 Abaqus/CAE 的 Job 功能模块提交分析作业，可以单击 Job Manager 中的 Kill 按钮。

3) 使用以下命令：

abaqus terminate job = *job_name*

14.4　在 INP 文件中定义输出

在 Abaqus/CAE 的 Step 功能模块中可以设置场变量输出（field output）和历程变量输出（history output），这些输出结果都将写出到 ODB 文件（*.odb）中，可以在 Visualization 功能模块进行显示，详见第 12 章 "Visualization 功能模块常见问题解答与实用技巧"。

INP 文件提供了丰富全面的输出功能，可以将各种分析结果输出到 ODB 文件、DAT 文件（*.dat）、FIL 文件（*.fil）、SEL 文件（*.sel）中，还可以输出单元刚度矩阵和质量矩阵，本节将一一详细介绍。

14.4.1　将分析结果输出到 DAT 文件

对于 Abaqus/Standard 分析，可以将多种分析结果输出到 DAT 文件中。可以输出的数据包括：单元、节点、接触面、能量、紧固件接触（fastener interaction output）、模态（modal output）和截面（section output）等。

【常见问题 14-11】 无效的输出请求

为什么对下面的实例提交分析时，在 DAT 文件中出现下列错误信息：

Error: ***unidentified or invalid output request***（不可识别的或无效的输出请求）

『实例』

对应的 INP 文件内容为：

* STEP, NAME = step-3
......
* NODE PRINT, NSET = node-111
U1

> *** NODE PRINT, NSET = node-111**
>
> **S11**
>
> *** END STEP**

『错误原因』

出错的语句为：

> *** NODE PRINT, NSET = node-111**
>
> **S11**

错误的原因是：关键词 *** NODE PRINT** 的功能是将节点的分析结果（例如，位移 U）输出到 DAT 文件，而应力是单元积分点的结果，不能用 *** NODE PRINT** 关键词定义输出。虽然在 Visualization 功能模块可以看到节点的应力结果，原因是：Abaqus/CAE 对单元积分点的应力结果进行了插值平均。

『解决方法』

应该使用关键词 *** EL PRINT，ELSET =** *elset_name* 输出单元的分析结果，将上述错误语句修改为：

> *** EL PRINT, ELSET =** *element_111*
>
> **S11**

其中，*element_111* 是单元集合名称。

『相关知识』

表 14-2 列出了将分析结果输出到 DAT 文件的关键词及用法。

表 14-2　将 Abaqus/Standard 分析结果输出到 DAT 文件的关键词

关　键　词	功　　能
* EL PRINT	将单元的分析结果（应力、应变、截面力等）输出到 DAT 文件中
* NODE PRINT	将节点的分析结果（位移、反力等）输出到 DAT 文件中
* CONTACT PRINT	将接触对的分析结果输出到 DAT 文件中
* ENERGY PRINT	将能量的分析结果输出到 DAT 文件中
* MODAL PRINT	基于模态的动力学分析，将振幅和相位输出到 DAT 文件中
* SECTION PRINT	将自定义截面的分析结果（例如，合力、总弯矩、总热流等）输出到 DAT 文件中
* INTERACTION PRINT	将点焊接触变量输出到 DAT 文件中

14.4.2　将分析结果输出到 ODB 文件

ODB 文件是一个二进制文件，供 Abaqus/CAE 在后处理时显示模型和分析结果。

Abaqus/Standard 分析中写入 MSG 文件（*.msg）的部分诊断信息也保存在 ODB 文件（*.odb）中。

【常见问题 14-12】 设置场变量和历程变量输出

ODB 文件中包含哪些分析结果？如何在 INP 文件中设置这些分析结果的输出？场变量输出和历程变量输出有何区别？

『解答』

ODB 文件中包含 3 种类型信息：场变量输出（field output）、历程变量输出（history output）和诊断信息（diagnostic）。本书第 6.1.4 节"场变量输出与历程变量输出"讨论了场变量输出与历程变量输出的区别，第 11.2 节"查看分析诊断信息"介绍了诊断信息的相关知识。下面，将介绍如何在 INP 文件中设置所需的场变量输出和历程变量输出。

（1）场变量输出　在 INP 文件中设置场变量输出时，要首先加上关键词 *OUTPUT,FIELD。如果希望按照当前分析的默认设置输出场变量，则使用参数 VARIABLE = PRESELECT。例如：

*OUTPUT, FIELD, FREQ = 10, VARIABLE = PRESELECT

其中：FREQ = 10 的含义是每 10 个增量步输出 1 次场变量。

如果不希望按照默认设置输出场变量，可以使用表 14-3 中的关键词描述所要输出的变量名称。例如：

*OUTPUT, FIELD, NUMBER INTERVALS = 200

*ELEMENT OUTPUT, ELSET = work

PEEQ, S, TEMP

*NODE OUTPUT, NSET = all

U

其中：NUMBER INTERVALS = 200 的含义是每隔分析步时间的 1/200 输出 1 次（共输出 201 次）；*ELEMENT OUTPUT 的含义是输出单元集合 *work* 的等效塑性应变（PEEQ）、应力（S）和温度（TEMP）；*NODE OUTPUT 的含义是输出节点集合 *all* 的位移（U）。

表 14-3　将场变量和历程变量输出到 ODB 文件的关键词

关　键　词	功　　能
*CONTACT OUTPUT	将接触变量输出到 ODB 文件
*ELEMENT OUTPUT	将单元变量输出到 ODB 文件
*NODE OUTPUT	将节点变量输出到 ODB 文件
*RADIATION OUTPUT	将空腔辐射变量输出到 ODB 文件

（2）历程变量输出　在 INP 文件中设置历程变量输出时，首先需要写上关键词 *OUT-

PUT，HISTORY。如果希望输出默认的历程变量，则使用参数 VARIABLE = PRESELECT。如果希望自己定义输出的历程变量，应使用表 14-3 和表 14-4 中的关键词，例如：

* OUTPUT, HISTORY, OP = NEW, FREQUENCY = 1

* NODE OUTPUT, NSET = ends

U, V, A

* MODAL OUTPUT

GU, GV, GA

BM,

其中：OP = NEW 参数的含义是清除之前定义的输出设置，并定义新的输出设置；FRE-QUENCY = 1 的含义是输出每个增量步的历程变量；* NODE OUTPUT 关键词的含义是输出节点集合 *ends* 的位移（U）、速度（V）和加速度（A）；* MODAL OUTPUT 关键词的含义是输出动力分析中的地震波位移（GU）、速度（GV）和加速度（GA）。

表 14-4　将历程变量输出到 ODB 文件的关键词

关　键　词	功　　能
* ENERGY OUTPUT	将整个模型或单元集的能量输出到 ODB 文件中
* INTEGRATED OUTPUT	将变量对某个面的积分结果（如面上的合力）输出到 ODB 文件中
* INCREMENTATION OUTPUT	将增量变量输出到 ODB 文件中
* INTERACTION OUTPUT	将点焊接触变量输出到 ODB 文件中
* MODAL OUTPUT	在基于模态的动力分析以及复杂特征值提取分析中，将模态的幅值和相位输出到 ODB 文件中（仅适用于 Abaqus/Standard 分析）

（3）诊断信息　将诊断信息写入 ODB 文件的关键词为 * OUTPUT, DIAGNOSTICS = YES（或 NO）。其中，YES 表示输出诊断信息，NO 表示不输出诊断信息。

14.4.3　将分析结果输出到 FIL 文件和 SEL 文件

FIL 文件（*.fil）的分析结果可以在第三方软件的后处理器中进行显示（例如，生成 X-Y 图），或者以表格形式打印输出，该文件格式可以作为不同软件之间数据转换的中间载体。Abaqus/Explicit 分析生成的 SEL 文件（*.sel）存储了读者自定义的输出结果，只有将其转换为 FIL 文件才能为第三方软件识别，然后进行后处理。

【常见问题 14-13】 输出 FIL 文件的注意问题

FIL 文件包含哪些格式？如何输出 FIL 文件？输出时应注意哪些问题？

『解答』

有两种格式的 FIL 文件：二进制（binary）格式和 ASCII 码格式，ASCII 码格式的 FIL 文件要比二进制格式文件大很多。默认情况下，FIL 文件总是以二进制格式输出，如果模型的规模很大，更应该选用二进制格式。

如果读取 FIL 文件的计算机操作系统不同于生成的 FIL 文件的操作系统，则需要将 ASCII 码格式的 FIL 文件转换为二进制格式；如果是同样的操作系统，则无须进行转换。二进制格式文件与 ASCII 码格式文件相互转换的命令为：

  abaqus ascfil job =*job_name*

相关内容的详细介绍，请参见 Abaqus 6.14 帮助文件 "Abaqus Analysis User's Guide" 第 3.2.13 节 "ASCII translation of results（.fil）files"。

使用表 14-5 中的关键词可以把 Abaqus/Standard 的分析结果输出到 FIL 文件中。使用 *FILE FORMAT 关键词可以定义 FIL 文件的格式，该关键词在一个 INP 文件中只能出现 1 次，可以作为模型数据或历程数据出现。

表 14-5 将 Abaqus/Standard 分析结果输出到 FIL 文件的关键词

关 键 词	功 能
*CONTACT FILE	将接触对的接触变量输出到 FIL 文件中
*EL FILE	将单元变量输出到 FIL 文件中
*ENERGY FILE	将关于能量的结果输出到 FIL 文件中
*MODAL FILE	在基于模态的动力分析或特征值提取分析中，将振幅和相位，以及特征值数据输出到 FIL 文件中
*SECTION FILE	将用户自定义截面上的分析结果（例如，合力、总弯矩、总热流等），输出到 FIL 文件中
*NODE FILE	将节点变量（位移、反力等）输出到 FIL 文件中

【常见问题 14-14】输出 SEL 文件的注意问题

如何输出 SEL 文件？输出时应注意哪些问题？

『解答』

如果希望把 Abaqus/Explicit 的分析结果输出到 SEL 文件中，首先应该使用关键词 *FILE OUTPUT，再使用表 14-6 中的关键词来定义需要输出的变量。例如：

  *FILE OUTPUT, NUMBER INTERVAL = 4, TIME MARKS = YES
  *EL FILE
  PEEQ,
  MISES,

其中：NUMBER INTERVALS = 4 的含义是每隔分析步时间的 1/4 输出 1 次（共输出 5 次）；*EL FILE 关键词的含义是输出所有单元的等效塑性应变和 MISES 应力；TIME MARKS = YES 的含义是在 NUMBER INTERVALS 指定的精确时刻输出分析结果。

关键词 *FILE OUTPUT 会产生大量的分析数据，应慎重使用。

表 14-6　将 Abaqus/Explicit 分析结果输出到 SEL 文件的关键词

关 键 词	功　　能
＊EL FILE	将单元变量输出到 SEL 文件中
＊ENERGY FILE	将关于能量的结果输出到 SEL 文件中
＊NODE FILE	将节点变量（位移、反力等）输出到 SEL 文件中

14.4.4　输出单元刚度矩阵和质量矩阵

在 Abaqus/Standard 分析中可以将每一分析步的单元刚度矩阵或单元质量矩阵输出到文件中，但该功能不适用于包含内部节点的单元，例如，声单元、管单元、框架单元、基于 Fourier 模式的轴对称单元、裂隙单元（gap element）、耦合场单元（如热力耦合单元）、孔压单元（pore pressure element）等。非协调单元（incompatible element）和杂交单元（hybrid element）只能输出单元质量矩阵。

由于单元矩阵与节点条件无关，因此，单元矩阵的自由度总是基于全局坐标系，节点的局部坐标系不起作用。

【常见问题 14-15】输出单元刚度矩阵或单元质量矩阵

如何将单元刚度矩阵或单元质量矩阵输出到文件中？

『解答』

输出单元矩阵的关键词是 ＊ELEMENT MATRIX OUTPUT（Abaqus/CAE 不支持此关键词），可以将单元矩阵输出到不同类型的文件中：

1）将单元矩阵输出到 FIL 文件（可以是二进制格式或 ASCII 码格式）。关键词为：

> ＊ELEMENT MATRIX OUTPUT, ELSET = element_set,
> OUTPUT FILE = RESULTS FILE

其中：element_name 是单元集合的名称。

2）将单元矩阵输出到自定义文件。关键词为：

> ＊ELEMENT MATRIX OUTPUT, ELSET = element_set,
> OUTPUT FILE = USER DEFINED, FILE NAME = output_file_name

其中：output_file_name 是自定义文件名（注意：不要写扩展名），Abaqus 会自动为其添加扩展名 .mtx。

3）将单元矩阵输出到 Abaqus/Standard 的 DAT 文件。关键词为：

> ＊ELEMENT MATRIX OUTPUT, ELSET = element_set
> OUTPUT FILE = USER DEFINED

262

『实用技巧』

使用 * ELEMENT MATRIX OUTPUT 关键词输出单元矩阵时，还可以使用下列控制参数：

1）控制是否输出分布荷载　关键词为：

> * ELEMENT MATRIX OUTPUT, ELSET = *element_set*, DLOAD = YES（或 NO）

默认设置为 DLOAD = NO，即输出单元矩阵时不包含荷载向量。

2）控制单元矩阵输出的频率　关键词为：

> * ELEMENT MATRIX OUTPUT, ELSET = *element_set*, FREQUENCY = *n*

其含义为：每隔 *n* 个增量步输出 1 次单元矩阵。默认设置为 FREQUENCY = 1，即每个增量步都输出单元矩阵。

3）是否输出单元质量矩阵　关键词为：

> * ELEMENT MATRIX OUTPUT, ELSET = *element_set*, MASS = YES（或 NO）

默认设置为 MASS = NO，即不输出质量矩阵。

4）是否输出单元刚度矩阵或热传导单元的算子矩阵（operator matrix）　关键词为：

> * ELEMENT MATRIX OUTPUT, ELSET = *element_set*, STIFFNESS = YES（或 NO）

默认设置为 STIFFNESS = NO，即不输出刚度矩阵或算子矩阵。

14.5　在 Abaqus/CAE 中生成 INP 文件

在 Abaqus/CAE 的 Job 功能模块中，单击 Job Manager 中的 Write Input 或 Submit 按钮，可以生成 INP 文件。本节将介绍处理关键词编辑器（keyword editor）中冲突（conflicts）的方法，以及生成不包含部件和装配件的 INP 文件的方法。

14.5.1　生成 INP 文件时的关键词冲突

【常见问题 14-16】出现冲突关键词 * CONFLICTS

在 Abaqus/CAE 的 Job Manager 中生成 INP 文件时，为什么出现下列错误信息：

*** ERROR: in keyword * CONFLICTS, file "Job-1. inp", line 24698: **Keyword * Conflicts is generated by Abaqus/CAE** to highlight changes made via the Keywords Editor that conflict with changes made subsequently via the native GUI.（Abaqus/CAE 用关键词 * Conflicts 来表示生成 INP 文件时出现了冲突）

Analysis Input File Processor exited with an error.

『错误原因』

如果在 Abaqus/CAE 中单击菜单 File→Model→Edit Keywords，在关键词编辑器中修改了关键词，有些情况下可能导致模型错误，例如：

1）对于同一个关键词，如果既在 Abaqus/CAE 的图形用户界面中进行了修改，又在关键词编辑器中进行了修改，在提交分析作业时 Abaqus/CAE 无法确定应该选用的修改值，会出现上述错误信息。

2）如果在某个分析步中添加了关键词，随后又在 Abaqus/CAE 中删除该此分析步，这时，关键词编辑器中添加的关键词不会被自动删除，提交分析时也会出现冲突的错误信息。

如果出现了上述问题，在关键词编辑器中可以看到出现冲突的位置自动添加了 ∗ CONFLICT 语句。

『解决方法』

在关键词编辑器中修改出现冲突的关键词或数据行，删除 ∗ CONFLICT 语句。

如果希望撤销当前的修改，可以单击关键词编辑器下方的 Discard Edits。如果希望去掉在关键词编辑器中作过的所有修改，可以单击 Discard All Edits，如图 14-4 所示。

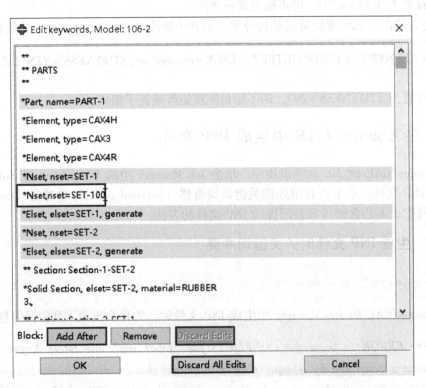

图 14-4   删除关键词编辑器中的关键词

『实用技巧』

建模过程中，如果能在 Abaqus/CAE 的图形用户界面下操作，就尽量不要使用关键词编辑器添加或修改关键词，以免破坏模型的一致性而出现关键词冲突。例如，如果需要改变材料的特性，最好在 Property 功能模块中进行操作。只有某个关键词的功能无法直接在 Abaqus/CAE 中实现时，才应该使用关键词编辑器。

14.5.2　生成不包含部件和装配件的 INP 文件

由 Abaqus/CAE 生成的 INP 文件一般都会包含部件和装配件信息，在有些情况下，需要生成不包含部件和装配件的 INP 文件（例如，利用关键词 * MATRIX INPUT 和 * MATRIX ASSEMBLE 输出刚度矩阵或质量矩阵），本节将介绍具体的操作方法。

【常见问题 14-17】 输出不包含部件和装配件信息的 **INP** 文件

如果希望输出不包含部件和装配件信息的 INP 文件，应该如何操作？

『解答』

有两种方法可供选择：

（1）修改环境变量文件 abaqus_v6. env　启动 Abaqus/CAE 之前，在 Abaqus 安装目录中找到环境变量文件 abaqus_v6. env，打开后添加下列语句：

cae_no_parts_input_file = ON

然后，保存 abaqus_v6. env 文件即可。以后每次启动 Abaqus/CAE 时，上述修改都会自动生效。如果希望恢复默认的 INP 文件输出格式（包含部件和装配件信息），则需要重新修改 abaqus_v6. env 文件，将参数值 ON 改为 OFF。

（2）使用 Abaqus 脚本命令　在 Abaqus/CAE 运行过程中，可以单击窗口左下角的 ⟫⟫ （Kernel Command Line Interface）图标，在脚本命令输入界面（Scripting Interface）中输入下列命令（注意：字母大小写要正确）：

mdb. models[*modelName*]. **setValues**(**noPartsInputFile = ON**)

其中，*modelName* 是模型名。这种设置方法只对当前的 Abaqus/CAE 会话（session）有效，再次启动 Abaqus/CAE 后，仍将会是包含部件和装配件信息的 INP 文件。

『实用技巧』

Abaqus/CAE 模型包含多个部件时，每个部件的单元和节点编号都从 1 开始计数，即不同部件可以有相同的单元和节点编号。如果生成不包含部件和装配件信息的 INP 文件，Abaqus/CAE 会为整个模型的单元和节点重新编号，以免出现重复编号。如果在生成 INP 文件之前，在关键词编辑器中修改了关键词，可能出现关键词冲突。此时，可以采用本书第 14.5.1 节"生成 INP 文件时的关键词冲突"介绍的解决方法来解决。

14.6　实用技巧

1）Abaqus/CAE 和 INP 文件各有优缺点，实际分析中应"取其所长，避其所短"。创建新模型时，应尽量使用 Abaqus/CAE 强大的前处理功能来建模；需要修改原有的分析模型时，如果改动工作量较小，直接修改 INP 文件往往会非常简便。

2）编辑修改 INP 文件属于相对高级的技巧，刚刚接触 Abaqus 软件的初学者学习起来会感觉难度较大。此时，建议先在 Abaqus/CAE 中建模和提交分析，并认真研读 Abaqus/CAE 生成的 INP 文件，将每个关键词与 Abaqus/CAE 中的操作对应比较，时间久了自然而然地就可以自己写 INP 文件了。

3）学习编写 INP 文件的过程中，一定要多查看 Abaqus 6.14 帮助文件 "Abaqus Keywords Reference Guide" 中的关键词用法介绍。如果读者已经了解了 INP 文件的结构和规则，参照帮助文件能够读懂一般的 INP 文件，此时可以尝试自己修改 INP 文件中的内容。

4）企业研发工程师通常针对特有产品进行设计开发，接触的有限元模型相似度很高，建议开发 INP 文件模板，提高建模分析的效率。

14.7　本章小结

本章主要介绍了下列内容：

1）INP 文件的组成、格式和输入规则。

2）使用关键词 * INCLUDE 可以引用外部文件中的内容，相当于把外部文件的内容直接写入 INP 文件中。应将被引用的外部文件和 INP 文件放在同一路径下，或在 INP 文件中写明外部文件的绝对路径。

3）单击菜单 File→Import→Model，可以将 INP 文件导入到 Abaqus/CAE 中。如果 INP 文件中包含了 Abaqus/CAE 不支持的关键词，可以在关键词编辑器中进行添加。

4）在关键词编辑器中修改了关键词后，有些情况下可能导致模型出现冲突的错误提示信息（* CONFLICT）。

5）将 INP 文件提交分析的方法包括：在 Abaqus Command 窗口中提交分析、在 Abaqus/CAE 的 Job 功能模块中提交分析。

6）INP 文件包含丰富全面的输出功能，可以将各种分析结果输出到 ODB 文件、DAT 文件、FIL 文件和 SEL 文件中，也可以输出单元刚度矩阵和单元质量矩阵。

7）在环境变量文件 abaqus _v6. env 中添加下列命令 cae_no_parts_input_file = ON 或者在脚本命令输入界面中输入下列命令：**mdb . models** [*modelName*] **. setValues（noPartsInput-File = ON）**，以输出不包含部件和装配件信息的 INP 文件。

第15章
多步骤分析
常见问题解答与实用技巧

本章要点：

- ※ 15.1　重启动分析
- ※ 15.2　在分析过程之间传递数据
- ※ 15.3　多个分析步之间的关系
- ※ 15.4　本章小结

一个复杂的有限元模型往往由多个相互联系的事件组成，每个事件都可以用不同的分析步定义和模拟。有些情况下，一个分析模型无法定义所有的分析步，可能需要在已有的分析结果基础上继续完成其他分析步的计算。本章将介绍重启动分析、在分析过程之间传递数据和多个分析步之间的关系等知识。

事实上，在分析过程之间传递数据也是重启动分析的一种，但基于其特殊性，将它放在第15.2节中单独介绍。本书中凡是提到"重启动分析"，如无特别说明，都是指第15.1节中介绍的重启动分析。

15.1　重启动分析

当模型中包含多个分析步时，可以根据需要将整个分析分解为不同的阶段，即在模型中先只定义一部分分析步（下文中称此模型为"基础模型"），提交分析，得到计算结果后，再定义重启动分析（下文中称此模型为"重启动模型"），在已有分析结果的基础上完成其余分析步的计算。重启动分析包括两种实现方法：

1）直接在 INP 中定义重启动分析，详见第15.1.2节"利用 INP 文件实现重启动分析"。

2）在 Abaqus/CAE 中定义重启动分析，详见第15.1.3~15.1.6节。

相关内容的详细介绍，请参见 Abaqus 6.14 帮助文件"Abaqus Analysis User's Guide"第9.1节"Restarting an analysis"。

15.1.1　重启动分析的使用场合

【常见问题15-1】　重启动分析的使用场合

在什么情况下需要定义重启动分析？

『解答』

下列情况下可以使用重启动分析，节省计算时间：

1）希望在已有分析结果的基础上继续分析其他工况。例如，首先在模型中只定义部分荷载工况，快速完成分析，检查确认分析结果正确后，再使用重启动分析完成其他荷载工况的分析。

2）分析过程异常中止，可能的原因包括：分析无法收敛、达到了分析步允许的最大增量步数、硬盘空间不够、计算机断电等。在纠正造成异常中止的错误之后，可以使用重启动分析继续完成分析。

15.1.2 利用 INP 文件实现重启动分析

【常见问题 15-2】 在 INP 文件中实现重启动分析

如何利用 INP 文件实现重启动分析？

『解答』

《实例详解》"重启动分析：140℃时的接触情况"给出了一个详细的实例，介绍了重启动分析的 3 个步骤：

1）在基础模型中设置重启动数据的输出请求。

2）创建重启动模型。

3）提交重启动分析作业。

下面补充使用 INP 文件实现这 3 个步骤的方法（对 Abaqus/Standard 和 Abaqus/Explicit 都适用）：

（1）步骤 1：在基础模型中设置重启动数据输出　需要用到的关键词为 * RESTART，WRITE，其常用的控制参数包括：

1）FREQUENCY：用于重启动数据的输出频率。

2）OVERLAY：用于只在分析步结束时刻输出重启动数据（即每个分析步中将只有一组重启动数据），以减少数据存储空间。

3）NUMBER INTERVAL：在一个分析步中以多少个均匀的时间间隔输出重启动数据。

4）TIME MARKS：如果参数值为 YES，则在 NUMBER INTERVAL 指定的准确时刻输出重启动数据；如果参数值为 NO，则在 NUMBER INTERVAL 指定的增量步结束时刻输出重启动数据。

例如：

　　　　* RESTART, WRITE, FREQUENCY = 2

其含义是：每 2 个增量步输出 1 次重启动数据（即在增量步第 2、4、6、……结束时刻输出重启动数据）。

关于步骤 1 在 Abaqus/CAE 中的实现方法，请参见第 15.1.3 节"在 Abaqus/CAE 中设置重启动数据的输出请求"。

基础模型会输出大量的重启动数据。对于 Abaqus/Standard 分析，对基础模型提交分析后，DAT 文件将给出估算的结果文件大小，可以据此判断磁盘空间是否足够。

（2）步骤 2：创建重启动分析的 INP 文件　需要用到的关键词为 * RESTART，READ，其常用的控制参数包括：

1）STEP：用于从基础模型指定分析步的结束位置读取重启动数据。

2）INC：用于从指定增量步读取重启动数据。

例如：

* RESTART, READ, STEP = 1, INC = 2

其含义是：从基础模型第 1 个分析步的第 2 个增量步结束位置读取重启动数据。

如果 * RESTART，READ 指定的位置是基础模型中尚未完全结束的分析步，默认情况下 Abaqus 将首先尝试完成这个尚未结束的分析步。对于基础模型中那些根本没有开始的分析步，Abaqus 不会去执行。如果希望执行这些还没有开始的分析步，必须把它们添加到重启动分析的 INP 文件中。

在重启动分析的 INP 文件中不允许改变节点、单元、材料特性参数、方向、截面属性、梁截面形状、接触特性，以及约束等模型参数。只能改变幅值曲线、节点集合、单元集合、荷载、边界条件，以及输出设置等数据（如果没有改变这些数据，Abaqus 将自动沿用基础模型的数据）。

（3）步骤 3：提交重启动分析作业　完成基础模型的分析计算后，可以在 Abaqus Command 窗口中输入下列命令开始重启动分析：

abaqus job = *newjob- name* **oldjob** = *oldjob- name*

其中，*newjob- name* 是重启动分析的 INP 文件名；*oldjob- name* 是基础模型分析结果的文件名（注意：不包含扩展名）。

需要注意的是：Abaqus 软件不会自动检查基础模型输出的重启动数据与重启动分析所需要的数据是否一致。如果出现了不一致，分析可能会自动中止，或者虽然可以完成分析，但得到的计算结果可能是错误的。

Abaqus 总是从基础模型的结果文件中读入数据，并将计算结果写出到新的重启动分析结果文件中，而不会向基础模型的 ODB 文件中添加新的信息。默认情况下，重启动分析的 FIL 文件既包含基础模型的分析结果，也包含重启动分析的分析结果。

此外，还可以将重启动分析的结果文件作为下一次重启动分析的基础模型，每次重启动分析都将生成各自的重启动结果文件。

关于步骤 2 和步骤 3 在 Abaqus/CAE 中的实现方法，请参见本书第 15.1.4 节 "在 Abaqus/CAE 中运行重启动分析的方法"。

15.1.3　在 Abaqus/CAE 中设置重启动数据的输出请求

【常见问题 15-3】在 Abaqus/CAE 中设置重启动数据的输出请求

如果希望以后进行重启动分析，应该如何在 Abaqus/CAE 中为基础模型设置重启动数据的输出请求?

『解答』

第 15.1.2 节 "利用 INP 文件实现重启动分析" 介绍了使用 INP 文件完成重启动分析的 3 个步骤, 下面将介绍在 Abaqus/CAE 中完成步骤 1 (为基础模型设置重启动数据的输出请求) 的操作方法。对应的 Abaqus/CAE 操作为:

在基础模型中, 单击 Step 功能模块下的菜单 Output→Restart Requests, 在如图 15-1 所示的对话框中设置各项参数, 其中, Frequency、Intervals、Overlay、Time Marks 等参数与第 15.1.2 节 "利用 INP 文件实现重启动分析" 介绍的关键词对应。

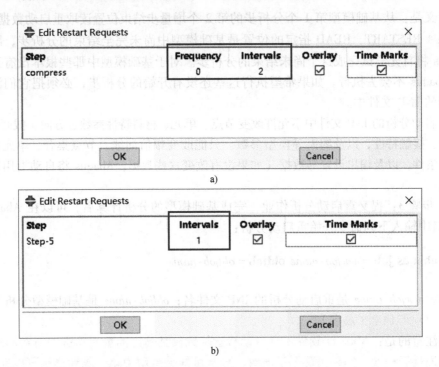

图 15-1 为基础模型设置重启动数据输出

a) Abaqus/Standard 分析 b) Abaqus/Explicit 分析

由图 15-1 可以看出, Abaqus/Standard 分析和 Abaqus/Explicit 分析在设置重启动数据输出请求时并不完全相同, 其区别在于:

1) Abaqus/Standard 分析: 可以定义重启动数据的输出频率 (Frequency) 或时间间隔 (Intervals), 二者只能选择其一, 另一个值必须设为 0。默认情况下, Abaqus/Standard 在分析过程中不会输出重启动数据信息, 即 Frequency = 0。如果将 Frequency 设置为大于 0 的值, 则无论分析步的最后一个增量步是否与指定的输出频率吻合, 都会输出分析步结束时刻的重启动数据。

2) 对于 Abaqus/Explicit 分析, 只能定义重启动数据的时间间隔 (Intervals)。Intervals 的值必须大于 0, 即 Abaqus/Explicit 分析总会输出分析步结束时刻的重启动数据。

15.1.4　在 Abaqus/CAE 中运行重启动分析的方法

〖常见问题 15-4〗在 **Abaqus/CAE** 中创建重启动模型

如何在 Abaqus/CAE 中创建重启动模型并提交重启动分析？

〖解答〗

第 15.1.2 节"利用 INP 文件实现重启动分析"介绍了使用 INP 文件完成重启动分析的 3 个步骤，下面介绍如何在 Abaqus/CAE 中完成步骤 2（创建重启动模型）和步骤 3（提交重启动分析），如下：

1）在 Abaqus/CAE 中打开基础模型的 .cae 文件，单击菜单 Model→Copy Model，将基础模型复制为重启动模型。

2）单击菜单 Model→Edit Attributes，选择重启动模型名，在如图 15-2 所示的对话框中设置下列属性：

① 在 Restart data from job 项后面输入基础模型分析结果文件名（注意：不包含扩展名），即第 15.1.2 节步骤 3 中的 *oldjob-name*。

② 在 Step name 项后面输入读取重启动数据的分析步名（注意：不是分析步编号）。如果需要，可以选择 Restart from increment/interval 设置读取重启动数据的增量步编号。上述参数即为第 15.1.2 节步骤 2 中 *RESTART，READ 中的控制参数 STEP 和 INC。

单击 Tip 按钮，弹出 Restart Location Tip 的重要提示信息（见图 15-2），帮助读者正确设置。Abaqus/CAE 的很多对话框中都有这样的 Tip 按钮，提供的信息对顺利完成建模很有帮助。

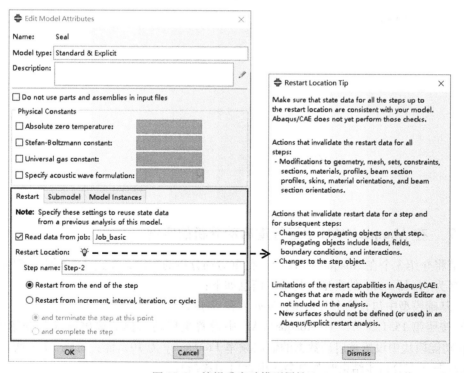

图 15-2　编辑重启动模型属性

271

3）在 Step 功能模块中，保持重启动分析开始之前的分析步不变，修改或添加重启动分析开始之后的分析步和结果输出；在 Load 功能模块中修改或添加重启动分析开始之后的荷载、边界条件、温度场、速度场等；在 Interaction 功能模块中修改接触状态。

4）在 Job 功能模块中创建分析作业，Abaqus/CAE 会自动将分析类型设置为 Restart，如图 15-3 所示，单击 OK 按钮后提交分析作业即可。Abaqus/CAE 会自动生成重启动分析对应的 INP 文件，该文件中只包含下列数据：

① 重启动分析的分析步。

② 重启动分析步中的荷载、边界条件、场变量输出，以及历程变量输出等。

③ 重启动分析步中用到的幅值曲线。

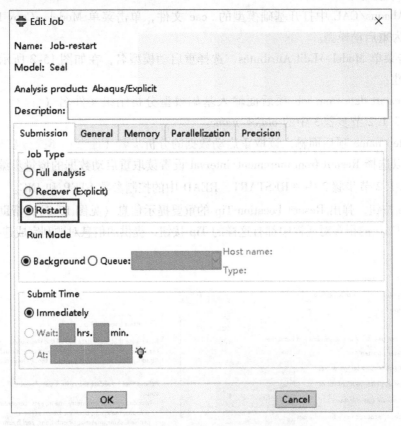

图 15-3　分析作业的类型为 Restart（重启动分析）

15. 1. 5　在 Abaqus/CAE 中运行重启动分析的实例

本节将介绍 3 个在 Abaqus/CAE 中运行重启动分析的实例，在这些实例中，都假定已经创建了名为 *Model-basic* 的模型，其基本信息如下：

1）基础模型中包含两个分析步：*Step-1* 和 *Step-2*。

2）按照第 15.1.3 节 "在 Abaqus/CAE 中设置重启动数据的输出请求" 介绍的方法，在 Step 功能模块中设置重启动数据的输出频率 Frequency 为 10，即：每隔 10 个增量步输出重启动数据（在分析步结束时刻总会输出重启动数据）。

3) 分析作业名为 *Job-basic*。

【常见问题 15-5】 在已有分析结果的基础上继续分析

已经对模型 *Model-basic* 提交分析并得到了正确的计算结果，如果希望在 *Step-2* 分析结果的基础上，继续分析接下来的两个分析步 *Step-3* 和 *Step-4*，应该如何操作？

『解答』

如果直接修改原来的模型，增加分析步 *Step-3* 和 *Step-4*，则 *Step-1* 和 *Step-2* 需要重新再计算一次，十分浪费时间。借助重启动分析功能可以读入 *Step-2* 结束时刻的分析结果，直接计算 *Step-3* 和 *Step-4* 即可，大大提高分析效率。

详细的操作步骤请参见第 15.1.4 节 "在 Abaqus/CAE 中运行重启动分析的方法"，需要注意以下问题：

1) 基础模型名为 *Model-basic*，复制该模型为重启动模型。

2) 编辑重启动模型属性时，如图 15-2 所示，在 Restart data from job 项中输入基础模型分析结果文件名 *Job-basic*（注意：非模型名 *Model-basic*），在 Step name 项输入读取重启动数据的基础模型分析步名称 *Step-2*，默认选项 Restart from the end of the step 保持不变。

在 Abaqus/CAE 生成的重启动分析 INP 文件中，* RESTART 关键词语句为：

> * RESTART, READ, STEP = 2

3) 在 Step 功能模块中，保持 *Step-1* 和 *Step-2* 不变，创建 *Step-3* 和 *Step-4*。

4) 在 Load 功能模块中定义 *Step-3* 和 *Step-4* 中的荷载、边界条件，以及幅值曲线等。

【常见问题 15-6】 已有分析结果基础上继续分析

完成对模型 Model-basic 的分析后，发现 *Step-1* 的计算结果是正确的，而分析步 *Step-2* 中的边界条件设置有误，其结果是无效的，除此之外，还需要增加新的分析步 *Step-3* 和 *Step-4*，此时应该如何操作？

『解答』

此时，可以借助重启动分析功能读入 *Step-1* 结束时刻的分析结果，重新计算 *Step-2*、*Step-3* 和 *Step-4*。详细的操作步骤与【常见问题 15-5】基本相同，不同之处在于：

1) 编辑重启动模型属性时（见图 15-2），在 Step name 项输入 *Step-1*（非 *Step-2*），INP 文件中的关键字行为：

> * RESTART, READ, STEP = 1

2) 在 Step 功能模块中，保持 *Step-1* 不变，*Step-2* 的分析步参数设置本来正确，无须修改，创建新的分析步 *Step-3* 和 *Step-4*。

3) 在 Load 功能模块中，改正分析步 *Step-2* 的错误边界条件，并定义 *Step-3* 和 *Step-4* 中的荷载、边界条件和幅值曲线等。

【常见问题 15-7】 继续中断的分析

模型 *Model-basic* 为 Abaqus/Standard 分析，当运行到 *Step-2* 的第 17 个增量步时，分析异常中止（例如，由于磁盘空间不足或者意外断电）。如何借助于重启动分析功能继续中断的分析？

『解答』

在 Step 功能模块中设置重启动数据的输出频率 Frequency 为 10，即：每 10 个增量步输出 1 次重启动数据。当模型运行到 *Step-2* 的第 17 个增量步时，分析异常中止，最终的重启动数据只有 *Step-2* 第 10 个增量步结束时刻的结果数据，应该从该增量步开始重启动分析。详细的操作步骤与【常见问题 15-5】基本相同，不同之处在于：

1）编辑重启动模型属性时（见图 15-4），在 Step name 项输入 *Step-2*，设置 Restart from increment/interval 为 10，选中 and complete the step（完成此分析步）。

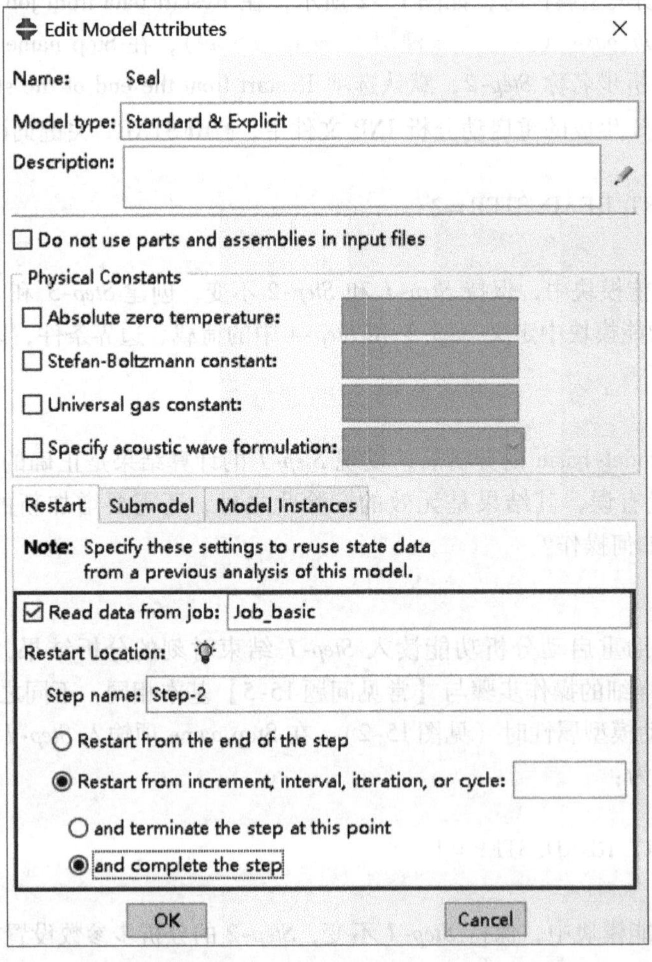

图 15-4　设置重启动模型属性对话框

INP 文件中的对应关键词语句为：

> *RESTART, READ, STEP = 2, INC = 10

2）在 Step 功能模块和 Load 功能模块中都不需要做任何修改。

『实用技巧』

对于 Abaqus/Explicit 分析，如果出现意外情况而导致分析中止，可以使用 Abaqus 提供的自动恢复机制，对应的 Abaqus Command 命令如下：

> **abaqus job** = *job_name* **recover**

15.1.6　合并基础模型和重启动模型的 ODB 文件

【常见问题 15-8】合并基础模型和重启动分析的 ODB 文件

重启动分析会生成 ODB 文件，如何将它与基础模型的 ODB 文件合并在一起，以方便查看计算结果和绘制曲线？

『解答』

假设基础模型的结果文件为 original. odb，重启动分析的结果文件为 restart. odb，如果希望将两个文件合并在一起，可以在 Abaqus Command 窗口中输入下列命令：

> **abaqus restartjoin originalodb** = *original. odb* **restartodb** = *restart. odb*

合并后的结果将保存在 original. odb 中。默认情况下，Abaqus 不会将历程数据拷贝到合并后的 ODB 文件中，如果需要合并历程数据，可以使用下列命令：

> **abaqus restartjoin originalodb** = *orriginal. odb* **restartodb** = *restart. odb* **history**

相关内容的详细介绍，请参见 Abaqus 6. 14 帮助文件 "Abaqus Analysis User's Guide" 第 3. 2. 21 节 "Joining output database (. odb) files from restarted analyses"。

15.2　在分析过程之间传递数据

重启动分析功能有很多局限性，包括：基础模型和重启动模型的网格、材料等数据都必须完全相同，重启动分析总是导入整个模型的计算结果，而无法导入部分模型的结果，也无法实现导入模型信息而不导入分析结果的情况。

本节将要介绍的方法没有以上局限性，可以在多个分析过程之间传递模型信息和计算结果，包括：

1）从一个 Abaqus/Standard 分析传递到另一个 Abaqus/Standard 分析中。

2）从一个 Abaqus/Explicit 分析传递到另一个 Abaqus/Explicit 分析中。

3）从 Abaqus/Standard 分析传递到 Abaqus/Explicit 分析中，或从 Abaqus/Explicit 分析

传递到 Abaqus/Standard 分析中。

相关内容的详细介绍，请参见 Abaqus 6.14 帮助文件"Abaqus/CAE User's Guide"第 16.6 节"Transferring results between Abaqus analyses"和"Abaqus Analysis User's Guide"第 9.2 节"Importing and transferring results"。

15.2.1　在分析过程之间传递数据的优点

【常见问题 15-9】不同分析过程之间传递数据

在什么情况下需要在不同分析过程之间传递数据？这样做有何好处？

『解答』

很多情况下，通过在不同分析过程之间传递数据可以大大提高分析效率。下面举两个例子：

（1）金属成形过程分析　金属材料的成形一般包括初始预加载、成形过程和回弹 3 个阶段。初始预加载可以使用 Abaqus/Standard 求解器中的静力分析步模拟；成形过程涉及大变形和复杂的接触状态，适合使用 Abaqus/Explicit 求解器模拟；回弹分析则需要使用 Abaqus/Standard 求解器模拟。完成金属成形的有限元仿真分析过程，需要在不同分析类型之间传递模型信息和计算结果。

（2）装配过程分析　装配之前，读者往往关心某个特定组件的局部特性，装配之后关心的则是整个装配件的特性。因此，可以首先在 Abaqus/Standard 或 Abaqus/Explicit 求解器中分析特定组件的局部行为，然后将模型信息和分析结果导入到另一个 Abaqus/Standard 或 Abaqus/Explicit 求解器中，定义其他部件的附加信息，从而对整个装配件进行分析。

在不同分析过程之间传递数据具有下列优点：

1）为产品优化设计提供极大的便利。在机械设计中，往往需要根据模拟结果修改设计方案。利用数据传递功能，可以首先对所关心的零件进行单独分析，直至得到满意的设计方案，然后添加新的部件，继续进行分析和优化设计，最终形成整个机械结构的设计。

2）综合考虑两种求解器的优势，可以大大地提高求解效率。本书第 16.2 节"Abaqus/Standard 和 Abaqus/Explicit 的比较"详细介绍了两种求解器各自擅长分析的问题类型。

15.2.2　在分析过程之间传递数据

【常见问题 15-10】在不同分析过程之间传递模型信息和计算结果

如何在不同分析过程之间传递模型信息和计算结果？

『解答』

为便于区分，下文中将第 1 个分析称为"原始分析"（生成需要传递的数据），第 2 个分析称为"后续分析"（接收来自原始分析的数据）。

在不同分析过程之间传递数据，其操作方法类似于重启动分析，主要的操作步骤包括：

1）在原始分析的模型中设置重启动数据输出，对应的关键词为 * RESTART，WRITE，详见本书第 15.1.2 节"利用 INP 文件实现重启动分析"和第 15.1.3 节"在 Abaqus/CAE

中设置重启动数据的输出请求"。

2）在后续分析模型中，为需要传递数据的部件实例定义初始状态场（initial state field），对应的关键词为 * IMPORT，对应的 Abaqus/CAE 操作为：

在 Load 功能模块中，单击菜单 Predefined Field→Create，将 Step 设置为 Initial，将 Category 设置为 Other，选择 Initial State（见图 15-5a），单击 OK 按钮，然后选择要导入原始分析数据的部件实例，在弹出的对话框中输入原始分析作业的文件名、分析步、增量步位置（frame）等参数（见图 15-5b）。

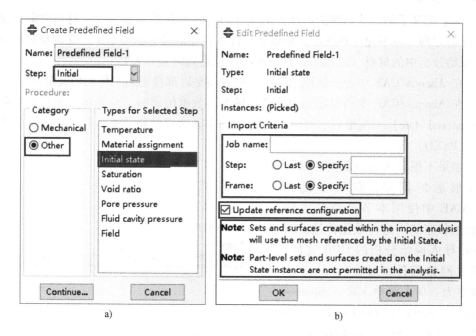

a)　　　　　　　　　　　　b)

图 15-5　为需要传递数据的部件实例定义初始状态场

a) 在 initial 分析步定义初始状态场　b) 设置导入的分析作业名、分析步和帧

相关内容的详细介绍，请参见 Abaqus 6.14 帮助文件 "Abaqus/CAE User's Guide" 第 16.11.11 节 "Defining an initial state field"。

3）提交后续分析作业。其操作方法与提交重启动分析作业的方法完全相同。例如，可以在 Abaqus Command 窗口中输入下列命令：

abaqus job = *newjob- name* **oldjob** = *oldjob- name*

相关内容的详细介绍，请参见 Abaqus 6.14 帮助文件 "Abaqus Analysis User's Guide" 第 9.2.1 节 "Transferring results between Abaqus analyses：overview"。

15.2.3　数据传递的注意问题

【常见问题 15-11】数据传递的注意问题

在 Abaqus/CAE 中定义不同分析过程之间的数据传递时，应注意哪些问题？

『解答』

在 Abaqus/CAE 中定义数据传递时，需要注意下列问题：

1）需要传递数据的部件实例名在原始分析和后续分析中要保持相同。

2）Abaqus/CAE 将检查包含原始分析数据的各个文件是否存在，但不会检查指定的分析步和增量步数据是否已经写入了这些文件，如果这些数据不存在，将无法提交分析作业。

3）已经定义了初始状态场的部件实例、网格以及与对应的部件，都无法在 Abaqus/CAE 中进行修改。

4）对于定义了初始状态场的部件，不允许为其赋予新的截面属性、材料方向、法线方向以及梁的方向，也不允许对其定义质量或惯性矩。在后续分析模型中定义的材料将被自动替换为原始分析中的材料（原因是：材料和网格总是同时被导入）。

5）在 Abaqus/CAE 中导入的原始分析模型必须是以部件和装配件的形式定义。

6）在 Abaqus/CAE 中通过定义初始状态场进行数据传递时，总是将原始分析中的材料状态（material state）与变形后的网格一起导入。这里的"材料状态"包括：应力、等效塑性应变（PEEQ）等。

7）如果不想导入材料状态，只想导入变形后的网格，则不需要在 Abaqus/CAE 中使用本节介绍的方法（定义初始状态场）进行数据传递，而应该直接导入原始分析的 ODB 文件，生成孤立网格部件，对应的 Abaqus/CAE 操作为：单击菜单 File→Import→Part，将 File Filter 设为 Output Database（*.odb），选择原始分析的 ODB 文件，在弹出的对话框中选中 Import deformed configuration，选择分析步和增量步位置，如图 15-6 所示。

相关内容的详细介绍，请参见 Abaqus 6.14 帮助文件 "Abaqus/CAE User's Guide" 第 10.7.12 节 "Importing a part from an output database"。

8）定义了初始状态场之后，Abaqus/CAE 仍然显示模型的未变形图，而不是变形后的网格。因此，不

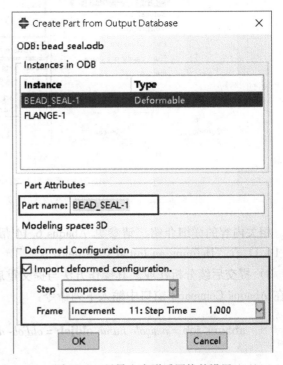

图 15-6 只导入变形后网格的设置

允许使用 Assembly 功能模块的定位和约束工具对包含初始状态场的部件实例进行定位操作，以免未变形部件实例与导入的变形部件实例之间出现重叠或不应有的缝隙。为避免这种不协调的装配情况发生，可以借助于 7）中提到的方法，即首先导入原始分析的 ODB 文件生成孤立网格部件，再为其定义初始状态场进行数据传递。需要注意的是：在这两种方法中设定的分析步和增量步位置必须保持一致。

9）在 Abaqus/CAE 中仅能够导入原始分析中的网格和材料状态，而其他的模型参数（表面、解析刚体表面、荷载、边界条件、预定义场、多点约束、方程约束、耦合约束以及接触对等）都需要在后续分析步中重新定义。

10）流体单元、无限单元、弹簧单元、质量单元、阻尼单元以及旋转惯性单元无法进行数据传递。连接单元可以从 Abaqus/Standard 分析导入到 Abaqus/Explicit 分析中，反之则不可以。

〖实用技巧〗

在不同分析过程之间传递数据时，还需要注意下列问题：

1）原始分析和后续分析的求解器（Abaqus/Standard 和 Abaqus/Explicit）必须是相同版本，如果两次分析使用不同的计算机，两台计算机必须二进制相容。

2）如果是将数据从 Abaqus/Standard 分析传递到 Abaqus/Explicit 分析，Abaqus/Standard 分析类型只能是静态应力分析、动态应力分析或稳态传输分析（steady-state transport analysis）。如果是在两个 Abaqus/Standard 分析之间传递数据，所允许的原始分析类型除了上述前面提到的几种之外，还可以是耦合的温度-位移分析（coupled temperature-displacement analysis）。Abaqus/Standard 中的线性摄动分析结果无法被传递。

3）在 Abaqus/Standard 分析与 Abaqus/Explicit 分析之间传递数据时，要保证沙漏力的计算方法一致。建议使用增强沙漏控制算法（enhanced hourglass control）计算原始分析及后续分析中的沙漏力。

4）后续分析将会生成单独的 RES 文件和 ODB 文件等文件，而不是在原始分析的相应文件后面追加内容。

15.2.4　数据传递与重启动分析的比较

【常见问题 15-12】　不同分析过程间传递数据与重启动分析的区别

在不同分析过程之间传递数据与重启动分析功能很相似，二者有何区别？应该分别在何场合下使用？

〖解答〗

二者的比较情况见表 15-1。

表 15-1　在不同分析过程之间传递数据与重启动分析的比较

项目	在不同分析过程之间传递数据	重启动分析
导入对象	仅导入所需要的组件，不必导入整个模型	导入整个模型
导入数据	允许仅导入模型信息，也可以同时导入模型信息和计算结果	导入整个模型的计算结果
更改模型数据	允许定义新的模型数据。例如，节点、单元、表面、接触对等	不允许定义新的模型数据，只能定义新的幅值曲线、节点集和单元集
选用原则	需要修改模型或者分析参数时选用。	不改变模型定义时选用

（续）

项目	在不同分析过程之间传递数据		重启动分析	
	Abaqus/Standard	Abaqus/Explicit	Abaqus/Standard	Abaqus/Explicit
需要的 文件类型	＊.res、＊.mdl、＊.stt、 ＊.odb	＊.abq、＊.stt、＊.pac、 ＊.prt、＊.odb	＊.odb、＊.res、＊.prt、 ＊.mdl、＊.stt	＊.odb、＊.res、＊.mdl、 ＊.prt、＊.abq、＊.stt、 ＊.pac、＊.sel

> **提示：** 上述文件都必须保存在工作目录下，才能保证分析顺利进行。

15.3　多个分析步之间的关系

通常情况下，完整的有限元分析过程分解为多个分析步会比较方便。这样做的好处是：荷载或边界条件可以在多个分析步中施加，也更加便于设置或修改输出需求。复杂模型中定义多个分析步时，读者应关心下列问题：各个分析步之间的顺序和关系、每个分析步的初始状态和结束状态、分析步的定义顺序等，本节将详细介绍上述问题。

【常见问题 15-13】 多个分析步的顺序和关系

复杂模型中包含很多个分析步时，各个分析步的先后顺序应该如何定义？各个分析步之间的关系怎样？是否有特殊限制条件？每个分析步的初始状态和结束状态怎样？

『解答』

在复杂有限元模型中，通常需要定义多个分析步，每个分析步实现特定功能，多个分析步的分析结果才代表模拟的工况。Abaqus/CAE 中可以创建两种类型的分析步：分别是通用分析步（General step）和线性摄动分析步（Linear perturbation），下面详细介绍可能的分析步顺序（假设定义了 3 个分析步 Step-1、Step-2、Step-3）：

1）Step-1 是通用分析步，Step-2 是通用分析步。此时，Step-1 的结束状态是 Step-2 的初始状态。

2）Step-1 是通用分析步，Step-2 是线性摄动分析步，Step-3 是通用分析步。此时，Step-1 的结束状态是 Step-2 和 Step-3 的初始状态，Step-3 忽略了 Step-2 的线性摄动响应。

3）Step-1、Step-2、Step-3 都是线性摄动分析步。此时，三者是相互独立的分析步，其初始状态都是模型的初始状态。需要注意的是：某些线性摄动分析步有先后顺序 [例如，频率提取分析必须在模态动力学分析（modal dynamics）之前]。

4）Step-1 是线性摄动分析步，Step-2 是通用分析步，Step-3 是通用分析步。此时，Step-1 和 Step 2 的初始状态是模型的初始状态（未施加荷载、边界条件等的状态），Step-3 的初始状态是 Step-2 的结束状态，Step-3 的结束状态是考虑了 Step-3 的荷载、边界条件等相互作用后的状态。

『实例』

为了帮助读者更好地理解多个分析步的顺序和关系，以拉弓放箭为例加以说明。

对于拉弓放箭的分析，通常关心的是释放后箭的出射速度、距离、弓的弯曲变形、应力等问题。要把这个看似简单的实例的动态效果模拟出来，在1个分析步中很难完成。本实例创建了4个分析步，每个分析步实现下列功能（见图15-7）：

1）Step 1：实现弓箭安装和预拉伸，为通用分析步，其初始状态为初始构型。

2）Step 2：向后张拉弓箭，为通用分析步，其初始状态为 Step 1 的结束状态。

3）Step 3：提取系统的固有频率（线性摄动分析步），为释放弓箭的动力学响应做准备。该分析步为独立分析步，对其他分析步没有影响，只是为 Step 4 的分析奠定基础，其初始状态为 Step 2 的结束状态。

4）Step 4：释放弓箭，获得关心的分析结果，为通用分析步，其初始状态为 Step 2 的结束状态。

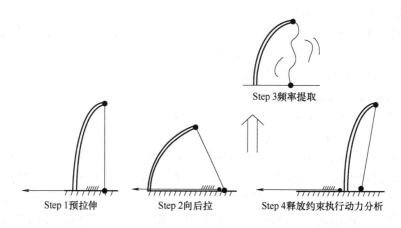

图 15-7　拉弓放箭的多步骤分析过程

『实用技巧』

在建立有限元模型的过程中，读者一定要深刻理解所建模型的实际工况，应该能够准确回答下列问题：

1）研究对象是什么？局部还是整体？

2）研究目的是什么？应力？位移？损伤？速度？

3）材料参数包含那些？需要提供那些数据？本构模型如何选择和设置？

4）包含哪些分析过程？涉及哪些分析类型？属于通用分析步还是线性摄动分析步？应该分几个分析步完成？每个分析步作用时间怎样？每个分析步实现什么功能？每个分析步中荷载、边界条件、相互作用怎样？接触作用是所有分析步都存在，还是在某个分析步中删除？

只有把上述问题回答清楚，才能够建立真正的"仿真模型"，才能设置正确的模型参数和分析步骤，才能获得正确的分析结果。

对于多步骤分析和设置，有下列经验技巧与读者分享：

1）实际工程问题往往在1个分析步中很难完全表达复杂的运动状态、荷载、边界条件、相互作用等，应该建立多个分析步完成。

2）如果模型受到较大的集中荷载作用，可以使用耦合约束方式将力施加到小区域内，避免局部单元因为受到过大力的作用造成单元扭曲，分析无法收敛的情况。即使施加了耦合约束，有时分析也很难收敛，此时可以将较大的集中荷载分多个分析步施加。

3）有些分析中，除了分析需要定义的分析步之外，还可以增加帮助建立接触状态的辅助分析步。例如，对于冲压成型等复杂分析，为了让接触状态平稳建立起来（避免接触状态的剧烈变化，出现严重不连续迭代），可以增加辅助分析步，先施加一个较小的位移，该分析步的设置对最后的分析结果没有影响，但是可以保证真正的分析开始之前，板料和冲头之间已经建立稳定的接触状态，直接进入平衡迭代状态，加快分析收敛的速度。

15.4 本章小结

本章主要介绍了下列内容：

1）如果希望在已有分析结果的基础上继续分析其他工况，或者由于某种原因导致分析过程异常中止，可以使用重启动分析来提高计算效率。

2）定义重启动分析包括 3 个步骤：在基础模型中设置重启动数据的输出请求、创建重启动模型、提交重启动分析作业。

3）重启动分析可以直接在 INP 中定义，也可以在 Abaqus/CAE 中定义。

4）在分析过程之间传递数据，可以为产品优化设计提供极大的便利，综合利用 Abaqus/Standard 和 Abaqus/Explicit 两种求解器各自的优势，能够提高分析效率。

5）在分析过程之间传递数据包括 3 个步骤：在原始分析的模型中设置重启动数据输出、在后续分析的模型中为需要传递数据的部件实例定义初始状态场、提交后续分析作业。

6）与重启动分析相比，在分析过程之间传递数据可以仅导入所需要的组件，不必导入整个模型；可以仅导入模型信息，也可以同时导入模型信息和计算结果；可以定义新的模型数据（例如，节点、单元、表面以及接触对等）。

7）Abaqus/CAE 中可以创建两种类型的分析步：通用分析步（General step）和线性摄动分析步（Linear perturbation）。介绍了复杂模型中多个分析步的定义顺序及各个分析步之间的关系，正确理解各个分析步的初始状态和结束状态，可以更好地理解模型的分析过程。

第16章
非线性分析
常见问题解答与实用技巧

本章要点：

※ 16.1 线性分析与非线性分析
※ 16.2 Abaqus/Standard 与 Abaqus/Explicit 的比较
※ 16.3 Abaqus/Standard 的非线性分析
※ 16.4 Abaqus/Explicit 的非线性分析
※ 16.5 本章小结

在自然界中，绝对的线性问题几乎不存在，实际工程中的大多数问题都属于非线性问题。例如，建筑用钢材的极限强度很高，其弹性极限仅为极限强度的 1/20～1/10，如果仅允许它在材料的线性范围内工作，梁和柱的截面尺寸都将很大，这不仅会浪费很多材料，增加造价，同时也会影响建筑结构的美观。

非线性分析是 Abaqus 软件最具优势的分析领域，本章将主要介绍非线性分析的基本概念和 Abaqus 软件求解非线性问题的方法，并将重点介绍 Abaqus/Standard 求解器和 Abaqus/Explicit 求解器在解决非线性分析问题时的方法、区别。第 17 章 "接触分析常见问题解答与实用技巧" 和第 18 章 "弹塑性分析常见问题解答与实用技巧" 将分别介绍接触分析（边界条件非线性）和弹塑性分析（材料非线性）中的常见问题、解决方法和实用分析技巧。

16.1 线性分析与非线性分析

【常见问题 16-1】 线性分析的概念

什么是线性分析？

『解答』

如果在分析过程中，外荷载与模型的响应之间呈线性关系，去掉荷载后，模型能够恢复至初始状态，这就是线性分析，其特点是：

1）几何方程的应变 ε 和位移 u 的关系是线性的。
2）物理方程的应力 σ 和应变 ε 的关系是线性的。
3）根据变形前的状态建立的平衡方程是线性的。

4）满足叠加原理。

如果上述 4 条中有 1 条不满足要求，就必须进行非线性分析。

【常见问题 16-2】非线性分析的种类和特点

非线性问题有哪几种类型？各自有何特点？

『解答』

如果外荷载与模型的响应之间具有非线性关系，就属于非线性问题，它可以分为 3 类：几何非线性、边界条件非线性和材料非线性。

（1）几何非线性　如果在分析过程中模型会出现大的位移或转动、突然翻转（snap through）、初始应力或荷载硬化（load stiffening），位移的大小会影响模型的响应，则属于几何非线性问题，如图 16-1 所示。

图 16-1　几何非线性实例

a）变形前　b）变形后

几何非线性问题比较复杂，它不仅涉及非线性的几何关系，而且涉及依赖于变形的平衡方程等问题，其计算表达式与线性问题的表达式有很大的不同。

（2）边界条件非线性　如果在分析过程中边界条件发生变化，则属于边界条件非线性问题。接触问题是最常见的边界条件非线性问题，图 16-2 给出了压缩减震器的自接触实例。本书第 17 章"接触分析常见问题解答与实用技巧"将对此做详细介绍。

（3）材料非线性　如果材料的应力-应变关系曲线是非线性的，或者模型中涉及材料失效或与应变率相关的材料属性，则属于材料非线性（也称为物理非线性）。常见的非线性材料包括：超过屈服点的金属材料、超弹性材料（例如，橡胶）、黏弹性材料、亚弹性材料等。图 16-3 是低碳钢单轴拉伸试验的应力-应变关系曲线，图 16-4 是橡胶的应力-应变关系曲线。

在 Abaqus 中，材料非线性问题的处理方法比较简单：只需要将材料的本构关系在每个增量步中线性

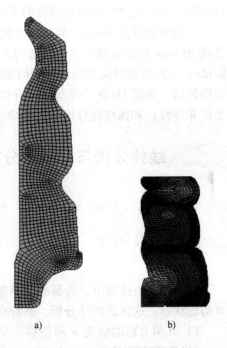

图 16-2　边界条件非线性实例

a）变形前　b）变形后

化，就可以将线性问题的表达式推广于非线性分析，无须重新列出整个问题的表达式。

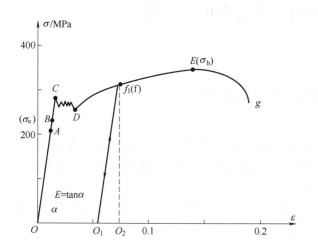

图 16-3　低碳钢单轴拉伸的应力-应变关系曲线

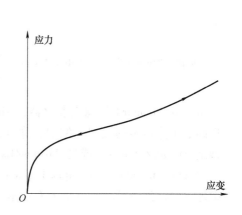

图 16-4　橡胶材料的应力-应变关系曲线

材料非线性问题又可以分为以下两类：

1）与时间无关的非线性问题：施加荷载后，材料立刻产生变形，并且变形不随时间的增加而变化。

2）与时间有关的粘（弹、塑）性问题：施加荷载后，材料不仅立刻发生变形，而且变形随时间的增加而持续变化。

当荷载保持不变时，由于材料黏性而造成变形的持续增长，称为蠕变（creep）；当变形保持不变时，由于材料黏性而引起的应力衰减称为松弛（relaxation）。本书只讨论与时间无关的材料非线性问题。对于蠕变和松弛的定义和模拟，请参见 Abaqus 6.14 帮助文件 "Abaqus Analysis User's Guide" 第23.2.4节 "Rate-dependent plasticity：creep and swelling"。

『实用技巧』

对于上述3类非线性问题，在 Abaqus/CAE 中建模时需要进行下列设置：

1）几何非线性：在 Step 功能模块中打开几何非线性开关（将 Nlgeom 设为 ON）。

2）边界条件非线性：对于接触问题，可以在 Interaction 功能模块中定义接触的类型、接触属性等参数。

3）材料非线性：在 Property 功能模块中设置非线性的材料属性。

需要注意的是：这3种非线性问题之间没有必然的联系。例如，构件内圆角的应力集中处发生塑性变形时，这属于材料非线性问题，但如果仅仅是该局部区域的塑性应变很大，构件整体的刚度足以抵抗所受的荷载，模型中并没有出现大的位移或转动，该问题不属于几何非线性问题，无须将 Nlgeom 设为 ON。再例如：在多体问题中，如果有构件发生很大的刚体位移或转动，属于几何非线性问题，需要将 Nlgeom 设为 ON，但如果材料仍处于线弹性状态，就不属于材料非线性问题。

关于非线性问题的详细介绍，请参见 Abaqus 6.14 帮助文件 "Getting Started with Abaqus：Interactive Edition" 第8章 "Nonlinearity"。

16.2 Abaqus/Standard 与 Abaqus/Explicit 的比较

【常见问题 16-3】 Abaqus/Standard 与 Abaqus/Explicit 的区别

Abaqus/Standard 与 Abaqus/Explicit 两种求解器有何区别？

『解答』

Abaqus/Standard 是隐式求解器，Abaqus/Explicit 是显式求解器，在 Step 功能模块中，一旦确定了分析步的类型（例如，静力分析、显式动力分析等），就相应地确定了求解器的类型是 Abaqus/Standard 或是 Abaqus/Explicit。

Abaqus/Standard 和 Abaqus/Explicit 二者都可以求解非线性问题，表 16-1 对二者进行了详细地比较，涉及的较难理解的专业术语，下面几节将给出详细的解释。

表 16-1 Abaqus/Standard 与 Abaqus/Explicit 的比较

	Abaqus/Standard	Abaqus/Explicit
适用范围	一般线性和非线性问题（例如，结构静力分析、耦合分析、动态线性分析、热分析等）	应力波效果显著或模拟时间非常短暂（小于1s）的分析、高度不连续和高速动力学分析、复杂接触分析、复杂的后屈曲分析、高度非线性的准静态分析、边界条件极度不连续问题、材料磨损、材料失效等
分析步类型	一般分析步和线性摄动分析步	一般分析步
迭代收敛	需要迭代，存在收敛问题	不需要迭代，不存在收敛问题
增量步	增量步长较大，总的增量步数较少。对增量步的大小没有限制，增量步大小主要取决于求解精度和收敛条件	增量步长很小，总的增量步数很多。增量步大小只与模型的最大固有频率有关，与荷载类型和荷载的持续时间无关
计算代价	每个增量步上需要进行多次迭代，求解复杂非线性问题的计算代价很大	无须多次迭代，求解复杂非线性问题的计算代价较小；随着模型的增大，计算代价明显小于 Abaqus/Standard
刚度矩阵和平衡方程的求解	每个增量步中的每个迭代步都需要计算总体刚度矩阵、求解平衡方程，占用很大的硬盘和内存空间	无须计算总体刚度矩阵，模型的状态显式地向前推进，无须占用很大的硬盘和内存空间
提高分析效率的主要方法	增加磁盘空间和内存大小	提高 CPU 的主频
数值方法	Newton-Raphson 方法，增量法和迭代法相结合	中心差分法，对时间域上的动力特征进行积分
求解技术	使用基于刚度的无条件稳定求解技术	使用显式积分形式的有条件稳定求解技术，增量步大小超过稳定极限值时就变得不稳定；计算结果以应力波的形式得到

（续）

	Abaqus/Standard	Abaqus/Explicit
求解过程的主要控制参数	增量步大小、最大增量步数目、迭代次数、折减（cutback）次数等	稳定极限值（stability limit）的大小
单元库	提供了丰富的单元库	是 Abaqus/Standard 单元库的子集
材料模型	提供了丰富的材料库，不允许定义材料的失效准则	提供了丰富的材料库，允许定义材料的失效准则
接触算法	求解一般接触问题	可以求解很复杂的接触问题

16.3　Abaqus/Standard 的非线性分析

【常见问题 16-4】Abaqus/Standard 求解非线性问题的方法

Abaqus/Standard 在求解非线性问题时，采用的是什么方法？

『解答』

如果单元的插值函数以节点位移作为基本未知量（位移法），在采用有限单元法求解时，最终会归结为求解下列形式的平衡方程：

$$[K]\{u\} = \{R\} \tag{16-1}$$

式中　　$\{u\}$——节点位移向量；

　　　　$\{R\}$——节点荷载向量；

　　　　$[K]$——刚度矩阵。

对于非线性问题，$[K]$ 与节点位移有关，因此，式（16-1）是一个非线性方程组，无法像线性问题那样直接求解。

Abaqus/Standard 采用牛顿-拉普森（Newton-Raphson）方法，将 1 个分析步分解为多个增量步，荷载以增量形式逐步施加，在每个荷载增量步中进行一系列迭代，在每次迭代计算中使用上一次迭代得到的修正刚度矩阵 $[K]$ 进行计算。这样，对计算结果逐步修正，直至满足平衡方程，达到收敛，详见【常见问题 16-5】。

Abaqus/Standard 的每一次迭代都要形成新的刚度矩阵，并求解系统的总体平衡方程，每次迭代都相当于一个完整的线性分析。因此，Abaqus/Standard 求解非线性分析的计算时间要远远大于线性分析的计算时间。

关于 Abaqus/Standard 求解非线性问题的详细介绍，请参见 Abaqus 6.14 帮助文件 "Getting Started with Abaqus：Interactive Edition" 第 8.2 节 "The solution of nonlinear problems" 和 "Abaqus Analysis User's Guide" 第 7 章 "Analysis Solution and Control"。

【常见问题 16-5】分析步、增量迭代、迭代步

Abaqus/Standard 在求解非线性问题时，采用基于牛顿-拉普森技术的增量迭代法，它的详细求解过程怎样？

『解答』

典型的非线性问题的方程中一定包含非线性项，通常情况下，非线性方程中的自由度是相互耦合的。它们的静力平衡方程基本表达式为：由单元应力引起的施加在节点上的内力 I 与外力 P 必须平衡（见图 16-5），如下式：

$$P(u) - I(u) = 0 \tag{16-2}$$

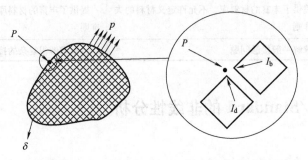

图 16-5　内力与外力作用于单元节点的受力图

Abaqus/Standard 求解器采用基于牛顿-拉普森技术的增量迭代法求解非线性平衡方程，详细介绍如下：

1）假设前一步荷载增量的解 u_0 为已知。

2）假设在第 i 次迭代后得到近似解 u_i，并假设 c_{i+1} 为离散平衡方程的精确解和当前解之差（式（16-2）），则有：

$$P(u_i + c_{i+1}) - I(u_i + c_{i+1}) = 0 \tag{16-3}$$

将式（16-3）的左式在近似解 u_i 附近以泰勒级数方式展开，得到式（16-4）：

$$P(u_i) - I(u_i) + \left(\frac{\partial P(u_i)}{\partial u} - \frac{\partial I(u_i)}{\partial u} \right) c_{i+1} + \cdots = 0 \tag{16-4}$$

略去高阶项，式（16-4）可以改写为：

$$K_i c_{i+1} = P(u_i) - I(u_i) \tag{16-5}$$

其中，$K_i = \dfrac{\partial I(u_i)}{\partial u} - \dfrac{\partial P(u_i)}{\partial u}$ 为切线刚度。

下一次近似解为：

$$u_{i+1} = u_i + c_{i+1} \tag{16-6}$$

3）Abaqus/Standard 在求解平衡方程的过程中，将按照下列步骤进行：

① 施加荷载增量。通常为 Step 功能模块中设置的初始增量乘以总荷载值，例如，如果设置初始增量为 0.1，总荷载大小为 100N，则荷载增量为 $0.1 \times 100N = 10N$。

② 在该荷载增量下进行迭代计算，直至模型中每个节点的所有节点力之和非常小，小于求解器设定的时间平均力，才认为该增量步分析结束。

③ 满足平衡方程后，更新模型状态。

④ 返回到第①步，施加下一个荷载增量。

4）以某个增量步为例，下面详细介绍迭代过程：

① 第 1 次迭代（$i = 1$），如图 16-6 所示：

a. 假设前面收敛增量步的解 u_0 和 P_0 为已知。

b. 在当前增量步将荷载增量 ΔP 施加到模型上。

c. Abaqus/Standard 求解器将基于 u_0 处的切线刚度 K_0 确定位移修正 c_1，上一增量步结束时刻总荷载 P_{total} 与内力之间的关系为：

$$K_0 c_1 = P_{total} - I_0$$

d. Abaqus 更新模型的状态为 u_1，形成新的切线刚度 K_1，并计算 I_1。

e. 总荷载 P_{total} 与内力 I_1 的差值称为残差 R_1：$R_1 = P_{total} - I_1$。

f. 如果 R_1 在模型的每个自由度上值都非常小（默认的容差 R_1 必须小于结构对时间平均力的 0.5%），结构处于平衡状态。

g. 如果第 1 次迭代无法得到收敛解，则进行第 2 次迭代，直至找到模型的收敛解。

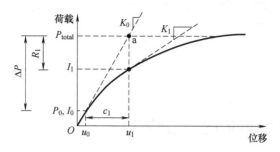

图 16-6　增量步与第 1 次迭代的关系

② 第 2 次迭代（$i=2$），如图 16-7 所示：

a. 基于更新的切线刚度 K_1 计算新的位移纠正 c_2，且：$K_1 c_2 = P_{total} - I_1$。

b. 将新的残差值 R_2 与容差值进行比较，查看在 u_2 处是否得到收敛解。

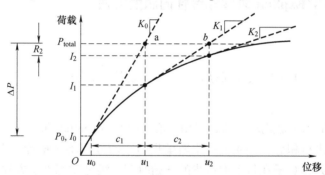

图 16-7　增量步与第 2 次迭代的关系

5）如果力的残差在允许的容差值之内，则结束迭代，完成增量步的加载和分析过程，否则将一直重复执行。对于每次迭代 i，都需要：

① 求解切线刚度 K_i。

② 求解系统方程组，得到位移修正 c_{i+1}，修正位移的估计值：$u_{i+1} = u_i + c_{i+1}$。

③ 基于 u_{i+1} 计算内力向量 I_{i+1}。

④ 进行平衡收敛判断：R_{i+1} 是否在容差之内？公式 $c_{i+1} \ll \sum_{j=1}^{iter} c_j$ 是否满足要求？

通常情况下，每个分析步都需要几个增量步才能完成，而每个增量步都需要几次迭代过程才能找到收敛解，如图 16-8 所示给出了分析步、增量步和迭代之间的关系。

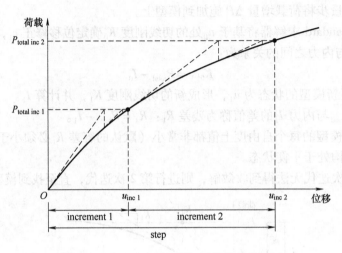

图 16-8　分析步、增量步和迭代之间的关系

16. 4　Abaqus/Explicit 的非线性分析

Abaqus/Explicit 是显式动力学分析，适用于爆炸、冲击、地震荷载作用下的模拟，由于模型都会出现较大的位移或转动，默认情况下，分析步中的几何非线性开关为开启状态（Nlgeom 的状态为 ON）。

16. 4. 1　Abaqus/Explicit 求解非线性问题的方法

【常见问题 16-6】Abaqus/Explicit 求解非线性问题的方法

Abaqus/Explicit 在求解非线性问题时，采用的是什么方法？

『解答』

Abaqus/Explicit 属于显式求解器，采用中心差分法（central difference rule）显式地对运动方程在时间域上进行积分，利用上一个增量步的平衡方程动态地计算下一增量步的状态。显式求解器的中心差分算子在每个增量步的开始时刻 t 满足动态平衡方程，通过计算 t 时刻的加速度，将速度的计算结果推进到 $t + \Delta t/2$，将位移的计算结果推进到 $t + \Delta t$。每一增量步结束时刻的状态完全由增量步开始时刻的位移、速度和加速度决定。

无论是线性分析还是非线性分析，Abaqus/Explicit 的求解仅依赖于稳定时间增量步长，而与荷载的类型和持续时间无关。Abaqus/Explicit 的增量步很小，增量步的总数很大，但由于在分析过程中不需要形成总体刚度矩阵，也不必求解总体平衡方程，每个增量步的计算代价要远远小于 Abaqus/Standard 隐式求解器，因此，Abaqus/Explicit 可以高效地求解复杂的非线性问题。

关于 Abaqus/Explicit 求解非线性问题的详细介绍，请参见 Abaqus 6. 14 帮助文件 "Getting Started with Abaqus：Interactive Edition" 第 9. 2 节 "Explicit dynamic finite element methods"。

16.4.2 Abaqus/Explicit 分析的增量步长

【常见问题 16-7】稳定极限值的定义、确定方法和影响因素

什么是稳定极限值？如何确定稳定极限值？影响稳定极限值大小的因素有哪些？

『解答』

默认情况下，Abaqus/Explicit 在分析过程中的增量步大小完全由求解器自动控制，即自动增量步长法（fully automatic time incrementation）。Abaqus/Explicit 属于显式求解器，在分析过程中是有条件稳定的，增量步必须小于某个极限值，以保证加速度在每个增量步中尽量接近常数，这样才能对速度和位移进行精确积分，此极限值称为稳定极限值（stability limit），即分析所允许的最大稳定增量步长，它是 Abaqus/Explicit 分析必须考虑的重要因素之一。为了提高求解效率，Abaqus/Explicit 在分析过程中总是尽可能地选取稳定极限值作为增量步长。

确定稳定极限值的方法有两种：单元-单元估计法和总体估计法。Abaqus/Explicit 总是先根据单元-单元估计法估计出稳定极限值的大小，然后在某些特定条件下跳转到总体估计法确定稳定极限值。

单元-单元估计法比较保守，通常给出一个比实际稳定极限值更小的稳定增量步长。一般情况下，模型中的各种约束和接触关系都有抑制特征值频谱的效应，而单元-单元估计法不考虑这些因素的影响。

总体估计法采用当前扩张波速估计整个模型的最大频率 $\omega_{\max}$，在分析过程中不断地更新最大频率的估计值。总体估计法算得的稳定增量步长往往大于单元-单元估计法算得的稳定增量步长，其确定稳定极限值 $\Delta t_{\mathrm{stable}}$ 的计算公式为：

1）无阻尼系统：

$$\Delta t_{\mathrm{stable}} = \frac{2}{\omega_{\max}} \tag{16-7}$$

2）有阻尼系统：

$$\Delta t_{\mathrm{stable}} = \frac{2}{\omega_{\max}} \left(\sqrt{1 + \xi^2} - \xi \right) \tag{16-8}$$

式中　ξ——临界阻尼比。

对于高阶振动问题，$\omega_{\max}$ 较大，其稳定极限值较小，总的增量步数会非常大。这时 Abaqus/Explicit 将借助体积黏性（bulk viscosity）来引入一个小的阻尼。

模型的高阶频率取决于多种复杂因素，很难获得其准确值。采用保守的单元-单元估计法，稳定极限值可以重新定义为下列形式：

$$\Delta t_{\mathrm{stable}} = \frac{L^e}{c_d} \tag{16-9}$$

式中　L^e——单元的长度，对于极度扭曲的单元，L^e 一般等于最短的单元尺寸；

　　　c_d——材料的波速，是材料本身的特性。

对于线弹性材料（假设泊松比 $\nu = 0$），c_d 的计算公式如下：

$$c_d = \sqrt{\frac{E}{\rho}} \tag{16-10}$$

式中　E——弹性模量；

ρ——密度。

由上述公式可以看出，影响稳定极限值大小的因素包括：

（1）材料密度 根据式（16-9）和式（16-10），密度越大，材料的波速 c_d 越小，稳定极限值也就越大。采用质量缩放（mass scaling）技术人为地增大材料密度，可以增大稳定极限值，节省分析时间。例如，复杂模型的局部区域可能包含非常小或形状很差的单元，这些单元即使数量很少，也可能决定稳定极限值的大小。如果对这些单元进行质量缩放，可以很明显地节省分析时间。

需要注意的是，采用质量缩放技术增大材料密度会增大动态分析的惯性效应，如同增大了加载速率。如果质量缩放系数过大，将会导致错误的分析结果。选择质量缩放系数的方法和选择加载速率的方法类似，都要保证不影响动态分析结果的精度。

在 Abaqus/CAE 中定义质量缩放的方法为：在 Step 功能模块中创建显式动力学分析步时，单击 Mass scaling 标签页，选择 Use scaling definitions below，单击 Create，弹出如图 16-9 所示的对话框，主要参数的含义如下：

1）Objective（目标）：默认的设置是 Semi-automatic mass scaling（半自动质量缩放），对于绝大多数分析都适用。

2）Region（质量缩放区域）：默认设置是 Whole model（整个模型），也可以选择 Set 来指定质量缩放的单元集合。

3）Type：可以选择 Scale by factor 指定质量缩放系数，也可以选择 Scale to target time increment 设定稳定增量步的大小。

相关内容的详细介绍，请参见 Abaqus 6.14 帮助文件 "Getting Started with Abaqus: Interactive Edition" 第 9.3 节 "Automatic time increment-ation and stability"、第 13.3 节 "Mass scaling" 和 "Abaqus Analysis User's Guide" 第 11.6.1 节 "Mass scaling"。

（2）材料特性 根据式（16-9）和式（16-10），材料特性也会影响稳定极限值的大小。对于线弹性材料，其弹性模量是常数，因此，材料的波速也是常数；对于非线性材料（例如，金属塑性材料），随着材料的屈服，刚度会变小，导致波速减小，稳定极限值会随之增大。

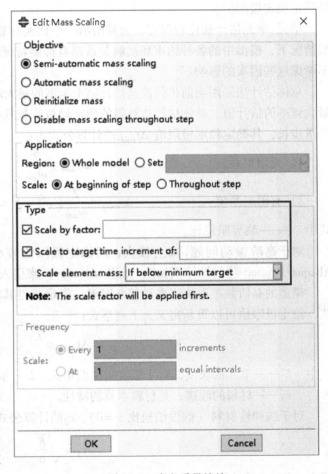

图 16-9 定义质量缩放

（3）单元网格　根据式（16-9），稳定极限值与最小单元尺寸成正比，即使模型中只有 1 个很小的或者形状扭曲的单元存在，都会大大降低稳定极限值，增加计算时间。为了增加稳定增量步长，加快分析速度，不应划分过于细化的网格，但同时要注意，过粗的网格会降低分析结果的精度。实际建模过程中，应在保证分析精度的前提下，选择合适的网格密度，并且应尽量保证单元形状是规则的。

对于 Abaqus/Explicit 分析，在 STA 文件中列出了稳定极限值最小的 10 个单元，可以查看这些单元所在的位置，改进该区域的网格，或在该区域使用质量缩放技术。

（4）单元类型　如果分析过程中增量步长超过稳定极限值，可能会出现数值不稳定的现象（numerical instability），导致异常的计算结果。Abaqus/Explicit 求解器对于绝大部分单元都能够保持数值稳定。但是，如果模型中包含弹簧单元和阻尼器单元，可能出现数值不稳定，这时会看到不符合物理规律的计算结果，而且分析结果往往是振荡的。

【常见问题 16-8】 自动增量步长与固定增量步长的区别

Abaqus/Explicit 分析中的自动增量步长（fully automatic time incrementation）与固定增量步长（fixed time incrementation）有何区别？

『解答』

Abaqus/Explicit 的默认设置采用自动增量步长，分析过程中 Abaqus 将自动调整增量步的大小，使其不超过稳定极限值，保证计算结果是可靠的。使用自动增量步长时，无须给出初始增量步的大小，创建分析步时的参数设置如图 16-10 所示。

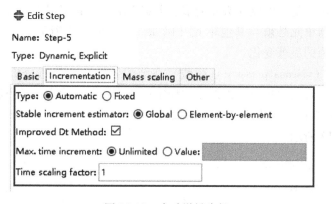

图 16-10　自动增量步长

如果在图 16-10 中选择 Fixed，则表示选用固定增量步长（fixed time incrementation）进行分析，此时，Abaqus/Explicit 不会检查计算结果是否稳定，读者必须通过查看能量历史来保证其计算结果是稳定可靠的。如果需要获得模型高阶响应的准确解，采用固定增量步长的方法会更适合，这时增量步长比单元-单元估计法的估计值要小。

16.4.3　Abaqus/Explicit 分析中的阻尼

【常见问题 16-9】 **Abaqus/Explicit** 分析中的阻尼和定义方法

为何在 Abaqus/Explicit 分析中需要考虑模型的阻尼（damping）？如何定义阻尼？

『解答』

在 Abaqus/Explicit 分析中，为了避免数值振荡，一般都需要定义模型的阻尼，定义方法主要包括以下几种：

（1）体积黏性（bulk viscosity） 体积黏性将引入由于体积应变引起的阻尼，在研究高速动力分析的高阶性能时，设置体积黏性尤其必要。该值仅作为数值效应被引入，材料点上的应力并不受体积黏性压力的影响。

Abaqus/Explicit 中有两种体积黏性参数：线性体积黏性和二次体积黏性，可以在 Step 功能模块中进行设置，如图 16-11 所示。一般情况下，采用 Abaqus 的默认设置即可。

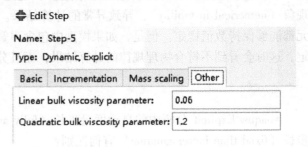

（2）材料阻尼 常用的材料阻尼是瑞利（Rayleigh）阻尼，它包含两个阻尼参数：质量比例阻尼 α_R 是关于质量矩阵的比例系数，主要用于消除低阶振荡；刚度比例阻尼 β_R 是关于刚度矩阵的比例系数，主要用于消除高阶振荡。

图 16-11　设置体积黏性参数

《实例详解》"实例 2：圆盘的瞬时模态动态分析"一节中给出了一个定义瑞利阻尼的实例。

（3）阻尼器（dashpot）单元 在 Property 功能模块和 Interaction 功能模块中都可以定义阻尼器单元，其优点是可以仅在必要的节点上定义阻尼，其阻尼力与单元的两个节点相对速度成正比。阻尼器单元必须与其他单元（例如，弹簧单元或桁架单元）同时使用，一般不会引起稳定极限值的显著变化。

（4）黏性压力（viscous pressure）荷载 在结构分析和准静态分析中可以施加黏性压力，其目的是减小高阶动力响应，以最小的稳定增量步长求解静力平衡方程。定义黏性压力的方法是：在 Load 功能模块中定义压力荷载（pressure），将 Distribution（分布方式）设为 Viscous，如图 16-12 所示。

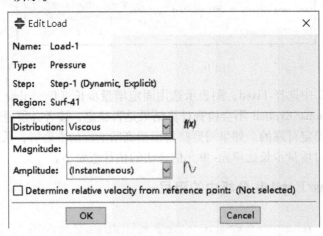

图 16-12　定义黏性压力荷载

16.4.4 Abaqus/Explicit 分析中的边界条件和荷载

『常见问题 16-10』 位移边界条件出现了跳跃式的突变

对下面的 Abaqus/Explicit 实例提交分析时，为什么在 DAT 文件中出现了下列警告信息：

*** *WARNING: THE OPTION * BOUNDARY, TYPE = DISPLACEMENT HAS BEEN USED; CHECK STATUS FILE BETWEEN STEPS FOR WARNINGS ON **ANY JUMPS PRESCRIBED ACROSS THE STEPS IN DISPLACEMENT VALUES OF TRANS-LATIONAL DOF**. FOR ROTATIONAL DOF MAKE SURE THAT THERE ARE NO SUCH JUMPS. ALL JUMPS IN DISPLACEMENTS ACROSS STEPS ARE IGNORED* （请检查 STA 文件，看是否出现了关于位移边界条件突变的警告信息）

在 STA 文件中出现了下列警告信息：

*** *WARNING: **Jumps in displacement boundary conditions have been detected** at the beginning of step 1. The maximum jump is 10. 000 at node 8 of instance SHELL-1.* （在分析步 1 的初始时刻，位移边界条件出现了跳跃式的突变）

『实例』

模型仅包含 1 个分析步，分析步时间为 0.08，在部件实例 SHELL-1 的节点 8 上定义了位移，大小为 10，使用的幅值曲线如图 16-13 所示。

虽然出现了上面的警告信息，分析依然能够顺利完成，但在后处理时发现，定义的位移边界条件没有起作用，节点 8 上无位移。

『错误原因』

对于 Abaqus/Explicit 求解器，不允许模型中的位移边界条件出现跳跃式的突变，因为这意味着跳跃处的加速度为无穷大。

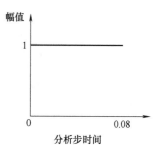

图 16-13 模型中的
表格型幅值曲线

本实例中，节点 8 在初始状态（时刻 0）的位移为 0，位移边界条件要求在时刻 0 位移突然变为 10，这种位移边界条件的突然变化是 Abaqus 软件不允许的，因此，在 STA 文件中出现了警告信息。

由于该位移跳跃通过幅值曲线定义，Abaqus 将自动忽略跳跃量，因此，在后处理时发现节点 8 没有出现任何位移。

『解决方法』

对于 Abaqus/Explicit 分析，定义幅值曲线时应设置平滑系数（Smoothing），例如，可以使用 Abaqus 的推荐值 0.05，设置方法如图 16-14 所示。这样设置后，幅值将会逐渐过渡，对应的位移施加结果如图 16-15 所示。

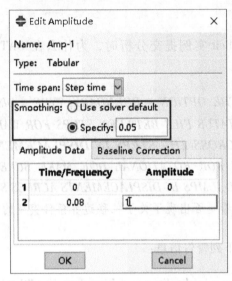

图 16-14　定义表格型幅值曲线时，设置平滑系数 smoothing 为 0.05

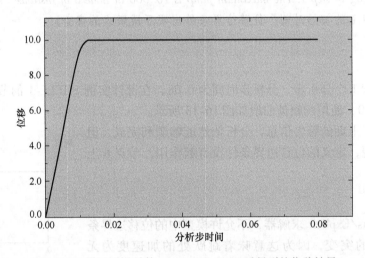

图 16-15　设置平滑系数 smoothing = 0.05 后得到的位移结果

相关内容的详细介绍，请参见 Abaqus 6.14 帮助文件 "Getting Started with Abaqus：Interactive Edition" 第 13.2.1 节 "Smooth amplitude curves" 和第 13.5.1 节 "Preprocessing-rerunning the model with Abaqus/Explicit" 的表 13-1 和表 13-2，以及 "Abaqus Analysis User's Guide" 第 34.1.2 节 "Amplitude curves"。

『实用技巧』

对于 Abaqus/Explicit 求解器，只要分析模型中定义了位移边界条件（无论是否有跳跃式突变），DAT 文件中都会出现前面提到的警告信息。对于 Abaqus/Explicit 分析，STA 文件中的警告信息才更需要引起读者的重视。

> **提示：** 对于 Abaqus/Standard 分析，定义位移边界条件时允许位移出现突变。

【常见问题 **16-11**】 严重的扭曲变形

选用 Abaqus/Explicit 求解器模拟齿轮高速旋转过程中的冲击效应，在齿轮内壁和旋转轴参考点之间定义了运动耦合（kinematic coupling）约束，在此参考点上定义了旋转角速度。在分析结果中看到齿轮内壁出现了严重的扭曲变形，而齿轮的其余部分几乎没有发生转动，这是什么原因造成的？

『错误原因』

这是 Abaqus/Explicit 分析中经常遇到的一类问题，如果模型中的荷载、位移、速度、加速度等在短时间发生剧烈变化（即加载速度太快），很可能导致这种严重的局部变形。

在上述齿轮的实例中，当参考点上的角速度太大时，仅仅是齿轮内壁与参考点一起发生了旋转（因为二者是耦合在一起的），而齿轮的其余部分几乎不动，就会看到齿轮内壁上的单元发生了严重的扭曲变形。

静力分析和动力分析的本质区别在于：静力分析不考虑惯性和冲击效应，一般情况下运动速度和加载速度对分析结果没有影响；动力分析则要考虑惯性和冲击效应。

举 1 个简单的例子：模拟一块石头和门相互碰撞的过程，如果边界条件是石头的位移量为 100mm，分别选用不同的分析类型：

（1）使用 Abaqus/Standard 进行静力分析 无论总的分析步时间是 100s（相当于石头的运动速度为 1mm/s）还是 0.01s（相当于运动速度为 10000mm/s），最终的分析结果都相同，石头的运动速度不会影响模型的应力和变形状况。

（2）使用 Abaqus/Explicit 进行动力分析 如果石头以 1mm/s 的速度缓慢碰到门上，只会推着门缓缓向前运动，但如果这块石头以 1000mm/s 的速度飞快地撞到门上，就会把门砸一个坑，整个门几乎不动，原因是动力分析考虑了惯性效应，速度越快，惯性力就越大，而动力的冲击效应会造成局部变形。

Abaqus 6.14 帮助文件"Getting Started with Abaqus：Interactive Edition"第 13.1 节"Analogy for explicit dynamics"中有 1 个与此相类似的比喻：对于一个已经挤满乘客的电梯，如果一个新乘客慢慢地挤进来（加载速度正常），他的力会慢慢地传递给其他乘客，使每个乘客都发生一些缓慢的移动；而如果这个新乘客是以百米冲刺的速度冲进来（加速度很大），他会撞伤门口的几位乘客，而远离门口的乘客几乎不会受到影响。

关于加载速度的详细介绍，请参见 Abaqus 6.14 帮助文件"Getting Started with Abaqus：Interactive Edition"第 13.2 节"Loading rates"。

『解决方法』

关于上述齿轮局部扭曲变形的问题，可以尝试下列解决方法：

1）定义荷载、位移、速度和加速度时，都应该使用设置了平滑系数（smoothing）的幅值曲线，以避免出现跳跃式的突然变化。

2）检查模型中的荷载、位移、速度、加速度等数值是否正确，是否设置得过大，注意：各个量的单位要正确（详见本书第 1.1.2 节"选取合适的单位制"）。例如，在 Abaqus

中输入转角、角速度、角加速度时，使用的角度单位都应该是"弧度"，而不是"度"。

3）如果在边界条件中定义了位移或转角，则加载速度取决于分析步时间，应该根据具体分析的需要，设置合适的分析时间。例如，假设齿轮在分析步中匀速旋转36°，如果分析步时间设为0.1s，相当于转速是每秒转动1周，该速度值比较正常；如果分析步时间设为0.0001s，相当于转速是每秒转动1000周，该速度过快，可能使得分析结果不符合实际。

如果加载速度过快，可以在不违背工程实际的前提下，适当减小运动速度。如果在边界条件中给定了位移或转角，适当增大分析步时间相当于减小了运动速度。需要注意的是：分析步时间设置得过大可能会导致计算时间过长，在 Abaqus/Explicit 分析中通常都只定义很短的分析步时间（例如，0.02s）。在增大分析步时间的同时，可以采取一些缩短计算时间的方法（例如，通过增大模型中最小单元的尺寸来增大 Abaqus/Explicit 自动确定的稳定增量步长）。

4）检查材料是否过软，如果材料参数的数量级不正确，就可能得到错误的结果。例如，本书第1.1.2节"选取合适的单位制"中介绍过，当长度的单位是 mm 时，质量的单位必须是 t，密度的单位必须是 t/mm^3，如果使用了 kg/mm^3 作为单位，分析结果肯定是错误的。

5）检查质量缩放系数是否设置得太大，导致材料的密度太大，惯性力过大。

6）检查网格质量，尽量让模型中不要出现形状过于不规则的单元。

随书资源包\Gear 文件夹下的 Gear. cae 是一个齿轮转动的 Abaqus/Explicit 分析实例。简单起见，此实例中只包含了一部分齿轮。在实际的工程分析中，应该建立完整的齿轮模型。为避免模型的规模过大，可以在没有发生接触的部分划分较粗糙的网格。

『实用技巧』

前面已经介绍过，使用 Abaqus/Standard 求解器进行静力分析时，不会出现加载速度过快导致的局部变形问题。因此，在开始建模前应该首先考虑是否确实需要使用 Abaqus/Explicit 进行分析。采用静力分析还是动力分析并不取决于模型是否运动，Abaqus/Standard 求解器同样可以模拟运动过程。选择使用 Abaqus/Explicit 求解器的常见场合有以下两种：

1）需要模拟短暂、瞬时的动态事件（例如，冲击和爆炸）。这时，分析的主要目的之一是要模拟加载速度极快时产生的局部变形，分析结果中的动能与内能大小接近或动能远大于内能。

2）需要进行准静态分析（quasi-static analysis），详见第16.4.5节"金属塑性成形和准静态分析"。

【常见问题16-12】单元严重扭曲

在 Job 功能模块中提交 Abaqus/Explicit 分析作业时，出现下列提示信息：

*There are a total of **92 excessively distorted elements*** （单元严重扭曲）

*** ERROR：**The ratio of deformation speed to wave speed exceeds 1. 0000** *in at least one element. This usually indicates an error with the model definition. Additional diagnostic information may be found in the message file.* （模型中至少有1个单元的变形速度与波速之比大于1）

在 STA 文件中也看到了同样的错误信息。此问题应该如何解决？

『错误原因』

在 Abaqus/Explicit 分析中经常会看到"单元的变形速度与波速之比大于 1"的错误信息，可能的错误原因有两种：

1）单元的变形速度太大：常见的原因是加载速度过大，其冲击效应导致模型的局部单元产生了过于剧烈的变形，或者单元的初始形状太差。

2）材料的波速太小：波速是材料本身的性质，式（16-10）是线弹性材料的波速计算公式。波速太小的可能原因是：质量缩放系数设置得太大，或者材料参数设置错误（例如，弹性模量和密度的量纲不一致）。

『解决方法』

请读者参见【常见问题 16-11】中的解决方法。

16.4.5　金属塑性成形和准静态分析

【常见问题 16-13】　准静态分析的概念和注意问题

什么是准静态分析？它适用于分析何类问题？分析过程中应注意哪些问题？

『解答』

在模拟金属塑性成形过程（例如，轧制、挤压、板料成形）时，经常要使用准静态分析。成形加工中，模型运动速度一般不会很快，应该选择静力分析，但由于成形加工过程都涉及大变形和复杂接触，如果选用 Abaqus/Standard 做静力分析，计算时间会很长，甚至无法收敛。

如果选用 Abaqus/Explicit 求解器进行准静态分析，则不会出现收敛问题。"准静态分析"的含义是用慢速运动的 Abaqus/Explicit 求解器模拟静力问题，关键是要设置合适的加载速度、分析步时间、质量缩放系数等模型参数，避免加载速度过快导致的局部变形问题，使分析结果尽量接近静力分析的结果，否则，即使能够得到分析结果，往往也是错误的。

那么，如何判断模型中的运动速度是否太快？一个重要标准是：分析过程中模型的动能（kinematic energy）一般不应超过内能（internal energy）的 10%。动能反映的是运动速度，内能反映的是变形程度。在 Visualization 功能模块中单击菜单 Result→History Output，可以绘制动能 ALLKE 和内能 ALLIE 随时间变化的曲线。

在进行准静态分析时，同样要遵循 Abaqus/Explicit 分析的一些重要原则（详见第 16.4.2 ~ 16.4.4 节）。由于 Abaqus/Explicit 求解器不存在收敛问题，即使模型存在错误，也往往会得到分析结果，需要靠读者判断该结果是否正确、是否符合工程实际。

相关内容的详细介绍，请参见 Abaqus 6.14 帮助文件"Getting Started with Abaqus：Interactive Edition"第 13 章"Quasi-Static Analysis with Abaqus/Explicit"。在"Abaqus Example Problems Guide"第 1.3 节"Forming analyses"中提供了大量使用准静态分析来模拟金属成形过程的实例，读者可参考。

『相关知识』

金属塑性成形过程并非都是静态或准静态的，如果模型的运动速度很快，存在高速冲击和碰撞，则应选用 Abaqus/Explicit 求解器进行动力学分析，其分析目的就是模拟冲击效应所造成的局部变形，这时动能可能与内能的大小接近，或者动能远大于内能。

16.4.6 Abaqus/Explicit 分析的应力结果

【常见问题 16-14】 接触之前就出现了变化的应力和应变

实体 A 以一定的速度与静止的实体 B 碰撞，使用 Abaqus/Explicit 模拟碰撞过程，为何在分析结果中看到实体 A 在与实体 B 接触之前就已经出现了不断变化的应力和应变？

『解答』

如果遇到这种情况，读者不要仅关注五颜六色的应力云纹图，更应仔细查看应力的数量级，下面讨论几种可能的情况：

1）在发生接触前，实体 A 各处的应力值的数量级非常小（例如，1E-7），该值相当于应力为 0。Abaqus 是一种数值计算软件，总会存在数值误差，无论云纹图中的颜色多么丰富，如果其数量级非常小，都相当于 0。

如果通过速度预定义场或速度边界条件为整个实体 A 的所有节点定义了相同的速度，可能看到上述应力结果。

2）在发生接触前，实体 A 各处的应力数量级并不很小，但仍远远小于材料的屈服应力，这样的应力对分析结果的影响很小，可以忽略。例如，模型的长度单位是 m，力的单位是 N，则应力的单位是 N/m^2，普通钢的屈服强度为 $4E8N/m^2$。如果应力的数量级是 1E6，也是远远小于材料的屈服应力。

在查看应力时，不要仅仅看其绝对值的大小，而要同时考虑它的单位。1E6 看似是一个很大的应力，但如果单位是 N/m^2，对于钢材来说就是一个很小的应力（对应的应变数量级为 1E-5）。

> **提示：** 应变的含义是单位长度上的变形，是一个无量纲的量。无论模型中选用何种单位制，应变值均不受影响。

如果只是为实体 A 的部分节点（而非实体 A 的所有节点）定义了速度预定义场或速度边界条件，可能看到上述应力结果。Abaqus/Explicit 是动态分析，体现了模型的振动特性和应力波的传递，实体 A 各部分的速度会有细微的差别，所以会产生一定的应力。

3）在发生接触前，实体 A 各处的应力与材料的屈服应力大小相近或远大于屈服应力，造成了局部变形。这种应力结果是异常的，其原因可能是加载速度太快。

此外，如果模型中各个量的单位不一致，也有可能出现异常大的初始应力。例如，本书第 1.1.2 节"选取合适的单位制"介绍过，当长度的单位是 mm 时，质量的单位必须是 t，相应的密度的单位必须是 t/mm^3，如果使用了 kg/mm^2 作为密度的单位，就可能看到异常大的初始应力。

16.5 本章小结

本章主要介绍了下列内容：

1）实际工程中的分析大多属于非线性分析，非线性包括 3 种类型：几何非线性、材料非线性和边界条件非线性。

2）Abaqus/Standard 求解器采用牛顿-拉普森（Newton-Raphson）方法求解大型方程组，在每个增量步中都进行迭代，需要的硬盘和内存空间很大，其计算结果是无条件稳定的，适于求解一般的线性和非线性问题。

3）详细介绍了增量迭代法的求解过程以及分析步、增量步和迭代之间的关系。对于一般的静力学分析，Abaqus/Standard 求解器在 1 个分析步中通常需要多个增量步来完成，每个增量步又要进行多次迭代，直至残差力的大小满足容差范围。

4）Abaqus/Explicit 采用中心差分法求解大型方程组，不需要进行迭代计算，但是需要的增量步总数很多，计算时间取决于稳定极限值的大小，计算结果是有条件稳定的，适用于模拟高速动力问题、复杂接触问题、材料磨损和材料失效等。

5）影响 Abaqus/Explicit 稳定极限值的因素包括：最小单元尺寸、材料性质、材料密度、单元类型等。为了增加稳定极限值，加快分析速度，应选择适当的网格密度，保证单元形状是规则的，必要时可以采用质量缩放技术。

6）在 Abaqus/Explicit 分析中，为了避免数值振荡，一般都需要定义模型的阻尼（例如，体积黏性、材料阻尼、阻尼器单元、黏性压力等）。

7）对于 Abaqus/Explicit 显式求解器，分析模型中的位移边界条件不允许出现跳跃式的突然变化，应该使用设置了平滑系数（Smoothing）的幅值曲线。

8）静力分析和动力分析的本质区别在于：静力分析不考虑惯性和冲击效应，一般情况下运动速度和加载速度对分析结果没有影响；动力分析考虑惯性和冲击效应，如果荷载、位移、速度、加速度等在短时间发生剧烈变化（即加载速度太快），可能导致严重的局部变形。

9）使用 Abaqus/Explicit 求解器可以进行准静态分析，分析的关键是要设置合适的加载速度、分析步时间、质量缩放系数等模型参数，使结果尽量接近静态分析的结果。判断是否属于准静态分析的重要标准是：分析过程中模型的动能一般不应超过内能的 5% ~ 10%。

第17章

17

接触分析
常见问题解答与实用技巧

本章要点:

- ※ 17.1 接触分析的基本概念
- ※ 17.2 Abaqus/Standard 接触分析中的警告信息
- ※ 17.3 Abaqus/Standard 接触分析综合实例
- ※ 17.4 本章小结

Abaqus 是国际上公认的最优秀的非线性有限元分析软件之一,其分析接触问题的功能尤其强大。本章将详细介绍 Abaqus 在分析接触问题过程中经常遇到的各种问题和解决方法。

17.1 接触分析的基本概念

17.1.1 点对面离散与面对面离散

【常见问题 17-1】点对面离散与面对面离散的区别

在 Abaqus/Standard 分析中定义接触时,可以选择点对面离散方法(node-to-surface discretization)和面对面离散方法(surface-to-surface discretization),二者有何差别?

『解答』

在点对面离散方法中,从面(slave surface)上的每个节点与该节点在主面(master surface)上的投影点建立接触关系,每个接触条件都包含一个从面节点与它的投影点附近的一组主面节点。

使用点对面离散方法时,从面节点不会穿透(penetrate)主面,但是主面节点可以穿透从面。

面对面离散方法会为整个从面(而非单个节点)建立接触条件,在接触分析过程中同时考虑主面和从面的形状变化,可能在某些节点上出现穿透现象,但是穿透的程度不会很严重。

在如图 17-1 和图 17-2 所示的实例中,比较了两种情况:

1)从面网格比主面网格细:点对面离散(见图 17-1a)和面对面离散(见图 17-2a)

的分析结果都很好，没有发生穿透，从面和主面都发生了正常的变形。

2）从面网格比主面网格粗：点对面离散（见图 17-1b）的分析结果很差，主面节点进入了从面，穿透现象很严重，从面和主面的变形都不正常；面对面离散（见图 17-2b）的分析结果相对较好，尽管有轻微的穿透现象，从面和主面的变形仍比较正常。

从上面的例子可以看出，在为接触面划分网格时需要慎重，无论使用点对面离散还是面对面离散，都应尽量保证从面网格要比主面网格细。

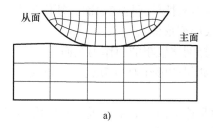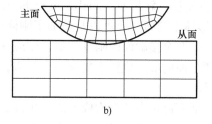

a)　　　　　　　　　　　　　　　　b)

图 17-1　点对面离散

a）从面网格比主面网格细：没有发生穿透，从面和主面都发生了正常的变形

b）从面网格比主面网格粗：从面节点没有进入主面，但主面节点进入了从面，

穿透象很严重，从面和主面的变形都不正常

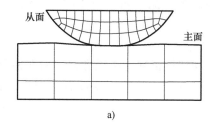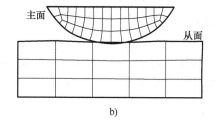

a)　　　　　　　　　　　　　　　　b)

图 17-2　面对面离散

a）从面网格比主面网格细：没有发生穿透，从面和主面都发生了正常的变形

b）从面网格比主面网格粗：从面节点没有进入主面，但有少量主面节点进入了从面，

出现了轻微的穿透现象，从面和主面的变形比较正常

选用离散方法时，还应考虑下列因素：

1）一般情况下，面对面离散得到的应力等结果的精度优于点对面离散的分析结果。

2）面对面离散需要分析整个接触面上的接触行为，其计算代价要高于点对面离散。一般情况下，二者的计算代价相差不是很悬殊，但在下列情况下，面对面离散的计算代价将会大很多。

① 模型中的大部分区域都涉及接触问题。

② 主面的网格比从面的网格细化很多。

③ 接触对中包含了多层壳，一个接触对中的主面是另一接触对中的从面。

3）如果从面是基于节点的（即从面类型为 Node Region，而不是 Surface），则不能使用面对面离散化方法。

相关内容的详细介绍，请参见 Abaqus 6.14 帮助文件"Abaqus Analysis User's Guide"

第 36.3.1 节 "Defining contact pairs in Abaqus/Standard"。

『实用技巧』

Abaqus/Standard 的接触对由主面（master surface）和从面（slave surface）构成，采用绝对主从算法进行分析。在模拟过程中，接触方向总是主面的外法线方向，从面上的节点不会穿透主面，但主面上的节点可以穿透从面。定义主面和从面时要注意下列问题：

1）应该选择刚度较大的面作为主面。这里所说的"刚度"不但要考虑材料特性，还要考虑结构的刚度。解析面（analytical surface）或由刚性单元构成的面必须作为主面，从面则必须是变形体上的面（也可以是施加了刚体约束的变形体）。

2）如果两个接触面的刚度相似，则应该选择网格较粗的面作为主面。

3）两个面的节点位置不要求一一对应，但如果能够让对应节点一一对应，可以得到更准确的结果。

4）主面不能是由节点构成的面，主面必须是连续的。如果设置了有限滑移（finite sliding），主面在发生接触的部位必须是光滑的（即不允许有尖角）。

5）如果接触面在发生接触的部位有很大的凹角或尖角，应该将其分别定义为两个面。

6）如果选择了有限滑移（finite sliding），则在整个分析过程中，都尽量不要让从面节点落到主面之外（尤其是不要落到主面的背面），否则容易出现收敛问题。

7）接触对中两个面的外法线方向应该指向相反。即如果主面和从面在几何位置上没有发生重叠，则一个面的法线应指向另一个面所在的那一侧（对于三维实体，法线应该指向实体的外侧）。如果法线方向定义错误，Abaqus 往往将其理解为具有很大过盈量的过盈接触，因而无法达到收敛。

一般情况下，对于三维变形体，Abaqus 会自动选择正确的法线方向，而在使用梁单元、壳单元、膜单元、桁架单元或刚体单元来定义接触对时，往往需要读者指定法线方向，应注意。

【常见问题 17-2】 严重的过盈接触错误

提交 Abaqus/Standard 分析作业后，为何在 MSG 文件中看到下列提示信息：

> *CONTACT PAIR (ASSEMBLY _ BLANKBOT, ASSEMBLY _TIE-1 _ DIEDURF) NODE BLANK-1. 5 IS **OVERCLOSED BY 0. 0512228 WHICH IS TOO SEVERE.***（出现了严重的过盈接触）

『解答』

可以从下列几个方面查找原因：

1）如果上述提示信息中所提到的接触面是刚体、壳单元、膜单元、梁单元或桁架单元上的面，可能在定义接触面时没有选择正确的发生接触的那一侧，即接触面的法线方向指定错误。

> **提示**：对于可变形的实体单元，Abaqus/CAE 会自动选择正确的法线方向（指向实体的外侧）。

当接触面的法线方向错误时，如果使用了点对面离散，会在 MSG 文件中看到上述提示信息，使得分析无法收敛；如果使用了面对面离散，则不会出现上述提示信息，分析仍然可以完成，但分析结果是异常的（出现严重的穿透现象）。

在 Visualization 功能模块中可以显示接触面的法线方向，方法是：单击 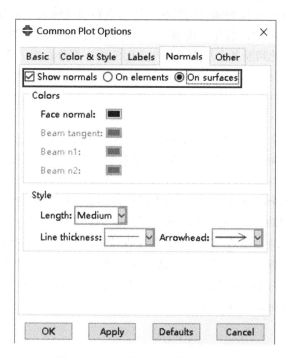（Common Options）按钮，在 Normals 标签页下选中 Show normals，如图 17-3 所示。选择 On surfaces（面的法向），而不是 On elements（单元的方向）。另外，在云纹图显示模式下无法显示解析刚体表面的法向，只有在未变形图或变形图的模式下才可以显示。

图 17-3　显示接触面的外法线方向

一对接触面的法向应该是互相指向对方，第 17.3.2 节"接触分析综合实例 2"提供了一个接触面法线方向定义错误的实例。

2）如果接触面的法线方向定义正确，但分析仍无法收敛，应检查模型中的过盈量是否确实太大。如果存在此问题，应修改模型，令过盈量从 0 开始逐渐增大，例如，可以使用 * CONTACT INTERFERENCE 和线性递增的幅值曲线定义过盈接触，详见《实例详解》中"设定接触面之间的距离或过盈量"一节。

3）如果接触面的法线方向定义正确，"过盈量太大"的提示信息只是在 MSG 文件中偶尔出现，而且出现此信息的分析步最终能够收敛，分析结果也一切正常，就没有问题。

在接触分析的求解过程中，Abaqus/Standard 迭代尝试各种可能的位移状态，如果某个位移状态造成过盈量太大，Abaqus/Standard 就会显示上述提示信息，然后尝试另外一个位移状态。换言之，这个太大的过盈量有可能仅仅是 Abaqus/Standard 在尝试求解过程中的一个中间状态，并不一定是模型本身存在错误。

17.1.2 有限滑动和小滑动

【常见问题 17-3】 有限滑动与小滑动的定义

什么是有限滑动（finite sliding）和小滑动（small sliding）？

『解答』

在 Abaqus/Standard 分析中定义接触时，有两种判断接触状态的跟踪方法可供选择：

1）有限滑动。如果两个接触面之间的相对滑动或转动量较大（例如，大于接触面上的单元尺寸），应该选择有限滑动，它允许接触面之间出现任意大小的相对滑动和转动。在分析过程中，Abaqus 将会不断地判断各个从面节点与主面的哪一部分发生了接触，计算成本较高。

当使用有限滑动、点对面离散时，应尽量保证主面是光滑的，否则主面的法线方向会出现不连续的变化，容易出现收敛问题。在主面的拐角处应使用过渡圆弧，并在圆弧上划分足够数量的单元。

当使用点对面离散时，如果主面是变形体或离散刚体的表面，Abaqus/Standard 会自动对不光滑的主面做平滑（Smoothing）处理，默认的平滑系数为0.2。面对面离散则没有这种平滑功能，因此，如果工程实际要求主面必须有尖角，使用点对面离散可能会比面对面离散更容易收敛。

2）小滑动。如果两个接触面之间的相对滑动或转动量很小（例如，小于接触面上单元尺寸的20%），可以选择小滑动。在分析开始时刻，Abaqus 就已经确定了各个从面节点与主面是否接触、与主面的哪个区域接触，并在整个分析过程中保持这些关系不变，因此，计算成本较低。

关于有限滑动和小滑动的详细介绍，请参见《实例详解》中"有限滑移和小滑移"和 Abaqus 6.14 帮助文件"Abaqus Analysis User's Guide"第 38.1 节"Contact formulations and numerical methods in Abaqus/Standard"。

【常见问题 17-4】 几何非线性开关的设置

分析接触问题时，是否必须在 Step 功能模块中打开几何非线性开关（将 Nlgeom 设为 ON）？

『解答』

只有几何非线性问题（例如，大位移、大转动、初始应力、几何刚化或突然翻转等）才需要将 Nlgeom 设为 ON。接触分析属于非线性问题，但不一定是几何非线性问题，常见的情况有下列几种：

1）如果接触面之间会发生较大的相对位移或转动，则定义接触时应选择有限滑动，并将 Nlgeom 设为 ON。

2）如果接触面之间的相对位移和转动都很小，模型各处都不会发生大的位移或转动，则定义接触时应选择小滑动，并将 Nlgeom 设为 OFF。

3）如果接触面之间的相对位移和转动都很小，但模型出现了大的位移或转动（例如，刚体转动），则定义接触时应选择小滑动，并将 Nlgeom 设为 ON。

将 Nlgeom 设为 ON 可能会增加模型收敛的难度，增加计算成本。但如果模型发生了大的位移或转动，而仍将 Nlgeom 设为 OFF，也可能导致不收敛。

关于非线性问题的详细介绍，请参见本书第 16.1 节"线性分析与非线性分析"。

【常见问题 17-5】 壳或膜单元的厚度定义

壳或膜单元都有厚度，但在 Abaqus/CAE 中它们被显示为无厚度的面。在 Abaqus/Standard 中为它们定义接触时，是否需要让接触面之间保留一定距离，以体现其厚度？

『解答』

有下列几种可能的情况：

1）如果选择了点对面离散的小滑动、面对面离散的小滑动或面对面离散的有限滑动，默认情况下 Abaqus/Standard 会考虑壳或膜的厚度，在建模时应根据厚度让接触面之间保留相应的距离。如果希望忽略壳和膜的厚度，可以在定义接触时选中 Exclude shell/membrane element thickness。

> 提示：默认情况下，在 Abaqus/CAE 中显示的壳或膜单元的面是它们的中性面。如果需要，可以偏置此面，相关内容的详细介绍，请参见 Abaqus 6.14 帮助文件 "Abaqus Analysis User's Guide" 第 29.6.3 节 "Defining the initial geometry of conventional shell elements"。

2）如果选择了点对面离散的有限滑动，或者从面类型是基于节点的表面，则无法考虑壳或膜的厚度。

本书第 17.3.2 节 "接触分析综合实例 2" 给出了具体的实例。

17.1.3 输出接触力

【常见问题 17-6】 输出接触面上的接触力

如何输出接触面上的接触力？

『解答』

输出接触面上接触力的操作方法为：在 Abaqus/CAE 的 Step 功能模块中，单击 ⬚ (Create History Output) 按钮，将 Domain 设为 Interaction，选择接触对的名称，选中输出变量中的 CFN，如图 17-4 所示。

> 提示：在设置场变量输出（field output）和历程变量输出（history output）时，不仅可以输出整个模型的计算结果，还可以只输出某个集合或某个接触对上的计算结果。

如果要将接触力输出到 DAT 文件，可以在 INP 文件中添加下列语句：

> * CONTACT PRINT, SLAVE = *slave_name*
> CFN

其中：*slave_name* 是从面名称。《实例详解》中 "将接触信息输出至 DAT 文件" 一节详细介绍了相关内容。

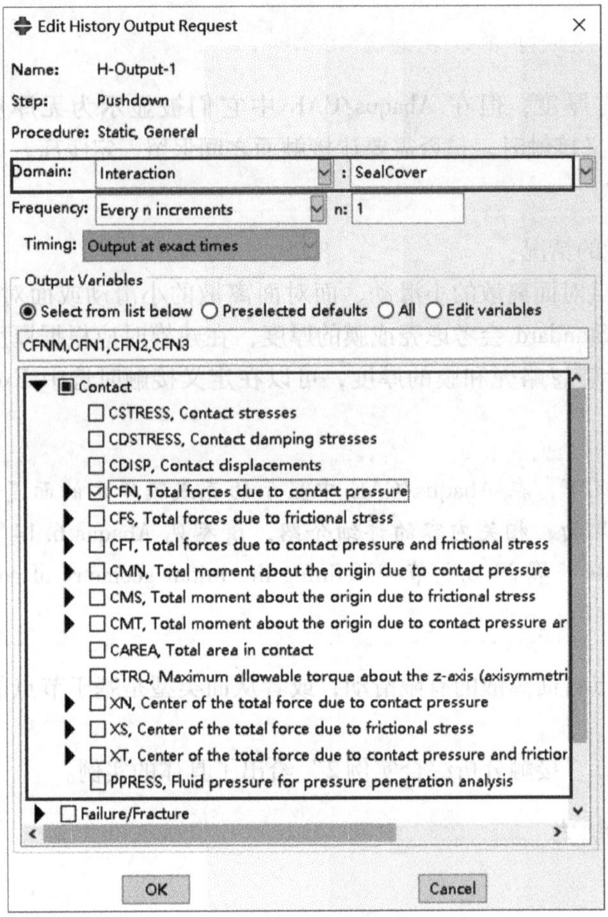

图 17-4　输出接触力 CFN

17. 1. 4　Abaqus/Standard 与 Abaqus/Explicit 的接触分析

【常见问题 17-7】两种求解器分析接触问题时的特点

Abaqus/Standard 和 Abaqus/Explicit 在分析接触问题时各自有何特点？

『解答』

Abaqus/Standard 在分析接触问题时有下列特点：

1）需要进行大量的迭代运算，可能出现收敛问题。

2）定义接触时必须指定可能发生接触的主面和从面，采用的是绝对主-从接触算法，从面节点不能穿透主面，而主面的节点可以穿透从面。

Abaqus/Explicit 在分析接触问题时有下列特点：

1）不需要迭代，因此不存在收敛问题。

2）有两种接触算法：

① 通用接触算法（general contact algorithm）：由 Abaqus/Explicit 自动定义一个基于单元的面（默认情况下包含模型中所有部件实例），在这个面上建立自接触（self-contact）。这种算法

建模简单方便，对接触面的类型限制很少，适用于包含复杂接触的模型（例如，刹车盘）。

② 接触对算法（contact pair algorithm）：由读者定义接触对的主面和从面，对接触面的类型有较严格的限制，但可以用于某些通用接触算法所不适用的场合。

3）Abaqus/Explicit 的通用接触算法比 Abaqus/Standard 的接触算法功能强大，应用范围更广。

> **提示**：Abaqus/Standard 与 Abaqus/Explicit 分析接触问题时存在诸多差异，因此，在 Abaqus/Standard 分析中定义的接触不能导入 Abaqus/Explicit 中进行分析，反之亦然。

相关内容的详细介绍，请参见 Abaqus 6.14 帮助文件"Getting Started with Abaqus：Interactive Edition"第 12.4 节"Defining contact in Abaqus/Standard"、第 12.9 节"Defining contact in Abaqus/Explicit"，以及"Abaqus Analysis User's Guide"第 36.1.1 节"Contact interaction analysis：overview"。

17.1.5 严重不连续迭代与平衡迭代

【常见问题 17-8】增量步的尝试次数过多

使用 Abaqus/Standard 求解器分析接触问题，在 MSG 文件中看到下列错误信息，应该如何解决？

> *** NOTE: CONTACT FAILS TO CONVERGE IN THE **MAXIMUM NUMBER OF SEVERE DISCONTINUITY ITERATIONS** ALLOWED.（严重不连续迭代的次数达到了上限，接触无法收敛）
> *** ERROR: **TOO MANY ATTEMPTS** MADE FOR THIS INCREMENT.（此增量步的尝试次数过多）

『解答』

节点在接触面的法向上有闭合（closed）和开放（open）两种接触状态，如果定义了摩擦，在接触面的切向上有黏结（stick）和滑动（slip）两种摩擦状态。如果在一次迭代过程中出现某个节点的上述状态发生变化，则称为严重不连续迭代（severe discontinuity iteration），当所有节点的接触状态和摩擦状态都不再发生变化，则称为平衡迭代（equilibrium iterations）。

严重不连续迭代是 Abaqus/Standard 接触分析中出现的正常现象，并不意味着模型中存在错误。正常情况下，每次迭代中发生严重不连续变化的节点数目会逐渐减少（或者偶尔会增大，但总的趋势是减少的），直至进入平衡迭代，最终达到收敛。下面是某个模型 MSG 文件中的信息，增量步 1 经过 5 次严重不连续迭代和 1 次平衡迭代后达到收敛：

INCREMENT 1 STARTS.   ATTEMPT NUMBER 1,   TIME INCREMENT 1.00

1142 SEVERE DISCONTINUITIES OCCURRED DURING THIS ITERATION.
（1142 个节点出现了严重不连续变化）

5 POINTS CHANGED FROM OPEN TO CLOSED

70 POINTS CHANGED FROM CLOSED TO OPEN

121 POINTS CHANGED FROM SLIPPING TO STICKING

946 POINTS CHANGED FROM STICKING TO SLIPPING

CONVERGENCE CHECKS FOR **SEVERE DISCONTINUITY ITERATION** 1

（检查第 1 个严重不连续迭代的收敛情况）

……（此处略去了力和力矩平衡等信息）

459 SEVERE DISCONTINUITIES OCCURRED DURING THIS ITERATION.

（459 个节点出现了严重不连续变化）

16 POINTS CHANGED FROM OPEN TO CLOSED

39 POINTS CHANGED FROM CLOSED TO OPEN

221 POINTS CHANGED FROM SLIPPING TO STICKING

183 POINTS CHANGED FROM STICKING TO SLIPPING

CONVERGENCE CHECKS FOR **SEVERE DISCONTINUITY ITERATION** 2

（检查第 2 个严重不连续迭代的收敛情况）

……

4 SEVERE DISCONTINUITIES OCCURRED DURING THIS ITERATION.

（4 个节点出现了严重不连续变化）

20 POINTS CHANGED FROM CLOSED TO OPEN

26 POINTS CHANGED FROM SLIPPING TO STICKING

38 POINTS CHANGED FROM STICKING TO SLIPPING

CONVERGENCE CHECKS FOR **SEVERE DISCONTINUITY ITERATION** 3

（检查第 3 个严重不连续迭代的收敛情况）

……

20 SEVERE DISCONTINUITIES OCCURRED DURING THIS ITERATION.

（20 个节点出现了严重不连续变化）

9 POINTS CHANGED FROM CLOSED TO OPEN

2 POINTS CHANGED FROM SLIPPING TO STICKING

9 POINTS CHANGED FROM STICKING TO SLIPPING

CONVERGENCE CHECKS FOR **SEVERE DISCONTINUITY ITERATION** 4

（检查第 4 个严重不连续迭代的收敛情况）

……

2 SEVERE DISCONTINUITIES OCCURRED DURING THIS ITERATION.

（2 个节点出现了严重不连续变化）

2 POINTS CHANGED FROM CLOSED TO OPEN

CONVERGENCE CHECKS FOR **SEVERE DISCONTINUITY ITERATION 5**

（检查第 5 个严重不连续迭代的收敛情况）

……

CONVERGENCE CHECKS FOR **EQUILIBRIUM ITERATION 1**

（检查平衡迭代的收敛情况）

……

ITERATION SUMMARY FOR THE INCREMENT: 6 TOTAL ITERATIONS, OF WHICH **5 ARE SEVERE DISCONTINUITY ITERATIONS AND 1 ARE EQUILIBRIUM ITERATIONS.**

（此增量步中共进行了 6 次迭代，其中 5 次是严重不连续迭代，1 次是平衡迭代）

在 Job 功能模块中，可以查看严重不连续迭代与平衡迭代的详细信息，详见本书第 11.1 节"监控分析作业"。

Abaqus/Standard 的默认设置是：如果严重不连续迭代次数达到 12 次，Abaqus 将自动进行"折减"（cutback），即减小增量步长，重新开始迭代；如果折减 5 次仍然无法收敛，则分析终止，并在 MSG 文件中显示这样的错误信息"严重不连续迭代的次数达到了上限，接触无法收敛"。

大多数情况下，出现上述现象的原因是模型本身存在问题，应认真修改模型。例如，可以在施加荷载之前增加两个分析步，在第 1 个分析步中用临时边界条件约束发生接触的部件实例，让接触关系建立起来；在第 2 个分析步中去掉此临时边界条件，施加很小的荷载，以避免接触状态发生剧烈变化；在下一个分析步中再施加实际荷载。

如果确认模型本身没有问题，而且每次迭代中发生严重不连续变化的节点数目确实是逐渐减少的，只是减小的速度比较慢（原因可能是接触面上的节点数非常多，或接触状态变化得非常剧烈），可以适当增大严重不连续迭代次数的上限，对应的 Abaqus/CAE 操作为：在 Step 功能模块中，单击菜单 Other→General Solution Controls→Edit，在如图 17-5 所示的对话框中选择 Time Incrementation 标签页，适当增大严重不连续迭代次数的上限 I_S（例如，可以由默认值 12 改为 20）。

关于图 17-5 中各个求解控制参数的含义，请参见 Abaqus 6.14 帮助文件"Abaqus/CAE User's Guide"第 14.15.1 节"Customizing general solution controls"。

提示： 一般情况下，Abaqus 中各个求解控制参数的默认设置都比较合理，读者尽量不要随便修改这些参数。

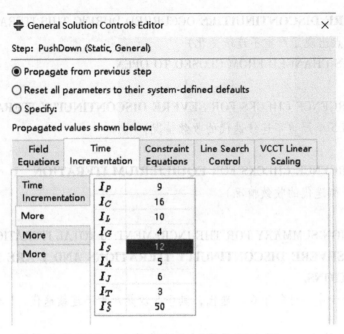

图 17-5　修改严重不连续迭代次数的上限

『实用技巧』

　　接触是一类极度不连续的约束。如果两个面发生接触，必须施加相应的约束关系，并判断接触面面积和接触压力的大小。如果两个面分开，则没有约束存在，必须移走相应的约束。

　　Abaqus/Standard 在分析接触问题时，使用 Newton-Raphson 法求解非线性方程，在每个增量步中的迭代流程如图 17-6 所示。

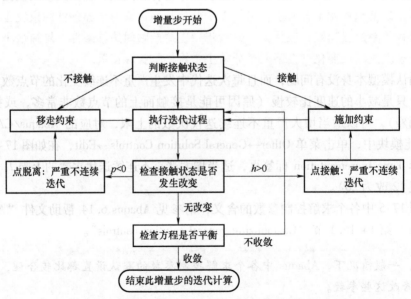

图 17-6　Abaqus/Standard 计算接触问题时的迭代流程

注：p 是从面节点的接触压力，$p<0$ 表示接触状态由闭合变为开放；h 是从面节点侵入主面的距离。

如果模型中定义了摩擦，在 Abaqus/Standard 求解的方程组中将会增加非对称项。当摩擦系数小于 0.2 时，非对称项的数值很小，对计算结果的影响也非常小；当摩擦系数大于 0.2 时，Abaqus 将自动采用非对称求解器来增加模型的收敛速度。

需要注意的是：非对称求解器所需的计算机内存和硬盘空间是对称求解器的 2 倍，如果摩擦系数设置的太大，对 Abaqus/Standard 分析可能会引起收敛困难，而 Abaqus/Explicit 分析一般不会出现收敛问题。

17.2 Abaqus/Standard 接触分析中的警告信息

Abaqus/Standard 接触分析不收敛的解决方法，主要包括：

1）检查所定义的接触面、接触参数和边界条件是否正确。

2）在静力分析中，必须定义足够的约束条件，以保证它们在各个平动和转动自由度上都不会出现不确定的刚体位移。

3）避免过约束（overconstraint）。

4）合理地定义接触面、接触参数和过盈接触。

5）使用足够细化的网格。

6）不要在接触面上使用 C3D20、C3D20R 和 C3D10 等单元类型。

7）在接触对上设置微小的过盈量，以保证在分析开始就已经建立起接触关系。

8）施加临时边界条件，以保证在接触关系建立之前，模型不会出现刚体位移。

9）将分析过程分解为多个分析步完成，让各个荷载分别在不同的分析步中逐步施加到模型上，避免接触状态发生剧烈的改变而引起收敛困难。

下面将讨论 Abaqus/Standard 接触分析中的一些重要警告信息，这些警告信息并不是接触分析所独有的，但在接触分析中经常出现，而且往往是解决接触分析收敛问题的关键。

17.2.1 数值奇异

缺乏边界条件约束是 Abaqus/Standard 静力分析中最容易犯的错误之一，这时往往会在 MSG 文件中出现数值奇异（numerical singularity）或零主元（zero pirot）的警告信息，本节将重点介绍数值奇异的相关知识，请读者高度重视这方面的问题。

【常见问题 17-9】非正常的分析结果

本书资源包提供了 1 个 Abaqus/Standard 静力分析的实例：

\singularity-displacement\wrong\Singularity-Displacement-Wrong.cae

此模型是一个二维平面应变问题（见图 17-7），包含两个弹性体：圆筒和平板。在圆筒中心的圆孔内壁上定义了固支边界条件，在平板顶部中央的 A 点上给定了位移 U2 = -2，希望使平板向正下方移动并和圆筒发生接触。

提交分析后，计算可以完成，但在分析结果中看到平板发生了异常的位移，偏移到了一侧（见图 17-8），这是什么原因引起的？

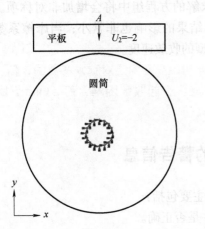
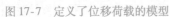

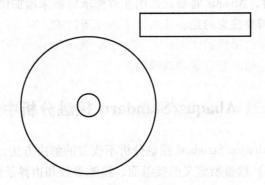

图 17-7　定义了位移荷载的模型　　　　图 17-8　后处理时看到平板发生了异常的位移

『错误原因』

　　读者应养成好的建模习惯，在提交分析作业后一定要查看 DAT 文件中是否出现了错误信息（error），MSG 文件中是否出现了警告信息（warning）。对于 Abaqus/Explicit 分析，还应查看 STA 文件中的信息。

　　打开本实例的 MSG 文件 Job-Singularity-Displacment-Wrong. msg，可以看到下列警告信息：

*** *WARNING: SOLVER PROBLEM. **NUMERICAL SINGULARITY** WHEN PROCESS-ING NODE **PLATE-1. 69 D. O. F. 1** RATIO = 4. 65212E + 013.*

*** *WARNING: SOLVER PROBLEM. **NUMERICAL SINGULARITY** WHEN PROCESS-ING NODE **PLATE-1. 69 D. O. F. 2** RATIO = 2. 31813E + 014.*

　　其含义为：平板（PLATE-1）在自由度 1 和 2 上都出现了数值奇异，说明平板在这两个方向上都缺乏边界条件的约束。

　　对于三维模型，每个部件都有 3 个平动自由度和 3 个转动自由度；对于二维模型，每个部件都有 2 个平动自由度和 1 个转动自由度。在建立静力分析模型时，必须在模型每个实体的所有平动和转动自由度上，定义足够的边界条件，以避免它们出现不确定的刚体位移，否则会在 MSG 文件中看到上述警告信息，这时分析通常无法收敛，即使能够收敛，分析结果也往往是错误的。

　　本实例中两个部件实例的边界条件为：

　　1）圆筒：在多个节点上定义了固支边界条件，不会出现刚体位移。

　　2）平板：在 x 方向上没有定义任何边界条件，因此，x 方向上的刚体位移是不确定的；在 y 方向上，只在 1 个节点（A 点）上给定了位移 U2，这时整个平板仍然可以绕 A 点做刚体转动，即除了 A 点之外，平板上的其他各个节点的 U2 都是不确定的。

　　虽然整个模型并没有施加使平板发生转动或 x 方向平动的荷载，直观感觉上该模型的边界条件设定是正确的，但这样的模型不符合有限元分析的要求。这种"因为没有受力，所以不会移动"的因果关系，只是我们根据生活经验在头脑中进行逻辑分析时的思路，而 Abaqus/Standard 的求解过程恰恰与此相反，其过程是：迭代尝试各种可能的位移状态，检验它们是否能够满足静力平衡方程。

在本实例中，无论平板发生多大的转动或 x 方向的平动，都可以满足静力平衡方程，即符合静力平衡条件的位移解有无限多个，因此，会出现"数值奇异"。有限元是一种数值计算方法，计算过程中的微小数值误差，会导致平板在缺乏约束的自由度上发生刚体运动，因此会看到如图 17-8 所示的异常结果。

『解决方法 1』

本实例中的模型左右对称，因此，圆筒和平板都应该只取一半建模，在整个对称面上定义对称边界条件（即 $U1=0$），这样平板就不会发生转动或在 x 方向上产生平动。

在 Abaqus/CAE 里定义对称边界条件的方法是：将边界条件的类型设为 Symmetry/Antisymmetry/Encastre，然后，根据模型的具体情况，选择 XSYMM、YSYMM 或 ZSYMM。

建立有限元模型之前，应该考虑的第 1 件事是：该模型是否具备对称性，是否可以只取 1/2、1/4 甚至 1/8 进行建模。这样做有多方面的重要意义：

1）在对称面上定义对称边界条件，有助于避免刚体位移约束不足的问题。

2）可以大大减小模型的自由度和计算规模，缩短计算时间。

3）接触面上的节点减少一半，接触分析更容易收敛。

4）施加了对称边界条件，整个模型的支撑状态变得更加稳固，可能出现的位移状态大大减少，Abaqus/Standard 不必反复尝试不满足对称性的位移解，就更容易找到正确的位移解，会使复杂的非线性分析更容易收敛。

有限元分析的一个重要原则是：尽量把所有不会出现位移的节点都固定住，不要让求解器通过迭代计算来确定这些节点的位移。

需要注意的是：一个模型是否具有对称性，不仅取决于它的几何形状，还要看材料、荷载、边界条件、接触等是否都对称，即变形后的模型是否对称。本实例中，如果平板左侧受到 x 方向的荷载作用，则不允许利用对称性建模。

『解决方法 2』

如果模型不具有对称性，则根据具体情况添加适当的边界条件，以消除不确定的刚体位移。本实例中，可以在平板中央对称线上定义边界条件 $U1=0$，修改后的模型见本书资源包中文件：\singularity- displacement\correct\Singularity- Displacement- Correct. cae

需要注意的是：不能只定义 A 点的 $U1=0$，因为，这样整个平板仍然可以绕 A 点做刚体转动。

在上述正确模型的 DAT 和 MSG 文件中，仍然会看到很多警告信息，但都是分析过程中的正常提示信息，并不意味着模型存在错误。本书第 20.1.7 节 "MSG 文件中的正常提示信息"和第 20.2.12 节 "DAT 文件中的正常提示信息"将对这些信息的含义做出详细解释。

『实用技巧』

对于动力分析，不需要在所有自由度上定义足够的边界条件，因为动力分析会考虑惯性力，可以避免产生无限大的瞬时运动。如果在动力分析时看到"数值奇异"的警告信息，往往是由于模型中存在其他问题（例如，"过度塑性"等）。

【常见问题 17-10】 数值奇异警告信息

本书资源包下列文件夹中提供了另外一个平面应变静力分析实例：

\singularity-load\wrong\Singularity-Load-Wrong. cae

此模型与前面提到的正确模型 Singularity-Displacement-Correct. cae 几乎完全相同，同样在平板中央对称线上定义了边界条件 $U1 = 0$，唯一的区别在于：在平板顶部 A 点不再是定义位移 $U2 = -2$，而是施加了向下的点荷载（见图 17-9）。

将此模型提交分析，同样无法收敛，在其 MSG 文件 Job-Singularity-Load-Wrong. msg 中同样出现了"数值奇异"的警告信息：

*** WARNING: SOLVER PROBLEM. **NUMERICAL SINGULARITY** WHEN PROCESSING NODE **PLATE-1. 69 D. O. F. 2** RATIO = 1. 39199E +014.

这是什么原因引起的？

『错误原因』

上述警告信息表明，平板在 y 方向上缺乏边界条件的约束。尽管从直观感觉上，这个模型似乎是正确的，平板受到向下的力，应该向下移动，但这个模型同样不符合有限元分析的基本要求，因为力荷载并不能代替位移边界条件的约束作用。

在静力分析中，每个增量步都要满足静力平衡方程。对于本实例，初始状态下平板顶部受到向下的力的作用，但底部还没有与圆筒发生接触，无法形成静力平衡。在 MSG 文件和 STA 文件中可以看到，Abaqus/Standard 多次尝试进行"折减"，即减小增量步长，试图找到能够满足静力平衡的解，但缩小增量步长的作用仅仅是将平板顶部的力减小，而无论这个外力多么小，平板都始终无法满足静力平衡条件。当折减的次数达到默认的上限时，分析中止，并在 MSG 文件的结尾显示下列信息：

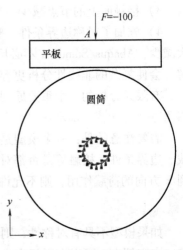

图 17-9　定义了力荷载的模型

*** NOTE: THE SOLUTION APPEARS TO BE DIVERGING. **CONVERGENCE IS JUDGED UNLIKELY.** （无法达到收敛）

*** ERROR: **TOO MANY ATTEMPTS** MADE FOR THIS INCREMENT （此增量步的尝试次数达到了上限）

因此，当分析不收敛时，仅靠减小初始增量步长或增大允许迭代的次数往往不能解决问题，关键还是要找出模型本身的错误。

在正确模型 Singularity-Displacement-Correct. cae 中，只定义了位移边界条件，而没有定义力荷载（外力为 0），因此，模型始终处于静力平衡状态，可以很容易地达到收敛状态。由此可见，在建模时如果允许指定位移（即施加位移荷载），就尽量不要施加力荷载，这样可以大大降低收敛的难度，这一技巧对于复杂的非线性问题尤其重要。

『解决方法』

在施加力荷载的分析步之前增加 1 个分析步，先不定义力荷载，而是在平板受到外力的位置上定义一个临时的位移边界条件 $U2 = 0.001$，这样会使平板和圆筒之间产生 0.001 的过盈量，保证二者的接触关系充分建立起来。在下一个分析步再去掉这个临时边界条件，施加力荷载。

在按照上述方法修改模型时，要注意掌握一个原则：在每一个分析步中，如果在某个自由度上没有施加力荷载，就一定要有边界条件来约束这个自由度；如果施加了力荷载，就一定要去掉这个自由度上的边界条件。

正确模型见本书资源包下列文件：\singularity-load\correct\Singularity-Load-Correct. cae

> **提示**：在错误模型 Singularity-Load-Wrong. cae 的分析步中打开了几何非线性开关（Nlgeom 为 ON），在定义新的分析步时，也要注意将 Nlgeom 设为 ON，否则可能出现收敛问题。

本实例运用了一个非常重要的建模技巧：先利用位移边界条件让接触关系平稳地建立起来，然后在下一个分析步中再施加力荷载。Abaqus 6. 14 帮助文件 "Getting Started with Abaqus：Interactive Edition" 第 12. 6 节 "Abaqus/Standard 2D example：forming a channel" 所介绍的实例中，也运用了这种技巧。

在其他的复杂非线性问题中，同样可以运用上述技巧。例如，模型要在很大的荷载下发生大变形，很难收敛，这时可以先估计一下大致的位移量，在施加荷载的位置上定义相应的临时位移边界条件，让模型运动到最终状态的大致位置上，再在下一个分析步中去掉这个边界条件，施加力荷载。这样可以帮助 Abaqus/Standard 求解器更容易地找到收敛的位移解。

『实用技巧』

本实例的模型中使用了一些接触分析的重要建模技巧，总结如下：

（1）接触面的网格　如果关心的是接触区域的应力、应变和位移，则需要对相应位置进行网格细化，细化的区域应比发生接触的区域略大一些。对于模型中的其他部分，应划分较粗的网格（见图 17-10）。

这是有限元网格划分的 1 个重要原则：重要区域的网格必须细化，以提高计算精度，不重要区域的网格一定要粗一些，以节省计算时间，切勿不假思索地为整个模型划分均匀的网格。本实例为较简单的二维模型，即使为整个模型划分很细的网格，也不会对计算时间有很大影响，但对于复杂的三维模型，不必要的细化网格会造成计算时间大大增加。

为了实现不同区域的网格密度不同，需要在 Mesh 功能模块中进行分割（partition）

操作，在需要细化的位置上分割出形状规则的区域（见图 17-11），再分别为不同区域定义不同密度的网格种子，从而生成局部细化、尺寸均匀、形状规则的高质量单元（见图 17-10）。

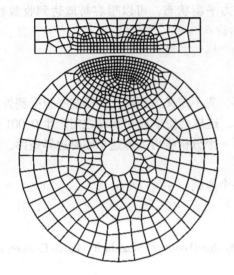 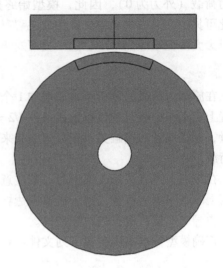

图 17-10　在接触区域划分均匀的细化网格　　　图 17-11　在需要细化的位置上分割出形状规则的区域

第 17.1.1 节"点对面离散与面对面离散"中介绍过，主面的网格不能比从面细，以免发生穿透。事实上，当主面和从面的网格密度相同时，计算结果的精度是最高的，因为这时主面节点和从面节点的位置一一对应。在本实例中，圆筒和平板在接触区域的网格密度就大致相同。

（2）从面和主面　定义接触面时，如果是有限滑移，应保证在整个分析过程中，从面各个部分始终处在主面的法线覆盖范围内。图 17-12 给出了本实例中所定义的主面和从面（标有小方块的区域），如果将二者互换，变成从面大，主面小，就会出现收敛问题。

另外一种常见的错误做法是：没有对圆筒进行分割操作，这样在为圆筒定义接触面时，只能选中整个 360° 的圆筒表面，如果将其设为从面，就会出现从面比主面大的问题。

该问题体现了定义接触面时需要注意的 1 个重要原则：如果是有限滑移，从面应该尽可能地小，不要包含那些不可能发生接触的区域，帮助 Abaqus 快速判断接触关系。

【常见问题 17-11】　数值奇异警告信息

如图 17-13 所示，模型中包含 3 个弹性体部件：皮带、带轮和轮轴，在三者垂直于 z 轴的端面上定义了边界条件 $U3 = 0$（即 z 方向固定），在轮轴中心的圆孔上定义了固支边界条件，在轮轴和带轮之间定义了接触关系，摩擦系数为 0（带轮可以绕轮轴自由转动）。在带轮和皮带之间也定义了接触关系，摩擦系数为 0.2。皮带上、下端面分别受到相等的均布拉力 p 作用。

此模型提交分析后无法收敛，在 MSG 文件中出现了下列"数值奇异"的警告信息：

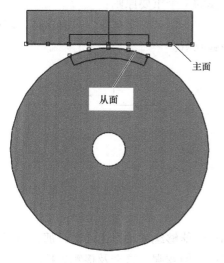

主面

从面

图 17-12　主面应比从面大

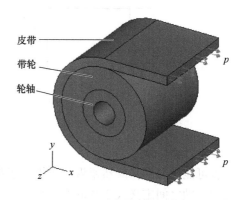

皮带

带轮

轮轴

p

p

y

z

x

图 17-13　模型示意图

*** WARNING: SOLVER PROBLEM. **NUMERICAL SINGULARITY** WHEN PROCESS-
ING NODE PART-3-1. 484 **D. O. F. 1** RATIO = 1. 13133E + 014.

*** WARNING: SOLVER PROBLEM. **NUMERICAL SINGULARITY** WHEN PROCESS-
ING NODE PART-3-1. 484 **D. O. F. 2** RATIO = 1. 63163E + 015.

该问题应该如何解决？

『错误原因』

该模型从表面上看一切正常，但实际上犯了一个接触分析中的常见错误：在建模时仅仅考虑了如何模拟工程实际情况，而没有充分考虑是否为每个部件都定义了足够的约束，以避免它们出现不确定的刚体平动或刚体转动。

此模型中，带轮和皮带都可以绕 z 轴自由转动，即它们各个节点的位移 $U1$ 和 $U2$ 是不确定的，所以会出现上述"数值奇异"警告信息。

有些读者可能会对此感到困惑 —— 作用在皮带上的两个拉力大小相等，整个模型已经处于静力平衡状态，为什么带轮和皮带还会绕 z 轴自由转动呢？前面已经介绍过，这种"因为静力平衡，所以不会转动"的因果关系只是我们头脑中的逻辑分析结果，而 Abaqus/Standard 的求解过程是：迭代尝试各种可能的位移状态，检验它们是否能够满足静力平衡方程。在本实例中，无论带轮和皮带绕 z 轴发生多大的转动，都可以满足静力平衡，即符合静力平衡条件的位移解有无限多个，因此分析无法收敛。

下面举一个更简单的例子加深读者对此问题的理解。图 17-14a 中的二维平板两端受到均布拉力荷载的作用，如果直接对整个平板建模，由于没有定义边界条件，一定会出现"数值奇异"的警告信息。这时，尽管整个平板处于静力平衡状态，但仍然会出现不确定的刚体位移，因为整个平板悬浮在空中，有无数种可能的位移状态。

正确的建模方法如图 17-14b 所示，根据对称性只取 1/4 建模，在两个对称面上分别定义对称边界条件。这个简单的实例体现了有限元建模的 1 个重要原则：**模型中仅仅靠两个外力达到静力平衡是不够的，必须要借助于边界条件处的支反力达到平衡**。只有这样，才能保证满足静力平衡方程的位移解唯一，静力分析才能够收敛。

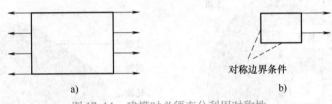

图 17-14　建模时必须充分利用对称性

a）二维平板两端受拉力荷载作用　b）根据对称性，取 1/4 模型建模

『解决方法 1』

读者可能会想到，既然错误的关键在于带轮和皮带能够绕 z 轴自由转动，那么是否可以在带轮和轮轴之间定义大于 0 的摩擦系数就可以解决此问题呢？这涉及接触分析的另一个重要原则：**尽量不要依靠摩擦来约束刚体的平动和转动，而应该根据工程实际定义尽可能多的边界条件**。因为，在分析刚开始时，各个接触关系还没有建立起来，摩擦力无法起到约束作用。

正确的解决方法是：由于模型关于 xz 平面和 xy 平面对称，应该只取 1/4 模型进行建模，在两个对称面上分别定义对称边界条件，如图 17-15 所示。

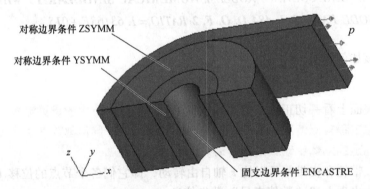

图 17-15　利用对称性，只取 1/4 建模

这时，各个部件的约束情况变为：

1）轮轴：定义了固支边界条件，约束住全部 6 个自由度。

2）带轮：对称边界条件 YSYMM 约束了 y 方向的平动以及绕 x 轴和绕 z 轴的转动，对称边界条件 ZSYMM 约束住了 z 方向平动以及绕 x 轴和绕 y 轴的转动，这样带轮只可能发生 x 方向的刚体平动，需要通过与轮轴的接触作用来消除。

3）皮带：与带轮的情况类似，只可能发生 x 方向的刚体平动，需要通过与带轮的接触来消除。

> **提示**：建立任何静力分析模型时，都应该使用上述方法，检查全部 6 个自由度的刚体平动和转动是否都受到了约束作用。

上面提到，带轮和皮带的 x 方向刚体平动要通过接触关系来消除，这就涉及接触分析的另一个重要原则 —— 如果需要通过接触来消除刚体位移，应注意下列几点：

1）定义接触时，要让位置误差限值（**ADJUST** 参数）略大于主面和从面在模型中的距离，以保证这两个面之间能够建立起接触关系。

2）要在接触面之间定义一定的过盈量，保证两个面在分析开始时紧密接触。

3）在第 1 个分析步中，只施加很小的荷载，以保证接触关系能够平稳地建立起来。在下一个分析步中，再施加真实大小的荷载。

『解决方法 2』

如果本实例中的模型不具有对称性，无法定义对称边界条件，这时应如何约束各个自由度呢？分析思路如下：

通过接触可以约束带轮和皮带的 x 方向和 y 方向平动，以及绕 x 轴和绕 y 轴的转动。对于 z 方向的平动，应在带轮和皮带上选择适当的区域，定义边界条件 $U3 = 0$（即 z 方向固定）。这样，没有施加约束的自由度只剩下绕 z 轴的转动，前面已经强调过，尽量不要只靠摩擦来约束刚体平动和转动，正确的做法是：

如图 17-16 所示，在旋转轴上定义一个参考点，在带轮的一个圆形棱边和这个参考点之间定义分布耦合约束（distribute coupling），然后在这个参考点上定义边界条件 $UR3 = 0$；类似地，再为皮带定义一个参考点，重复上述操作，如图 17-17 所示，在皮带和参考点之间建立耦合约束，并在此参考点上定义边界条件 $UR3$。

这样，皮带和带轮都仍然可以变形，但不能发生绕 z 轴的刚体转动。

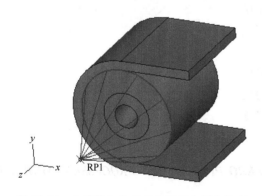

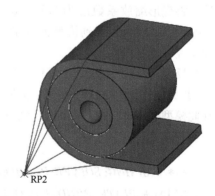

图 17-16　在带轮和参考点之间建立耦合约束　　　　图 17-17　在皮带和参考点之间建立耦合约束

约束实体的刚体转动时，常见的 1 种错误做法是：简单地在边界条件中定义节点的转动自由度为 0（例如 $UR3 = 0$）。在本书第 8.1.1 节"定义集中荷载和弯矩荷载"中已经介绍过，三维实体（solid）单元只有平动自由度 $U1$、$U2$、$U3$，没有转动自由度 $UR1$、$UR2$、$UR3$，因此定义 $UR3 = 0$ 不会起到任何作用。尽管在 Abaqus/CAE 的操作界面中可以定义 $UR3 = 0$，但这种无效的边界条件在提交分析时将被忽略。

另外，本实例中需要约束的是整个实体绕 z 轴的刚体转动，而节点转动自由度的含义是以这个节点为中心的转动，在边界条件中定义节点转动自由度为 0，并不符合本实例的要求。

17.2.2 零主元

"零主元"（zero pivot）也是常见的警告信息，下面通过 1 个实例介绍相关知识。

【常见问题 17-12】 后处理时模型消失

本书资源包下列文件夹中提供了 1 个平面应变问题的静力分析实例：

\zero-pivot\wrong\ZeroPirot-Wrong.cae

此模型与第 17.2.1 节提到的错误模型 Singularity-Displacement-Wrong.cae 非常类似，唯一的区别在于：平板变为解析刚体，其刚体参考点上的边界条件为 $U2 = -2$（见图 17-18）。

提交分析后，计算可以完成，但在后处理时看到整个模型都在屏幕上消失了，请问这是什么原因引起的？

『错误原因』

此模型在 Step 功能模块中打开了几何非线性开关（Nlgeom），因此，后处理时默认的变形缩放系数（deformation scaling factor）为 1。如果按照本书第 12.2.1 节"变形缩放系数"介绍的方法，将变形缩放系数改为非常小的值（例如，0.00001），就可以看到模型回到了屏幕上。这种现象说明模型发生了非常大的位移。

本书反复强调过，提交分析作业后一定要查看 DAT 文件、MSG 文件和 STA 文件中的信息。在此模型的 MSG 文件中可以看到下列"零主元"警告信息：

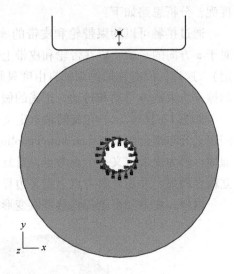

图 17-18　平板和圆筒的接触
问题（平板为解析刚体）

> ***WARNING: SOLVER PROBLEM. ZERO PIVOT** WHEN PROCESSING NODE 1 IN-STANCE PLATE-RIGID-1 D.O.F. 1.*

出现这种错误的原因在于：二维模型的参考点有 2 个平动自由度（$U1$、$U2$）和 1 个转动自由度（$UR3$），此模型的刚体参考点上只有边界条件 $U2 = -2$，而在 $U1$ 和 $UR3$ 上没有定义边界条件，即 $U1$ 和 $UR3$ 是自由的，因此会发生异常大的位移。

该模型的错误与第 17.2.1 节的错误模型 Singularity-Displacement-Wrong.cae 类似，只不过该模型显示的是"零主元"警告信息，而第 17.2.1 节的模型显示的是"数值奇异"警告信息。

『解决方法』

在静力分析中定义边界条件的原则是：对于所有不应该发生位移的自由度，都应该在边界条件中设定其位移为 0。因此，此模型刚体参考点上的边界条件应该是 U1 = 0，U2 = −2，UR3 = 0。正确模型见本书资源包中下列文件：\zero-pivot\correct\ZeroPivot-Correct.cae

『实用技巧』

本实例模型涉及接触分析中的两个重要问题：

（1）选择正确的接触面法向　在第 17.1.1 节"点对面离散与面对面离散"已经介绍过，如果在定义接触面时选择了错误的法线方向，就会出现收敛问题。本实例中的平板是解析刚体，在为其定义接触面时，一定要选择发生接触的一侧。

（2）主面不要有尖角　在第 17.1.2 节"有限滑动和小滑动"中介绍过，在使用有限滑动、点对面离散时，应尽量保证主面是光滑的，否则，主面的法线方向会出现不连续的变化，容易出现收敛问题。在创建解析刚体时，应该参考图 17-18，在拐角处定义过渡圆弧，而不要像图 17-7 那样出现尖角。图 17-7 中的平板是弹性体，定义主面时可以只选中下表面（不包含尖角），因此可以有尖角。

【常见问题 17-13】 零主元的含义及出现的可能情况

"零主元"的含义是什么？什么情况下会出现这种警告信息？

『解答』

"零主元"是有限元分析在求解线性方程组时涉及的概念。使用高斯消元法求解方程组时，先将方程组正向消元为式（17-1）的格式、然后再反向迭代，即先求出 x_n 的值，然后计算 x_{n-1}，……，依次类推，直到求出所有节点的位移变量。

$$\begin{Bmatrix} a_{11} & a_{12} & a_{13} & \cdots & & a_{1n} \\ 0 & a_{22} & a_{23} & \cdots & & a_{2n} \\ 0 & 0 & a_{33} & \cdots & & a_{3n} \\ 0 & 0 & 0 & a_{n-1,n-1} & a_{n-1,n} \\ 0 & 0 & 0 & 0 & a_{nn} \end{Bmatrix} \begin{Bmatrix} x_1 \\ x_2 \\ x_3 \\ \vdots \\ x_n \end{Bmatrix} = \begin{Bmatrix} p_1 \\ p_2 \\ p_3 \\ p_4 \\ p_n \end{Bmatrix} \tag{17-1}$$

式（17-1）中主对角线上的元素就是主元（pivot），如果主对角线上的元素为零，则称其为零主元。出现零主元时，刚度矩阵的行列式为零，无法正常求解方程组。

出现零主元的原因主要包括：

（1）约束不足　前面的实例 ZeroPirot-Wrong.cae 属于这种情况。当约束不足时，模型在某个自由度上受到荷载作用但在此自由度上却没有刚度（例如，边界条件处的支反力、接触面上的接触力）来抵抗这个荷载，刚度矩阵中就可能出现零主元，模型会出现异常的刚体平动或转动。可以这样简单地理解：非零的荷载除以零刚度，就会得到无穷大的刚体位移，第 17.2.1 节介绍的"数值奇异"警告信息与此类似。

（2）约束过多（overconstraint）　如果在某个节点的同一个自由度上定义了两个或两个以上约束，这时方程总数多于未知量的个数 n，多余的方程可能与其他 n 个方程等价（线性相关，行列式为零），或与其他 n 个方程冲突，其结果都将出现零主元。第 17.2.3 节将详细介绍过约束的相关知识。

17.2.3　过约束

【常见问题17-14】　过约束的警告信息

将1个静力分析模型提交分析，在 DAT 文件中看到下列警告信息，请问这是什么原因引起的？

> *** *WARNING*: **OVERCONSTRAINT CHECKS**: *NODE 33848 INSTANCE AR-1 IS A DEPENDENT NODE IN A * TIE OPTION. BOTH NODE 33848 INSTANCE AR-1 AND ITS ASSOCIATED * **TIE** INDEPENDENT NODES ARE ALSO PART OF A SLAVE SURFACE IN A* **CONTACT INTERACTION**. *IF ALL THESE NODES ARE IN CONTACT DURING THE ANALYSIS AN OVERCONSTRAINT WILL OCCUR. IN THAT CASE, THE CONTACT CONSTRAINTS AT NODE 33848 INSTANCE AR-1 WILL NOT BE ENFORCED.* （节点33848既属于绑定约束的从面，又属于接触的从面，因此出现了过约束）

『解答』

第17.2.2节"零主元（zero pivot）"已经介绍了过约束的基本概念，当 DAT 文件中出现"过约束"的警告信息时，通常是因为在节点的同一个自由度上定义了两个或两个以上的下列约束：

1）边界条件。

2）接触。

3）耦合约束。

4）与网格无关的点焊接（mesh-independent spot welds）。

5）多点约束或线性约束方程。

6）基于面的绑定约束（surface-based tie constraints）。

7）刚体约束。

提交分析作业时，Abaqus 首先对模型进行预处理，这时大多数过约束都会自动检测出来，在 DAT 文件中会显示上面提到的警告信息。绝大多数情况下，Abaqus 都能够自动找出解决过约束的方法。例如，在本实例中，Abaqus 将会自动去掉节点33848上的接触定义，只保留绑定（tie）约束。

如果"过约束"警告信息仅仅出现在 DAT 文件中，而没有出现在 MSG 文件中，说明 Abaqus 已经自动解决了过约束问题，不需要再由读者修改模型。本书第1.2节"Abaqus 中的文件类型及功能"中强调过，DAT 文件中的警告信息（warning）一般都只是一些提示信息，往往并不意味着模型有错误，而 MSG 文件中的警告信息才是需要引起重视的。

对于某些过约束（例如，在分析过程中改变了接触定义），Abaqus 无法自动找出解决方法，就会在 MSG 文件中显示"过约束"的警告信息，往往还同时显示"零主元"的警告信息。此时，即使分析能够收敛，计算结果（接触压力、反力等）也有可能是不正确的，读者应根据警告信息中的提示来找出过约束的位置，并去掉多余的约束。

『实用技巧』

　　如果在 MSG 文件中出现了"过约束"的警告信息，还有一种可能的原因是约束不足，这时同样会出现"零主元"的警告信息。例如：第 17.2.2 节"零主元"的实例中，平板由于约束不足，在 MSG 文件 ZeroPirot-Wrong. msg 中显示了下列警告信息：

> *** *WARNING: SOLVER PROBLEM. **ZERO PIVOT** WHEN PROCESSING NODE 1 INSTANCE PLATE-RIGID-1 D. O. F. 1*
>
> *OVERCONSTRAINT CHECKS: An **overconstraint** was detected at node 1 INSTANCE PLATE-RIGID-1.*

　　关于过约束的详细介绍，请参见《实例详解》中"零主元（Zero Pivot）和过约束（Overconstraint Checks）"一节和 Abaqus 6.14 帮助文件"Abaqus Analysis User's Guide"第 39.1 节"Resolving contact difficulties in Abaqus/Standard"。

17.2.4　负特征值

【常见问题 17-15】 负特征值的警告信息

　　第 17.2.1 节"数值奇异"和第 17.2.2 节"零主元"的几个错误模型中，都在 MSG 文件中显示了下列警告信息，这是什么原因引起的？

> *** *WARNING: THE SYSTEM MATRIX HAS 1 **NEGATIVE EIGENVALUES**.*（系统矩阵出现了负特征值）

『错误原因』

　　"负特征值"的警告信息表明求解过程中生成的刚度矩阵是非正定的，可能的原因包括：

　　1）约束不足，出现了不确定的刚体位移。第 17.2.1 节和第 17.2.2 节的几个错误模型都是约束不足，这时除了"数值奇异""零主元"等警告信息之外，还会出现"负特征值"的警告信息。

　　2）异常的材料特性（non-physical material properties）。如果材料具有负的弹性模量、负的应力-应变关系、负泊松比等特殊的力学性质，也会出现"负特征值"的警告信息。

　　3）出现了翻转的单元（inverted elements）。通常因为在分析过程中单元发生了过度变形，导致单元节点顺序与规定顺序不同。

『解决方法』

　　如果在增量步的最后一次迭代中也出现"负特征值"的警告信息，甚至分析无法收敛，则应查找模型中是否有"错误原因"中所出现的问题，并采取相应措施。第 17.2.1 节和第 17.2.2 节提供的几个错误模型，只要为平板定义了足够的约束，将不再出现该警告信息。

需要注意的是："负特征值"不一定意味着模型中有错误，只要此警告信息不是出现在增量步的最后一次迭代，就没有问题。

例如，在接触分析中，有可能在最初的几次迭代中刚体位移还没有完全消除，会出现负特征值的提示信息，而当接触关系建立起来后，就不再出现此警告信息，属于正常现象。

17.3 Abaqus/Standard 接触分析综合实例

前面几节介绍了接触分析中一些需要注意的重要问题，本节将给出两个接触分析模型的实例，请读者判断模型中是否有错误，如果有错误，应如何改正。随书资源包中给出了错误和正确的模型文件。

17.3.1 接触分析综合实例 1

【综合实例 17-1】

请打开随书资源包中下列文件夹中的模型文件：

\contact-example-1\wrong\Contact-Example-1-Wrong.cae

该模型为圆柱形刚体下压坯料的平面应变问题，根据对称性，只取右半部分建模，如图 17-19 所示，分析目的是获得接触区域的应力分布。请读者检查此模型是否存在错误。

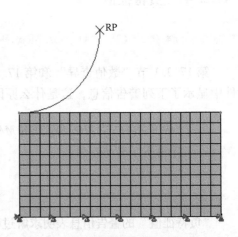

图 17-19　圆柱形刚体下压坯料的平面应变模型

『解答』

此模型中已经定义了接触分析模型的所有必备参数，看上去似乎一切正常，提交分析作业后，在 Abaqus/CAE 中没有出现任何错误信息或警告信息，分析可以顺利完成，在后处理时也可以看到很漂亮的云纹图。但是正如本书导言中所强调过的那样，能够建立模型、完成分析、得到计算结果，并不是就万事大吉了。如果建模方法或模型参数不正确，得到的结果就不准确，有时甚至可能是完全错误的。

仔细检查此模型，可以发现存在下列问题：

（1）接触定义中的位置误差限值（ADJUST 参数）过大　在 Visualization 功能模块中显示未变形图，可以看到在初始状态下，坯料顶部有一个节点的坐标发生了变化（见图 17-20）。原因是：定义接触时将位置误差限值设为 0.01，该值太大（见图 17-21），其含义为：如果某个从面节点和主面的初始距离小于 0.01，就改变此节点的坐标，使其恰好位于主面上。

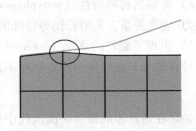

图 17-20　未变形图：在初始状态下，坯料顶部有一个节点的坐标发生了变化

　　由于模型中的节点坐标可能存在数值误差，使从面节点和主面之间出现本不应有的微小距离，因此，一般情况下应设置合适的位置误差限值，以保证从面节点与主面在初始状态下能够相互接触。但本实例中的位置误差限度值设置得太大，造成了不应出现的节点坐标变化。应该将图 17-21 中的位置误差限值改为小一些的值（例如，0.00001）。

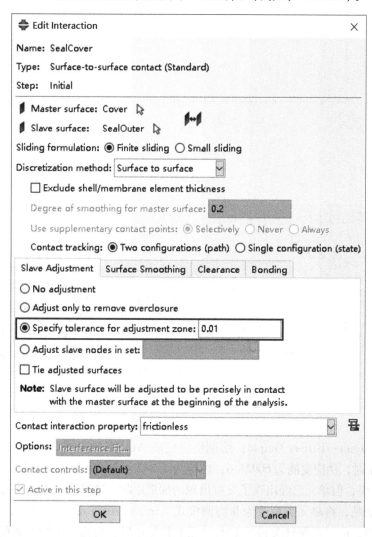

图 17-21　接触定义中的位置误差限值设为 0.01

　　（2）网格密度　初学者最容易犯的错误是：不假思索地为整个模型划分均匀的网格。本实例的分析目的是获得接触区域的应力分布，如果在接触区域划分（见图 17-19）粗糙网格，得到的应力结果精度会非常差。正确的做法是，首先为接触部位分割（partition）出形状规则的区域，再分别为不同区域定义不同密度的网格种子（见图 17-22），从而生成局部细化的高质量网格（见图 17-23）。

　　（3）单元类型　在 Visualization 功能模块中显示变形图，可以看到单元变为交替出现的梯形（见图 17-24），说明模型中的减缩积分单元 CPE4R 出现了沙漏模式的数值问题，本书第 9.2.1 节"沙漏模式"详细介绍了相关知识。

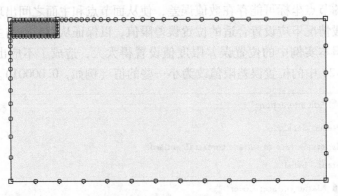

图 17-22　为接触部位分割出形状规则的区域，分别为不同区域定义不同密度的网格种子

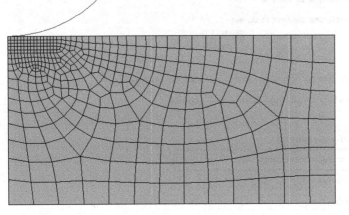

图 17-23　局部细化的高质量网格

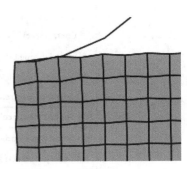

图 17-24　减缩积分单元出现
沙漏模式的数值问题

单击菜单 Result→History Output，绘制伪应变能 ALLAE 和内能 ALLIE 的曲线，可以看到：在分析结束时，伪应变能为 60921.6，内能为 1.24224e7，伪应变能为内能的 0.5%。尽管这个比例小于 1%，但单元已经出现了交替出现的梯形形状，这仍然是不正常的位移结果。

正确的做法是，将单元类型改为非协调模式（incompatible modes）单元 CPE4I。使用非协调模式单元时，应尽量保证关键区域的单元形状是矩形，否则会影响结果的计算精度。

（4）对称边界条件　坯料左侧没有定义边界条件，既然是根据对称性取一半建模，就必须在对称面上定义对称边界条件 XSYMM。

那么如果此模型不是 1/2 坯料，图 17-19 中左侧边就是坯料本身的边界，是否就没问题了呢？这时，模型存在另外一个问题：坯料左上角的节点是自由的，在刚体的挤压下，会移动到刚体表面的上方，出现穿透现象。产生这种问题的原因是，模型违反了一个接触分析的重要原则：从面节点在分析过程中应该始终处于主面法线的覆盖范围之内，而不能落到主面之外。

因此，如果不是对称模型，就必须把刚体圆弧的左端画得更长一些，以保证坯料左上角的节点始终处于主面的覆盖范围之内。

（5）刚体参考点的位置　模型中的刚体参考点没有位于刚体圆弧的圆心处。由于此模型中的刚体只发生平动，因此，刚体参考点的位置不会影响分析结果。假设刚体会发生转动，刚体参考点就必须位于转动的轴心处。建议读者在建模时养成好习惯，让刚体参考点位于刚体形心的位置，或位于荷载合力的作用点上。

随书资源包中下列文件夹提供了正确的模型文件，更正了上述 5 个方面的问题：

\contact-example-1\correct\Contact-Example-1-Correct.cae

17.3.2　接触分析综合实例 2

【综合实例 17-2】

请打开随书资源包中下列模型文件：

\contact-example-2\wrong\Contact-Example-2-Wrong.cae

模型中的两个刚体分别受到 50N 的荷载作用，与方形弹性壳体发生接触，壳体的两条侧边上定义了固支边界条件，如图 17-25 所示。此模型的分析目的是获得壳体在竖直方向的最大位移。

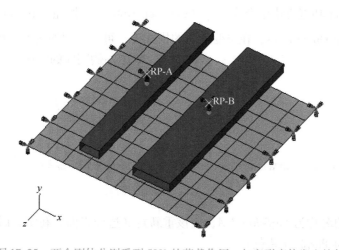

图 17-25　两个刚体分别受到 50N 的荷载作用，与方形壳体发生接触

提交分析作业后，分析无法收敛，在 MSG 文件 Job-Contact-Example-2-Wrong.msg 的结尾看到下列错误信息：

*** *ERROR: TOO MANY ATTEMPTS MADE FOR THIS INCREMENT*（尝试次数过多）

请读者找出错误原因并加以更正。

> **提示**：后处理时如果看不到完整的刚体，只看到刚体的截面，应单击菜单 View→ODB Display Options，选择 Sweep/Extrude 标签页，选中 Extrude analytical surfaces。

『解答』

上述"TOO MANY ATTEMPTS MADE FOR THIS INCREMENT（尝试次数过多）"是 Abaqus/Standard 分析中最常见的错误信息之一，它只是告诉读者分析无法收敛，"尝试次数过多"是不收敛的具体表现，而不是造成不收敛的原因。很多读者一看到这类错误信息，首先想到的是修改初始增量步长或最大增量步数，这样做并不能真正解决问题，模型不收敛往往是模型本身存在问题，对于一个错误的模型，无论怎样设置增量步都将无法收敛。

本实例模型问题比较多，下面逐个加以分析：

（1）接触面的法向　在 MSG 文件中看到大量关于"过盈量太大"的信息：

CONTACT PAIR(ASSEMBLY_SURF-SHELL, ASSEMBLY_RIGID-A-1_SURF-RIGID-A)
*NODE SHELL-1. 101 IS **OVERCLOSED BY 5. 11618 WHICH IS TOO SEVERE**.*

在【常见问题17-2】中详细讨论了这类问题的可能原因，在本实例中，这种"过盈量太大"的信息反复出现，而且无论 Abaqus/Standard 如何通过"折减"来缩小增量步，也都无法收敛，这说明模型确实存在"过盈量太大"的问题，而造成这种问题的最常见原因就是没有选择正确的接触面法向方向。

在 Visualization 功能模块中单击 ▨ （Common Options）按钮，在 Normals 标签页下选中 Show normals 和 On surfaces，在未变形图的模式下，可以看到如图 17-26 所示的接触面法向。一对接触面的法向应该互相指向对方，图 17-26 中左侧刚体的法向定义是错误的。

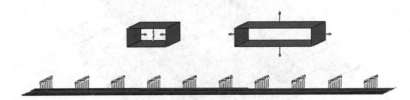

图 17-26　显示接触面的法向方向

左侧刚体面的名称为 *Surf-Rigid-A*，应该重新定义这个表面，在定义时选择发生接触的那一侧，其颜色为 Purple（紫色）。

（2）约束刚体位移　完成上述修改后，重新提交分析，发现仍然无法收敛，在 MSG 文件中看到下列警告信息：

**** WARNING: SOLVER PROBLEM. **ZERO PIVOT** WHEN PROCESSING NODE 124 INSTANCE RIGID-B-1 D. O. F. 2*

OVERCONSTRAINT CHECKS: *An overconstraint was detected at node 124 INSTANCE RIGID-B-1.*

出现"零主元"和"过约束"警告信息的原因与第 17.2.2 节和第 17.2.3 节的实例类

似，在初始状态下，模型中的两个刚体与壳体还未发生接触，在 y 方向没有定义边界条件，因此，没有接触力或支反力来与外荷载形成静力平衡，会出现不确定的刚体位移。

正确的做法是：在施加力荷载的分析步之前增加一个分析步，先不定义力荷载，而是在两个刚体参考点上分别定义一个临时的位移边界条件，使刚体和壳体之间产生微小的过盈量（例如，0.0001），然后在下一个分析步再去掉这个临时边界条件，施加力荷载。

在计算刚体和壳体之间的距离时，涉及壳体厚度的问题。如果希望考虑壳体厚度，在定义接触时应该参考图 17-21，选择有限滑移（finite sliding）、面对面离散（Surface to surface），并且不要选择 Exclude shell/membrane element thickness。

在 Property 功能模块中查看壳体的截面属性（section），可以看到壳体厚度为 0.2mm。模型中的壳体平面是壳的中性面，在考虑壳的厚度时，如果希望在初始状态下壳体平面和刚体底面恰好接触，应该在模型中让二者的距离为 0.1mm（即壳体厚度的一半）。

综上，应该在 Assembly 功能模块中移动两个刚体的位置，使它们的底面和壳体平面相距 0.1mm。在第一个分析步中为刚体参考点定义临时边界条件 $U2 = -0.0001$，可以使刚体和壳体之间产生微小的过盈量。需要注意的是：这个过盈量要非常小，以免产生过大的位移和应力，影响最终的计算结果。

（3）几何非线性　模型在分析过程中会出现较大的位移，应该在 Step 功能模块中打开几何非线性开关（将 Nlegeom 设为 ON）。

（4）主面的尖角　接触对的主面是刚体表面，此模型的刚体出现了尖角，刚体表面在尖角处的法线方向是奇异的，会导致收敛困难。应该根据工程实际绘制一定的过渡圆角，同时要保证从面始终处在主面法线覆盖范围内，如图 17-27 所示给出了错误的和正确的做法。

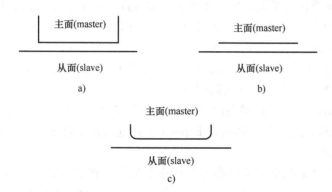

图 17-27　定义主面时需要注意的问题

a）错误：主面上出现了尖角　b）错误：从面超出了主面法线的覆盖范围　c）正确：保持主面
两侧的竖直边（这样从面始终处在主面法线的覆盖范围内），并且使用了过渡圆角

（5）一个从面和两个主面接触　此模型中的整个壳体是从面，它同时与两个主面接触，这样设置虽然也可以收敛，但会增大计算量。第 17.2.1 节中介绍过定义接触面的一个原则：从面应该尽可能地小，不要包含那些不可能发生接触的区域。在本实例中，应该将壳体分割为两部分，分别定义两个从面，各自与其上方的刚体构成接触对。

（6）网格密度　本实例的分析目的是得到壳体在竖直方向的最大位移，因此，不需要在应力集中区域细化网格，但图 17-25 的网格仍然太粗糙了，应该再细化几倍。

（7）对称性　此模型关于 xy 平面对称，应该只取一半建模，在对称面上定义对称边界条件。尽管此模型已经定义了足够的边界条件，不一定要靠对称边界条件来约束各个自由度，但建议读者养成良好的建模习惯，模型具有对称性时，应尽可能利用对称性进行建模。

随书资源包中下列文件夹提供了正确的模型文件：

\contact-example-2\correct\Contact-Example-2-Correct.cae.

17.4　本章小结

本章主要介绍了下列内容（如果没有特别说明，均指 Abaqus/Standard 分析）：

1）点对面离散和面对面离散：在点对面离散方法中，从面上的每个节点与该节点在主面上的投影点建立接触关系，从面节点不会穿透主面，但是主面节点可以穿透从面；面对面离散方法会为整个从面（而不是单个节点）建立接触条件，在接触分析过程中同时考虑主面和从面的形状变化，可能在某些节点上出现穿透现象，但是穿透的程度不会很严重。

2）有限滑动与小滑动：如果两个接触面之间的相对滑动或转动量较大（例如，大于接触面上的单元尺寸），应该选择有限滑动，它的计算成本较高；如果两个接触面之间的相对滑动或转动量很小（例如，小于接触面单元尺寸的20%），则应选择小滑动。

3）输出接触力：可以在历程变量输出（history output）中选中 CFN，或者在 INP 文件中使用关键词 *CONTACT PRINT。

4）严重不连续迭代与平衡迭代：如果在一次迭代中某个节点的接触状态或摩擦状态发生了变化，即为严重不连续迭代；当所有节点的接触状态和摩擦状态都不再发生变化，即为平衡迭代（equilibrium iterations）。严重不连续迭代是接触分析中必然会出现的正常现象，并不意味着模型中存在错误。正常情况下，每次迭代中发生严重不连续变化的节点数目会逐渐减少，直至进入平衡迭代，最终达到收敛。

5）Abaqus/Standard 在分析接触问题时采用的是绝对主-从接触算法，需要进行大量的迭代运算，可能出现收敛问题。Abaqus/Explicit 采用通用接触算法或接触对算法，不需要迭代，不存在收敛问题。

6）缺乏边界条件的约束定义是静力分析中最容易犯的错误之一，往往会在 MSG 文件中出现数值奇异（numerical singularity）或零主元（zero pirot）的警告信息。在建立静力分析模型时，必须在模型每个实体的所有平动和转动自由度上定义足够的边界条件，以避免它们出现不确定的刚体位移。

7）建立模型时应尽量利用对称性，只取1/2、1/4甚至是1/8建模，以免出现不确定的刚体位移，使整个模型的支承状况变得更加稳固，降低收敛难度，减小模型规模，缩短计算时间。

8）模型中仅靠外力来达到静力平衡是不够的，必须借助于边界条件处的支反力达到平衡，只有这样才能保证满足静力平衡方程的位移解是唯一的，静力分析才能够收敛。

9）如果能够对模型指定位移荷载，就不要施加力荷载，这样可以大大降低收敛的难度。

10）对于所有不会发生位移的自由度，都应在边界条件中设定位移为0。在每一个分析步中，在某个自由度上如果没有施加力荷载，就要有边界条件来约束这个自由度；如果施加了力荷载，就一定要去掉这个自由度上的边界条件。

11）需要施加力荷载时，应该首先利用位移边界条件让接触关系平稳地建立起来，然后在下一个分析步中再施加力荷载。

12）尽量不要依靠摩擦来约束刚体的平动和转动，而应该根据工程实际定义尽可能多的边界条件，原因是：在分析刚开始时，各个接触关系还没有建立起来，摩擦力无法起到约束作用。

13）出现"零主元"和"过约束"警告信息的原因可能是约束不足或约束过多。

14）如果在节点的同一个自由度上同时定义了两个或两个以上的约束，就是"过约束"。如果"过约束"警告信息仅仅出现在 DAT 文件中，而没有出现在 MSG 文件中，说明 Abaqus 已经自动解决了过约束问题，不需要再由读者来修改模型。如果在 MSG 文件中显示了"过约束"警告信息，读者应找出约束过多或约束不足的位置，并自己修正相应的错误。

15）出现"负特征值"警告信息的原因包括：约束不足、出现了翻转的单元、材料特性异常。"负特征值"不一定意味着模型中有错误，只要此警告信息不是出现在增量步的最后一次迭代，就没有问题。

16）定义接触时应设置合适的位置误差限值（ADJUST 参数），既要保证从面节点和主面在初始状态下就能够相互接触，又要避免出现不应有的节点坐标变化。

17）模型中重要区域的网格必须细化，以提高计算精度，不重要区域的网格一定要粗一些，以节省计算时间，切勿不假思索地为整个模型划分均匀的网格。

18）如果在 Visualization 功能模块中看到单元变为交替出现的梯形形状，说明模型中的减缩积分单元出现了沙漏模式的数值问题，应尽量使用非协调模式单元。

19）如果是有限滑移，从面节点在分析过程中应该始终处于主面法线的覆盖范围之内，而不能落到主面之外。从面应该尽可能地小，并且不要包含那些不可能发生接触的区域。

20）错误信息"TOO MANY ATTEMPTS MADE FOR THIS INCREMENT（尝试次数过多）"仅仅是告诉读者分析无法收敛这一现象，大多数情况下无法通过修改初始增量步长或最大增量步数来解决此问题，而应该查找模型本身存在的问题。

21）一对接触面的法向应该互相指向对方，如果接触面的法向错误，会出现"过盈量太大"的提示信息。

22）主面上不能有尖角，以避免法线方向发生奇异，而出现收敛问题。

23）如果模型在分析过程中会出现较大的位移，应该在 Step 功能模块中打开几何非线性开关（将 Nlgeom 设为 ON）。

第18章

弹塑性分析
常见问题解答与实用技巧

本章要点：

- ※ 18.1　弹塑性基础知识
- ※ 18.2　定义材料的塑性参数
- ※ 18.3　弹塑性分析的网格和单元
- ※ 18.4　弹塑性分析不收敛时的解决方法
- ※ 18.5　弹塑性分析的后处理
- ※ 18.6　本章小结

在实际工程中，大多数工程材料都处在弹塑性状态下工作，因此，弹塑性分析的结果更接近工程实际。根据材料性质的不同，弹塑性分析可以使用多种塑性模型，包括：金属塑性、铸铁塑性、混凝土材料塑性、泡沫材料塑性、蠕变、黏土塑性等。

本书只介绍与金属塑性有关的内容，包括：弹塑性基础知识、定义材料的塑性参数、输入塑性材料数据、弹塑性分析的网格和单元、弹塑性分析不收敛时的解决方法、弹塑性分析的后处理等。关于其他塑性问题的详细介绍，请参见 Abaqus 6.14 帮助文件"Getting Started with Abaqus：Interactive Edition"第 10 章"Materials"、"Abaqus Analysis User's Guide"第 V 部分"Materials"和《实例详解》中"弹塑性分析实例"一章。

18.1　弹塑性基础知识

【常见问题 18-1】线弹性、非线弹性和塑性材料的区别

线弹性、非线弹性和塑性材料有何区别？

『解答』

图 18-1 是单向荷载作用下的材料应力-应变关系示意图，可以看出 3 种材料特性的区别：

（1）线弹性材料　加载时的应力-应变关系曲线是线性的，卸载时沿原路径返回，不会留下永久变形，如图 18-1a 所示。

（2）非线弹性材料　加载时的应力-应变关系曲线是非线性的，卸载后不会留下永久变

形，如图 18-1b 所示。

（3）弹塑性材料　在加载的开始阶段呈现出弹性材料的特性，当应力达到一定程度时（例如，达到屈服点），应力-应变关系曲线变为非线性，卸载后会留下永久的塑性变形，如图 18-1c 所示。

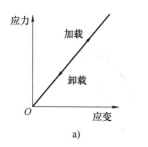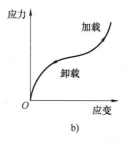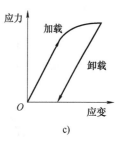

图 18-1　线弹性、非线性弹性和弹塑性的比较

a）线弹性　b）非线性弹性　c）弹塑性

简言之：材料的线性和非线性指的是加载过程中应力-应变之间是否保持线性比例关系，材料的弹性和塑性指的是卸载后是否会残留永久变形。

【常见问题 18-2】　理想弹塑性模型和弹塑性硬化模型的概念和区别

什么是理想弹塑性模型？什么是弹塑性硬化模型？二者有何区别？

『解答』

理想弹塑性模型和弹塑性硬化模型是在单调加载情况下提出的，二者的区别如下：

1）理想弹塑性模型：达到屈服应力 σ_y 后，应力不再增大，应变可以继续增大，即：变形处于不确定的流动状态，应力-应变关系曲线变为一条水平直线，如图 18-2a 所示。理想弹塑性模型在 INP 文件中的关键词为：

```
* Plastic
418,  0
```

其中，418 表示屈服应力，0 表示屈服点处的塑性应变为 0。

+ - +
提示： * PLASTIC 下面的数据是真实应力和塑性应变，而图 18-2 中的横轴表示总应变，即弹性应变和塑性应变之和，因此，图 18-2 中屈服点处的应变不是 0，但是塑性应变为 0。
+ - +

2）弹塑性硬化模型：达到屈服应力 σ_y 后，应力和应变都可以继续增大，如图 18-2b 所示，此时应力是塑性应变的函数。如果卸载后再次加载，材料的屈服应力会提高，即加工硬化（work hardening）。理想弹塑性硬化模型在 INP 文件中的关键词为：

```
* Plastic
400.,       0.
800.,       0.05
```

1000.,	0.25
1074.,	0.65
1200.,	1.
1700.,	1.5

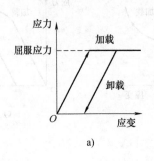 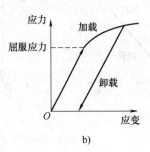

图 18-2 理想弹塑性模型和弹塑性硬化模型

a) 理想弹塑性模型 b) 弹塑性硬化模型

理想弹塑性模型容易出现收敛问题，在定义塑性材料时应尽量采用弹塑性硬化模型，详见第 18.2 节"定义材料的塑性参数"。

【常见问题 18-3】 塑性理论的重要法则

塑性理论有哪些重要的法则？

『解答』

塑性理论描述的是材料超出线弹性范围之后的行为，它主要包含下列重要法则：

（1）屈服准则 屈服准则的作用是确定某种应力状态下的材料是处于弹性范围内还是已经进入塑性流动状态，初始屈服条件则规定了材料开始进入塑性变形的应力状态。屈服准则有很多种，包括：Mises 屈服准则、Mohr-Coulomb 屈服准则、Drucker-Prager 屈服准则、Tresca 屈服准则等，在工程实际中需要根据不同的材料性质选用。下面只简单介绍金属材料中最经常使用的两种屈服准则：Mises 屈服准则和 Tresca 屈服准则。

对于三维应力空间，Mises 屈服条件表示为：

$$\frac{1}{6}\left[(\sigma_1 - \sigma_2)^2 + (\sigma_2 - \sigma_3)^2 + (\sigma_3 - \sigma_1)^2\right] - \frac{1}{3}\sigma_y^2 = 0 \tag{18-1}$$

Tresca 屈服条件表示为：

$$\left[(\sigma_1 - \sigma_2)^2 - \sigma_y^2\right]\left[(\sigma_2 - \sigma_3)^2 - \sigma_y^2\right]\left[(\sigma_3 - \sigma_1)^2 - \sigma_y^2\right] = 0 \tag{18-2}$$

式中 σ_1、σ_2 和 σ_3——3 个主应力；

σ_y——材料的初始屈服应力。

这两种屈服条件的差别不是很大，Tresca 屈服条件更安全一些，而 Mises 屈服条件应用起来更方便。因此，在有限元分析中通常使用 Mises 屈服条件。

在 Visualization 功能模块中，可以选择查看 Mises 应力不变量、Tresca 应力不变量或各个应力分量，如图 18-3 所示。

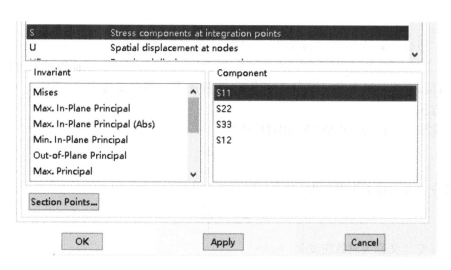

图 18-3   查看应力分析结果

（2）流动准则   流动准则描述塑性应变张量增量的分量、和应力分量以及应力增量分量之间的关系，并在此基础上建立弹塑性本构关系表达式。通俗地讲，就是材料在进入塑性状态后，材料的塑性变形在应力状态（应力分量和应力增量）中的流动规律，实际中较常用的是 Mises 流动准则。

（3）硬化准则   硬化准则规定材料进入塑性变形后的后继屈服函数（又称加载函数或加载曲面）的形式。对于理想弹塑性材料，由于没有硬化效应，后继屈服函数和初始屈服函数一致；对于硬化材料，Abaqus 中提供了多种硬化准则，包括：各向同性硬化准则、Johnson-Cook 各向同性硬化准则、运动硬化准则、用户自定义硬化准则（需要读者编写硬化子程序 UHARD）等。各向同性硬化准则主要适用于单调加载的情况，而对于反向加载和循环加载的情况，运动硬化准则更为准确。

相关内容的详细介绍，请参见 Abaqus 6.14 帮助文件"Abaqus Theory Guide"第 4.3.2 节"Isotropic elasto-plasticity"、"Abaqus Analysis User's Guide"第 23.2.7 节"Johnson-Cook plasticity"、第 23.2.2 节"Models for metals subjected to cyclic loading"。

（4）加载、卸载法则   加载、卸载法则主要用来判别从某一个塑性状态出发，材料是处于塑性加载状态还是弹性卸载状态。在判定材料是否继续出现塑性变形、采用弹塑性本构关系还是弹性本构关系时，加载、卸载法则是必需的。

关于塑性理论的详细介绍，请参考"弹塑性力学"相关书籍。

18.2   定义材料的塑性参数

18.2.1   根据试验数据计算应力和应变

【常见问题18-4】计算名义应力（应变）和真实应力（应变）

如何根据材料的试验数据计算名义应力、名义应变、真实应力和真实应变？

『解答』

通过材料拉伸或压缩试验获得的应力和应变通常都是名义应力和名义应变，而在 Abaqus 中定义金属塑性材料参数时需要输入真实应力和塑性应变。下面以单轴拉伸/压缩试验为例，详细介绍工程应力（即名义应力）、工程应变（即名义应变）、真实应力、真实应变的计算方法：

名义应变（又称为工程应变或相对应变）：

$$\varepsilon_{\mathrm{nom}} = \frac{\Delta l}{l_0} \tag{18-3}$$

名义应力（又称为工程应力）：

$$\sigma_{\mathrm{nom}} = \frac{F}{A_0} \tag{18-4}$$

真实应变（又称为对数应变）：

$$\varepsilon_{\mathrm{true}} = \int_{l_0}^{l} \frac{dl}{l} = \ln\left(\frac{l}{l_0}\right) = \ln(1 + \varepsilon_{\mathrm{nom}}) \tag{18-5}$$

真实应力：

$$\sigma_{\mathrm{true}} = \frac{F}{A} = \frac{F}{A_0 \frac{l_0}{l}} = \sigma_{\mathrm{nom}}(1 + \varepsilon_{\mathrm{nom}}) \tag{18-6}$$

式中　Δl——试件的长度变化量（在拉伸试验中正值，在压缩试验中为负值）；

l_0——试件的初始长度；

l——试件的当前长度；

F——荷载；

A_0——试件的初始截面面积；

A——试件变形后的截面面积。

图 18-4 给出了轴承钢拉伸试验的应力-应变关系曲线，从中可以看出名义应力、名义应变与真实应力、真实应变的区别。在弹性阶段，应变很小，名义应力-名义应变关系曲线与真实应力-真实应变关系曲线几乎重合；超过屈服点之后，随着试件被拉长，试件截面面积大大减小，真实应力会大于名义应力，而真实应变会略小于名义应变。

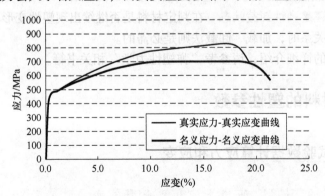

图 18-4　轴承钢拉伸试验得到的应力-应变关系曲线

【常见问题 18-5】定义金属塑性材料参数，塑性应变是否输入负值

塑性应变 ε_{pl} 的计算公式如下：

$$\varepsilon_{pl} = \varepsilon_{true} - \varepsilon_{el} = \varepsilon_{true} - \frac{\sigma_{true}}{E} \tag{18-7}$$

式中　ε_{true}——真实应变（又称对数应变）；

　　　ε_{el}——弹性应变；

　　　σ_{true}——真实应力；

　　　E——弹性模量。

对于压缩试验，真实应变 ε_{true} 为负值，而弹性应变 ε_{el} 总为正值，塑性应变变为负值。在 Abaqus 中定义塑性材料参数时，需要为塑性应变输入负值吗？

『解答』

无论材料测试做的是拉伸实验还是压缩试验，在 Abaqus 中定义塑性材料参数时，给出的真实应力和塑性应变应该都是正值。式（18-7）仅适于拉伸试验，如果将其中各项都取绝对值，则对于拉伸和压缩试验都适用，完整的表达式为：

$$\varepsilon_{pl} = |\varepsilon_{true}| - |\varepsilon_{el}| = |\varepsilon_{true}| - \frac{|\sigma_{true}|}{E} \tag{18-8}$$

339

【常见问题 18-6】根据试验数据确定材料的屈服应力

如何根据材料的试验数据确定材料的屈服应力？

『解答』

实际工程中，不同材料表现的屈服特性相差很大，一般可以将材料分为塑性材料（也称延性材料）和脆性材料。塑性材料又分为两类：

1）有明显屈服平台的塑性材料。例如，钢材在单轴拉伸试验中会出现不连续屈服现象（Luders Strain 现象），应力-应变关系曲线上将出现上屈服点和下屈服点。由于下屈服点比较稳定，且对于设计来说偏于安全，一般情况下把下屈服点作为材料的屈服应力。

2）无明显屈服平台的塑性材料。对于铝合金材料，国家标准 GB/T 228—2002 规定可以取卸除应力后残余延伸率等于规定的引伸计标距百分率时对应的应力，使用的符号应附下脚注说明规定的百分率。例如，$R_{r0.2}$ 表示规定残余延伸率为 0.2% 时的应力。

常见的脆性材料包括混凝土和铸铁，它们在拉伸试验中，出现很小的应变时就会发生脆性破坏，在其应力-应变关系曲线中，线弹性阶段之后只有很小的一段塑性变形区。脆性材料一般不考虑塑性变形，认为它们没有屈服应力。脆性材料的抗压强度很高，一般只作为受压构件。

18.2.2　输入材料的塑性数据

【常见问题 18-7】获取 **Abaqus/CAE** 需要的塑性材料数据

在 Abaqus/CAE 的 Property 模块中创建材料时，可以在 Edit Material 对话框中选择 Mechanical→Plasticity→Plastic，然后输入塑性材料数据，如图 18-5 所示，这些数据如何获取？

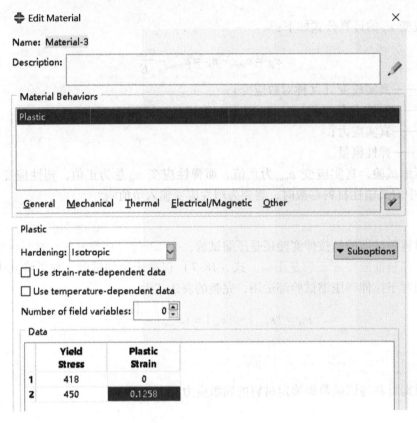

图 18-5　定义材料的塑性参数

『解答』

获取上述数据的最可靠方法是借助于材料拉伸或压缩试验的数据，根据式（18-3）~式（18-8）计算真实应力 σ_{true} 和塑性应变 ε_{pl}。在弹性阶段，塑性应变始终为 0；超过屈服点之后，塑性应变开始大于 0。

在如图 18-5 所示的对话框中，应该只输入从屈服点开始的数据。例如，第 1 行数据的含义为：屈服应力为 418 时对应的塑性应变为 0。需要注意的是：此处提到的"屈服应力"是一个简化概念，指的是塑性应变开始大于 0 的点所对应的真实应力。

输入数据时应该特别注意下列问题：

1）根据材料的试验数据做计算时，在弹性阶段，由式（18-8）计算得到的塑性应变 ε_{pl} 始终为 0，即

$$|\varepsilon_{true}| - \frac{|\sigma_{true}|}{E} = 0 \tag{18-9}$$

如果发现弹性阶段的材料试验数据无法满足上式，可能的原因是由于式中弹性模量 E 的取值不正确。需要注意的是：材料手册中给出的弹性模量只是一个参考值，不一定与实际的工程材料完全吻合。例如，材料手册给中钢材弹性模量为 200000MPa，工程实际中材料弹性模量的取值范围在 197000MPa 或 210000MPa 等。真实的弹性模量值应该根据弹性阶段的

材料试验数据计算，即：

$$E = \frac{|\sigma_{\text{true}}|}{|\varepsilon_{\text{true}}|}$$

这样获得的弹性模量必然满足式（18-9）。在使用上式计算弹性模量时，应该在材料试验数据的弹性阶段取多个数据点，并计算弹性模量的平均值。

2）材料的试验数据往往包含成百上千个数据点，在 Abaqus 中输入塑性材料数据时，不需要把所有的数据点都输进去，原因是：试验测得的力会有微小的波动，造成应力-应变关系曲线出现轻微的锯齿形（屈服点附近），此时，同一个应力值可能对应多个应变值，造成 Abaqus 收敛困难。正确的做法是：在材料试验数据中只选取适当数量的有代表性的数据点（例如，20 个左右），让它们生成一条平滑的应力-应变关系曲线。

3）在选择上述数据点时，真实应力 σ_{true} 的值应该是递增的，不要包含出现颈缩后的数据点，即应力-应变关系曲线应该是单调向上。如果出现了下降段的真实应力 σ_{true}，可能会出现收敛问题。例如，下面关键词定义的真实应力出现了下降段：

* Material, name = Steel

* Plastic

418,　0.

780,　0.095

500,　0.15

4）要让塑性数据最后一行的塑性应变大于模型中可能出现的最大塑性应变值，并保证应力-应变曲线始终向上倾斜。例如，如图 18-6a 所示的塑性数据中，最后一行的塑性应变为 0.25，对应的真实应力为 882MPa，其含义为：单元积分点上的 Mises 应力达到 882MPa后，材料变为理想塑性，如图 18-6a 所示中的虚线部分，即材料会持续变形，直到应力降至小于等于 882MPa。换言之，在理想塑性状态下，应力和应变值并非一一对应，而这有可能会造成收敛问题。

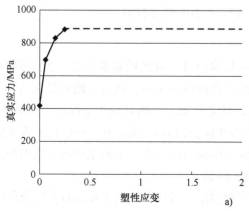

真实应力/MPa	塑性应变
418	0
695	0.056
829	0.15
882	0.25

图 18-6　让塑性数据最后 1 行中的塑性应变大于模型中可能出现的最大塑性应变值，
并保证应力-应变关系曲线始终向上倾斜

a）塑性数据中最后 1 行的塑性应变为 0.25，从这一点之后变为理想塑性模型

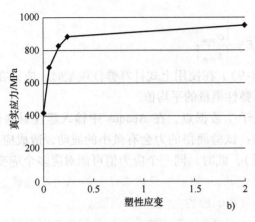

真实应力/MPa	塑性应变
418	0
695	0.056
829	0.15
882	0.25
950	2

图 18-6 让塑性数据最后 1 行中的塑性应变大于模型中可能出现的最大塑性应变值，
并保证应力-应变关系曲线始终向上倾斜（续）

b) 让塑性数据中最后 1 行中的塑性应变足够大，以保证整个分析过程中都是硬化模型

如果分析过程中的塑性应变可能大于 0.25，应该设法避免出现上述理想塑性状态，具体做法可以参考图 18-6b，在塑性试验数据的最后增加 1 行，将其中的塑性应变设为一个非常大的值（例如，2 或者更大），并相应地选取适当的真实应力值，使应力-应变曲线微微向上倾斜，这样就可以保证整个分析过程中都使用了硬化模型。

相关实例请参见 Abaqus 6.14 帮助文件 "Getting Started with Abaqus：Interactive Edition"
第 10.4.4 节 "Adding hardening to the material model"。

对于上面的做法，读者可能会担心这样随意修改塑性数据，是否会导致分析结果不正确。事实上，Abaqus/Standard 分析只有在塑性应变较小时才是准确的，它无法准确模拟构件因塑性变形过大而破坏的过程。破坏和失效问题应该使用 Abaqus/Explicit 求解器进行分析，并且需要定义适当的失效准则。

【常见问题 18-8】 没有材料试验数据时确定塑性材料参数的方法

如果没有材料的试验数据，如何确定图 18-5 中的塑性材料参数？

『解答』

如果无法获得材料的试验数据，应该尽量利用可以找到的数据构造一条近似的应力-应变关系曲线。例如，可以在材料手册中找出材料的屈服应力，其对应的塑性应变为 0，这样就有了第 1 个数据点。如果查到的是名义屈服应力 $\sigma_{p0.2}$，则对应的塑性应变为 0.002，然后大致估算一个略低于 $\sigma_{p0.2}$ 的应力值，作为塑性应变为 0 时的应力。使用这种方法输入数据时，同样应该注意需要再增加一对数据，使其中的塑性应变大于模型中可能出现的最大塑性应变值，并保证应力-应变关系曲线始终向上倾斜。

如果能够找到同类材料的拉伸或压缩实验数据，可以构造出更接近真实情况的塑性材料数据。例如，模型中使用材料 A，在材料手册上查到其屈服强度为 500MPa，与其相类似的材料 B 的屈服强度为 400MPa，如果能够得到材料 B 的应力-应变关系曲线，可以把该曲线向上平移 100MPa，作为材料 A 近似的应力-应变关系曲线。

『实用技巧』

在定义塑性材料的数据时，还需要注意下列问题：

1）不要忘记定义材料的弹性参数（弹性模量 E 和泊松比 ν）。否则，在 DAT 文件中会出现下列错误信息：

***ERROR: * PLASTIC REQUIRES THE USE OF * ELASTIC.*

2）Abaqus/CAE 不会自动检查输入材料数据的正确性，读者应该在输入过程中保证各个量的单位一致。例如，如果长度的单位是 mm，则弹性模量和塑性参数中应力的单位都应该是 MPa（即 N/mm^2），密度的单位应该是 吨/mm^3，力的单位应该是 N；如果长度的单位是 m，则弹性模量和应力的单位都应该是 Pa（即 N/m^2），密度的单位应该是 kg/m^3，力的单位应该是 N，其原因详见本书第 1.1.2 节"选取合适的单位制"。如果材料数据的数量级错误，最后的分析结果肯定错误。这种错误比较隐蔽，应多加注意。

3）定义复杂材料数据时，如果遇到不熟悉的参数，可以使用快捷键 <F1> 或单击 ▶? (Invoke Context Sensitive Help) 按钮获得即时帮助信息。

相关内容的详细介绍，请参见 Abaqus 6.14 帮助文件 "Getting Started with Abaqus：Interactive Edition" 第 10.2 节 "Plasticity in ductile metals"、"Abaqus/CAE User's Guide" 第 12.9.2 节 "Defining plasticity 和 "Abaqus Analysis User's Guide" 第 23 章 "Inelastic Mechanical Properties"。

343

18.2.3　材料的失效和破坏

【常见问题 18-9】 模拟材料的失效和破坏

如何模拟材料的失效和破坏（例如，切削过程）？

『解答』

前面已经提过，Abaqus/Standard 的分析结果只有在塑性应变较小时才准确，它无法准确模拟构件因塑性变形过大而破坏的过程。破坏和失效问题应该使用 Abaqus/Explicit 求解器进行分析，并且需要定义适当的失效准则。

Abaqus 提供了多种失效准则和硬化准则（例如，各向同性硬化、Johnson-Cook 硬化等），满足失效准则的应力单元会自动被"杀死"。建模时应根据材料性质及工程实际情况合理选取。有些失效准则可以直接在 Property 功能模块中定义（例如 * DAMAGE INITIA-TION、* DAMAGE EVOLUTION 等），而有些是 Abaqus/CAE 所不支持的，只能利用关键词编辑器（Edit Keyword）功能来添加关键词，或直接修改 INP 文件。

例如，下面给出的 INP 文件内容定义了切削模型的材料参数，使用了剪切失效准则 * SHEAR FAILURE，失效判据是等效塑性应变达到 1.0：

> * Material, name = MAT_MISES
>
> * Density
>
> 7800.,
>
> * Elastic

2. 1e + 11, 0. 3

* Plastic

4. 18e + 08,　0.

9. 32e + 08, 0. 5

1. 2e + 9, 1. 5

* **shear failure, element deletion = yes**

1. 0

> **提示**：Abaqus 6. 14 帮助文件"Abaqus/CAE User's Guide"的附录 A. 1"Abaqus key-word browser table"中，列出了各个关键词的功能是否是 Abaqus/CAE 支持的关键词。在 Abaqus/CAE 中单击菜单 Help→Keyword Browser，可以直接打开附录 A. 1。

关于破坏和失效问题的模拟方法，请参见 Abaqus 6. 14 帮助文件"Abaqus Analysis User's Guide"第 24 章"Progressive damage and failure"。在"Abaqus Verification Guide"第 2. 2. 21 节"Progressive damage and failure of ductile metals"和第 2. 2. 22 节"Progressive damage and failure in fiber-reinforced materials"提供了两个简单的实例。"Abaqus Example Problems Guide"第 2. 1. 4 节"Eroding projectile impacting eroding plate"给出了高速撞击破坏的完整实例，请读者参考。

如果希望考虑切削热的影响，则需要进行热力耦合分析，在定义材料时，应设置与热有关的特性［例如，比热（specific heat）、导热系数（conductivity）等］，分析步类型应选择显式热力耦合（Dynamic，Temp-disp，Explicit），单元类型也要使用热力耦合单元（例如，C3D8RT）。相关内容的详细介绍，请参见 Abaqus 6. 14 帮助文件"Abaqus Analysis User's Guide"第 6. 5 节"Heat transfer and thermal-stress analysis"。

【常见问题 18-10】 隐藏失效单元的方法

模拟材料的失效破坏时（例如，切削模拟），如何隐藏失效的单元？

『解答』

具体操作方法如下：

1）定义材料的失效判据。

2）在 Step 功能模块中，编辑场变量输出（field output），选中 State/Field/User/Time 下的 STATUS，如图 18-7 所示。

3）在分析结果的 ODB 文件中，失效单元的 STATUS 为 0，未失效单元的 STATUS 为 1。使用显示组（display group）隐藏失效单元的具体操作方法为：

在 Visualization 功能模块中，单击 🔲 (create display group) 按钮，选择 Elements 和 Result value（如图 18-8 所示），将 Field Output 设为 STATUS，将 Min value 和 Max value 都设为 0，单击 Remove 按钮。

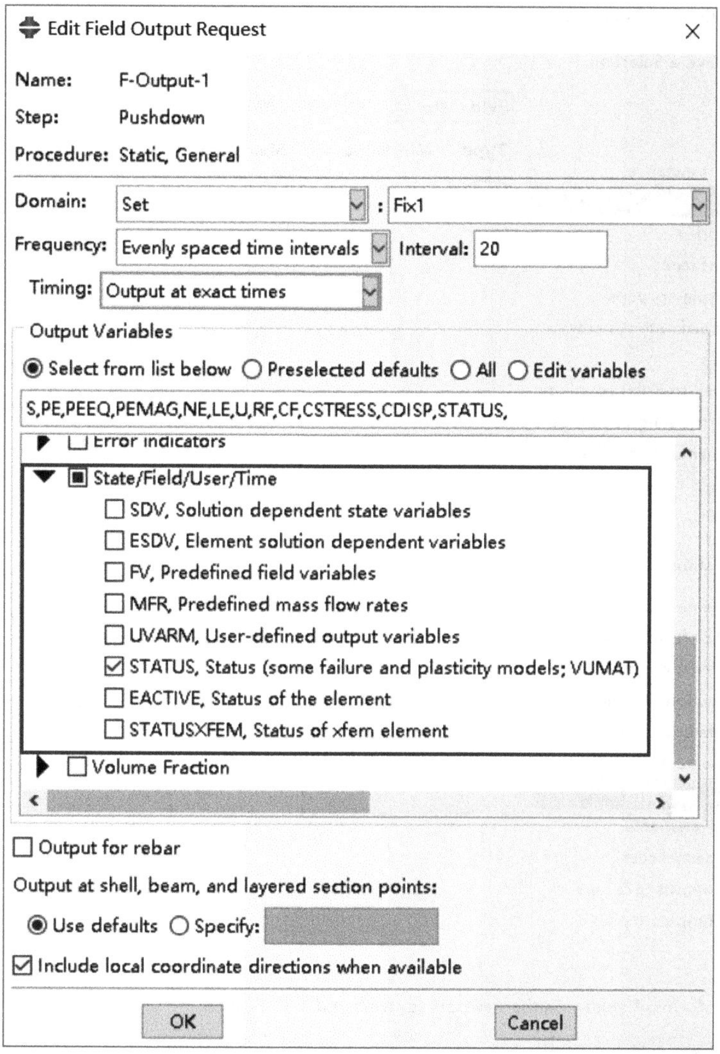

Edit Field Output Request ✕

Name: F-Output-1

Step: Pushdown

Procedure: Static, General

Domain: Set ▾ : Fix1 ▾

Frequency: Evenly spaced time intervals ▾ Interval: 20

Timing: Output at exact times ▾

Output Variables

◉ Select from list below ○ Preselected defaults ○ All ○ Edit variables

S,PE,PEEQ,PEMAG,NE,LE,U,RF,CF,CSTRESS,CDISP,STATUS,

▶ ☐ Error indicators

▼ ■ State/Field/User/Time

☐ SDV, Solution dependent state variables

☐ ESDV, Element solution dependent variables

☐ FV, Predefined field variables

☐ MFR, Predefined mass flow rates

☐ UVARM, User-defined output variables

☑ STATUS, Status (some failure and plasticity models; VUMAT)

☐ EACTIVE, Status of the element

☐ STATUSXFEM, Status of xfem element

▶ ☐ Volume Fraction

☐ Output for rebar

Output at shell, beam, and layered section points:

◉ Use defaults ○ Specify:

☑ Include local coordinate directions when available

OK   Cancel

图 18-7　在场变量输出中选择 STATUS

【常见问题 **18-11**】切削仿真结果的影响因素

切削仿真结果的影响因素有哪些？应该如何设置？

『解答』

影响切削仿真分析结果的因素包括：

（1）材料参数　主要包括：失效参数和热塑性功两个参数。

1）失效参数的设置非常重要。如果选取不当不仅会对分析结果产生很大影响，而且还会影响仿真的效率和质量、严重时会报错而中止计算。通常情况下，失效参数越大，单元会被拉得越长，效率会偏低，刀工摩擦也会增大，得到的切削力、摩擦力、切削温度都会偏大，反之则会偏低，因此，选择合适的失效参数并进行灵活调试尤为重要。

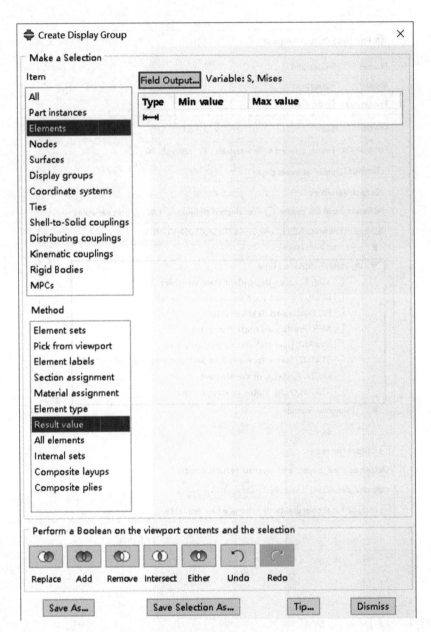

图 18-8　创建显示组

2) 热塑性功。该参数是衡量工件单元在切削仿真过程中由于塑性变形功而转化为热量的比例，比例越高则热量越大，默认值为 0.9，即 90% 的塑性变形功转化为热量。如果没有设置热塑性功参数，则切削热的分析结果必然偏低，一定要记住打开该参数。

(2) 单元设置　主要包括：单元类型、单元扭曲设置、单元损伤设置 3 个参数。

1) 单元类型选择。对于切削仿真分析中刀具和工件的单元网格，最理想的设置是：切削区域都划分为四边形（二维模型）或者六面体单元（三维模型）；其他区域可以划分为三角形网格（二维模型）或者四面体单元（三维模型）；在切削和非切削区域的相交位置做好合适的网格过渡。网格划分的好坏，对切削仿真分析结果影响很大，在建模过程中，读者一定要进行多次测试和尝试，找到最适合的网格划分方法。

2）单元扭曲设置。切削仿真过程中，经常会出现单元扭曲的警告信息，严重时会使得分析中止。此时，除了调整失效参数以缓解单元扭曲现象之外，还可以通过改变单元扭曲比例系数来解决（见图18-9）。

（3）摩擦系数 对于切削仿真分析，必须输入刀具和工件的摩擦系数。摩擦系数的正确设置十分重要，它与切削速度和温度有关，反过来又会影响切削速度和温度，实际建模过程中应该进行测试和调试，使得分析结果更加准确。

（4）接触设置 刀具和工件的接触定义方式有两种：面-面接触和通用接触。

1）由于面-面接触事先已经预判出可能接触的面，分析过程中仿真效率相对高些，但是在某些特殊情况下（例如，钻削或者车削时切削卷曲后碰到后刀面较大的单元时）会产生刀具和工件的穿透现象。

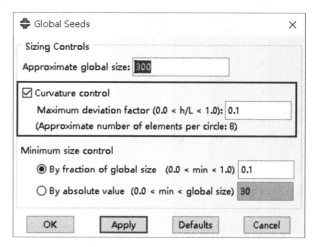

图18-9 设置单元扭曲比例系数

2）通用接触可以最大限度地避免刀具和工件的穿透，但是计算效率较低。

综上，切削仿真的分析结果受到多种因素的影响，实际设置时应注意这些参数的联合效果和耦合关系，并将仿真分析结果与实验结果进行反复对比，比较差异，逐步调试，最后让二者吻合，以指导切削工具等研发。

18.2.4 将塑性材料数据绘制为 X-Y 图

【常见问题18-12】将塑性材料数据绘制为 X-Y 图

如何在 Abaqus/CAE 中将塑性材料数据绘制为 X-Y 图？

『解答』

以表18-1中的塑性材料数据为例加以说明。要将这些数据绘制成 X-Y 图，可以在 Abaqus/CAE 中进行下列操作：

表18-1 输入的塑性材料数据

真实应力/MPa	418	500	695	780	829	908	921
塑性应变	0.0	0.01499	0.0498	0.0952	0.1456	0.35	0.44

1）选择菜单 Material→Create，在 Edit Material 对话框中选择 Mechanical→Plasticity→Plastic，依次输入表18-1中的数据。

2）在对话框中某个数据上单击鼠标右键，选择 Create XY Data 创建 X-Y 数据，如图 18-10所示。

3）切换到 Visualization 功能模块，单击菜单 Tools→XY Data→Plot，可以显示塑性数据的 X-Y 图，如图 18-11 所示。

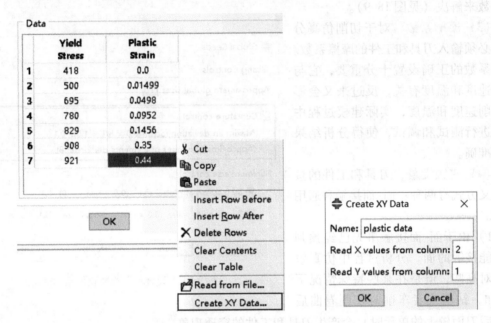

图 18-10 创建塑性数据的 XY Data

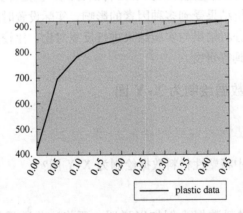

图 18-11 塑性数据的 X-Y 图

18.3 弹塑性分析的网格和单元

【常见问题 18-13】弹塑性分析模型划分网格时的注意问题

为弹塑性分析模型划分网格时，应该注意哪些问题？

『解答』

为弹塑性分析模型划分网格时，应该注意下列问题：

（1）**单元形状**　在塑性变形较大的区域，应该划分形状规则的单元网格，避免出现过大的钝角和过小的尖角，尽量不要让单元的形状过于狭长。

如果分析无法收敛，应在 Visualization 功能模块中查看变形图。如果发现部分单元由于变形过大而发生了严重的扭曲，则应改善相应位置的网格质量，使其在变形后仍保持比较规则的单元形状。Abaqus 6.14 帮助文件 "Getting Started with Abaqus：Interactive Edition" 第10.8 节 "Mesh design for large distortions" 提供了改善单元形状的实例，采用的是超弹性的橡胶材料，其划分网格的思路同样适用于弹塑性材料。

（2）**网格密度**　在塑性变形较大的区域，应该划分细化的网格。如果网格过于粗糙，相邻单元之间的应力、应变的变化会非常剧烈（在 Mises 应力云纹图中，单元之间的颜色变化是不连续的），这时可能出现收敛问题。

需要注意的是：如果网格过于细化，也有可能导致收敛困难。例如，如果六面体单元的边长为 1mm，当其中某个节点出现 0.2mm 的位移时，此单元仍然可以保持比较规则的形状，不会造成收敛问题；如果将网格细化 10 倍，六面体单元的边长变为 0.1mm，当某个节点同样发生 0.2mm 的位移时，单元就可能会变得严重扭曲，造成分析不收敛。

究竟什么样的网格密度是适当的，需要具体问题具体分析，无法一概而论，读者应在实践中积累经验。

（3）**自适应网格划分技术**　Abaqus 软件提供了 3 种自适应网格划分技术，可以根据求解目标来自动优化网格，提高求解精度。关于自适应技术的详细介绍，请参见 Abaqus 6.14 帮助文件 "Abaqus Analysis User's Guide" 第 12 章 "Adaptivity Techniques"。

【常见问题 18-14】 单元类型选取的特殊要求

进行弹塑性分析时，对单元类型的选取有何特殊要求？

『解答』

对于不可压缩材料（例如，金属材料），在弹塑性分析中尽量不要使用二次单元。原因是：二次完全积分单元（例如，C3D20）很容易产生体积自锁现象，如果使用二次减缩积分单元（例如，C3D20R），当应变大于 20% 时，需要划分足够密的网格才不会产生体积自锁。因此，建议使用的单元类型为：非协调单元（例如，C3D8I）、一次减缩积分单元（例如，**C3D8R**）和修正的二次四面体单元（**C3D10M**）。

关于选取单元类型的详细介绍，请参见本书第 9.3 节 "选取单元类型"。

18.4　弹塑性分析不收敛时的解决方法

【常见问题 18-15】 弹塑性分析不收敛时的解决方法

在使用 Abaqus/Standard 求解器进行弹塑性分析时遇到收敛问题，应该如何解决？

『实用技巧』

本章前面几节多处提到了建立弹塑性分析模型时需要注意的问题，下面再详细讨论遇到收敛问题时的主要解决方法：

1）无论是哪种类型的 Abaqus/Standard 分析，如果分析根本无法开始，一定要查看 DAT 文件中是否有错误信息（error）；如果分析可以开始，但无法收敛，一定要查看 MSG 文件中的警告信息（warning）。这些信息是指引读者找出模型错误的重要参考。

2）当弹塑性分析无法收敛时，首先应该想到的是：去掉塑性材料参数，先做最简单的线弹性分析。如果这时分析同样无法收敛，表明不是塑性方面的问题，而是模型中存在其他方面的错误（例如，接触分析定义错误）。

不收敛的原因可能有多种，很多情况下真正的错误原因并非读者自己认为的那样。无论是弹塑性分析还是其他任何类型的分析，当出现收敛问题时，最重要的解决方法就是简化模型，去掉所有复杂的、自己不熟悉的模型参数。例如：

① 如果使用了混凝土、橡胶等复杂材料，先把它改为普通的线弹性材料进行分析。

② 如果定义了接触，则先去掉所有接触，添加适当的边界条件来固定各个部件实例。

③ 如果模型中有多个部件，则只保留一个单独的部件。

这样一直简化下去，直到模型能够收敛为止，然后再逐步把简化掉的模型参数恢复。如果发现在恢复某种参数时模型变得无法收敛，很可能是该参数的设置存在问题。

上述查找错误的方法需要多次提交分析，反复尝试。如果部件的形状非常复杂，或模型的规模非常大，每次提交分析都要花费大量的计算时间。应该先建立几何形状最简单的测试模型，或者使用平面应力、平面应变、轴对称等二维模型进行测试，这些模型应该能够反映研究对象的主要特点、难点，测试成功后，再返回到真实模型中进行分析。

3）本书第 17.2 节 "Abaqus/Standard 接触分析中的警告信息" 介绍了接触分析中常见的多种警告信息和对应的处理方法，其中介绍的大多数内容同样适用于弹塑性分析，例如：

① 建立静力分析模型时，必须在模型每个部件实例的所有平动和转动自由度上定义足够的边界条件，以避免它们出现不确定的刚体位移。否则，会在 MSG 文件中出现数值奇异（numerical singularity）或零主元（zero pirot）的警告信息。

② 建立模型时应该尽量利用对称性，只取 1/2、1/4 甚至是 1/8 模型建模，以避免出现不确定的刚体位移，使整个模型的支承状况变得更加稳固，降低收敛的难度，减小模型的规模，缩短计算的时间。

③ 如果能够对模型施加位移荷载，就尽量不要施加力荷载，这样可以大大降低收敛的难度。

④ 如果需要施加力荷载，或者需要依靠摩擦来约束刚体的平动和转动，应该首先借助于位移边界条件让接触关系平稳地建立起来，然后在下一个分析步中再施加力荷载。

4）如果模型在分析过程中会出现较大的位移，应该在 Step 功能模块中打开几何非线性开关（将 Nlgeom 设为 ON）。

5）在输入塑性材料数据时，应该注意第 18.2 节 "定义材料的塑性参数" 中提到的注意事项，包括：

① 让塑性数据最后 1 行中的塑性应变大于模型中可能出现的最大塑性应变值，并保证

应力-应变关系曲线始终向上倾斜，即应该使用硬化模型，而非理想弹塑性模型。

② 真实应力的值应该是递增的，不要包含出现颈缩后的数据点。

③ 不要输入过多的数据对，应该只在材料试验数据中选取几十个有代表性的数据点，构成一条平滑的应力-应变关系曲线。

6）各个量的单位要保持一致，如果长度的单位是 mm，则弹性模量和塑性参数中应力的单位都应该是 MPa（N/mm²），密度的单位应该是 t/mm³，力的单位应该是 N；如果长度的单位是 m，则弹性模量和应力的单位都应该是 Pa（N/m²），密度的单位应该是 kg/m³，力的单位应该是 N，这样做的原因详见本书第 1.1.2 节"选取合适的单位制"。

如果单位不一致，使得模型中的荷载远大于模型所能承受的荷载，模型的变形过大，分析自然无法收敛。

7）即使模型中各个量的单位正确，同样应该注意荷载的大小要符合工程实际，避免让模型出现过大的超出实际的变形。

8）如果荷载会造成很大的局部应变（使用点荷载时尤其容易出现此问题），可能造成收敛困难。因此，尽量不要对塑性材料施加点荷载，而应根据实际情况使用面荷载或线荷载。

如果必须在某个节点上施加点荷载，可以使用耦合约束（coupling constraint）为荷载作用点附近的几个节点建立刚性连接，让这些节点共同承担点荷载，具体方法请参见本书第 8.1.1 节"定义集中荷载和弯矩荷载"。

9）只有对于重要的、塑性应变较大的区域，才需要将其定义为弹塑性材料。如果某个部件或部件上的某个区域几乎不发生塑性变形，或者仅仅在很小的局部上发生塑性变形，而此区域又不是关心的重要区域，可以将其设置为线弹性材料（详见第 4.1 节"定义材料的特性参数"），以便缩短计算时间，降低收敛难度。

例如，接触面的边缘处边界条件奇异时，往往会出现很大的接触应力，对应的单元容易出现较大的塑性变形，如果此区域远离关心的重要区域，可以将其设置为线弹性材料。如果某个部件的刚度远大于其他部件，几乎不会发生变形，可以将其设为刚体。

10）在划分网格和选择单元类型时，应注意第 18.3 节"弹塑性分析的网格和单元"讨论过的问题，包括：

① 在变形前和变形后，单元的形状都要尽量保持规则，避免发生严重的扭曲。

② 大变形区域的网格密度要适当，过粗或过细的网格都可能导致出现收敛问题。

③ 弹塑性分析中尽量不要使用二次六面体单元（C3D20 或 C3D20R），以避免出现体积自锁现象。建议使用非协调单元（C3D8I）、一次减缩积分单元（C3D8R）和修正的二次四面体单元（C3D10M）进行分析。

11）有些情况下，不收敛的原因并不是建模方法不正确，而是模型本身的尺寸形状不合理，材料无法流动。例如，图 18-12 是模拟挤压金属坯料的模型，坯料应该在压力作用下，向下运动穿过模具。比较下列两种情况：

① 在图 18-12a 中，模具斜坡处的倾角很小，而且转折处没有过渡圆弧，材料的流动受到极大的阻力，增大压力荷载只会增大模具的支反力，并不会促使坯料向下运动。如果按照图 18-12a 建模，无论如何改善网格密度、接触定义或塑性材料参数，分析都不可能收敛，因为这样的材料流动在工程实际中是不可能的。

② 在图 18-12b 中，增大了模具斜坡处的倾角，在转折处增加了过渡圆弧，材料流动的

阻力大大减小，如果模型参数设置合理，可以收敛。

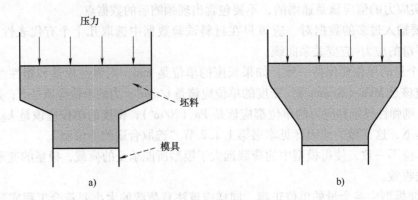

图 18-12　挤压模型中的材料流动问题

a）模具形状不合理，坯料无法向下流动　b）修改模具形状后，坯料可以向下流动

【常见问题 18-16】　警告信息是否一定表示模型错误

对于选用 Abaqus/Standard 求解器进行弹塑性分析的实例，在文件 Forming. msg 中看到下列警告信息，模型是否存在错误？

*** *WARNING: THE SYSTEM MATRIX HAS 1 NEGATIVE EIGENVALUES.*（系统矩阵有 1 个负特征值）

ELEMENT BLANK-1. 87 IS DISTORTING EXCESSIVELY.（单元过度扭曲）

*** *WARNING: THE STRAIN INCREMENT HAS EXCEEDED FIFTY TIMES THE STRAIN TO CAUSE FIRST YIELD AT 17 POINTS.*（应变增量过大）

*** *WARNING: THE STRAIN INCREMENT IS SO LARGE THAT THE PROGRAM WILL NOT ATTEMPT THE PLASTICITY CALCULATION AT 1 POINTS.*（应变增量过大）

*** *WARNING: EXCESSIVE DISTORTION AT A TOTAL OF 1 INTEGRATION POINTS IN SOLID(CONTINUUM) ELEMENTS.*（单元过度扭曲）

*** *NOTE: ELEMENTS ARE DISTORTING EXCESSIVELY. CONVERGENCE IS JUDGED UNLIKELY.*（单元过度扭曲，分析无法收敛）

*** *NOTE: MATERIAL CALCULATIONS FAILED TO CONVERGE OR WERE NOT ATTEMPTED AT ONE OR MORE POINTS. CONVERGENCE IS JUDGED UNLIKE-LY.*（材料计算无法收敛）

『解答』

使用 Abaqus/Standard 进行弹塑性分析时，经常会出现上述警告信息。如果分析最终无法收敛，应按照【常见问题 18-15】介绍的方法查找错误。如果分析最终能够收敛，而且得到的结果一切正常，则上述警告信息仅仅说明 Abaqus/Standard 在迭代过程中尝试某个位移解没有成功，并非模型本身存在错误，具体分析如下：在弹塑性分析的求解过程中，Abaqus/Standard 会迭代尝试各种可能的位移状态，如果某个位移状态造成单元过度变形，Abaqus/Standard 就会判定这个位移状态是不可行的，而显示上述警告信息，然后尝试另外一个位移状态。换言之，上述警告信息中描述的问题仅仅是 Abaqus/Standard 在尝试求解过程中的一个中间状态，并不一定是模型本身存在错误。

18.5 弹塑性分析的后处理

【常见问题 18-17】单元积分点与云纹图的应力结果显示不一致

为什么单元积分点上的应力结果与云纹图显示的应力结果不一致？

『解答』

Abaqus/Standard 在分析过程中计算的是积分点处的单元结果，在后处理时 Abaqus/CAE 会将积分点处的单元结果进行外推，得到节点上的计算结果。云纹图中显示的是节点上的结果，与积分点处的单元结果不会完全一致。如果节点上的结果与积分点处的单元结果差别很大，说明相邻单元之间的应力、应变的变化非常剧烈，网格划分得过于粗糙。

例如，选用理想弹塑性材料本构模型（从屈服点开始，材料的应力-应变曲线变为一条水平线），单元积分点上的 Mises 应力应不超出材料的屈服强度，但是云纹图中所显示的节点上的 Mises 应力可能会超出屈服强度。

【常见问题 18-18】AC YIELD 和 PEEQ 的云纹图显示结果不一致

在 Visualization 功能模块中单击菜单 Result→Field Output，如图 18-13 所示，可以通过查看场变量 AC YIELD 或 PEEQ 判断是否发生了塑性变形，为什么在云纹图中有时会看到二者的结果不一致？

『解答』

单元积分点上的 AC YIELD 和 PEEQ 的结果总是一致的，发生塑性变形时，单元积分点上的 AC YIELD 为 1，PEEQ 大于 0；没有发生塑性变形时，单元积分点上的 AC YIELD 为 0，PEEQ 也为 0（或者非常小的值，例如，数量级为 10^{-7}）。单击 ⓘ（Query information）按钮查看积分点上的计算结果，可以验证这一点。

云纹图中显示的是由积分点结果外推得到的节点结果，AC YIELD 和 PEEQ 的外推结果可能出现不完全一致的情况，因此，它们的云纹图也可能出现不一致的现象。

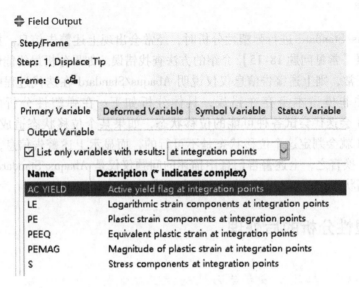

图 18-13　显示场变量 AC YIELD

『实用技巧』

如果希望只显示发生塑性变形的区域，可以采用下列方法：显示 PEEQ 的云纹图，单击 ▦（Contour Options）按钮，在 Limits 标签页中设置 Min 为 0.00001。这样云纹图中 PEEQ < 0.00001 的区域（几乎没有发生塑性变形）都会显示为黑色。

18.6　本章小结

本章主要介绍了下列内容：

1）弹塑性材料在加载的开始阶段是弹性材料，当应力达到一定程度后（例如，屈服点），应力-应变关系曲线变为非线性的，卸载后会留下永久的塑性变形。

2）理想弹塑性模型达到屈服应力后，应力不再增大，而应变可以继续增大，应力-应变关系曲线变为一条水平直线，变形处于不确定的流动状态；弹塑性硬化模型达到屈服应力后，应力和应变都可以继续增大，如果卸载后再次加载，材料的屈服应力会提高，即所谓的加工硬化。建模时应该尽量使用弹塑性硬化模型，不要使用理想弹塑性模型，以避免出现收敛问题。

3）弹塑性问题涉及 4 个基本法则：通过屈服准则确定某种应力状态下的材料是处于弹性范围还是已经进入塑性流动状态；通过流动准则确定材料在进入塑性状态后，材料的塑性变形在应力状态（应力分量和应力增量）中的流动规律；通过硬化准则确定材料进入塑性变形后的后继屈服函数；通过加载和卸载法则判别材料是处于塑性加载状态还是弹性卸载状态。

4）通过材料拉伸或压缩试验得到的是名义应力和名义应变，而在 Abaqus 中定义塑性材料参数时需要输入真实应力和真实的塑性应变。

5）根据材料试验数据计算真实应力和真实的塑性应变时，在弹性阶段的塑性应变应该始终为 0。材料手册中所给出的弹性模量不一定与实际的工程材料完全吻合，真实的弹性模量值应该根据弹性阶段的材料试验数据计算。

6）在 Abaqus 中输入塑性材料数据时，不要输入过多的数据点，以避免应力-应变关系曲线出现轻微的锯齿形，导致 Abaqus 收敛困难。应该只在材料试验数据中选取适当数量的有代表性的数据点（例如，20 个左右），构造一条平滑的应力-应变关系曲线。

7）塑性材料数据中的真实应力 σ_{true} 的值应该递增，而不要包含出现颈缩现象后的数据点，即应力-应变关系曲线应该单调向上。如果出现了下降段的真实应力 σ_{true}，可能出现收敛问题。

8）让塑性数据的最后 1 行中的塑性应变大于模型中可能出现的最大塑性应变值，并保证应力-应变关系曲线始终向上倾斜。

9）如果无法获得材料的试验数据，可以利用材料手册中的屈服应力等数据构造近似的应力-应变关系曲线。

10）在定义塑性材料时，不要忘记定义材料的弹性参数（弹性模量 E 和泊松比 ν）。

11）在 Property 功能模块和 Visualization 功能模块中可以将所使用的塑性材料数据绘制 X-Y 图。

12）当弹塑性分析无法收敛时，首先应该尝试去掉塑性材料参数，做最简单的线弹性分析。

13）无论是弹塑性分析还是其他任何类型的分析，当出现收敛问题时，最重要的解决方法就是将模型简化，去掉所有复杂的、不熟悉的模型参数，直到模型能够收敛为止，然后再逐步把简化掉的参数恢复。如果发现在恢复某种参数时模型变得无法收敛，就很可能是该参数存在问题。

14）本书第 17.2 节 "Abaqus/Standard 接触分析中的警告信息" 介绍了接触分析中常见的多种警告信息和对应的处理方法，其中大多数内容同样适用于弹塑性分析。

15）如果模型在分析过程中会出现较大的位移，应该在 Step 功能模块中打开几何非线性开关（将 Nlgeom 设为 ON）。

16）尽量不要对塑性材料施加点荷载，而应根据实际情况使用面荷载或线荷载。如果必须在某个节点上施加点荷载，可以使用耦合约束为荷载作用点附近的几个节点建立刚性连接，让这些节点共同承担点荷载。

17）只有对于重要的、塑性应变较大的区域，才需要将其定义为弹塑性材料，如果某个部件或部件上的某个区域几乎不发生塑性变形，或者仅仅在很小的局部上发生塑性变形，而此区域不是关心的重要区域，可以将其设置为线弹性材料，以便缩短计算时间，降低收敛难度。如果某个部件的刚度远远大于其他部件，几乎不会发生变形，可以将其设为刚体。

18）Abaqus/CAE 不会自动检查输入材料数据的正确性，在输入过程中要保证各个量的单位一致。例如，如果长度的单位是 mm，则弹性模量和塑性参数中应力的单位都应该是 MPa（即 N/mm^2），密度的单位应该是 t/mm^3，力的单位应该是 N；如果长度的单位是 m，则弹性模量和应力的单位都应该是 Pa（即 N/m^2），密度的单位应该是 kg/m^3，力的单位应该是 N。

19）即使各个量的单位都正确，同样应该注意荷载的大小要符合工程实际，避免让模型出现过大的超出实际情况的变形。

20）划分网格时，应该注意单元的形状在变形前和变形后都应尽量保持规则，不要出现严重的扭曲。大变形区域的网格密度要适当，过粗或过细的网格都可能出现收敛问题。

21）在弹塑性分析中尽量不要使用二次六面体单元（例如，C3D20 或 C3D20R），以避免出现体积自锁现象。建议使用非协调单元（例如，C3D8I）、一次减缩积分单元（例如，C3D8R）和修正的二次四面体单元（例如，C3D10M）。

22）Abaqus/Standard 的分析结果只有在塑性应变较小时才准确，它无法准确模拟构件因塑性变形过大而破坏的过程。破坏和失效问题应该使用 Abaqus/Explicit 进行分析，并且需要定义适当的失效准则，根据场变量 STATUS 的值可以隐藏失效单元。

23）有些情况下，不收敛的原因并非建模方法不正确，而是模型本身的尺寸形状不合理，材料无法流动。

24）在使用 Abaqus/Standard 进行弹塑性分析时，经常会出现"单元过度扭曲"之类的警告信息。如果分析最终无法收敛，应查找模型中的错误；如果分析最终能够收敛，而且得到的结果正常，那么这些警告信息仅仅说明 Abaqus/Standard 在迭代过程中尝试某个位移解而没有成功，并非模型本身存在错误。

25）Abaqus/Standard 计算的是积分点处的单元结果。后处理时，Abaqus/CAE 会将积分点处的单元结果进行外推，得到节点上的计算结果。云纹图中显示的是节点上的结果，与积分点处的单元结果不会完全一致。

26）单元积分点上的 AC YIELD 和 PEEQ 的结果总是一致，云纹图中显示的是由积分点结果外推得到的节点结果，AC YIELD 和 PEEQ 的外推结果有可能不完全一致，因此，它们的云纹图也可能出现不一致的现象。

第19章

Abaqus中的Python脚本接口常见问题解答与实用技巧

本章要点：

- ※ 19.1　Python 语言编程基础
- ※ 19.2　Abaqus 的 Python 脚本接口
- ※ 19.3　快速开发脚本的方法
- ※ 19.4　插件
- ※ 19.5　开发案例
- ※ 19.6　学习经验
- ※ 19.7　本章小结

经过半个多世纪的发展，CAE 技术作为一门新兴的学科已经逐渐走下"神坛"，成为各大企业设计新产品过程中不可缺少的重要环节。传统的 CAE 技术主要指分析计算，包括：数值分析、结构与过程的优化设计、强度与寿命评估、运动/动力学仿真等。现在，随着企业信息化技术的不断发展，CAE 软件在提高工程/产品的设计质量、降低研发成本、缩短研发周期等方面都发挥了重要作用。

但是，科研工作者或企业中的 CAE 工程师更希望根据自身需要开发某一领域的模块、函数、界面等。例如，对于从事轮胎分析与从事岩土分析的 CAE 工程师，他们所研究的对象、关心的问题、建模的方法、材料的属性、单元类型、接触设置等方面都相差悬殊，虽然 Abaqus 能够分析这两类问题，但很多情况下不能够满足某些特殊需要。如果把有限元软件比喻为"巨人"，此时，就需要站在"巨人"的肩膀上继续前进，即：利用 Abaqus 提供的各种接口进行二次开发。Abaqus 软件提供了两种功能强大的二次开发接口：

1）用户子程序接口（User Surbroutine）：该接口使用 Fortran 语言进行开发，主要用于自定义本构关系、自定义单元等。常用的用户子程序包括：（V）UMAT、（V）UEL、（V）FRIC、（V）DLOAD 等。

2）Abaqus 的脚本接口（Abaqus Scripting Interface）：该接口是在 Python 语言的基础上进行的定制开发，它扩充了 Python 的对象模型和数据类型，使得 Abaqus 脚本接口的功能更加强大。一般情况下，Abaqus 脚本接口主要用于前处理（例如，快速建模）、创建和访问输出数据库、自动后处理等。

本章将介绍 Abaqus 脚本接口中的相关知识，为中高级用户的定制开发奠定基础，包括：

Python 语言编程基础、Abaqus 的 Python 脚本接口、快速开发脚本的方法、插件、案例介绍、学习经验分享等。

19.1　Python 语言编程基础

Python 语言是一种动态解释型面向对象的编程语言，1989 年由 Guido van Rossum 开发，并于 1991 年年初发表。Python 语言功能强大、自由便捷、简单易学，支持面向对象编程，已逐渐受到越来越多读者的关注。

为了便于读者能够基于 Abaqus 的 Python 脚本接口开发所需脚本，本章将介绍 Python 语言编程的基础知识。更全面、详细的 Python 语言编程知识，请参考专门的 Python 语言书籍和帮助手册 "ActivePython Documentation"。

【常见问题 19-1】Python 语言的特点

Python 语言的特点是什么？

『解答』

Python 语言具有下列 8 个重要特征：

（1）面向对象性　面向对象的程序设计可以大大降低结构化程序设计的复杂性，使得设计过程更贴近现实生活，编写程序的过程就如同说话办事一样简单。面向对象的程序设计抽象出对象的行为和属性，并把行为和属性分开后，再合理地组织在一起。Python 语言具有很强的面向对象的特性，它消除了保护类型、抽象类、接口等元素，使得面向对象的概念更容易理解。

（2）简单性　Python 语言的代码简洁、易于阅读、保留字较少。与 C 语言不同，Python 语言中不包含分号（;）、begin、end 等标记，而是通过使用空格或制表键缩进的方式进行代码分隔。

在编写代码时，尽量不要选择保留字作为变量名、函数名等。使用下列语句可以查看 Python 语言中的保留字，执行结果如图 19-1 所示。

```
from keyword import kwlist
print kwlist
```

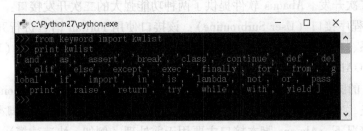

图 19-1　查看 Python 语言的保留字

（3）健壮性　Python 语言提供了优秀的异常抛出和处理机制，能够捕获程序的异常情况。它的堆栈跟踪对象功能能够指出程序出错的位置和出错的原因。异常处理机制能够避免不安全退出，为程序员调试程序提供了极大的帮助。

（4）可扩展性　Python 语言是在 C 语言的基础上开发的，因此，可以使用 C 语言来扩展 Python 语言，或者为 Python 语言添加新的模块、类等。大型非线性有限元分析软件 Abaqus 就是在 Python 语言的基础上，扩展了自己的模块（例如，Part 模块、Property 模块等）。同样，Python 语言也可以嵌入到 C、C++语言中，使得程序具有脚本语言的特性。例如，如果希望保护某些算法，可以使用 C 语言或 C++语言来编写算法程序，并在 Python 程序中使用它们。

（5）动态性　在 Python 语言中，直接赋值就可以创建一个新的变量，而不需要单独声明，这与 JavaScript、Perl 语言等类似。

（6）内置的数据结构　Python 语言提供了一些内置的数据结构（例如，元组、列表、字典等），使用它们可以简化程序设计。

（7）跨平台性　Python 语言编写的应用程序可以在 Windows、UNIX、Linux 等不同操作系统下运行。在一种操作系统上编写的 Python 语言代码只需要做少量修改，便可以移植到其他操作系统中，具有很强的跨平台性。

（8）强制类型　Python 语言是一种强制类型语言，变量被创建后将会对应某种数据类型。Python 语言将根据赋值表达式的内容决定变量的数据类型，同时在内部建立管理变量的机制，出现在同一个表达式中不同类型的变量需要进行类型转换。

【常见问题 19-2】 运行 Python 脚本的方法

如何运行 Python 脚本？

『解决方法』

运行 Python 脚本的方法主要有 3 种，分别是：使用交互式命令行、执行脚本程序源文件和植入其他软件（例如，Abaqus/CAE）。下面使用这 3 种方法输出 2^3。

（1）使用交互式命令行　在 Windows 操作系统下，单击开始→程序→Dassault System SIMULIA Abaqus/CAE 2019→Abaqus Command，在 Abaqus 的命令行窗口中输入 abaqus python 命令，可以启动交互式命令行窗口，如图 19-2 所示：

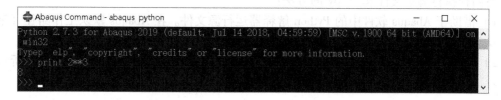

图 19-2　在 Abaqus 命令行窗口中访问 Python 解释器

Abaqus 6.19 中的 Python 解释器为 2.7.3 版本，为了保证不同版本的高效性，Python 语言不向下兼容，即：Python 3 不兼容 Python 2，但是 Python 2.7 与 Python 2.6 之间可以兼容。为了便于更多使用低版本 Abaqus 的读者学习，本书仍然使用 Python 2.7.3 版本。如果计算机中成功安装了 Python 软件，按照下列操作步骤也可以启动命令行程序：单击开始→程序→Python 2.7→Python（command line），则弹出如图 19-3 所示的 Python 命令行窗口。

图 19-3 启动 Python 命令行窗口

在 DOS 窗口中输入 Python 也可以启动交互式命令行，如图 19-4 所示。

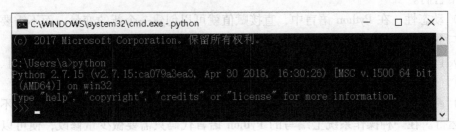

图 19-4 在 DOS 窗口启动交互式命令行

> **提示**：符号"＞＞＞"是 Python 语言的提示符。对于 Windows 操作系统，同时按下 <Ctrl + z> 可退出提示符；对于 Linux/BSD shell 操作系统，同时按下 <Ctrl + d> 可退出提示符。

（2）执行脚本程序源文件   如果通过脚本程序源文件输出 2^3 的大小，首先应该编写代码（资源包中下列位置：\test1.py）。源代码如下：

```
a = 2
b = 3
c = a ** b
print c
```

有两种执行脚本文件 test1.py 的方法：

1）借助于 Abaqus 软件中的 Python 解释器运行源文件。在 Abaqus 默认工作路径（笔者的默认工作路径为 C:\temp）下输入如图 19-5 所示的命令。

2）在 Python 解释器中运行源文件。此时，可以在 DOS 窗口中输入如图 19-6 所示的命令：

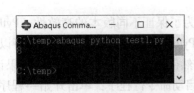

图 19-5 在 Abaqus 自带的 Python 解释器下运行   图 19-6 在 DOS 窗口中运行

3）植入 Abaqus/CAE 软件，在 Abaqus/CAE 的命令行接口中，输入如图 19-7 所示的代码也可以输出 2^3 的值。

『实用技巧』

建议读者选择源文件的方式来编写 Python 程序。编写 Python 脚本文件时，编辑器的好坏将直接影响到程序编写的效率和质量。好的编辑器应该满足下列两个基本要求：

图 19-7　在 Abaqus/CAE 的命令行接口中实现

1）要包含语法加亮功能，该功能可以将 Python 程序的不同部分标以不同的颜色，方便修改和编写程序，也使得程序形象易读。

2）执行的高效性，对于大型程序，需要编辑器具有较高的读入/写出效率。

对于 Windows 操作系统，建议选用 Editplus 、UltraEdit 或 IDLE 编辑器，它们除了具备语法加亮功能之外，还提供了许多便捷的其他功能。关于在 Editplus 软件中配置 Python 的详细设置方法，请参见笔者撰写的《Python 语言在 Abaqus 中的应用（第 2 版)》一书。

【常见问题 19-3】 **Python** 语言的语法规则

Python 语言的语法规则怎样？

『解决方法』

Python 语言的语法规则简列如下，更详细的介绍请参见笔者撰写的《Python 语言在 Abaqus 中的应用（第 2 版)》一书。

1）各代码块通过缩进来区分。

2）注释行以"#"号开头，持续到本行行末。

3）名字区分大小写。

4）如果一行中有两个或两个以上变量需要声明，以英文输入法状态下的分号";"隔开。

5）续行：使用反斜线"\"来续行（圆括号内的代码无须使用续行标志)。

图 19-8 给出了使用 Python 语言编写的一段代码，请读者自己阅读该段代码，并亲自编写测试。

『实用技巧』

在编写 Python 代码时，请读者综合使用下列编程技巧：

（1）合理使用注释　好的程序代码往往都包含下列信息：算法介绍、各变量的含义、编写者、编写时间等，这些信息称为注释。注释是代码的一部分，起到了对代码补充说明的作用。程序代码越复杂，就应该包含越多的注释行，最好的做法就是：在定义每个函数、每个类、执行某个功能之前都加上适当的注释，提高程序的可读性和移植性。

1）如果只对某行代码进行注释，使用"#"号进行标注，"#"后面紧跟注释内容，按下回车键作为注释行的结束。

2）如果需要对一段代码进行注释，每行代码都以"#"号开始即可，或者使用三重引号进行注释。

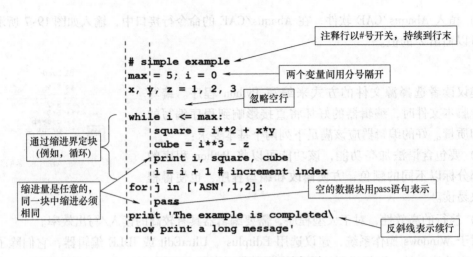

图 19-8　Python 编程的语法规则

（2）合理使用空行　空行的作用在于分隔两段不同功能或不同含义的代码，便于以后代码的维护或重构。一般情况下，编写程序代码时应该在函数与函数之间、类的方法之间、类和函数入口之间设置空行，用来表示一段新代码的开始。一般情况下可以设置两个空行。

（3）合理使用代码缩进　大多数的编程语言都需要使用代码缩进，它不仅可以规范程序的结构，而且还可以很方便地阅读和理解代码。对于 C、C++、Fortran 和 Java 等语言，代码缩进只是编程的一个好习惯；而对于 Python 语言，代码缩进是一种语法，如果缩进错误将会出抛出 IndentationError 异常。Python 语言采用代码缩进和冒号（:）来区分代码块之间的层次关系。

使用 IDE 开发工具或 EditPlus 等文本编辑软件编写代码时，编辑软件能够补齐冒号并实现自动缩进，可以大大提高代码的编写效率。

（4）良好的命名习惯　程序开发人员在编写代码之前，首先要制定命名规则。对于大型程序的开发，往往需要很多编程人员参与，对变量名、模块名、类名、对象名、函数名等做好约定，将使得程序更加易读、易移植。

1）变量名和模块名：变量名的首字符一般是字母或下划线，除了首字符之外的其他字符则可以由字母、下划线或数字组成，在定义变量名时不得使用 Python 语言的保留字。

2）类名和对象名：通常情况下，类名的首字母大写，其他字母采用小写；而对象名的首字母通常使用小写英文字母。

3）函数名　函数名的首字母通常小写，并通过下划线或单词首字母大写的方式增加函数名的可读性。对于导入模块中的函数名，则使用模块名作为其前缀。

19.2　Abaqus 的 Python 脚本接口

Abaqus 软件二次开发环境提供的脚本接口（简称为"Abaqus 的脚本接口（ASI—Abaqus Scripting Interface）"）是基于 Python 语言进行的定制开发。

在 Abaqus/CAE 中建模和后处理时，对话框中的所有设置均由 Abaqus/CAE 从内部发出与之对应的 Python 命令（command）。执行过程中，首先将它们传送到 Abaqus/CAE 的内核

（Kernel），然后对这些命令逐行解释，同时建立模型并分析。实质上，内核（kernel）是隐藏在 Abaqus/CAE 中的大脑；GUI 则是用户与内核进行交流的接口（interface）。

Abaqus 的脚本接口直接与内核进行通信，而与 Abaqus/CAE 的图形用户界面（GUI）无关。如果将所有的 Abaqus 脚本接口命令存储于文件中，该文件称为脚本（script）。脚本由一系列纯 ASCII 格式的 Python 语句组成，扩展名一般为 . py。

基于 Abaqus 软件编写脚本，可以实现下列功能：

1）自动执行重复任务。例如，可以将经常使用的材料参数编写为一个脚本，用来生成材料库。每次开启新的 Abaqus/CAE 任务后就执行该脚本，所有的材料属性都将在 Property 模块的材料管理器中自动显示。

2）创建和修改模型。对于形状异常复杂或者形状特殊的模型，在 Abaqus 软件或其他 CAD 软件中难以实现时，可以尝试编写脚本来建立或修改模型。

3）编写脚本访问输出数据库（ODB 文件）是最经常使用的功能，包括：

① 对输出数据库（ODB）文件中的分析结果进行后处理。

② 对分析结果进行自动后处理。

③ 对于其他软件的分析结果，可以编写脚本构造 ODB 文件，再进行自动后处理。

4）优化分析。例如，可以编写脚本来实现逐步修改部件的几何尺寸或某个参数，然后提交分析作业，通过脚本来控制某个量的变化情况，如果达到指定要求，则停止分析，并输出优化后的结果。

5）进行参数化研究（parameter study）。

6）定制 Abaqus 插件。

本节将简要介绍下列内容：Abaqus 的脚本接口及与 Abaqus/CAE 的关系、与 Abaqus 的脚本接口相关的文件、运行 Python 脚本的方法、Abaqus 的 Python 二次开发优势。关于 Abaqus 的脚本接口更详细的介绍，请参见 Abaqus 6.14 帮助文件 "Abaqus Scripting User's Guide" 第 2 章 "Introduction to the Abaqus Scripting Interface"。

提示：Abaqus 的脚本接口在 Python 语言的基础上进行扩展，其语法和运行脚本的方法与运行 Python 脚本类似。

19.2.1　简介

【常见问题 19-4】**Abaqus** 脚本接口及与 **Abaqus/CAE** 的关系

Abaqus 的脚本接口与 Abaqus/CAE 的通信关系怎样？

『解答』

Abaqus 的脚本接口可以实现 Abauqs/CAE 的所有功能，二者之间的通信关系如图 19-9 所示。读者可以通过图形用户界面（GUI）窗口、命令行接口（Command Line Interface-CLI）和脚本来执行命令，所有的命令都必须经过 Python 解释器后才能进入到 Abaqus/CAE 中执行，同时生成扩展名为 . rpy 的文件；进入到 Abaqus/CAE 中的命令将转换为 INP 文件，经过 Abaqus/Standard 隐式求解器或 Abaqus/Explicit 显式求解器进行分析，获得输出数据库

（ODB）文件，然后可以进行各种后处理（变形图、云纹图、动画等）。

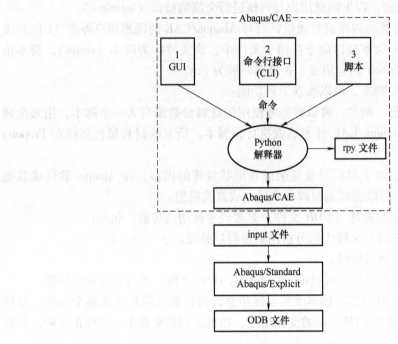

图 19-9　Abaqus 的脚本接口与 Abaqus/CAE 的通信关系

从图 19-9 中可以看出：除了编写脚本文件之外，Abaqus 的脚本接口命令可以通过下列任一方式传递给 Abaqus/CAE 内核：

1）图形用户界面（GUI）。例如，单击对话框中的 OK 或 Apply 按钮后，GUI 将自动生成一条脚本命令。使用宏管理器（Macro Manager）也可以录制脚本接口命令，并保存在宏文件中。

2）单击窗口左下方的 ▦ 按钮显示命令行接口，在此处输入一条命令或者粘贴多条命令并按下 Enter 键，所有的命令都将自动执行，如图 19-10 所示。

> **提示**：启动 Abaqus/CAE 后，建模过程中的警告信息和错误信息都将显示在信息提示区，单击 ▦ 图标可以从命令行接口切换到信息提示区。

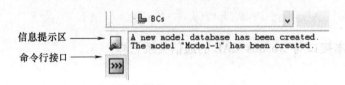

图 19-10　信息提示区和命令行接口

启动 Abaqus/CAE 时，将自动启用 Python 解释器。此时，可以在命令行接口中输入任意的 Python 语句，如图 19-11 所示。建模过程中，可以将命令行接口作为计算器使用，对数据执行加、减、乘、除等各种数学运算。

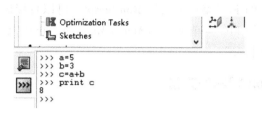

图 19-11　在 Abaqus/CAE 的命令行接口执行 Python 语句

如果需要执行多条命令或重复执行相同的命令，可以将它们保存为脚本，不仅便于管理，而且使用起来更加方便。使用 Python 语言对 Abaqus 的功能进行二次开发的过程中，通常都使用脚本来管理模块或函数。例如，编写专门进行自动后处理的脚本、编写标准材料库脚本等。

19.2.2　与 Abaqus 脚本接口相关的文件

【常见问题 19-5】 与 **Abaqus** 脚本接口相关的文件

在 Abaqus 软件中，与脚本接口相关的文件都有那些，这些文件的功能是什么？

『解答』

除了命令行接口之外，Abaqus 软件中还提供了下列与脚本接口相关的文件：

1）INP 文件中 * PARAMETER 关键字行的参数定义使用的是 Python 语句。关于* PA-RAMETER 用法的详细介绍，请参见 Abaqus 6.14 帮助文件 "Abaqus Keywords Reference Guide"。

2）运行参数分析需要编写和执行 Python 脚本（.psf）。

3）Abaqus/CAE 将所有的命令均记录在扩展名为 .rpy 的文件中，而 abaqus. rpy 文件中的所有命令均为 Python 语句，如图 19-12 所示。

```
1  # -*- coding: mbcs -*-
2  #
3  # Abaqus/CAE Release 6.14-1 replay file
4  # Internal Version: 2014_06_05-06.11.02 134264
5  # Run by a on Thu Dec 05 13:23:44 2019
6  #

7
8  # from driverUtils import executeOnCaeGraphicsStartup
9  # executeOnCaeGraphicsStartup()
10 #: Executing "onCaeGraphicsStartup()" in the site directory ...
11 from abaqus import *
12 from abaqusConstants import *
13 session.Viewport(name='Viewport: 1', origin=(0.0, 0.0), width=89.72265625,
14     height=88.2083358764648)
15 session.viewports['Viewport: 1'].makeCurrent()
16 session.viewports['Viewport: 1'].maximize()
17 from caeModules import *
18 from driverUtils import executeOnCaeStartup
19 executeOnCaeStartup()
20 session.viewports['Viewport: 1'].partDisplay.geometryOptions.setValues(
21     referenceRepresentation=ON)
22 o1 = session.openOdb(name='d:/Temp/Job-without Aluminum foam.odb')
23 session.viewports['Viewport: 1'].setValues(displayedObject=o1)
```

图 19-12　abaqus. rpy 文件中记录的 Python 命令

4）在 Abaqus/CAE 的 File 菜单下选择 Run Script，可以直接运行脚本。

5）在 Abaqus/CAE 的 File 菜单下选择 Macro Manager，可以录制宏文件。详细介绍请参见本书第 19.3.1 节"录制宏"。

19.2.3　运行 Python 脚本的方法

【常见问题 19-6】运行包含 Abaqus 对象的 Python 脚本的方法

基于 Abaqus 的脚本接口编写了脚本文件，如何运行该脚本？

『解答』

包含 Abaqus 命令的脚本可以采用下列方法之一来运行：

（1）启动 Abaqus/CAE 的同时运行脚本　如果从 Abaqus 命令行窗口中执行脚本文件，对应的操作如下：单击【开始】→【Dassault Systemes SIMULIA Abaqus CAE 6.19】→【Abaqus Command】，在命令行窗口中输入下列命令，可以在启动 Abaqus/CAE 的同时运行脚本：

> abaqus cae script = *myscript. py*
>
> abaqus cae startup = *myscript. py*

其中，*myscript. py* 表示脚本文件名。使用下列命令可以在启动 Abaqus/Viewer 的同时运行脚本：

> abaqus viewer script = *myscript. py*
>
> abaqus viewer startup = *myscript. py*

如果命令行中包含其他参数，各个参数之间可以使用 1 个或多个空格进行分隔。

提示：下面两条命令是错误的，将出现如图 19-13 所示的提示信息：

abaqus python *abaqusfilename. py*

abaqus script *abaqusfilename. py*

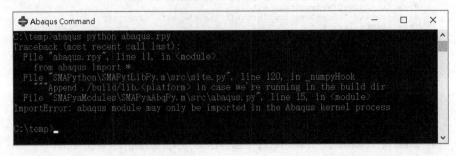

图 19-13　输入 abaqus python 或 abaqus script 命令时的提示信息

『错误原因』

如果在 Abaqus 的命令行中执行脚本，输入命令时一定要加入 Abaqus 解释器 abaqus cae 或 abaqus viewer，否则将出现图 19-13 所示的提示信息。如果只执行包含 Python 命令的脚本（不包含 Abaqus 命令），则无须加入 Abaqus 解释器。

（2）不启动 Abaqus/CAE 直接运行脚本　如果不启动 Abaqus CAE 直接运行脚本，则使用下列命令：

> abaqus cae noGUI = *myscript. py*

其中，*myscript. py* 表示脚本文件名。使用下列命令可以不启动 Abaqus/Viewer 而直接运行脚本：

> abaqus viewer noGUI = *myscript. py*

如果脚本的功能是实现自动前后处理，不启动 Abaqus/CAE 来运行脚本是非常好的做法，原因是：无须在 Abaqus/CAE 中显示分析结果，降低了计算分析的代价。脚本运行结束的同时，Abaqus/CAE 内核也将终止运行。但是，这种做法也存在不足之处，即：在脚本的执行过程中不能与用户进行交互，也就无法监控分析作业。

（3）从启动屏幕运行脚本　当启动新的 Abaqus/CAE 任务时，Abaqus 将显示启动屏幕，如图 19-14 所示。单击 🔲 Run Script 按钮将弹出 Run Script 对话框，如图 19-15 所示，选择需要执行的脚本文件，单击 OK 按钮即可。

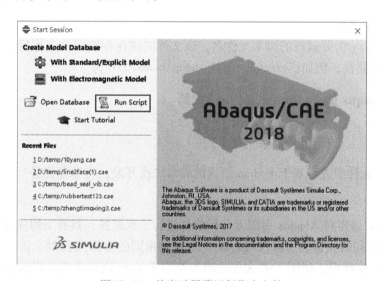

图 19-14　从启动屏幕运行脚本文件

（4）从 File 菜单运行脚本　在 Abaqus/CAE 操作界面下，选择 File 菜单→Run Script ... 也将弹出如图 19-15 所示的对话框，选择要执行的脚本文件即可。

（5）从命令行接口运行脚本　在命令行接口中也可以运行脚本，命令如下：

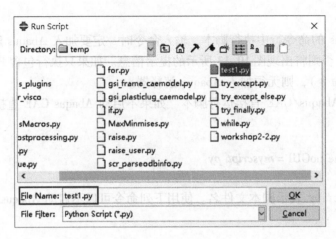

图 19-15　选择脚本文件 test1. py

> **execfile（'file_name'）**

其中，file_name 表示待运行的脚本文件名。图 19-16 给出了在命令行接口运行脚本的实例。

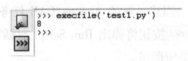

图 19-16　在命令行接口运行脚本 test1. py

其中，test1. py 为要运行的脚本文件名，该文件应该保存在当前工作目录下，否则需要给出脚本的完整路径，例如：execfile（r' d：\temp\beam1031. py'）。

19.2.4　Abaqus 的 Python 二次开发优势

【常见问题 19-7】**Abaqus 的 Python 二次开发优势**

在 Abaqus 软件中进行基于 Python 语言的脚本二次开发，有哪些优势？

『解答』

使用 Python 语言对 Abaqus 有限元分析软件进行二次开发，具有下列优势：

（1）执行相同的操作，所需代码行较少　对于相同的有限元模型，读者可以尝试分别在 Abaqus/CAE 中建模、使用 INP 文件建模和使用 Python 语言建模并进行比较，从而体会编写 Python 脚本的优势。

1）在 Abaqus/CAE 中建模。如果在 Abaqus/CAE 中建立有限元模型，则需要依次选择各个功能模块，在不同的功能模块下还需要单击多个按钮、多个标签页、输入多个数据、单击多个 OK 按钮等重复工作，对于最简单的悬臂梁模型，也需要单击几百次按钮。如果设置错误或需要修改某个属性，还需要重复操作，非常繁琐。

2）使用 INP 文件建模。使用 INP 文件建模要比在 Abaqus/CAE 中建模先进一些。但是，仍然存在下列问题：

① INP 文件中只包含模型的节点信息或单元信息，而不包含模型信息。

② INP 文件的代码行往往较多。

3）使用 Abaqus 中的 Python 脚本接口建模，具有下列优势：

① 代码行较少，除去以 # 号开始的注释行和空行，有效代码只有几十行。

② 包含三维模型信息、节点信息和单元信息。

③ 编写脚本的顺序与访问 Abaqus/CAE 各个功能模块的顺序基本相同。

④ Python 语言是一门面向对象编程的语言，编写 Python 脚本犹如"说话办事"，开发脚本的过程更贴近现实生活。例如，对于下列代码行：

    myBeam = myModel. Part(name = 'Beam', dimensionality = THREE_D, type = DEFORM-
    ABLE_BODY)

即使读者从未接触过 Python 语言，也能够猜测出它的功能。即：

① 创建名为 Beam 的三维变形体部件（Part）。

② 这个部件属于模型 myModel。

③ 把右边这一堆"东西"赋值给变量 myBeam。

后面的代码中，只要再次用到创建的部件 Beam 时，都使用 myBeam 来替代。例如，对于下列代码行：

    myBeam. BaseSolidExtrude(sketch = mySketch, depth = 25. 0)

其功能是：对于部件 Beam 进行拉伸操作，拉伸深度为 25.0。

细心的读者可能已经发现：笔者提到的"说话办事"的顺序是"从右向左"进行的。最右边的函数（括号中的部分）是"要办的事"，即：目的；函数后面通过小圆点"."限定的部分则是"说话的过程"，即路径。例如，××起草了某份文件，该文件要经过层层审批，最后送达到学校的科技处。此时，将"创建名为 Beam 的三维变形体部件"比如为"××起草了某份文件"，这份文件首先要经过教研室的审批，然后经过×××工程学院的审批，最后送达到校科技处。为了以后说话方便，对于"××起草某份文件，并经教研室和学院审批，送达到学校科技处"这件事情，使用变量 a 来表示。编写 Python 脚本时，就可以表述为：

    a = 校科技处. ×××工程学院. 结构教研室. ××起草某份文件

（2）能够实现自动化过程　编写脚本可以实现各种判断语句、循环语句、数据存储与处理等，能够实现人工智能控制和自动化处理过程。

（3）能够实现参数化分析　可以编写脚本进行参数化分析、优化分析、系统分析、多系列多型号的产品分析等，使得产品的设计更加合理，产品的研发周期更短。

（4）可以编写独立的模块，具有独立性和可移植性　如果 Abaqus/CAE 中的核心模块无法满足需要，可以编写脚本开发某一特定功能的模块。

（5）优秀的异常抛出和异常处理机制　除了 Abaqus 脚本接口中设置的异常类型之外，还可以自定义异常。同时，抛出的异常信息非常全面，不仅会提示编程人员异常所在的行、还能够给出异常的类型以及其他相关信息，从而缩短调试脚本的时间。

19.3　快速开发脚本的方法

对于没有任何 Python 编程经验的读者来讲，Abaqus 软件也提供了快速开发脚本的便捷功能，包括：录制宏和借助于软件自动生成的 abaqus. rpy 文件，本节将详细介绍这两种方法。

19.3.1　录制宏

【常见问题 19-8】 录制宏的操作步骤

如何借助于 Abaqus 的宏录制功能快速建立有限元模型？

『解答』

录制宏文件的操作如下：单击开始→Dassault Systemes SIMULIA Abaqus CAE 6. 19→Abaqus CAE→Macro Manager...，将弹出如图 19-17 所示的对话框，单击 Create 按钮，在如图 19-18 所示的对话框中指定宏的名称和保存位置，单击 Continue 按钮开始录制，此时与 Abaqus/CAE 操作对应的所有 Python 命令都将保存在宏文件中，单击 Stop Recording 按钮，退出录制宏的操作，如图 19-19 所示。

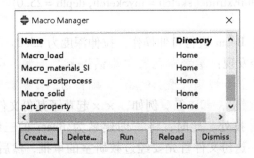

图 19-17　Macro Manager 对话框

图 19-18　创建宏

图 19-19　停止录制宏

录制宏来快速编写脚本文件的优点在于：可以录制任意与 Abaqus/CAE 操作对应的 Python 命令。例如，复杂的几何模型的创建、经常使用的材料参数、重复的荷载和边界条件的定义等。Abaqus 将录制的所有宏放在名为 abaqusMacros. py 的文件里（笔者的电脑中，该文件位于 C：\Users\a\abaqusMacros. py），宏录制完毕，无须保存，再次启动 Abaqus/CAE 时将自动加载该文件，单击图 19-17 中的 Run 按钮，将自动执行录制操作。

详细的操作过程，请参见第 19.5 节"开发案例"中的实例。

19.3.2 借助于 abaqus. rpy 文件

【常见问题 19-9】 借助 **abaqus. rpy** 文件快速开发脚本

如何借助 abaqus. rpy 文件快速开发脚本？

『解答』

在 Abaqus/CAE 中建立模型时，工作目录下将自动生成 abaqus. rpy 文件，该文件记录了所有与 Abaqus/CAE 操作对应的命令。将其拷贝到其他位置并且将扩展名由 . rpy 改为 . py 文件，使用文本编辑软件 EditPlus 打开，便可以修改、编辑和添加 Python 语句，实现脚本的快速开发。

> **提示**：借助于 abaqus. rpy 文件来编写脚本文件，不仅可以避免编写较长的 Python 命令，而且可以减少语法和拼写错误，强烈建议读者使用。

在 Visualization 模块中对分析结果进行后处理时，读者只能够观察模型在某个方位的显示效果图。本实例将编写脚本实现视口的自动旋转显示，旋转角度为 180^0。借助于 abaqus. rpy 文件编写脚本的步骤如下：

1）在 Abaqus/CAE 的 View 菜单下选择 Specify... 子菜单，将弹出如图 19-20 所示的对话框。在对话框中指定方法（Method）为 Rotation Angles，绕 X 轴、Y 轴和 Z 轴的旋转角度增量分别是（0, 10, 0），选择模式（Mode）

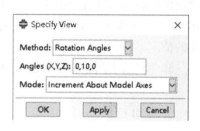

图 19-20 指定旋转视口角度

为 Increment About Model Axes（绕模型的轴按指定增量旋转），单击 OK 按钮。不必保存模型，直接退出 Abaqus/CAE，abaqus. rpy 文件也会自动录制所有的命令，如下所示：

session. viewports['Viewport: 1']. view. rotate(xAngle = 0, yAngle = 10, zAngle = 0, mode = MODEL)

该行代码表示将视口"Viewport：1"绕 y 轴按照 10°增量进行旋转。

2）在 EditPlus 下创建新的脚本文件 rotateview. py，并将第 1 步中生成的命令粘贴到该文件中。

3）在 rotateview. py 中添加下列循环语句，实现对视口绕 Y 轴旋转 180°。对应的源代码如下：

```
1    for x in range( 18) :
2        session. viewports[ 'Viewport: 1']. view. rotate( xAngle = 0,,
3            yAngle = 10, zAngle = 0, mode = MODEL)
```

该段代码的含义是：使用 for... in 循环让视口绕 y 轴旋转 18 次，每次旋转增量为 10，共旋转 $18 \times 10° = 180°$。

4）保存 rotateview. py 脚本文件，位于资源包中下列位置：\rotateview. py。

5）在 Abaqus/CAE 中打开任意一个模型数据库［Model Database（*. cae）］或输出数据库［Output Database（*. odb）］，运行脚本 rotate-view. py 后可以实现对视口绕 y 轴旋转 180°。图 19-21a 是运行 rotateview. py 之前的视口，图 19-21b 则是运行 rotateview. py 之后的视口。运行脚本时，读者可以查看整个模型绕 y 轴转动的效果。

『实用技巧』

1）只有退出 Abaqus/CAE 之后，才可以打开 abaqus. rpy 文件。

2）本例中，如果读者感觉旋转太快，可以将每次的旋转角度改的更小（例如，1°）；如果旋转一圈或两圈，则可以将循环次数改为 36 或 72；如果查看绕 x 轴或 z 轴的旋转效果，可将 xAngle、yAngle 和 zAngle 参数改成需要的值。

3）本实例虽仅有几行代码，但是可以实现不同的旋转效果，这也是编程的魅力所在。

图 19-21　运行 rotateview. py 脚本后的视口
a）运行脚本 rotateview. py 之前的视口
b）运行脚本 rotateview. py 之后的视口

19.4 插件

【常见问题 19-10】Plug-ins 菜单的功能

Abaqus/CAE 中 Plug-ins 菜单的功能是什么？

『解答』

在 Abaqus/CAE 的任一功能模块下，都可以访问 Plug-ins 菜单，如图 19-22 所示。

该菜单的主要功能包括：

（1）工具箱子菜单（Toolboxes）　该菜单包含了已经注册的插件图标（见图 19-23），单击这些快捷图标可以直接执行插件功能。

（2）Abaqus 子菜单（图 19-24）　该菜单给出了 Abaqus/CAE 内置的插件和部分实用功能，请读者尝试运行一下。例如，打开 Getting Started 子菜单，则弹出如图 19-25 所示的对话框，其中包含了所有已经制作成插件的模型，选择任何一个例子并单击 Run 按钮，将自动提取模型的脚本文件（.py）并执行有限元分析；更新脚本（Upgrade Scripts）子菜单的功能是对低版本的脚本文件自动更新为所需高版本的脚本文件，如图 19-26 所示。此外，RSG Dialog Builder 子菜单提供了快速创建图形用户界面（GUI）的功能，详细介绍请参见笔者撰写的《Python 语言在 Abaqus 中的应用（第 2 版）》中"使用 RSG 对话框构造器"一节的内容。

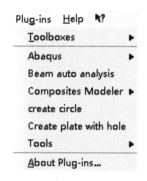

图 19-22　Plug-ins 菜单

图 19-23　已注册插件图标

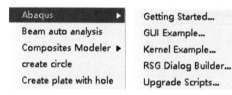

图 19-24　Abaqus 子菜单中的功能

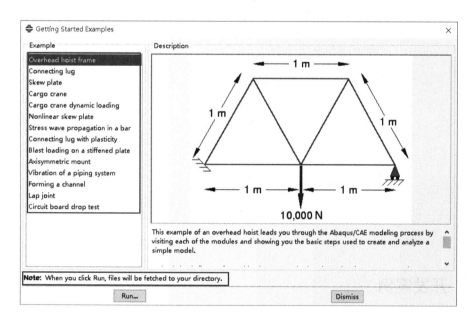

图 19-25　Plug-ins 菜单下已经注册的插件

（3）Tools 子菜单（见图 19-27）　该菜单提供了一些常用工具，包括：自适应绘图、X-Y 数据与 Excel 表格的交互、安装课程（Install Courses）、STL 格式文件的导入和导出功能。打开安装课程子菜单（Install Courses），将弹出如图 19-28 所示的对话框，其中包含了 Abaqus 官方培训课程对应的模型文件，读者指定课程的安装路径，单击 OK 按钮即可提取相关文件。

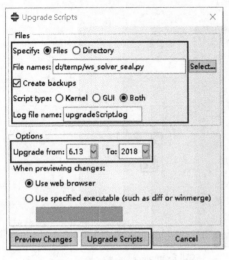

图 19-26　更新低版本的脚本文件　　　　图 19-27　Tools 子菜单功能

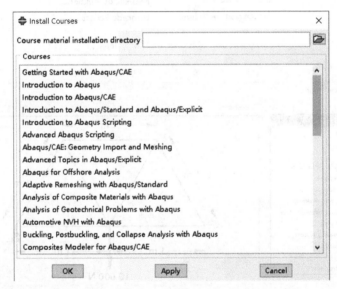

图 19-28　已安装的课程列表

19.5　开发案例

　　本节将通过自动建立几何模型、创建材料库、批量提交分析作业 3 个开发案例，详细介绍开发脚本的方法、操作步骤和注意事项，为读者"抛砖引玉"。

19.5.1　自动建立几何模型

【常见问题 19-11】自动建立几何模型

　　如何借助 Abaqus 的脚本接口功能快速建立几何模型并生成单元网格？

『解答』

下面将介绍最简单的录制宏的方法，以快速实现自动建立几何模型（A 形）。详细的操作步骤如下：

1）启动 Abaqus/CAE，单击 File 菜单→Macro Manager→Create，弹出如图 19-29 所示的对话框，创建名为 A，保存在根目录（Home）的宏，单击 Continue 按钮，开始录制宏文件。

2）在 Part 功能模块，单击  按钮创建名为 Part A 的三维变形体部件，如图 19-30 所示，单击 Continue 按钮进入草图绘制界面。

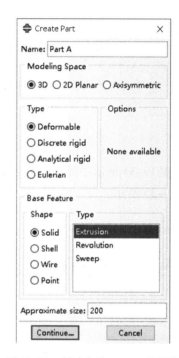

图 19-29　录制名为 A 的新宏　　　图 19-30　创建名为 Part A 的部件

3）单击绘制多段直线按钮 ∿，依次输入下列点的坐标 （-5，20）、（5，20）、（15，0）、（-15，0）、（-5，20），单击 Done 按钮。

4）再次单击绘制多段直线图标 ∿，依次输入下列点的坐标 （-10，30）、（10，30）、（40，-30）、（30，-30）、（20，-10）、（-20，-10）、（-30，-30）、（-40，-30）、（-10，30），单击 Done 按钮。

5）在弹出的对话框中确认拉伸深度为20，如图 19-31 所示。

6）切换到 Assembly 功能模块，单击创建部件实例按钮 ∿，创建独立部件实例，如图 19-32所示。

7）切换到 Mesh 功能模块，单击为整体布置网格种子图标 ∿，设置网格种子为5.0，如图 19-33 所示，单击 OK 按钮和 Done 按钮。单击图标 ∿ 图标和 OK 按钮后划分单元网格。

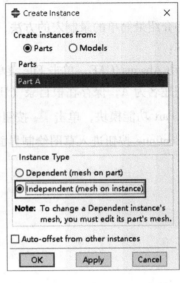

图 19-31 设置拉伸深度 图 19-32 创建独立部件实例

8）单击如图 19-34 所示中的 Stop Recording 按钮，结束宏录制。宏管理器中将出现录制的宏 A，如图 19-35 所示。

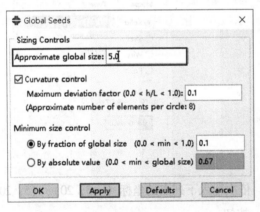

图 19-33 设置网格种子尺寸为 5.0 图 19-34 结束录制

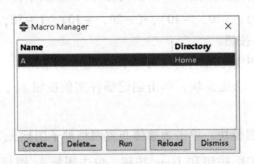

图 19-35 录制的宏管理器

9）无须保存模型，直接退出 Abaqus/CAE，在软件安装的根目录（笔者的路径为 C：\用户\a\abaqusMacros. py）下找到录制的宏文件 abaqusMacros. py（资源包下列位置\abaqusMacros. py），源代码如下：

```
1    def A():
2        import section
3        import regionToolset
4        import displayGroupMdbToolset as dgm
5        import part
6        import material
7        import assembly
8        import step
9        import interaction
10       import load
11       import mesh
12       import optimization
13       import job
14       import sketch
15       import visualization
16       import xyPlot
17       import displayGroupOdbToolset as dgo
18       import connectorBehavior
19       s = mdb. models['Model-1']. ConstrainedSketch(name = '__profile__',
20           sheetSize = 200. 0)
21       g, v, d, c = s. geometry, s. vertices, s. dimensions, s. constraints
22       s. setPrimaryObject(option = STANDALONE)
23       s. Line(point1 = ( -5. 0, 20. 0), point2 = (5. 0, 20. 0))
24       s. HorizontalConstraint(entity = g[2], addUndoState = False)
25       s. Line(point1 = (5. 0, 20. 0), point2 = (15. 0, 0. 0))
26       s. Line(point1 = (15. 0, 0. 0), point2 = ( -15. 0, 0. 0))
27       s. HorizontalConstraint(entity = g[4], addUndoState = False)
28       s. Line(point1 = ( -15. 0, 0. 0), point2 = ( -5. 0, 20. 0))
29       s. Line(point1 = ( -10. 0, 30. 0), point2 = (10. 0, 30. 0))
30       s. HorizontalConstraint(entity = g[6], addUndoState = False)
31       s. Line(point1 = (10. 0, 30. 0), point2 = (40. 0, -30. 0))
32       s. Line(point1 = (40. 0, -30. 0), point2 = (30. 0, -30. 0))
33       s. HorizontalConstraint(entity = g[8], addUndoState = False)
34       s. Line(point1 = (30. 0, -30. 0), point2 = (20. 0, -10. 0))
```

```
35    s. Line( point1 = ( 20. 0, - 10. 0) , point2 = ( - 20. 0, - 10. 0) )
36    s. HorizontalConstraint( entity = g[ 10] , addUndoState = False)
37    s. Line( point1 = ( - 20. 0, - 10. 0) , point2 = ( - 30. 0, - 30. 0) )
38    s. Line( point1 = ( - 30. 0, - 30. 0) , point2 = ( - 40. 0, - 30. 0) )
39    s. HorizontalConstraint( entity = g[ 12] , addUndoState = False)
40    s. Line( point1 = ( - 40. 0, - 30. 0) , point2 = ( - 10. 0, 30. 0) )
41    p = mdb. models[ 'Model-1'] . Part( name = 'Part A', dimensionality = THREE_D,
42        type = DEFORMABLE_BODY)
43    p = mdb. models[ 'Model-1'] . parts[ 'Part A']
44    p. BaseSolidExtrude( sketch = s, depth = 20. 0)
45    s. unsetPrimaryObject( )
46    p = mdb. models[ 'Model-1'] . parts[ 'Part A']
47    session. viewports[ 'Viewport: 1'] . setValues( displayedObject = p)
48    del mdb. models[ 'Model-1'] . sketches[ '__profile__']
49    a = mdb. models[ 'Model-1'] . rootAssembly
50    session. viewports[ 'Viewport: 1'] . setValues( displayedObject = a)
51    session. viewports[ 'Viewport: 1'] . assemblyDisplay. setValues(
52        optimizationTasks = OFF, geometricRestrictions = OFF, stopConditions = OFF)
53    a = mdb. models[ 'Model-1'] . rootAssembly
54    a. DatumCsysByDefault( CARTESIAN)
55    p = mdb. models[ 'Model-1'] . parts[ 'Part A']
56    a. Instance( name = 'Part A-1', part = p, dependent = OFF)
57    session. viewports[ 'Viewport: 1'] . assemblyDisplay. setValues( mesh = ON)
58    session. viewports[ 'Viewport: 1'] . assemblyDisplay. meshOptions. setValues(
59        meshTechnique = ON)
60    a = mdb. models[ 'Model-1'] . rootAssembly
61    partInstances = ( a. instances[ 'Part A-1'] , )
62    a. seedPartInstance( regions = partInstances, size = 5. 0, deviationFactor = 0. 1,
63        minSizeFactor = 0. 1)
64    a = mdb. models[ 'Model-1'] . rootAssembly
65    partInstances = ( a. instances[ 'Part A-1'] , )
66    a. generateMesh( regions = partInstances)
```

① 第1行代码定义了名为 A 的函数。需要注意的是：自动录制的宏函数中不包含任何参数。

② 第2行至第18行代码导入了相关模块。需要注意的是：第4行和第17行代码中的模块名字太长，为后面引用方便，分别起了别名 **dgm** 和 **dgo** 来替代。宏文件中的模块是逐一导入的，在编写脚本文件时，可以使用 from abaqus import *、from abaqusConstants import *、 from caeModules import * 批量导入。

③ 第 19 行和第 20 行代码创建了约束草图 ConstrainedSketch，大致尺寸为 200。细心的读者可能已经发现：在 Abaqus/CAE 中操作时，首先创建 Part，选择三维变形体后才进入草图绘制界面，这符合读者的建模习惯；从编写代码角度看，首先应该创建草图，然后再拉伸草图生成零部件。

④ 第 23~40 行代码调用 Line 方法绘制了 A 形部件的草图。

⑤ 第 41 行和第 42 行代码调用 Part 方法创建了名为 Part A 的三维变形体部件。

⑥ 第 44 行代码调用 BaseSolidExtrude 方法对草图进行拉伸，拉伸深度为 20。

⑦ 第 53 行代码创建了根装配。

⑧ 第 56 行代码调用 Instance 方法创建了部件实例 Part A-1.

⑨ 第 62 行和第 63 行代码调用 seedPartInstance 方法为整个部件实例设置全局网格种子，网格尺寸为 5.0。

⑩ 第 66 行代码调用 generateMesh 方法生成网格。

重新启动 Abaqus/CAE，在 File 菜单下打开 Macro manager，在图 19-35 所示的对话框中单击 Run 按钮执行宏文件，瞬间完成 A 形部件的创建及划分单元网格的工作。

> **提示：** 通过本实例可以发现：在 Abaqus/CAE 中能够完成的操作，用录制宏文件的方法生成效率更高，操作更简单。

19.5.2　创建材料库

【常见问题 19-12】 创建材料库

有限元分析过程中，有些材料的特性参数经常用到，在 Abaqus/CAE 中建模时每次都需要重复输入，十分不便。可否借助于 Abaqus 的脚本接口创建材料库，避免重复工作？如何创建材料库？

『解答』

借助于 Abaqus 脚本接口提供的宏录制功能，可以快速创建材料库，十分方便。详细的操作步骤如下：

1）启动 Abaqus/CAE，在 File 菜单下选择 Macro Manager...创建宏 add_SI_Materials，将保存路径设置为 Home，如图 19-36 所示。

2）切换到 Property 模块，在 Material Manager 下创建表4-1 中的 3 种材料并输入对应材料属性。

图 19-36　创建宏 add_SI_Materials

3）单击 Stop Recording 按钮结束宏录制。

4）不必保存模型，直接退出 Abaqus/CAE。

5）重新启动 Abaqus/CAE，打开 Macro Manager，选中 add_SI_Materials，单击 Run 按钮执行宏文件（见图 19-37），瞬间执行完毕。切换到 Property 功能模块，在 Material Manager 中可以看到创建好的 3 种材料（见图 19-38）。

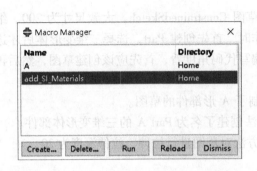

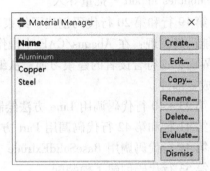

图 19-37　执行宏文件　　　　图 19-38　创建完的 3 种材料

> **提示**：本实例的目的是创建材料库，因此，只录制了创建材料并定义材料属性的命令，读者可以根据需要录制任意命令，在宏文件 abaqusMacros.py 的基础上稍加修改可得到满足自己需求的脚本。

19.5.3　批量提交分析作业

【常见问题 19-13】　大量 INP 文件的自动提交

需要对大量 INP 文件进行提交分析，在 Abaqus/CAE 中手动操作无法完成，如何开发脚本实现该功能？

『解答』

有读者给笔者发邮件咨询如何编写脚本以实现大量 INP 文件的自动提交。也有读者经常咨询诸如 "Abaqus/CAE 中没有提供某项功能，我应该如何编写脚本来实现" 等问题，笔者希望通过这个自动批量提交 INP 文件的实例，教给读者遇到新功能新问题，如何想办法解决。

笔者在看到读者问的这个大量 INP 文件的自动提交问题时，首先想到下列几点：

1）它的主要功能是创建有限元分析作业并直接提交 INP 文件，所以需要用到自动提交分析作业的命令，笔者任意选择了一个 INP 文件，并录制 Abaqus/CAE 中提交 INP 分析作业的对应操作，代码如下：

```
mdb. JobFromInputFile( name = 'Job- beam121',
    inputFileName = 'C: \\temp \\Job- beam121. inp', type = ANALYSIS, atTime =
None,
    waitMinutes = 0, waitHours = 0, queue = None, memory = 90, memoryUnits = PER-
CENTAGE,
    getMemoryFromAnalysis = True, explicitPrecision = SINGLE,
```

$$nodalOutputPrecision = SINGLE, userSubroutine = '', scratch = '',$$
$$resultsFormat = ODB, multiprocessingMode = DEFAULT, numCpus = 1, numGPUs = 0)$$

2）仔细观察上述代码，发现只有 name 参数和 inputFileName 两个参数是用户必须输入参数，其他参数都是 Abaqus 软件的默认设置，可以将代码简化为：

mdb. JobFromInputFile(**name = 'Job-beam121', inputFileName = 'C: \\temp\\Job-beam121. inp',**)

> **提示**：读者一定要注意，因为 inputFileName 后的参数都选择默认值，最后面的英文逗号 "，" 一定不能删掉；如果提交 INP 文件的过程中，还涉及调用用户子程序，则在后面添加 userSubroutine 参数。

3）因为涉及大量 INP 文件的自动提交，则一定用到循环功能，最经常用到的循环为 for... in range（）循环。

4）如果通过调用程序实现自动提交 INP 文件，则 INP 文件的名字一定要有规律，否则无法找到对应的 INP 文件。本实例中，INP 文件的名字分别为 inp_0. inp，inp_1. inp，inp_2. inp，inp_3. inp（本实例的目的是说明编写脚本的方法，仅取 4 个 INP 文件作为演示）

5）为了让分析结果 ODB 文件能够直观反映 INP 文件的名字，构造了与 INP 文件同名的 ODB 文件。

综合考虑上述 5 个方面，编写完成的源代码如下（资源包下列位置：\ INP_Autosubmit. py）：

```
1   from abaqus import *
2   from abaqusConstants import *

3   for i in range(0, 4):
4   jobName = 'inp_' + str(i)
5   myJob = mdb. JobFromInputFile( name = jobName,
6   inputFileName = 'C: \\temp\\' + jobName + '. inp', )
7   myJob. submit()
8   myJob. waitForCompletion()
```

本段代码的功能在前面都已经介绍过，此处不再赘述。

为了测试代码的正确性，笔者构造了 inp_0. inp，inp_1. inp，inp_2. inp，inp_3. inp 共 4 个 INP 文件（资源包下列位置\inp0-3 ODB0-3\）。在 Abaqus/CAE 的 File 菜单下，单击 Run Script 运行 INP_Autosubmit. py 文件，则依次自动提交 4 个 INP 文件，执行完毕如图 19-39所示，在 Abaqus 的工作路径下，同时生成了 inp_0. odb、inp_1. odb、inp_2. odb、 inp_3. odb 文件。

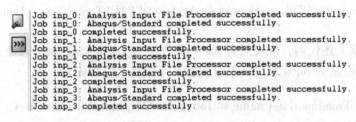

图 19-39　执行 INP_Autosubmit. py 后效果

19.6　学习经验

【常见问题 19-14】　学习 Python 编程及 Abaqus 二次开发的方法

之前没有接触过 Python 语言，现在想对 Abaqus 进行 Python 脚本开发，应该如何学习，才能尽快实现自己所需功能？

『解答』

Python 语言是当前最受程序开发人员和编程爱好者青睐的一门面向对象编程的语言，当它被内置于 Abaqus 软件中并作为二次开发的编程接口，将使得二者的功能更加强大。

对于使用 Abaqus 软件的任一用户（无论是刚接触该软件的初学者，还是拥有多年使用经验的中高级用户），都应该学习 Python 编程，学习 Abaqus 中的 Python 二次开发，会使得有限元分析效率提高几十倍甚至上千倍。

如果要快速开发 Abaqus 有限元分析的高效脚本，建议读者参加专门的"Python 语言在 Abaqus 中的应用"高级培训，系统地学习 Python 语言编程基础以及 Abaqus 中的脚本开发接口基础知识和编程技巧。笔者于 2009 年成立了"Abaqus 青岛培训中心"，每年都会组织该培训，感兴趣的读者可以关注"Mechanics_Abaqus"公众号或者发送邮件至 caojinfeng@qut. edu. cn 联系，通常情况下，2 天的培训课程结束，读者可以独立开发所需脚本。

如果读者属于 Python 编程零基础状态，也可以借助于 Abaqus 中提供的宏录制功能或 abaqus. rpy 文件快速开发脚本，详见第 19.3 节"快速开发脚本的方法"。需要注意的是：虽然这种方法可以实现脚本快速开发，由于缺乏 Python 编程基础，对于复杂功能的实现可能会比较困难。

【常见问题 19-15】　编写脚本的步骤

基于 Abaqus 脚本接口进行二次开发，编写脚本的步骤是怎样的？

『解答』

Python 语言是面向对象编程的语言，对象有属性和方法，模块之间可以相互导入，其对象模型十分复杂。Abaqus 提供的 Python 脚本接口，在 Python 语言对象模型的基础上又扩充了大约 500 种对象模型，对象还拥有多态性、继承性等复杂特性，因此，Abaqus 的对象模型更加复杂，任何一位程序开发人员都不可能清楚掌握每个对象之间的关系。因此，学会查询对象模型之间的关系、获取对象的属性和方法、各个属性的类型、各个方法的必选参数和可选参数等就显得十分重要。

为了快速开发脚本，建议读者按照下列步骤进行：

1）导入相关模块。

2）明确开发任务，确定变量名、文件名的命名规则。

3）命令测试（非常重要）。

笔者在开发代码时，首先对开发过程中的每条命令都进行测试，查看命令的执行结果并保证结果正确。

如果所开发的功能可以在 Abaqus/CAE 中实现，则借助 abaqus. rpy 文件录制对应的命令行，然后稍加修改生成所需命令；如果命令对应的功能在 Abaqus/CAE 中无法实现，则只能借助于"查询对象"的方法，查询各对象模型之间的关系以及返回值类型，自己编写代码。

编写代码过程中，如果遇到不熟悉的命令、参数等，则一定要查询 Abaqus 6. 14 帮助文件 "Abaqus Scripting User's Guide" 和 "Abaqus Scripting Reference Guide" 来完成代码的编写。

1）如果某部分功能会重复用到，则需要定义函数，对函数名、各个参数的设置、类型，功能等进行充分设计。

2）完成所有代码的开发后，要进行综合测试和验证，保证结果正确，使用方便。

提示： 编写代码的过程中，要根据需要人为设置 print 语句来输出执行过程中的信息，包括：可能出错的变量值、执行状态信息、异常信息、判断信息等，便于读者调试和修改模型；编写代码的过程中，轻易不要删除代码行，如果某些代码测试过程中不需要出现，则可以通过 # 字符对单行进行注释或者使用三引号对多行代码进行注释的方法来调试。

【常见问题 19-16】 对 **Abaqus** 脚本接口进行二次开发的技巧

对 Abaqus 的脚本接口进行二次开发的技巧有哪些？

『解答』

根据笔者积累的编程经验，在学习 Python 语言以及基于 Abaqus 脚本接口进行二次开发的过程中，建议读者经常做到下列几点：

1）多查阅帮助文件，遇到问题尽量自己解决。

2）将常用的命令、方法、循环语句块、模块、函数等保存到某个文件夹下，将来用到类似功能开发的时候，可以直接拷贝或者稍加修改即可。

3）借助于宏录制功能和 abaqus. rpy 文件，只要在 Abaqus/CAE 能够实现的功能，尽量不要自己编写代码。

4）编写代码是一项极富创造性的工作，同样的功能开发，不同程序员的设计思路、输入参数等都会不同。建议在平时的学习过程中，多加练习、多加思考、多加琢磨，只要这样做了，应该在较短时间就可以完成开发工作。

19.7 本章小结

本章主要介绍了下列内容：

1）Python 语言是一种动态解释型面向对象的编程语言，具有面向对象性、简单性、健壮性、可扩展性、动态性、内置的数据结构、跨平台性、强制类型等特性。

2）介绍了运行 Pyhton 脚本的方法，包括：使用交互式命令行、执行脚本程序源文件两种情况。

3）介绍了 Python 语言的编程规则，包括：

① 各代码块通过缩进来区分。

② 注释行以 # 号开头，持续到本行行末。

③ 名字区分大小写。

④ 如果一行中有两个或两个以上的变量需要声明，需要以英文输入法状态下的分号"；"隔开。

⑤ 续行：使用反斜线"\"来续行。

4）介绍了 Abaqus 中 Python 脚本接口基础知识、Abaqus 脚本接口及与 Abaqus/CAE 的通信关系。

5）介绍了与 Abaqus 的脚本接口相关的文件，包括：

① INP 文件中 * PARAMETER 关键字行的参数。

② 运行参数分析需要编写和执行 Python 脚本（. psf）。

③ rpy 文件、jnl 文件、宏文件等。

6）介绍了运行包含 Abaqus 对象的 Python 脚本的方法，包括：

① 启动 Abaqus/CAE 的同时，运行脚本。

② 使用命令 abaqus cae noGUI = *myscript. py* 实现不启动 Abaqus CAE 直接运行脚本。

③ 从启动屏幕运行脚本。

④ 从 File 菜单运行脚本。

⑤ 从命令行接口运行脚本。

7）介绍了 Abaqus 的 Python 二次开发优势，包括：

① 执行相同的操作，所需代码行较少。

② 能够实现自动化过程。

③ 能够实现参数化分析。

④ 可以编写独立的模块，具有独立性和可移植性。

⑤ 优秀的异常抛出和异常处理机制。

8）介绍了快速开发脚本的两种方法：录制宏、修改 abaqus. rpy 文件，并通过实例详细介绍了操作方法。

9）介绍了 Abaqus/CAE 的插件菜单功能，读者可以根据需要自定义插件。

10）介绍了 3 个快速开发案例，包括：自动建立几何模型、创建材料库、批量提交分析作业。

11）介绍了学习 Python 语言编程和 Abaqus 脚本接口进行二次开发的学习方法、开发步骤、注意事项和学习技巧。

第20章

20

错误信息与警告信息的处理

本章要点:

* ※ 20.1 MSG 文件中的错误信息与警告信息
* ※ 20.2 DAT 文件中的错误信息与警告信息
* ※ 20.3 LOG 文件中的错误信息与警告信息
* ※ 20.4 Abaqus/CAE 中的错误信息与警告信息
* ※ 20.5 本章小结

提交分析作业后,读者可以在 DAT 文件、MSG 文件和 STA 文件中看到各种提示信息,有些信息确实意味着模型存在问题,而有些信息则仅仅是正常的提示信息。读者应该学会辨识各种信息的含义,要对重要的警告信息和错误信息保持高度敏感,同时也不要对任何信息都感到恐慌。

举个例子,我们开车行驶在路上,会看到各种各样的灯,我们一定要学会分辨哪些是需要立即刹车的红灯,哪些是需要小心慢行的黄灯,哪些是可以放心前行的绿灯,哪些只是照明的路灯。既不应对所有的灯光信号都不理不睬,低头一直向前冲,也不应看到任何灯光信号都疑虑重重,不知所措。

Abaqus 输出的 DAT 文件、MSG 文件和 STA 文件都包含了大量的求解信息,有很多信息都只是"照明的路灯",是 Abaqus 在向读者汇报预处理或分析求解的进程,并不意味着模型出现了错误。前面各章中提到了很多这类信息,本章将再举一些实例,给读者提供一些思路。这类信息非常丰富,本书无法一一列举,读者应在实践过程中自己摸索总结,积累经验。

本章将主要介绍下列内容:MSG 文件中的错误信息与警告信息、DAT 文件中的错误信息与警告信息、LOG 文件中的错误信息与警告信息、Abaqus/CAE 中的错误信息与警告信息。

> **提示:** 随书资源包提供了本书全部常见问题的 PDF 文档,以方便读者搜索所关心的内容。

20.1 MSG 文件中的错误信息与警告信息

对于 Abaqus/Standard 分析,如果模型存在问题,将会在 MSG 文件中给出对应的警告信息，这是读者查找模型错误原因的重要依据。本节将分别介绍下列错误信息与警告信息的常见原因和解决方法，包括：数值奇异（Numerical Singularity）、零主元（Zero Pivot）、负特征值（Negative Eigenvalue）、过多次迭代尝试（Too Many Attempts）等。

20.1.1 数值奇异

【常见问题 20-1】数值奇异（**Numerical Singularity**）

提交分析作业后，为何在 MSG 文件中出现下列警告信息？

> *** *WARNING: SOLVER PROBLEM. **NUMERICAL SINGULARITY** WHEN PROCESSING NODE BASE-1. 141 D. O. F. 2 RATIO = 2. 77153E + 014.*

『问题分析』

出现 Numerical Singularity 警告信息时，最常见的原因是：模型中出现了不确定的刚体位移（有时还会显示 Negative Eigenvalue 警告信息）。在静力分析中，必须对模型中的所有实体都定义足够的约束条件，以保证它们在各个平动和转动自由度上的刚体位移模式都确定。

> **提示**：如果在各个增量步中反复出现 Numerical Singularity 的警告信息，即使分析收敛，其结果也往往是错误的或不准确的。

『解决方法』

本书第 17.2.1 节"数值奇异"详细讨论了发现和解决刚体位移问题的方法，请读者参考。有些情况下，当模型中存在过约束时，也会出现 Numerical Singularity 的警告信息。

20.1.2 零主元和过约束

【常见问题 20-2】零主元（**Zero Pivot**）和过约束（**Overconstraint**）

提交分析作业后，为何在 MSG 文件中出现下列警告信息？

> *** *WARNING: **Solver problem. Zero pivot** when processing D. O. F. 1 of 1 nodes. The nodes have been identified in node set WarnNodeSolvProbZeroPiv_1_1_1_1_1.*

> *** *WARNING: **OVERCONSTRAINT CHECKS**: The model is overconstrained in this increment due to the interactions among nodes in node set **WarnNodeOverconZeroPivot Step1Inc1Iter1**..*

『问题分析』

如果模型中存在过约束，则经常出现 Zero Pivot 的警告信息。当 Abaqus 软件无法自动解决过约束问题时，就会在 MSG 文件中显示零主元（Zero Pivot）和过约束（Overconstraint）

的警告信息，这时分析往往不会收敛。

『解决方法』

本书第17.2.2节"零主元"和第17.2.3节"过约束"详细讨论了解决方法，请读者参考。

20.1.3　负特征值

【常见问题 20-3】 负特证值（Negative Eigenvalue）

提交分析作业后，为何在 MSG 文件中出现下列警告信息？

***WARNING: THE SYSTEM MATRIX HAS 2 NEGATIVE EIGENVALUES.**

『问题分析』

出现负特征值（Negative Eigenvalue）的警告信息时，可能的原因有下列几种情况：

1）没有消除的刚体位移模式。

2）单元异常，例如，单元过度变形，或由于调整接触面上节点的初始位置而造成单元反转（inverted）。

3）应力-应变关系曲线中出现了负斜率。

『解决方法』

负特征值（Negative Eigenvalue）的警告信息不一定表示模型中一定有错误，只要该警告信息没有出现在增量步的最后一次迭代，就没有问题。

在接触分析中，由于刚体位移还没有被完全消除，有可能在最初的几次迭代中出现 Negative Eigenvalue 警告信息，而当接触关系建立起来后，就不再出现此警告信息，这是正常现象。

如果在增量步的最后一次迭代中也出现 Negative Eigenvalue，甚至分析无法收敛，则应查找模型中是否有上面"问题分析"所介绍的原因，并采取相应措施。

本书第17.2.4节"负特征值"详细讨论了解决方法，请读者参考。

20.1.4　过多次迭代尝试

【常见问题 20-4】 过多次迭代尝试（Too Many Attempts）

提交分析作业后，为何在 MSG 文件中出现下列错误信息？

***ERROR: TOO MANY ATTEMPTS** MADE FOR TTHIS INCREMENT: ANALYSIS TERMINATED.

『问题分析』

在求解过程中，如果 Abaqus 软件按照当前的时间增量步设置无法在规定的迭代次数内达到收敛状态，就会自动减小时间增量步，即所谓的"Cutback"。如果折减后仍然不能收敛，则会继续减小时间增量步。默认的 Cutback 最大次数为 5 次，如果 5 次后仍不能收敛，Abaqus 认为该分析无法得到平衡解，则会停止分析，并在 MSG 文件中输出上述错误信息。

关于收敛控制的详细内容，请参见本书第 16.3 节 "Abaqus/Standard 的非线性分析" 和 Abaqus 6.14 帮助文件 "Abaqus Analysis User's Manual" 第 7.2 节 "Analysis convergence controls"。

『解决方法』

当分析无法收敛时，往往是因为模型定义出现问题。例如，存在刚体位移、过约束、接触定义不当等，此时应该首先查看 MSG 文件中是否出现 20.1.1 节 ~ 20.1.3 节中涉及的警告信息，并采取对应的解决方法。

如果模型中定义了塑性材料，或分析过程中会发生很大的位移或局部变形，或施加荷载后会使接触状态发生剧烈的变化，则应在关键词 * STATIC 中设置较小的初始时间增量步（例如，0.01 或 0.005）。

20.1.5　局部塑性变形过大

【常见问题 20-5】 局部塑性变形过大（**STRAIN INCREMENT HAS EXCEEDED...**）

提交分析作业后，为何在 MSG 文件中出现下列警告信息？

> *** *WARNING: **THE STRAIN INCREMENT HAS EXCEEDED FIFTY TIMES** THE STRAIN TO CAUSE FIRST YIELD AT 16 POINTS.*

『解决方法』

与负特征值（Negative Eigenvalue）的警告信息类似，上述警告信息也不一定代表模型中有错误。但如果模型出现了无法达到收敛状态的问题，就应该查看是否出现了局部塑性变形过大的现象，并参考第 20.1.3 节中介绍的解决方法。

20.1.6　接触的过盈量太大

【常见问题 20-6】 接触的过盈量太大（**OVERCLOSED IS TOO SEVERE**）

提交分析作业后，为何在 MSG 文件中出现下列警告信息？

> *** *WARNING: CONTACT PAIR(ASSEMBLY_SURF-1, ASSEMBLY_SURF-2) NODE SPECIMEN-1. 148 IS **OVERCLOSED BY 1. 60194 WHICH IS TOO SEVERE**.*

『问题分析』

如果提示信息前面没有出现警告信息（WARNING）和错误信息（ERROR），也应该注意此类警告信息。如果分析无法收敛，则应该检查上述信息中提到的接触对是否存在下列问题：

1） 过盈量确实太大。

2） 分析开始时或模型运动过程中，从面节点是否落到了主面之外（最不利的情况是由于运动使得从面节点落到了主面的背面）。

3） 接触面的法线方向定义错误。

『解决方法』

关于接触过盈以及接触收敛问题的详细介绍请读者参考第 17.3 节 "Abaqus/Standard 接触分析综合实例" 中的建议和解决方法。

20.1.7 MSG 文件中的正常提示信息

【常见问题 20-7】 MSG 文件的正常提示信息

MSG 文件中有哪些信息是正常的提示信息，大多数情况下并不表明模型中存在错误？

『解答』

Abaqus 完成预处理之后，如果模型中没有严重错误，求解器就开始分析工作。Abaqus/Standard 分析会在 MSG 文件中显示重要的分析过程信息，其中很多警告信息（Warnings）都表明模型中存在问题，本书前面各章以及第 20.1.1 节～第 20.1.6 节已经详细讨论了相关内容。

在 MSG 文件的警告信息中，也有一些信息仅是正常的提示信息，往往并不代表模型存在错误，下面从本书随书资源包中找部分实例进行介绍：

1）打开本书资源包中下列 MSG 文件（此实例出现在本书第 17.2.1 节 "数值奇异"）：

\singularity-displacement\correct\Job-Singularity-Displacment-Correct.msg

下列警告信息都是正常的提示信息：

*** WARNING: *THERE ARE 2 **UNCONNECTED REGIONS** IN THE MODEL.*

含义：模型中有两个互不相连的区域。

在接触分析中经常会看到上述提示信息，这是因为模型中的几个区域在初始状态下是不接触的，在分析过程中才开始发生接触。

*** WARNING: ***THERE IS ZERO MOMENT EVERYWHERE** IN THE MODEL BASED ON THE DEFAULT CRITERION. PLEASE CHECK THE VALUE OF THE AVERAGE MOMENT DURING THE CURRENT ITERATION TO VERIFY THAT THE MOMENT IS SMALL ENOUGH TO BE TREATED AS ZERO. IF NOT, PLEASE USE THE SOLUTION CONTROLS TO RESET THE CRITERION FOR ZERO MOMENT.*

含义：模型中各处的力矩都为 0。

与此相类似的警告信息是 *THERE IS ZERO FORCE EVERYWHERE*（模型中各处的力都为0）。Abaqus/Standard 分析的位移解需要满足力的平衡方程和力矩平衡方程。当模型中各处的力或力矩都为 0 时，Abaqus/Standard 的收敛判据就可能无效。如果在模型中只定义了位移边界条件，没有施加力荷载，就容易出现上述警告信息。这种情况一般都没有问题，不需要修改 Abaqus 默认的求解控制参数。

关于 Abaqus/Standard 迭代收敛过程的详细介绍，请参见 Abaqus 6.14 帮助文件 "Getting Started with Abaqus：Interactive Edition" 第 8.2 节 "The solution of nonlinear problems"。

2）打开本书资源包中的以下 MSG 文件（此实例出现在本书第 17.2.1 节 "数值奇异"）：

\singularity- displacement\correct\Job- Singularity- Displacment- Correct. msg

下列警告信息都是正常的提示信息：

MAX. PENETRATION ERROR 0.1875 *AT NODE CYLINDER-1.5 OF CONTACT PAIR(ASSEMBLY_SURF- CYLINDER, ASSEMBLY_SURF- PLATE- CONTACT)*

MAX. CONTACT FORCE ERROR 19987.8 *AT NODE CYLINDER-1.5 OF CONTACT PAIR(ASSEMBLY_SURF- CYLINDER, ASSEMBLY_SURF- PLATE- CONTACT)*

PENETRATION ERROR TOO LARGE COMPARED TO DISPLACEMENT INCREMENT.

*** WARNING: THE AVERAGE FORCE USED TO ENFORCE CONTACT CONSTRAINTS AT NODE CYLINDER-1.5 IS 1.61172E +013 *TIMES LARGER THAN THE AVERAGE ON THE OTHER ELEMENTS IN THE MODEL.*

含义：穿透量过大，接触力过大。

在接触分析中经常会出现上述提示信息，分析过程中，Abaqus/Standard 会迭代尝试各种可能的位移状态，如果某个位移状态造成穿透量过大或接触力过大，Abaqus/Standard 就会判定这个位移状态是不可行的，并显示上述提示信息，然后改为尝试另外的位移状态。上述提示信息提到的问题仅仅是 Abaqus/Standard 在尝试求解过程中的一个中间状态，并不一定是模型本身存在错误。只要这个增量步最终能够收敛，在分析结果中没有出现异常现象，就没有问题。

20.2　DAT 文件中的错误信息与警告信息

DAT 文件的开始部分给出了 Abaqus 求解器对 INP 文件进行预处理所生成的信息。如果在开始位置出现了错误信息（error），Abaqus 将不会执行分析计算。读者必须改正相应的错误，然后重新提交分析。

DAT 文件中出现错误信息，往往是由于 INP 文件中存在格式错误引起。本书第 14.1 节中介绍了 INP 文件的格式要求。建议读者尽量使用 Abaqus/CAE 前处理软件来自动生成 INP 文件，或从已有的正确的 INP 文件（下载帮助手册中的 INP 文件）中复制数据行，尽量避免自己书写关键词。

DAT 文件中还经常会出现一些警告信息（warning），它们大多仅是提示信息，并不代表模型有错误。本节将介绍 DAT 文件中的一些常见错误信息和需要注意的警告信息。

20.2.1 未注明实例名称

【常见问题 20-8】 未注明部件实例名称（Unknown Assembly ID）

提交分析作业后，为何在 DAT 文件中出现下列错误信息？

*** ERROR: in keyword * BOUNDARY, file "plate. inp", line 34: **Unknown assembly id 10**.

*** ERROR: in keyword * BOUNDARY, file "plate. inp", line 34: **Unknown assembly node set SET1**

出错的 INP 文件内容如下：

```
** ------------------------------
* Part, name = Plate
* Node
    10,   0.,    1.
    11,   0.,    0.
    12,   1.,    0.
    13,   1.,    1.
* Element, type = CPS4I
1,   10,   11,   12,   13
**
* Nset, nset = SetA          ←——在 Part 数据块中定义了节点集合 SetA。
    11
* End Part
** ------------------------------
* Assembly, name = Assembly
**
* Instance, name = Plate- 1, part = Plate
* End Instance
```

**

Nset, nset = SetB, instance = Plate-1　←——在 Assembly 数据块中定义了节点集合 SetB。

   12

End Assembly

** ——————————————————

Boundary

10, 1, 2　←——错误：节点编号或单元编号应加上实体名称，即 *Plate-1. 10*。

SetA, 1, 2　←——错误：在 Part 数据块中定义的集合应加上实体名称，即 *Plate-1. SetA*

SetB, 1, 2　←——正确：在 *Assembly* 数据块中定义的集合不需要加上实体名称。

『 问题分析 』

在边界条件、荷载、约束、预定义场等数据中，如果需要引用节点编号、单元编号，或需要引用在 Part 数据块或 Instance 数据块中定义的集合名，应在前面加上部件实例的名称，并用小圆点 "." 来限定。

『 解决方法 』

修改边界条件后的正确 INP 文件内容如下：

Boundary

Plate-1. 10, 1, 2

Plate-1. SetA, 1, 2

SetB, 1, 2

20. 2. 2　文件中包含空行

【常见问题 20-9】 文件中包含空行

提交分析作业后，为何在 DAT 文件中出现下列错误信息？

*** *ERROR: A CONCENTRATED LOAD HAS BEEN SPECIFIED ON NODE 0.　THIS NODE IS NOT ACTIVE IN THE MODEL.*

出错的 INP 文件内容如下：

CLOAD, OP = NEW

Set-Load,　1,　－10861.

                ←——此处包含 1 个空行

End Step

『问题分析』

INP 文件中不允许出现空行。本实例中，Abaqus 前处理器把空行理解成节点编号 0，认为它是关键词 ∗ CLOAD 的 1 个参数，所以出现了上述错误信息。

『解决方法』

正确的做法是去掉空行。如果希望使用空行来分隔 INP 文件中的内容，应该在本行开始输入双星号 "∗∗"，表明是注释行。

20.2.3　关键词前遗漏星号

【常见问题 20-10】 关键词前遗漏星号

提交分析作业后，为何在 DAT 文件中出现下列错误信息？

> *** *ERROR*: *The following elements reference one or more nodes that do not exist*:
> *1 2 3 4*

出错的 INP 文件内容如下：

Node

1,	0.,	27.5
2,	0.,	5.

『问题分析』

INP 文件规定，关键词行必须以星号开始，本例中关键词 ∗ NODE 前面遗漏星号。Abaqus 前处理器将会忽略缺少星号的语句，将其当作数据行处理，且不给出提示信息直接报错。

『解决方法』

正确的 INP 文件内容如下：

∗ *Node*

1,	0.,	27.5
2,	0.,	5.

20.2.4　关键词拼写错误

【常见问题 20-11】 关键词拼写错误（**Ambiguous Keyword Definition**）

提交分析作业后，为何在 DAT 文件中出现下列错误信息？

*** ERROR: *Ambiguous keyword definition "elem".*

出错的 INP 文件内容如下：

> * *Elem*, *type = CPS4I*
> 1, 1, 12, 57, 23

『问题分析』

定义单元的关键词是 * ELEMENT，而不是 * ELEM。

『解决方法』

正确的 INP 文件内容如下：

> * *Element*, *type = CPS4I*
> 1, 1, 12, 57, 23

20.2.5　关键词的参数错误

【常见问题 20-12】关键词的参数错误（**Unknown Parameter**）

提交分析作业后，为何在 DAT 文件中出现下列错误信息？

*** ERROR: **UNKNOWN PARAMETER** *EXPANSION*

出错的 INP 文件内容如下：

> * *Material*，*name = Steel*，***Expansion = 1. 35e-05***
> * *Elastic*
> *210000.*, *0. 3*

『问题分析』

定义热膨胀系数需要使用关键词 * EXPANSION，它是独立的关键词，不允许将其作为 * MATERIAL 的参数来定义。

『解决方法』

正确的 INP 文件内容如下：

> * *Material*，*name = Steel*
> * *Elastic*
> *210000.*, *0. 3*

> *Expansion*
> *1. 35e-05,*

20. 2. 6　数据行中的数据错误

【常见问题 20-13】数据行中的数据错误

提交分析作业后，为何在 DAT 文件中出现下列错误信息？

> *** ERROR: in keyword * ELEMENT, file "plate. inp", line 12: **Too few nodes for element(s) of type "CPS8" : 1**

出错的 INP 文件内容如下：

> ** Element, type = CPS8*
> *1,　10,　11,　12,　13*

『问题分析』

数据行中的数据个数不够，CPS8 单元需要 8 个节点，出错的数据行中只给出了 4 个节点。

『解决方法』

正确的 INP 文件内容如下：

> ** Element, type = CPS8*
> *1,　10,　11,　12,　13,　38,　21,52,　3*

20. 2. 7　标点符号错误

【常见问题 20-14】标点符号错误

提交分析作业后，为何在 DAT 文件中出现下列错误信息？

> *** ERROR: in keyword * ELEMENT, file "plate. inp", line 117: **Element connectivity is missing** for element 100 of type "CPS4I"*

出错的 INP 文件内容如下：

> ** Element, type = CPS4I*
> *100　1　12　57　23*

『问题分析』

数据行中各个数据之间需要使用英文逗号分开。

『解决方法』

正确的 INP 文件内容如下：

> ** Element, type = CPS4I*
>
> *100, 1, 12, 57, 23*

> 提示：INP 文件中的逗号应该都使用英文输入法状态下的逗号，不能使用中文输入法状态下的逗号。

20.2.8 关键词位置错误

【常见问题 20-15】 关键词位置错误（**Keyword Is Misplaced**）

提交分析作业后，为何在 DAT 文件中出现下列错误信息？

> **** ERROR: in keyword * BOUNDARY, file "plate. inp", line 252: The **keyword is misplaced**. It can be suboption for the following keyword(s): substructureloadcase, model, loadcase, step*

出错的 INP 文件内容如下：

> ** Boundary*
> *Set- Cylinder- Ref, 1, 1*
> ****
> ** End Assembly*

『问题分析』

关键词 * BOUNDARY 的位置错误，它不能位于 * ASSEMBLY 和 * END ASSEMBLY 之间。

『解决方法』

正确的 INP 文件内容如下：

> ** End Assembly*
> ****
> ** Boundary*
> *Set- Cylinder- Ref, 1, 1*

> 提示：在 Abaqus 帮助文件 "Abaqus Keywords Reference Manual" 中，列出了每个关键词在 INP 文件的正确位置。例如，查看 * BOUNDARY 关键词时，可以看到下列说明："Level：Model Step"，其含义为：此关键词可以出现在 Part、Instance 和 Assembly 数据块之外，或 * STEP 与 * END STEP 之间。

20.2.9 没有为单元赋予截面属性

【常见问题20-16】没有为单元赋予截面属性（Lack Property Definition）

提交分析作业后，为何在 DAT 文件中出现下列错误信息？

> *** ERROR: ELEMENT 1 INSTANCE PLATE-1 IS **LACKING A PROPERTY DEFINI-**
> **TION**; CHECK ELEMENT SET AND ELEMENT DEFINITIONS

『问题分析』

如果在 DAT 文件中看到上述错误信息，可能的原因包括：

1）没有使用 * SOLID SECTION、* SHELL SECTION 或 * BEAM GENERAL SECTION 等关键词为单元定义并赋予截面属性。

2）有部分单元没有被赋予截面属性。

3）截面属性的类型错误。例如，平面应力和平面应变单元的截面属性应该定义为实体截面（* SOLID SECTION），而不应定义成壳截面（* SHELL SECTION）。

『解决方法』

此类错误信息的解决方法，可参考第 4.3.2 节 "定义截面属性" 的【常见问题4-11】。

20.2.10 过约束

【常见问题20-17】过约束（Overconstraint）

提交分析作业后，为何在 DAT 文件中出现下列警告信息？

> *** WARNING: **OVERCONSTRAINT CHECKS**: NODE 23 INSTANCE PULLEY-1-1 IS
> A DEPENDENT NODE IN A * TIE OPTION.

『问题分析』

上述警告信息代表模型中存在过约束。例如，在某个节点上既定义了边界条件，又定义了绑定约束，Abaqus 的前处理器在处理模型信息时会检查到这个问题，并给出对应的警告信息。

『解决方法』

过约束的警告信息不一定表示该模型无法得到正确的分析结果，对于 Abaqus/Standard 分析，应该查看 MSG 文件是否也出现了过约束检查（Overconstraint Checks）和零主元（Zero Pivot）的警告信息（参见本书第 20.1.2 节）。如果没有上述信息，表明 Abaqus 软件已经自动处理了过约束，分析正常进行；如果在 MSG 文件存在上述警告信息，表明 Abaqus 软件无法自动解决过约束问题，分析往往不会收敛，即使收敛了，结果也可能是错误的。

20.2.11 材料的塑性数据格式错误

【常见问题 20-18】材料的塑性数据格式错误

提交分析作业后，为何在 DAT 文件中出现下列错误信息？

*** *ERROR: **THE PLASTIC STRAIN AT FIRST YIELD MUST BE ZERO**

出错的 INP 文件内容如下：

> *Material, name = Steel*
> *** Plastic**
> *418., 0.01*
> *780., 0.095*

『问题分析』

关键词 * PLASTIC 第 1 个数据行的第 2 项数据必须为 0，其含义为：在屈服点处的塑性应变为 0，请读者参考本书第 18.2.2 节"输入材料的塑性数据"。

『解决方法』

正确的 INP 文件内容如下：

> *Material, name = Steel*
> *** Plastic**
> *418., 0*
> *780., 0.095*

> 提示：关键词 * PLASTIC 的每个数据行的第 1 项表示真实应力，第 2 项表示塑性应变。

『相关知识』

定义塑性数据时，还经常遇到下列错误信息：

*** ERROR: THE INDEPENDENT VARIABLES MUST BE ARRANGED IN ASCENDING ORDER.   LINE IMAGE: 780., 0.095

出错的 INP 文件内容如下：

* Material, name = Steel
* Plastic
418.,   0
600., 0.125
780., 0.095

『问题分析』

关键词 * PLASTIC 下面各个数据行中的塑性应变必须按照递增的顺序排列（真实应力不一定是递增）。

『解决方法』

正确的 INP 文件内容如下：

* Material, name = Steel
* Plastic
418.,   0
780., 0.095
600., 0.125

20.2.12   DAT 文件中的正常提示信息

【常见问题 20-19】DAT 文件中的正常提示信息

DAT 文件中有哪些信息是正常的提示信息，大多数情况下并不表明模型存在错误？

『解答』

无论是 Abaqus/Standard 分析还是 Abaqus/Explicit 分析，在提交分析作业后，Abaqus 首先对 INP 文件进行预处理，如果模型存在错误，将会在 DAT 文件中显示错误信息（error），此时分析根本无法开始，必须根据错误信息中的提示修改模型。

如果在 DAT 文件中仅出现了警告信息（warning）和普通的提示信息，大多数情况下都不代表模型存在问题。但是，如果这些信息所提示的内容并非读者期待的正常结果，则另当别论。下面选取本书资源包中的 2 个实例，帮助读者加深对 DAT 文件内容的理解。

1）打开本书资源包中下列 DAT 文件（此实例出现在本书第 17.3.1 节"接触分析综合

实例1"）：

> \contact- example-1 \correct \Job- Contact- Example-1- Correct. dat

下列警告信息都是正常的提示信息：

> *contactpair, interaction = INTPROP-1, type = SURFACETOSURFACE, adjust = 1e-05*

> *** WARNING: FOR CONTACT PAIR
> (ASSEMBLY_SURF-DEFORM-ASSEMBLY_PART-RIGID-1_SURF-RIGID), ADJUST-
> MENT WAS SPECIFIED BUT **NO NODE WAS INDEED ADJUSTED** MORE THAN
> ADJUSTMENT DISTANCE = 2.22000E – 16.*

含义：在定义上面提到的接触对时设置了位置误差限值（ADJUST 参数），经过预处理后，从面节点坐标的最大调整值为 2.22000E – 16（该值非常小，可认为是0）。

本书第 17.2.1 节"数值奇异"介绍过，在定义接触时要让位置误差限值略大于模型中主面和从面的距离，以保证这两个面之间能够建立起接触关系。上面的警告信息只是提醒读者，在此接触对中没有发现需要调整坐标的从面节点。

> *** WARNING: **DEGREE OF FREEDOM 6 IS NOT ACTIVE** ON NODE 4 INSTANCE
> PART- DEFORM-1 - THIS BOUNDARY CONDITION IS IGNORED*

> *** WARNING: **Boundary conditions are specified on inactive dof** of 14 nodes. The
> nodes have been identified in node set WarnNodeBCInactiveDof.*

含义：节点自由度6是无效的，忽略此边界条件。

本书第 8.1.1 节"定义集中荷载和弯矩荷载"介绍过，实体单元没有旋转自由度，在旋转自由度上定义的边界条件将被忽略。

2）打开本书资源包下列 DAT 文件（此实例出现在本书第 17.3.2 节"接触分析综合实例2"）：

> \contact- example-2 \correct \Job- Contact- Example-2- Correct. dat

下列警告信息是正常的提示信息：

> *** NOTE: **THE ROTATIONAL DEGREES OF FREEDOM** OF THE NODES THAT
> CONSTITUTE THE SLAVE SURFACE **WILL NOT BE CONSTRAINED** BETWEEN
> THE SLAVE AND MASTER PAIR.*

含义：从面节点的旋转自由度不受接触约束。

20.3　LOG 文件中的错误信息与警告信息

如果模型存在问题，提交分析作业后会在 DAT 文件、MSG 文件或 STA 文件中显示错误信息或警告信息。如果分析异常终止，在上述文件的结尾也没有出现相关的提示信息，表明很可能不是模型本身的问题，而是其他方面的原因造成分析无法正常进行（例如，环境变量设置不当、子程序运行异常、C++或 Fortran 编译语言没有正常安装等等），这时应查看 LOG 文件（.log）中的错误信息。如果分析能够正常完成，应该在 LOG 文件的结尾显示下列信息：

> *Abaqus JOB xxx COMPLETED*　（其中的 *xxx* 是分析作业名称）

如果在 Abaqus/CAE 中提交分析，LOG 文件中的信息会显示在 Abaqus/CAE 窗口底部的信息提示区和 Job 功能模块的 Monitor 窗口中。

本节将介绍 LOG 文件中的常见错误信息。

20.3.1　错误代码

【常见问题 20-20】错误代码（**error code**）

提交分析作业后，分析异常终止，LOG 文件的错误信息给出了错误代码（error code）。常见的这类错误信息包括：

> *Abaqus error: the executable C:\Abaqus\6.5-1\exec\standard.exe aborted with system error "拒绝访问"*（**error code 5**）

> *Abaqus Error: The executable D:\Abaqus65\cd1\6.5-1\exec\package.exe aborted with system error "企图将驱动器合并或替代为驱动器上目录是上一个替代的目标的驱动器"*（**error code 149**）.

> *The executable d:\Abaqus\6.4-pr11\exec\pre.exe aborted with system **error code 313**.*

> *The executable D:\Abaqus\6.6-1\exec\pre.exe aborted with system **error code 29539**.*

这类问题应如何解决？

『解答』

错误信息中给出的 Error Code 是 Windows 操作系统的内部错误代码，借助于 Google 或百度等搜索网站可以找到各个代码的含义，例如：

Error Code 5：　　　拒绝访问。

Error Code 10：　　　环境不正确。

Error Code 142： 系统无法在此刻运行 JOIN 或 SUBST。

Error Code 144： 目录不是根目录下的子目录。

出现这类问题时，首先应先查看 DAT 文件、MSG 文件和 STA 文件的结尾是否给出了相关的错误提示信息，如果没有，很可能是 Abaqus、用户子程序、编译语言或操作系统（Windows、Linux、Unix 等）内部出现了异常，其具体原因很复杂，有多种可能。

下面列举一些这类错误信息的常见原因，其中每个原因都可能对应着多个错误代码，每个错误代码也都有多种可能的原因，本书只能提供一些基本思路，请读者不要简单地对号入座。这类错误的常见原因包括：

1）环境文件 abaqus_v6. env 中的参数设置错误。例如，当内存参数 pre_memory 设置得过大时，有可能出现 Error Code 5；使用 usub_lib_dir 参数设置默认的子程序时，如果给出的路径或子程序文件名错误，可能出现 Error Code 313。

建议读者每次在修改环境文件之前，都将原始的环境文件进行备份。这样，如果在修改环境文件之后 Abaqus 无法正常运行，可以尝试恢复原始的环境文件。关于修改环境文件设置的方法，详见本书第 1.6 节"设置 Abaqus 的环境文件"。

2）模型中使用了某些不恰当的复杂参数，导致 Abaqus 运行过程中出现内部错误。例如，在 Abaqus/Explicit 分析中，如果模型中包含 C3D6 单元、C3D8R 单元和钢筋（rebar），并在 * SECTION CONTROLS 中设置了 SECOND ORDER ACCURACY = YES，可能出现 Error Code 5 的错误代码。如果荷载或边界条件中的位移值过大，导致单元严重扭曲，可能出现 Error Code 29539 的错误代码。

3）建模过程中某个错误操作造成了模型内部异常。例如，出现 Error Code 149 时，可以尝试在 Abaqus/CAE 中重新建模，并提交分析作业。

4）计算机名的第 1 个字符使用了数字，或者计算机名中包含空格或特殊字符，可能出现 Error Code 29539。建议在计算机名中只使用字母 A ~ Z，如果使用数字，不要将其作为第 1 个字符。在 Windows 控制面板的"系统"选项中可以更改计算机名，更改后需要重新安装 Abaqus。

5）分析过程中，如果计算机上同时运行着多个程序，导致内存不足或硬件资源冲突，也可能出现 Error Code 29539 的错误代码。

6）用户子程序运行过程中出现错误（例如，Fortran 子程序出现了数值溢出）。

7）编译用户子程序的 C ++ 或 Fortran 编程语言版本与 Abaqus 版本不兼容，相关信息请参见 Abaqus 6. 14 帮助文件"Abaqus Installation and Licensing Guide"附录 A. 1 节"System Software"。

8）Abaqus 自身的缺陷（bug）。

以上列出了多种出现错误代码的可能原因，可以使用本书反复强调的"排除法"来确定具体的原因。例如，可以找一个正确的模型（帮助文件或本书资源包中的例子），对其提交分析，如果出现了同样的错误现象，说明不是原来模型的问题。另外，还可以在另外一台计算机上对同一个模型提交分析，如果能够成功，也可以说明模型本身没有问题，这时可以仔细比较这两台计算机的操作系统、Abaqus 版本、环境文件设置、编程语言版本、内存和硬件环境等各方面，找出问题的真正原因。

如果怀疑是模型的原因，可以使用本书反复强调过的查错方法——"简化法"，即去掉模型中所有的复杂参数（例如，钢筋、子程序、自适应网格等），只使用自己最熟悉、最有把握的参数设置（例如，Abaqus 的默认设置），直到分析能够正常完成为止。

20.3.2　分析过程中的临时文件

【常见问题 20-21】 检测到 LCK 文件

提交分析作业后，分析异常终止，在 LOG 文件中显示了下列错误信息，应该如何解决？

> *Abaqus Error: **Detected lock file** Job-1. lck. Please confirm that no other applications are attempting to write to the output database associated with this job before removing the lock file and resubmitting. Job Job-1 aborted due to errors.*　（检测到 LCK 文件）

『错误原因』

该问题涉及 ODB 文件的状态问题。在下列情况下，ODB 文件处于写入状态：

1) 分析作业正在运行中。

2) 在 Abaqus/CAE 中打开 ODB 文件时，取消默认选项 Read only（只读），在后处理时所做的工作可以写入 ODB 文件中保存起来。

如果有多个 Abaqus 进程同时向一个 ODB 文件写入数据（例如，在分析结束之前以非只读状态打开 ODB 文件），将会造成 ODB 文件内容错误。为防止这种情况的发生，当 ODB 文件处于写入状态时，Abaqus 会自动创建一个锁定文件（.lck）。例如，如果分析作业名称为 *Job-1*，其 INP 文件名为 Job-1. inp，则 LCK 文件名为 Job-1. lck。

只要这个 LCK 文件存在，就不允许新的 Abaqus 进程写入 ODB 文件。重新提交分析时，只要 Abaqus 检测到存在 LCK 文件，就不会开始运行分析作业，并给出上述错误信息。

『解决方法』

如果出现上述提示信息，读者应该检查出现 LCK 文件的原因，可能的情况有以下几种：

1) 分析作业的运行尚未结束。这时应等待分析作业运行结束，或者在 Windows 任务管理器中终止相应的进程，这样 LCK 文件就会被自动删除。

2) 在 Abaqus/CAE 中以非只读状态打开了 ODB 文件。这时应首先关闭 ODB 文件，LCK 文件也会随之被自动删除。

3) 由于计算机出现异常错误（例如，突然断电），导致 LCK 文件没有被删除，可以手工删除该 LCK 文件。

只要删除掉 LCK 文件，提交分析时就不会出现上述错误信息。

【常见问题 20-22】 检测到 023 文件

提交分析作业后，分析异常终止，在 LOG 文件中显示了下列错误信息，应该如何解决？

> *Abaqus Error: **Unable to delete file(s) Job-1. 023**. Please check that you have file ownership and permissions for removal.*　（检测到 023 文件）

『解答』

　　上述错误信息与【常见问题 20-21】提到的错误信息类似，在分析作业运行过程中，Abaqus 会生成很多临时文件（例如，LCK 文件和 023 文件（*.023））。如果分析作业正常结束或终止，这些临时文件都会被自动删除。如果由于某种原因，这些临时文件没有被删除，提交分析时就会出现上述错误信息。

　　此问题的解决方法与【常见问题 20-21】类似，只要删除此 023 文件，就不会出现这类错误信息。

20.4　Abaqus/CAE 中的错误信息与警告信息

20.4.1　不能为非独立部件实例设置网格参数

【常见问题 20-23】不能为非独立部件实例设置网格参数

　　在 Mesh 功能模块为部件实例布置种子时，为何会弹出如图 20-1 所示的提示信息？应该如何解决？

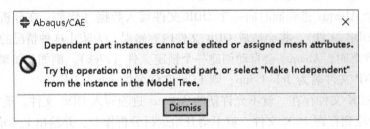

图 20-1　布置网格种子时弹出的提示信息

『错误原因』

　　在 Assembly 功能模块中创建部件实例时，默认类型为创建非独立部件实例。

　　进入 Mesh 功能模块时，窗口顶部环境栏中的 Object 选项默认值是 Assembly，即对整个装配件划分网格，如果装配件中含有非独立部件实例，划分网格操作时就会看到上述提示信息。

『解决方法』

　　对非独立部件实例划分网格时，应将窗口顶部环境栏中的 **Object** 选项设为 *Part*，即对部件划分网格。

20.4.2　数据无法释放

【常见问题 20-24】数据无法释放

　　在 Abaqus/CAE 中提交分析时，分析异常终止，在窗口底部的信息提示区和 Job 功能模块的 Monitor 窗口中都出现下列错误信息：

*** *ERROR*: *Issue cannot be deleted Not all data Released*. （数据无法被全部释放）

在 DAT 文件、MSG 文件、STA 文件和 LOG 文件的结尾都没有提示出错的原因。应该如何解决此类问题？

『解答』

导致出现上述错误信息的可能原因包括：

1）如果分析作业调用了用户子程序，可能是子程序运行过程中出现错误。应该检查确认调用子程序时，是否使用了正确的参数。可以尝试用简单的例子调试子程序，确保其正确性。另外在编写子程序时，应注意尽可能多地设置一些提示信息。

2）模型计算规模庞大，计算过程中输出数据很多，而计算机的硬盘空间不足。相关内容详见本书第 1.6 节"设置 Abaqus 的环境文件"。

3）系统设置了数据执行保护（DEP）功能，如果 Abaqus 尝试从受保护的内存位置运行代码（无论是否为恶意代码），数据执行保护功能均将关闭 Abaqus 进程，并发出错误信息。解决方法如下：

在 Windows 操作系统中，右击"我的电脑"→"属性"→"高级"，如图 20-2 所示，单击"设置"按钮，在如图 20-3 所示的对话框中添加 pre. exe 和 standard. exe，单击"确定"后，重新启动计算机。

405

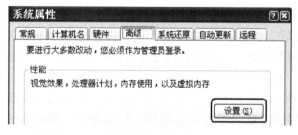

图 20-2　系统属性中的"高级"对话框

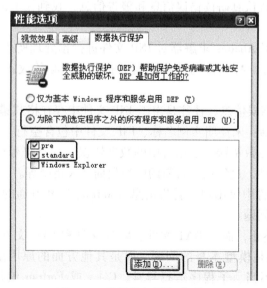

图 20-3　数据执行保护对话框

20.4.3　Abaqus 版本

【常见问题 20-25】 模型文件无效

打开本书资源包中的 CAE 文件时，为何显示下列错误信息？

*** is not a valid model database （该模型文件无效）

『解答』

随书资源包中的 CAE 模型文件都是在 Abaqus 6.19 版本下生成，只能用 6.19 以上版本的 Abaqus/CAE 才能打开。如果使用了低版本的 Abaqus/CAE，就会出现上述错误信息。

可以将资源包中的 INP 文件导入 Abaqus/CAE，生成 CAE 模型。注意 INP 文件中的有些关键词是 Abaqus/CAE 所不支持的，详见本书第 14.2 节 "将 INP 文件导入 Abaqus/CAE"。

20.5　本章小结

本章主要介绍了下列内容：

1) 提交分析作业后，会在 DAT 文件、MSG 文件和 STA 文件中看到各种提示信息，有些信息确实表示模型存在问题，而有些仅仅是正常的提示信息，读者应学会分辨各种信息的含义。

2) 对于 Abaqus/Standard 分析，MSG 文件中的警告信息通常是读者查找模型错误原因的重要依据。常见的错误信息与警告信息包括：数值奇异（Numerical Singularity）、零主元（Zero Pivot）、负特征值（Negative Eigenvalue）、过多次迭代尝试（Too Many Attempts）等。读者在建模过程中，应该认真研读错误信息和警告信息，找到模型的错误原因和解决方法，并积累经验。

3) DAT 文件给出了 Abaqus 求解器对 INP 文件进行预处理所生成的信息，如果文件中出现了错误信息（error），Abaqus 将不会执行分析计算，必须改正相应的错误，才能提交分析。

4) DAT 文件中的错误信息，往往是由于 INP 文件中存在格式错误引起，介绍了常见的 INP 文件错误原因，包括：未注明实例名称、INP 文件中包含空行、关键词遗漏星号、关键词拼写错误、关键词的参数错误、数据行中的数据错误、标点符号错误、关键词位置错误、没有为单元赋予截面属性、过约束、材料的塑性数据格式错误等。

5) 如果在 DAT 文件中仅出现了警告信息（warning）和普通的提示信息，大多数情况下都不意味着模型存在问题。

6) 如果分析异常终止，而在 DAT 文件、MSG 文件和 STA 文件的结尾没有出现相关的提示信息，就很可能不是模型本身的问题，而是其他方面的原因造成分析无法正常进行（例如，环境变量设置不当、子程序运行异常、C++ 或 Fortran 编译语言没有正常安装等等），这时应查看 LOG 文件（*.log）中的错误信息。

7）出现错误代码（error code）的常见原因包括：环境文件 Abaqus_v6.env 中的参数设置错误；模型中使用了某些不恰当的复杂参数；建模过程中的某个错误操作造成了模型内部异常；计算机名的第 1 个字符使用了数字，或者计算机名中包含空格或特殊字符；内存不足或硬件资源冲突；用户子程序运行过程中出现错误；编译用户子程序的 C++ 或 Fortran 编程语言版本与 Abaqus 版本不兼容；Abaqus 自身的缺陷等等。

8）查找错误原因的一种常用方法是"排除法"，可以尝试运行其他模型或更换计算机，逐步排除各个可能的错误原因。

9）查找错误原因的另一种常用方法是"简化法"，通过去掉模型中所有复杂的参数（例如，钢筋、子程序、自适应网格等），只使用最熟悉、最有把握的参数设置（例如 Abaqus 的默认设置），直到分析能够正常完成为止。

10）在分析作业运行过程中，Abaqus 会生成很多临时文件［例如，LCK 文件和 023 文件（*.023）］，如果分析作业能够正常结束或终止，这些临时文件都会被自动删除。如果由于某种原因，这些临时文件没有被删除，在提交分析时就会出现错误信息。

11）出现错误信息"*Issue cannot be deleted Not all data Released*"的可能原因包括：子程序运行过程中出现错误；硬盘空间不足；系统设置了数据执行保护（DEP）功能。

12）随书资源包中的 CAE 模型文件都是在 Abaqus 6.19 版本下生成的，只能用 6.19 以上版本的 Abaqus/CAE 打开。如果使用了低版本的 Abaqus/CAE，就可能会出现错误信息。

附　录

附录 A　Abaqus 青岛培训中心简介

2009 年 4 月，Abaqus 北京代表处在青岛成立了国内为数不多的培训中心（见附图 1），负责 Abaqus 软件的相关培训和 CAE 技术推广工作，培训中心自成立以来，已组织 Abaqus 软件相关培训工作数十场，培训客户上千人。

附图 1　Abaqus 青岛培训中心银牌

参加培训的客户包括清华大学、东北大学、中国矿业大学、东南大学、同济大学、浙江大学、吉林大学、中国石油大学、广州大学、华南理工大学、北京科技大学、西安交通大学等国内著名高校的博（硕）士生、以及来自山东玲珑轮胎股份有限公司、赛轮股份有限公司、浦林成山（山东）轮胎有限公司、三角轮胎、中国一汽研发中心、军事科学院、中航工业空空导弹研究院、中国船舶工业集团公司第七〇八研究所、中航工业沈阳飞机工业（集团）有限公司等上百个企业负责 CAE 研发的仿真部负责人和工程师。为了便于未来更好地为大家培训，如有培训需求，可发邮件至 caojinfeng@ qut. edu. cn 联系。

附录 B　　**Abaqus 青岛培训中心培训课程简介**

Abaqus 青岛培训中心的培训课程，详见附表 1。

附表 1　培训课程

课程名称	课程内容	时　间	地点
Abaqus 软件初高级培训	熟悉 Abaqus/CAE 界面；各个功能模块的功能、用法、注意事项、建模技巧；介绍 INP 文件的用法、接触的定义和注意事项、非线性分析的实现过程、动力分析的建模技巧、分析不收敛时的解决方法等高级功能	5 天（基础操作 1.5 天；高级分析 3.5 天）	青岛
Python 语言在 Abaqus 中的应用高级培训	Python 语言基础知识和语法结构；Abaqus 的 Python 脚本接口基础知识；实现仿真过程自动化；访问 Abaqus 输出数据库及各种自动后处理的实现方法；开发自动后处理脚本；定制插件以及开发简易图形用户界面等高级功能	2 天	青岛
含橡胶材料有限元分析高级培训	橡胶的物理特性、常用橡胶弹性模型的选取原则、橡胶材料物理性能的测试试验及正确测试材料、Abaqus/CAE 中的曲线拟合过程和定义橡胶材料参数的方法、接触定义、单元选择等建模技巧、黏弹性材料特性的基本概念、经典线性黏弹性、应力松弛、蠕变等定义方法	3 天	青岛
备注	可以根据用户需要，定制培训内容或前往企业现场培训		

参 考 文 献

[1] 庄茁. 基于 ABAQUS 的有限元分析和应用 [M]. 北京：清华大学出版社，2009.

[2] 庄茁. ABAQUS 非线性有限元分析与实例 [M]. 北京：科学出版社，2005.

[3] 曹金凤，石亦平. ABAQUS 有限元分析常见问题解答 [M]. 北京：机械工业出版社，2009.

[4] 石亦平，周玉蓉. ABAQUS 有限元分析实例详解 [M]. 北京：机械工业出版社，2006.

[5] 曹金凤，王旭春，孔亮. Python 语言在 Abaqus 中的应用 [M]. 北京：机械工业出版社，2011.

[6] 曾攀. 塑性非线性分析原理 [M]. 北京：机械工业出版社，2015.

[7] 王勖成. 有限单元法 [M]. 北京：清华大学出版社，2003.

[8] 夏志皋. 塑性力学 [M]. 上海：同济大学出版社，2002.

[9] 彼得·艾伯哈特，胡斌. 现代接触动力学 [M]. 南京：东南大学出版社，2003.

[10] 曹金凤. Python 语言在 Abaqus 中的应用 [M]. 2 版. 北京：机械工业出版社，2020.

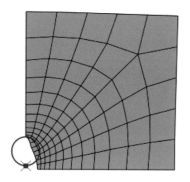

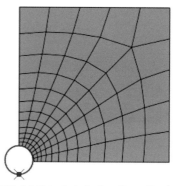

ODB: Job-Plate-Contact.odb   Abaqus/Standard Version 6.7·

Step: Apply Load
Increment   1: Step Time =   1.000

Deformed Var: U   Deformation Scale Factor: +5.669e+01

图 12-4   缩放系数为 56.6932，看到穿透现象

ODB: Job-Plate-Contact.odb   Abaqus/Standard Version 6.7

Step: Apply Load
Increment   1: Step Time =   1.000

Deformed Var: U   Deformation Scale Factor: +1.000e+00

图 12-5   缩放系数设为 1，不再有穿透现象

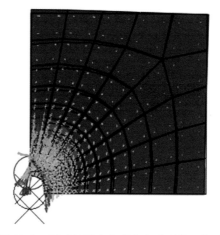

图 12-8   同时显示未变形和变形后的云纹图

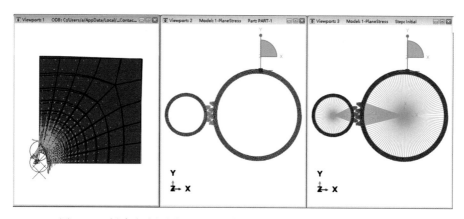

图 12-9   创建多个视图以显示不同 ODB 文件、不同功能模块的对象

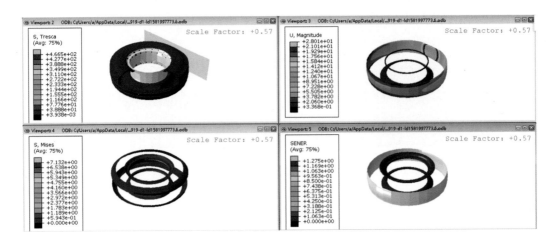

图 12-11　同时显示 4 个视图的动画效果

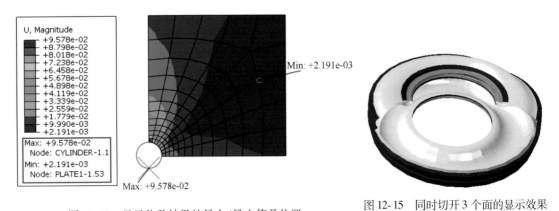

图 12-13　显示位移结果的最大/最小值及位置

图 12-15　同时切开 3 个面的显示效果

图 12-17　复杂轮胎模型有限元分析结果显示颜色相同

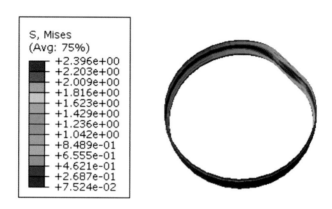

图 12-18　使用显示组功能仅显示 3 个单元集合的分析结果

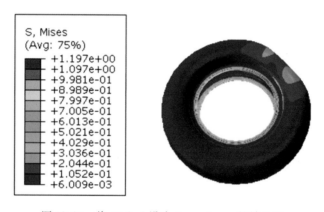

图 12-21　将 Method 设为 Internal sets 的效果图

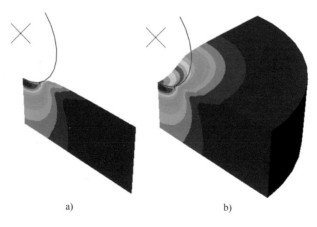

a)　　　　　　　　　　　　b)

图 12-25　扫掠 90°的三维效果

a）平面模型　b）扫掠 90°后的三维模型

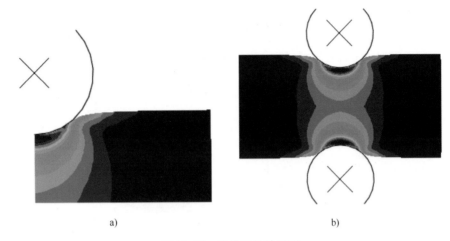

a)   b)

图 12-27　镜像后的效果图

a）1/4 模型分析结果　　b）镜像后的完整模型效果图

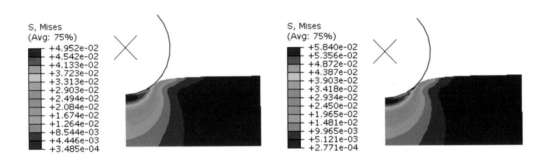

S, Mises
(Avg: 75%)
+4.952e-02
+4.542e-02
+4.133e-02
+3.723e-02
+3.313e-02
+2.903e-02
+2.494e-02
+2.084e-02
+1.674e-02
+1.264e-02
+8.544e-03
+4.446e-03
+3.485e-04

Step: Step-3, Remove load.
Increment   259: Step Time =   10.00
Primary Var: S, Mises
Deformed Var: U Deformation Scale Factor: +1.000e+00

图 12-32　分析步 3 结束时刻的 Mises 应力分布

S, Mises
(Avg: 75%)
+5.840e-02
+5.356e-02
+4.872e-02
+4.387e-02
+3.903e-02
+3.418e-02
+2.934e-02
+2.450e-02
+1.965e-02
+1.481e-02
+9.965e-03
+5.121e-03
+2.771e-04

Step: Step-2, Apply dynamic load.
Increment   155: Step Time =   1.000
Primary Var: S, Mises
Deformed Var: U Deformation Scale Factor: +1.000e+00

图 12-33　分析步 2 结束时刻的 Mises 应力分布

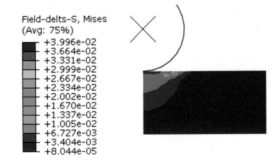

Field-delts-S, Mises
(Avg: 75%)
+3.996e-02
+3.664e-02
+3.331e-02
+2.999e-02
+2.667e-02
+2.334e-02
+2.002e-02
+1.670e-02
+1.337e-02
+1.005e-02
+6.727e-03
+3.404e-03
+8.044e-05

Step: Session Step, Step for Viewer non-persistent fields
Session Frame
Primary Var: Field-delts-S, Mises
Deformed Var: not set Deformation Scale Factor: not set

图 12-37　Field-delta-S 场变量的显示效果